ALLE ZEIT WACH

1842

Polysaccharide

Eigenschaften und Nutzung

Eine Einführung

Herausgegeben von W. Burchard

Mit Beiträgen von
K. Balser W. Burchard D. Fengel G. Franz K. Jann J. Klein
G. Lieser H.-U. ter Meer B. Pfannemüller H. Sahm H. Scherz
M. Schmidt G. Wegener P. Zugenmaier

Mit 208 Abbildungen

Springer-Verlag
Berlin Heidelberg New York Tokyo 1985

Professor Dr. Walther Burchard
Institut für Makromolekulare Chemie
der Universität Freiburg
Hermann-Staudinger-Haus
Stefan-Meier-Straße 31
7800 Freiburg i. Br.

CIP-Kurztitelaufnahme der Deutschen Bibliothek.
Polysaccharide: Eigenschaften u. Nutzung ; e. Einf./hrsg. von W. Burchard.
Mit Beitr. von K. Balser ... - Berlin ; Heidelberg ; New York ; Tokyo : Springer, 1985.
ISBN-13: 978-3-540-13931-7 e-ISBN-13: 978-3-642-70099-6
DOI: 978-3-642-70099-6
NE: Burchard, Walther [Hrsg.] ; Balser, Klaus [Mitverf.]

Druck- und Bindearbeiten: Offsetdruckerei Julius Beltz KG, Hemsbach
2154/3140-543210

Vorwort

Polysaccharide bilden neben Proteinen und Nukleinsäuren die dritte große Gruppe von Makromolekülen in der Natur. Der ständig, meist über Photosynthese anfallende Vorrat dieser Produkte ist unermeßlich und wird zur Zeit nur selektiv genutzt. Ein typisches Beispiel ist hier die Cellulose, welche die bisher einzige wirtschaftlich bedeutsame Komponente im Holz ist. Die bisherigen Verfahren der Zellstoffgewinnung sind allein auf die Isolierung der Cellulose optimiert, und die dabei weiter anfallenden Stoffe werden im günstigsten Fall zur Deckung des eigenen Energiebedarfs verbrannt, in vielen Fällen jedoch einfach verworfen. Folge dieser selektiven Nutzung ist eine Verschwendung ungeheurer Mengen hochwertiger Naturprodukte. Eine stärkere Nutzung der Polysaccharide, außer von Cellulose, Stärke, Pektinen und einigen Algenpolysacchariden, gilt zur Zeit noch als unwirtschaftlich.

Die Versorgungskrisen in der Erdölförderung und die absehbare Erschöpfung dieser Quellen haben eine gewisse Sinnesänderung bewirkt und haben zumindest die Aufmerksamkeit, wenn auch noch nicht die Aktivität, auf diese "waste products" gelenkt. Fragen der Energiegewinnung, aber auch der Herstellung von geeigneten Verdickungsmitteln, von Pharmazeutika und Kosmetika sowie von neuartigen Polymeren und industriell verwendbaren Membranen werden zunehmend stärker durchdacht und bearbeitet.

Jeder, der sich mit der besseren Nutzung der Polysaccharide befassen möchte, stößt jedoch sofort auf die überraschende Erkenntnis, daß wir eigentlich sehr wenig über die makromolekularen Eigenschaften und ihre Funktionen im biologischen Bereich wissen. Vermutlich hängt dieser Mangel an Wissen damit zusammen, daß die Polysaccharide zwar eindeutig den Biopolymeren zuzuordnen sind, von den Biochemikern aber vielfach als nicht so bedeutsam angesehen werden, denn die Biochemie beschäftigt sich im Augenblick noch vornehmlich mit der Replikation der Erbinformation, der Weitergabe dieser Information an geeignete Produktionsstätten im Organismus und mit der Regulierung des Stoffwechsels. In allen diesen Beispielen ist eine exakt vorgegebene Sequenzfolge der Monomerbausteine erforderlich, die meist gleichzeitig eine genau definierte räumliche Gestalt des Makromoleküls bewirkt. Erst durch diese wird die hochspezifische enzymatische Katalyse des Stoffwechsels möglich.

Nur sehr wenige, einfach gebaute Polysaccharide bilden eine definierte Überstruktur. Sie besitzen häufig keine völlig regelmäßige Primärstruktur, sondern die Regelmäßigkeit wird immer wieder durch andersartige Zwischeneinheiten in komplizierter Weise unterbrochen. Es entsteht eine, häufig durch unübersichtliche Verzweigung verstärkt, ständig fluktuierende Gestalt, die sich nur noch statistisch erfassen läßt. Aus der Sicht der Biochemie ist die Untersuchung derartiger Konformationen ein bevorzugtes Forschungsgebiet der Polymerwissenschaft. Diese aber beschäftigte sich bislang vor allem mit synthetischen Stoffen in nichtwäßrigen Systemen.

Der vorliegende kleine Band ist als ein erster Schritt zur Füllung dieser Kenntnislücke gedacht. Die Beiträge sind sehr kurz gehalten und sind als eine Einführung zu verstehen, die einen Überblick vermitteln soll. Nach einer allgemeinen Übersicht über das Vorkommen in der Natur werden einige der wichtigsten Polysaccharide gesondert behandelt. Es folgen Ausführungen über Nutzung in Pharmazie und Lebensmittelchemie sowie über die Bedeutung von Polysacchariden in der Immunbiologie. In diesem zuletzt genannten Gebiet spielt die genaue Bestimmung der Zuckersequenz im Makromolekül eine entscheidende Rolle, und so wird der Methodik dieser hochkomplizierten Sequenzanalyse ein eigenes Kapitel eingeräumt. Wegen der großen Bedeutung der räumlichen Struktur für die molekularen Eigenschaften werden in weiteren Kapiteln Konformationsbestimmungsmethoden in verdünnter Lösung, unter gelbildenden Bedingungen und im kristallinen Zustand kurz abgehandelt. Schließlich werden Beispiele zur Synthese neuerer Polymerer und die Verwendung von Polysaccharidgelen als Träger für aktive Zellsysteme besprochen, sowie die drängende Frage einer besseren Nutzung der anderen Holzkomponenten behandelt.

Insgesamt ist dadurch eine Zusammenstellung entstanden, die sich nicht auf die chemische Zusammensetzung und das Vorkommen von Polysacchariden beschränkt, sondern viele Aspekte der physikalischen Chemie und der biologischen Funktion umfaßt, die für eine Abschätzung der Nutzungsmöglichkeiten von großer Bedeutung sind.

Freiburg, Sommer 1984 — Walther Burchard

Inhaltsverzeichnis

Autorenverzeichnis

Dr.-Ing. K. Balser
Wolff Walsrode AG
Postfach
3030 Walsrode

Professor Dr. W. Burchard
Institut für Makromol. Chemie
der Universität
Stefan-Meier-Str. 31
7800 Freiburg i.Br.

Professor Dr. D. Fengel
Institut für Holzforschung
Universität München
Winzerer Str. 45
8000 München

Professor Dr. G. Franz
Lehrstuhl für pharm. Biologie
der Universität
Universitätsstr. 31
Postfach 397
8400 Regensburg

Professor Dr. K. Jann
Max-Planck-Institut
für Immunbiologie
Stübeweg 51
7800 Freiburg i.Br.

Professor Dr. J. Klein
Institut für chem. Technologie
der Universität
Hans-Sommer-Str. 10
3300 Braunschweig

Dr. G. Lieser
Max-Planck-Institut
für Polymerforschung
Jakob-Welder-Weg 11
6500 Mainz

H.-U. ter Meer
Unilever Research
Colworth Laboratory
Sharnbrook
Bedfordshire MK44 1LQ
UK

Dr. Beate Pfannemüller
Institut für Makromol. Chemie
der Universität
Stefan-Meier-Str. 31
7800 Freiburg i.Br.

Professor Dr. H. Sahm
Kernforschungsanlage Jülich
Institut für Biotechnologie
Postfach 1913
5170 Jülich

Dr. H. Scherz
Institut für Lebensmittelchemie
Technische Universität
8000 München

Dr. M. Schmidt
Max-Planck-Institut
für Polymerforschung
Jakob-Welder-Weg 11
6500 Mainz

Dr. G. Wegener
Institut für Holzforschung
Universität München
Winzerer Str. 45
8000 München

Professor Dr. P. Zugenmaier
Institut für Physikalische Chemie
Technische Universität Clausthal
Adolf-Römer-Str. 2a
3392 Clausthal-Zellerfeld

Struktur und biologische Funktion von Polysacchariden

G. Franz

EINFÜHRUNG

Funktion und Bildung pflanzlicher Polysaccharide

Wie keine andere Substanzklasse zeichnen sich Polysaccharide dadurch aus, daß die große Zahl dieser Verbindungen aus nur relativ wenigen Strukturelementen aufgebaut ist. Der großen heute bekannten Vielfalt von Polysacchariden im Bereich der Pflanzen liegt ein breites Spektrum von Hexosen, Pentosen und Uronsäuren zugrunde, die durch unterschiedliche Ausbildung der glycosidischen Verknüpfungen mit den verschiedenen Kohlenstoffatomen der einzelnen Zuckerbausteine eine fast unübersehbare Anzahl von verschiedenartigsten Polysacchariden ergeben.

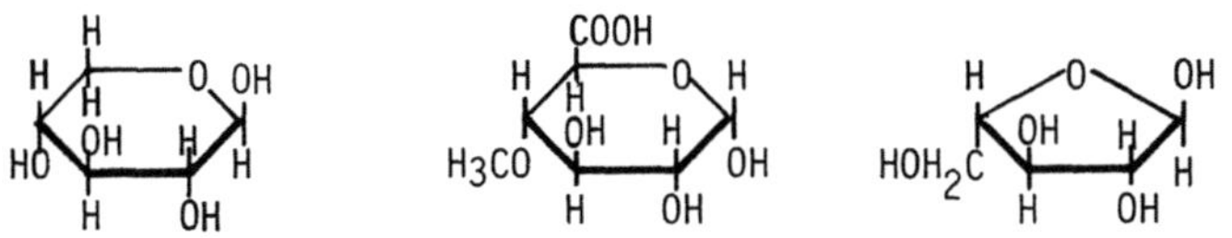

ß-D-Xylopyranose — 4-O-Methyl-α-D Glucuronsäure — α-L-Arabofuranose

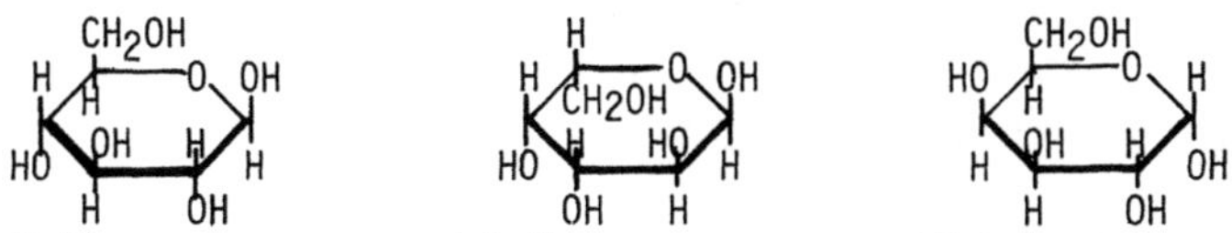

ß-D-Glucopyranose — α-L-Fucopyranose — α-D-Galactopyranose

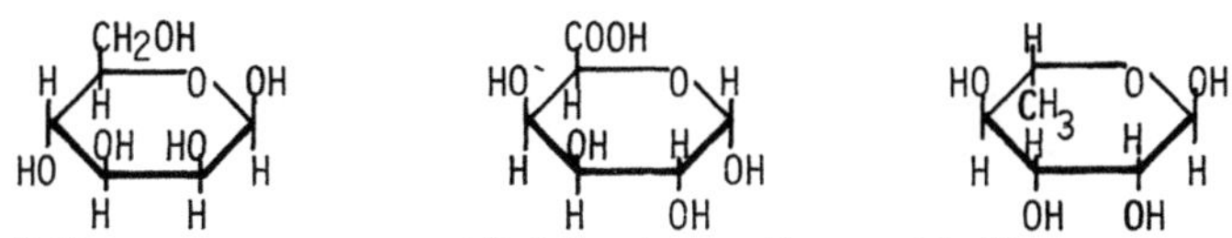

ß-D-Mannopyranose — α-D-Galacturonsäure — α-L-Rhamnopyranose

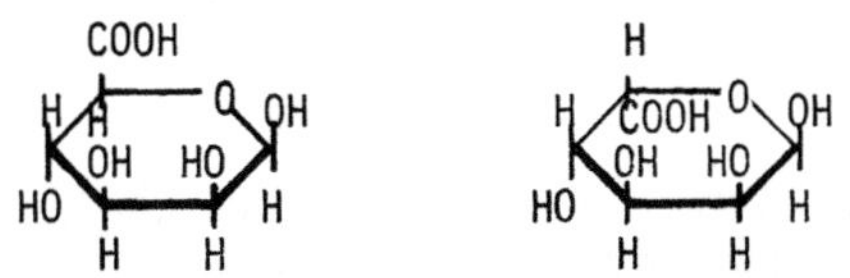

ß-D-Mannuronsäure — α-L-Glucuronsäure

HÄUFIG AUFTRETENDE ZUCKERBAUSTEINE VON POLYSACCHARIDEN

Polysaccharide
Herausgegeben von W. Burchard

In biologischen Systemen sind Polysaccharide eine weitverbreitete Stoffklasse mit vielfältigen Aufgaben. Während bei Pflanzen und Mikroorganismen derartige Makromoleküle Funktionen als Gerüst- und Speichersubstanzen besitzen, sind es für tierische Organismen in erster Linie energieliefernde Substrate.

Im Bereich der Zelle sind Polysaccharide sowohl in verschiedenen intrazellulären Kompartimenten als auch extrazellulär im Bereich der Zellwand lokalisiert.

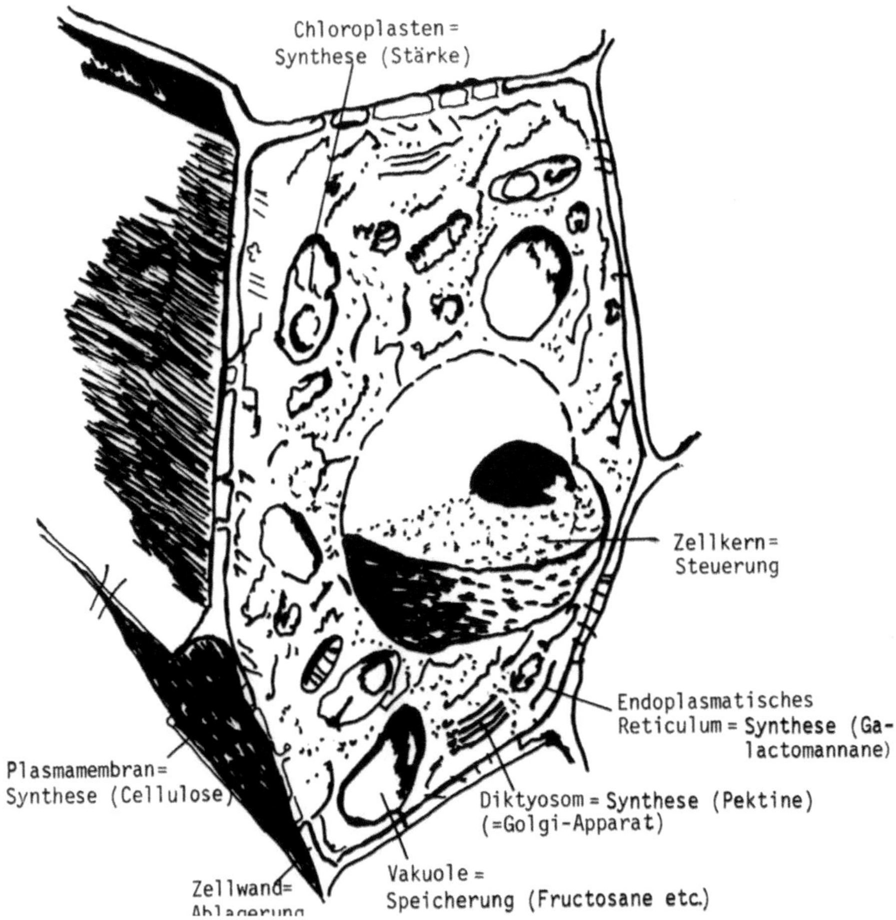

DIE ZELLE ALS ORT DER BIOGENESE UND ABLAGERUNG VON POLYSACCHARIDEN

Bildungsort ist im allgemeinen das Cytoplasma, Ablagerung und Speicherung findet räumlich getrennt vom Biosynthesegeschehen statt. Im Intrazellulären Bereich sind es die Plastiden, die sich durch Stärkespeicherung auszeichnen und die Vakuolen, in denen eine Reihe von nicht-stärkeartigen Reservepolysacchariden abgelagert werden können.

In vielen Fällen sind die im zellulären Bereich abgelagerten Reservepolysaccharide auch für Zwecke der Wasserbindung geeignet, da sie aufgrund ihres hohen Quellungsvermögens beträchtliche Mengen von Wasser aufnehmen und die pflanzlichen Zellen bzw. Organe weitgehend vor Austrocknung schützen können.

Aus dem großen Spektrum der in der Natur häufig anzutreffenden Polysaccharide findet nur eine begrenzte Anzahl aufgrund bestimmter chemisch/physikalischer Eigenschaften industrielle Anwendung, über die in den folgenden Kapiteln noch Näheres berichtet werden wird.

INTRAZELLULÄRE POLYSACCHARIDE

Reservepolysaccharide

Polysaccharide sind charakterisiert durch das makromolekulare Konstruktionsprinzip, das auch für andere Biopolymere von Bedeutung ist. Kohlenhydratpolymere besitzen die Eigenschaft einer relativ schlechten Löslichkeit als Voraussetzung, um Reservepolysaccharide ökonomisch und ohne Störung des osmotischen Gleichgewichts der Zelle aufzubauen. Reservepolysaccharide werden in den entsprechenden pflanzlichen Organen wie Samen, Früchten und Wurzeln entweder intrazellulär (Stärke, Fructosane) oder auch als Zellwandauflagerungen abgelagert (Mannane, Xyloglucane, Galactomannane). In Zeitpunkten des Energiebedarfs können diese Kohlenhydratpolymeren durch Hydrolasen und Glycosidasen abgebaut und metabolisiert werden. Obwohl Reservepolysaccharide Produkte des Primärstoffwechsels darstellen, d.h. eines Stoffwechselbereichs, der allen Pflanzenzellen von der genetischen Information her gemeinsam ist, wird die Funktion der Stoffspeicherung meist nur von bestimmten Zellen, Geweben und Organen übernommen. In diesen können die Reservestoffe in so großen Mengen angereichert werden, daß sie fast die gesamte Zelle ausfüllen.

Stärke

Stärke stellt das am weitesten verbreitete Reservepolysaccharid der höheren Pflanzen dar. Die Bildung und Ablagerung erfolgt in Form von Stärkekörnern mit artspezifischen Formen, Größen und Schichtungen, so daß anhand dieser Merkmale die Herkunft einer Stärke feststellbar ist. Stärke liegt als Aggregat von zwei Molekültypen, Amylose und Amylopektin vor, die in den einzelnen Stärkearten variierende Anteile aufzeigen können.

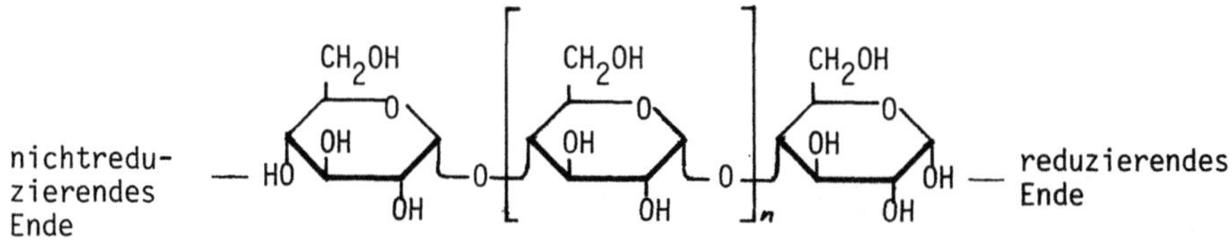

AUSSCHNITT AUS EINEM AMYLOSEMOLEKÜL

(Amylose 10-30%, Amylopektin 70-90%). Im Molekül der Amylose sind etwa 200 bis 1000 Glucoseeinheiten durch α-1.4-glucosidische Verbindungen miteinander verknüpft, wobei jedes Makromolekül ein reduzierendes und ein nicht-reduzierendes Ende aufweist (MG 10^4 bis 10^5). Das Molekül liegt als Helix vor.

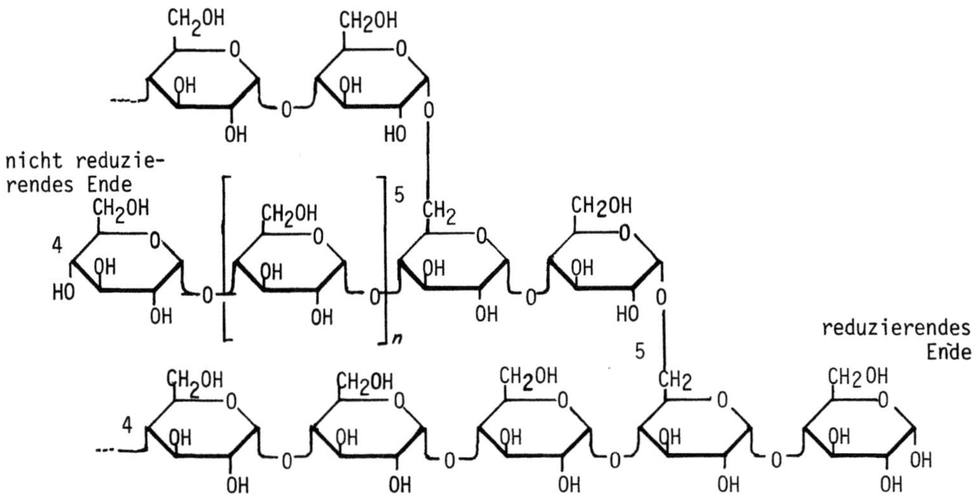

AUSSCHNITTE AUS EINEM AMYLOPEKTINMOLEKÜL

Amylopektin besteht aus 2000 bis 20 000 Glucoseeinheiten (MG 10^4 bis 10^6), die sowohl α-1.4-glucosidisch wie auch α-1.6-glucosidisch verknüpft sind. Es entsteht dadurch ein hochverzweigtes Molekül, bei dem die einzelnen Kettenbereiche ebenfalls helikoidale Struktur aufweisen können. Durch enzymatischen Abbau, durch Erhitzen oder Behandlung mit verdünnten Mineralsäuren erhält man verschieden große Spaltstücke, die als Dextrine bezeichnet werden und zum Teil wegen ihrer leichten Löslichkeit in der Technik Einsatz finden.

Mannane

Zu dieser Gruppe von Polysacchariden werden Verbindungen gezählt, die mindestens 85% Mannose-Bausteine im Molekül enthalten.

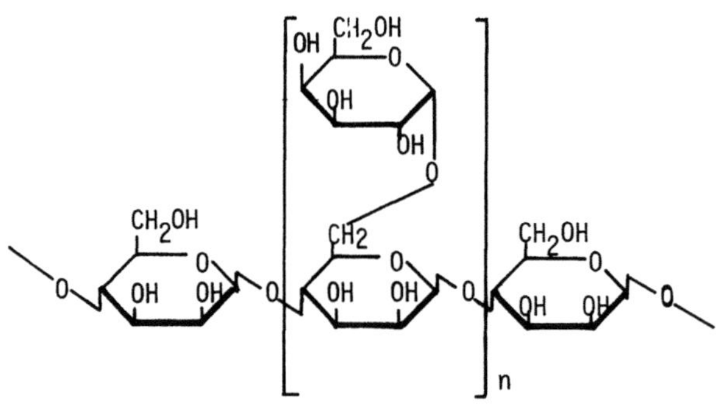

AUSSCHNITT AUS EINEM GALACTOMANNAN

Reine Mannane sind selten, sie kommen als sogenanntes 'vegetabilisches Elfenbein' in den Steinnüssen vor und zeichnen sich durch außerordentliche Härte und Stabilität gegenüber Lösungsmitteln aus. In den meisten Fällen sind weitere Hexosen wie D-Glucose und D-Galactose am Aufbau der Mannane beteiligt. Gemeinsamkeit aller Mannan-Strukturen ist die ß-1.4-Bindung der Mannose-Hauptketten, die bei den Galactomannanen durch α-1.6-Galactose-Seitenketten ergänzt sind.

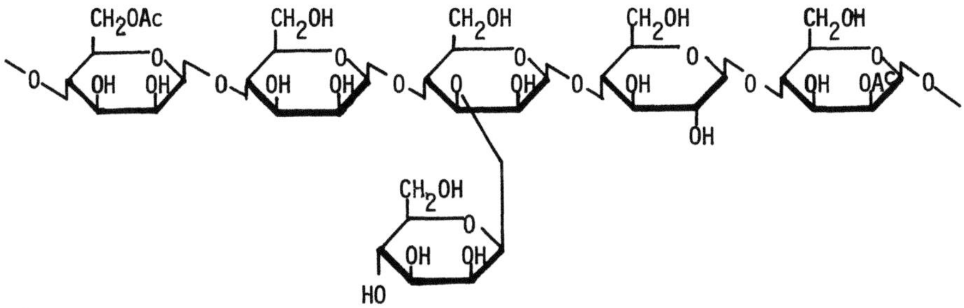

AUSSCHNITT AUS EINEM GLUCOMANNAN

Im Falle der Glucomannane sind sowohl die D-Glucose- wie auch D-Mannose-Bausteine unverzweigt in der Hauptkette ß-1.4-glycosidisch verknüpft. Von technischer Bedeutung sind insbesondere Galactomannane, die in einigen Samen der Leguminosen in großen Mengen vorkommen. Sie zeichnen sich durch große Wasserbindung und hohes Quellungsvermögen aus.

Fructosane

Fructosehaltige Polysaccharide sind bei einigen höheren Pflanzen als typisches Reservepolysaccharid in beachtlichen Mengen in unterirdischen Speicherorganen abgelagert. Die Polymerisationsgrade variieren zwischen 30 und 60 Zuckerbausteinen pro Molekül. Bezüglich des Bindungstyps werden zwei Strukturen unterschieden: bei den Compositen findet man den Inulintyp, in dem ß-1.2-glycosidische Bindungen vorliegen, bei den Gramineeen sind die Fructosereste im Molekül ß-2.6-glycosidisch verknüpft. Aufgrund der guten Löslichkeit und der einfachen hydrolytischen Spaltbarkeit eignen sich die Fructosane zur Isolierung und Darstellung von Fructose.

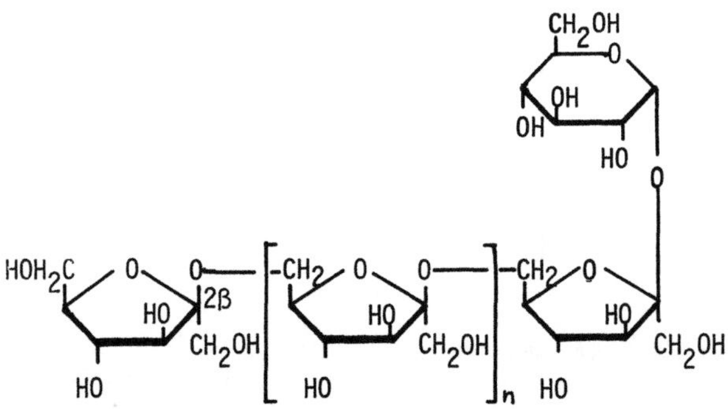

AUSSCHNITT AUS EINEM PHLEIN - MOLEKÜL (Gramineen-Fructosan)

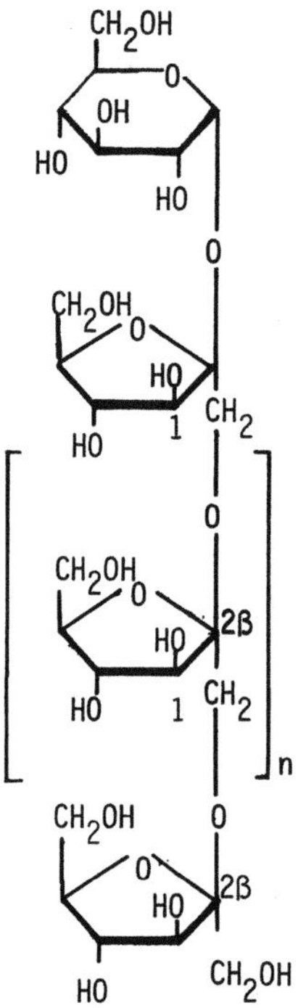

AUSSCHNITT AUS EINEM INULIN-MOLEKÜL
(Compositen-Fructosan)

<u>Xyloglucane (Amyloide)</u>

Xyloglucane sind bei einer Reihe von Pflanzen in den Samen als artentypische Reservepolysaccharide nachweisbar.

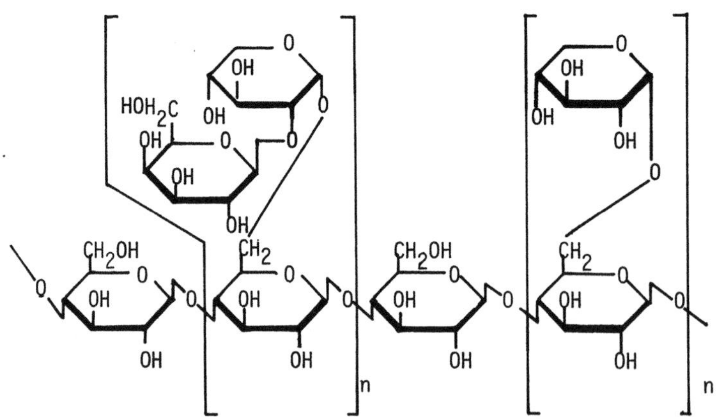

AUSSCHNITT AUS EINEM AMYLOID (XYLOGLUCAN)

Aufgrund ihrer Anfärbbarkeit mit Jodlösung werden sie als Amyloide bezeichnet, obwohl sie keine Verwandtschaft mit Stärke (Amylose) aufweisen. Der Strukturtyp ähnelt dem der Cellulose, da die Hauptkette aus ß-1.4-D-Glucoseresten aufgebaut ist, die in unterschiedlicher Weise mit D-Xylopyranoseresten substituiert sein können. In vielen Fällen sind an die Xylosereste terminale D-Galactosereste angeknüpft. Die in den Samen vorhandenen Mengen derartiger Xyloglucane sind relativ gering (5-20%), sie werden aus diesem Grunde bislang kaum technisch genutzt.

Gummen und Schleimpolysaccharide

Es handelt sich hierbei um komplexe Gemische von hochpolymeren Hetero-Polysacchariden, die von einigen Pflanzenarten in unterschiedlichen Mengen gebildet werden.

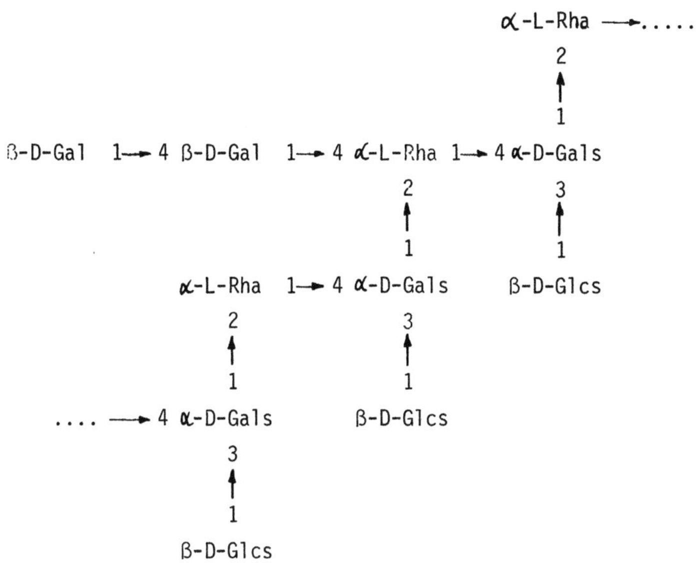

STRUKTURAUSSCHNITT AUS EINEM SCHLEIMPOLYSACCHARID (Althaea off.)

Pflanzengummen entstehen aufgrund von Verletzungen oder nach mikrobiellen Infektionen. Bei Verletzungen scheint eine spontane Bildung dieser Polysaccharide stattzufinden, die sich an der Luft verfestigen. Pflanzenschleime werden im Gegensatzu zu den Gummen von der Pflanze im normalen Wachstumsverlauf ohne äußere Reize gebildet, sie spielen für die Pflanze z.T. eine Rolle als Reservekohlenhydrate, als Wasserspeicher oder als Schutzkolloide. Wie die Gummen sind sie in Wasser löslich unter Bildung viskoser Lösung oder Gele, wobei sie nach Aufquellen beträchtliche Mengen Wasser aufnehmen. Ein typischer Vertreter der Pflanzengummen ist arabisches Gummi (Gummi arabicum), gebildet von Akazia-Arten infolge von künstlichen Verwundungen. Gummi arabicum besteht aus einem verzweigten Polysaccharid, das als 'Arabinsäure' bezeichnet wird und aus D-Galactose, L-Arabinose, L-Rhamnose und D-Glucuronsäure aufgebaut ist. Ein weiteres Gummen-Polysaccharid stellt Traganth dar, das aus einer linearen Kette von 1.4-verknüpften D-Galacturonsäureresten mit D-Xylosyl-, L-Fucosyl- und D-Galactosyl-Bausteinen besteht.

EXTRAZELLULÄRE POLYSACCHARIDE (Zellwandpolysaccharide)

Funktioneller und struktureller Aspekt des Gesamtkomplexes der pflanzlichen Zellwand

Der Gesamtkomplex der pflanzlichen Zellwand wird, da er sich außerhalb des Bereiches des lebenden Cytoplasmas befindet, als extrazellulär bezeichnet, obwohl in metabolischer Hinsicht enge Beziehungen zwischen Zellinhalt und Gerüstsubstanzen bestehen. Das Vorhandensein einer Zellwand ist für die Pflanzenzelle unerläßlich, da aufgrund des hohen osmotischen Druckes im Zellinnern pflanzliche Zellen zerreißen würden.

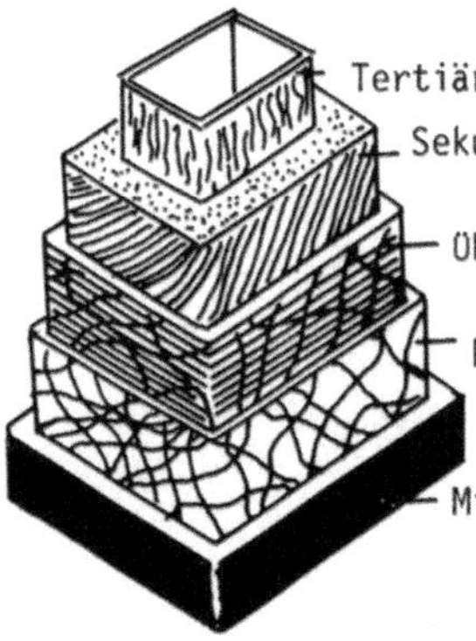

STRUKTURELLER AUFBAU DER PFLANZLICHEN ZELLWAND

Die mechanischen Eigenschaften der Zellwand sind bedingt durch einen Komplex der verschiedenartigsten Polysaccharide, die zum Teil fibrilläre Struktur und zum Teil amorphe Struktur (Matrix) haben. Daneben finden sich Polyphenole wie Lignine, Proteine und Glycoproteine, auf die in diesem Rahmen nicht näher eingegangen wird.

Zellwandpolysaccharide der höheren Pflanzen

	Strukturelle Grundlagen
Cellulose	ß-1.4-Glucan
Pektine	Galacturonane und Rhamnogalaturonane
	Arabinane
	Galactane und Arabinogalactane
Hemicellulosen (Polyosen)	Xylane
	Glucomannane und Galactoglucomannane
	Xyloglucane
	ß-D-Glucane (1.3- und 1.4)
andere Polysaccharide	ß-1.3-verknüpfte Glucane (Callose)
	Arabinogalactane
	Glucuronomannane

Im wesentlichen sind es drei Gruppen von hochpolymeren Kohlenhydraten, die im typischen Falle als Bausteine pflanzlicher Zellwände vorkommen: Cellulose, Hemicellulosen und Pektine. Im hochgeordneten Schichtenbau der Zellwand (Mittellamelle, Primär- und Sekundärwand) liegen diese Polysaccharide in verschiedenen Texturen und unterschiedlichen quantitativen Anteilen vor.

Das bekannteste Modell über die molekulare Architektur im Bereich der Zellwand wurde von Albersheim entwickelt, wobei hier insbesondere die Polysaccharidinteraktionen dargestellt werden. Hiernach scheinen alle amorphen Matrixsubstanzen (Hemicellulosen und Pektin) covalent verbunden zu sein, wobei Xyloglucan über Wasserstoffbrücken an die fibrillären Cellulosemoleküle geknüpft ist.

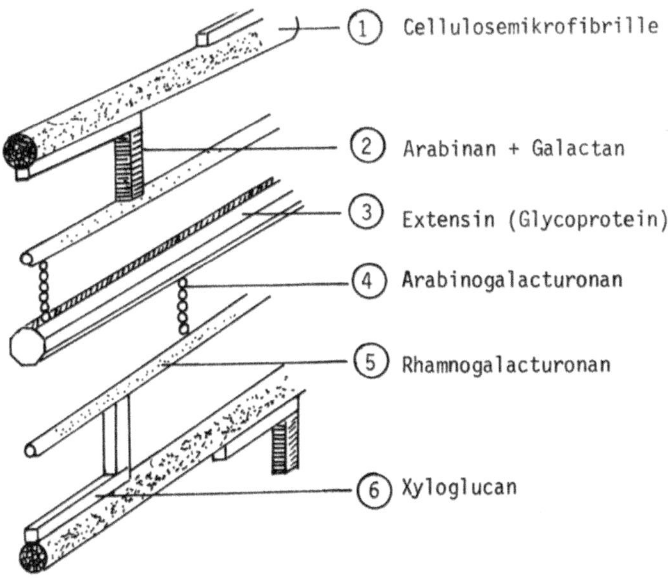

ANORDNUNG DER GERÜSTSUBSTANZEN IN DER PRIMÄRWAND

Zellwandpolysaccharide

Cellulose ist die in der Biosphäre am häufigsten vorkommende organische Substanz. In typischen Faserzellen kommt sie in variierenden Anteilen vor: Baumwollfaser 98%, Leinfaser 80%, Jutefaser 60-70%, Holzfaser 40-50%. Isolierung reiner Cellulose ist aufgrund ihrer Unlöslichkeit in den meisten Lösungsmitteln schwierig. Cellulose stellt ein lineares ß-1.4-Glucan von variierender Kettenlänge mit Polymerisationsgraden (DP) zwischen 200 und 14 000 dar. Dies entspricht einer Kettenlänge von ca. 7µ und einer relativen Molekülmasse von 2,3 x 10^6. Die charakteristischen Eigenschaften (Löslichkeit, Kristallinität, Faserstruktur) sind bedingt durch die Linearität des Makromoleküls, das durch intermolekulare Wasserstoffbrücken die Ausbildung hochgeordneter fibrillärer Strukturen ermöglicht. Neben der Cellulose können auch nicht-cellulosische Glucane Bestandteile von Zellwänden sein. Es werden häufig Glucane mit gemischtem Bindungstyp (ß-1.3-ß-1.4) oder ß-1.3-Glucane (Callose) gefunden.

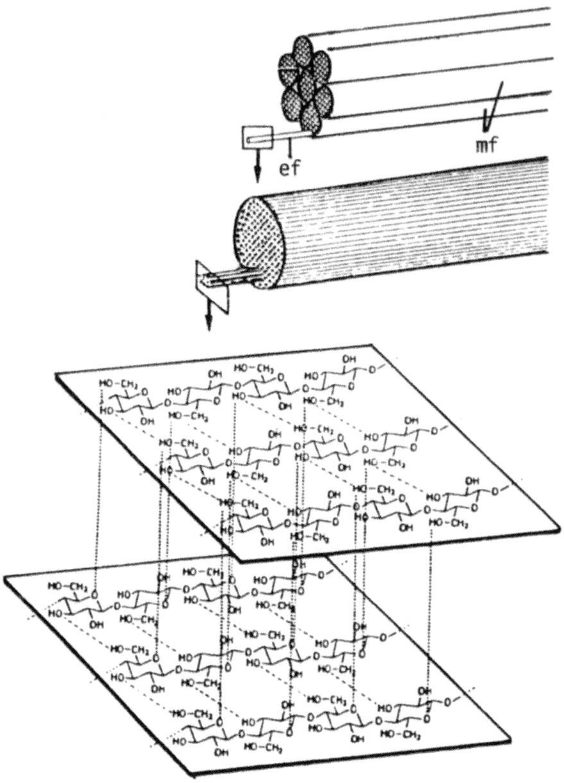

mf = Mikrofibrille
ef = Elementarfibrille

Ausbildung von Kristallstrukturen

MOLEKULARER UND ÜBERMOLEKULARER AUFBAU DER CELLULOSE

Die Anteile derartiger nicht-cellulosischer Glucane sind allerdings in der ausdifferenzierten Zellwand als nicht signifikant anzusehen.

Polyosen (Hemicellulosen): In den Zellwänden der höheren Pflanzen finden sich eine Reihe von Begleitpolysacchariden (Matrix- oder Kittsubstanzen) assoziiert mit der Cellulose. Bezüglich ihres molekularen Aufbaus und ihren übergeordneten Strukturen weisen sie eine artspezifische Vielfalt aus. Klassifizierungen dieser Gruppe werden gewöhnlich nach der chemischen Natur der Hauptzuckerbausteine vorgenommen. Die meisten Hemicellulosen sind relativ kurzkettige, verzweigte Moleküle, aufgebaut aus einigen hundert Monosaccharid-Bausteinen. Einige dieser Hemicellulosen können kristalline Regionen bilden, die denen der Cellulose teilweise ähnlich sind. Im folgenden sollen die wichtigsten Polyosen aufgeführt werden, die als ubiquitäre Matrixsubstanzen in Zellwänden nachgewiesen wurden.

(Vergl. auch Beitrag Fengel und Wegener: 'Polyosen und Lignin-Polysaccharid-Komplexe aus Holz')

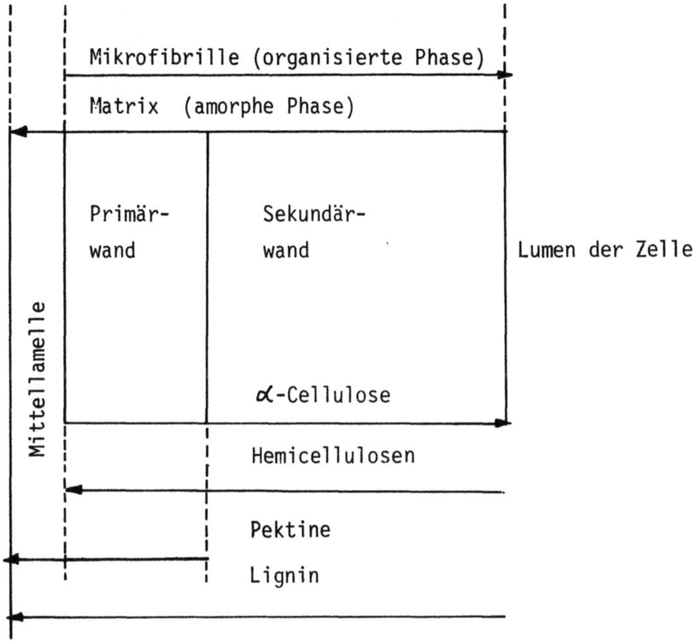

CHEMISCHE ZUSAMMENSETZUNG EINER PFLANZLICHEN ZELLWAND

Xylane (Strukturformeln siehe Beitrag Fengel und Wegener) stellen den am häufigsten auftretenden Typ der Hemicellulosen der Landpflanzen dar (5-30% im Bereich der Zellwand). Das Rückgrat dieser Polysaccharide besteht aus ß-1.4-vergnüpften D-Xylopyranoseresten, die unterschiedlich mit L-Arabinose und D-Galactose substituiert sein können. Seltener vorkommend sind ß-1.3-Xylane, die insbesondere bei den Gräsern gefunden werden. Xyloglucane, die eng assoziiert mit cellulosischen Fibrillen vorkommen, weisen eine Hauptkette von ß-1.4-verknüpften D-Glucoseresten auf, an die als Seitenkette 1.6-gebundene D-Xylosereste angehängt sind, die weiter durch D-Galactose- und L-Fucoseeinheiten verlängert sein können.

Galactane (Strukturformeln siehe Beitrag Fengel und Wegener): Als Bestandteil der Primärwand sind insbesondere Arabinogalactane nachgewiesen worden, deren Rückgrat vor allem aus ß-1.3-verknüpften D-Galactoseeinheiten besteht, die Seitenketten aus L-Arabinosyl- oder D-Galactosylresten aufweisen.

Mannane (Strukturformeln siehe Beitrag Fengel und Wegener) kommen sowohl als Reservesubstanzen wie auch in der Fraktion der Hemicellulosen als Gerüstsubstanzen vor, wobei hier bezüglich der Struktur keine wesentlichen Unterschiede bestehen. Insbesondere sind im Bereich der Zellwand Glucomannane nachgewiesen worden, daneben auch Galactoglucomannane.

Pektinverbindungen: Das gemeinsame Merkmal dieser Gruppe von komplexen Polysacchariden besteht darin, daß sie vorwiegend aus Polygalacturonsäure bestehen. Als *Pektinsäuren* werden unverzweigte Galacturonane vom Bindungstyp α-1.4 bezeichnet. In den *Pektinen* sind die Carboxylgruppen mit Methanol verestert.

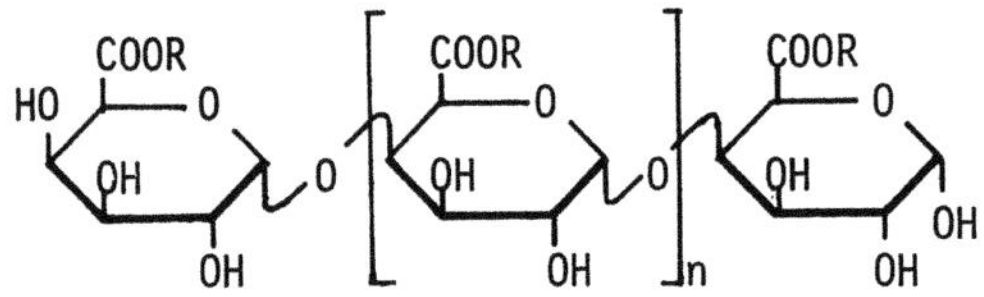

Pektin R=H oder CH_3 (1:1) Pektinsäure: R=H

Die *Protopektine* sind die nativen pektinartigen Verbindungen, die insbesondere in der Mittellamelle und in der Primärwand vorkommen.

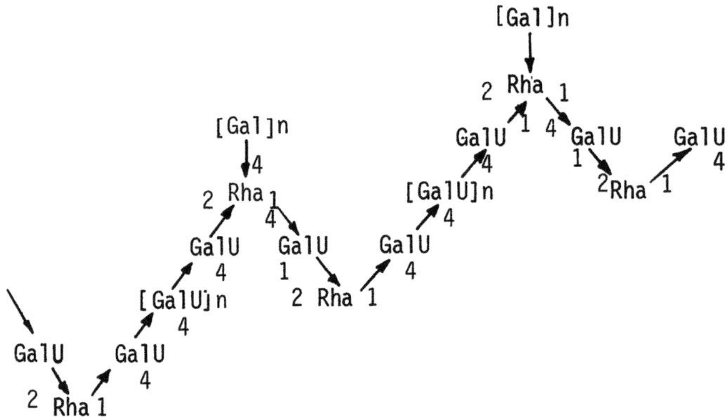

MOLEKÜLAUSSCHNITT DER PROTOPEKTINE

Hierbei handelt es sich um ein Rhamnogalacturonan, an das neutrale Polysaccharide als Seitenketten gebunden sind (Arabinane und Arabino-Galactane).

POLYSACCHARIDE DER ALGEN UND PILZE

Unterschiede zu den Polysacchariden der höheren Pflanzen

Sowohl im Bereich der Zellwandpolysaccharide wie auch bei den Reservepolysacchariden bestehen zwischen den höheren und den niederen Pflanzen deutliche Unterschiede. Dies ist insbesondere durch die unterschiedlichen Lebensweisen bedingt, wobei durch das Leben im wässrigen Milieu

(Algen und einige Pilze) andere Lebensvoraussetzungen gegeben sind, die sich z.B. in unterschiedlicher mechanischer Beanspruchung der Zellwände und damit auch im molekularen Aufbau widerspiegeln. Aber auch Unterschiede in autotropher und heterotropher Lebensweise manifestieren sich deutlich im Vorhandensein von spezifischen Polysacchariden. Die in den höheren Landpflanzen vorkommenden Hauptpolysaccharide wie Cellulose, Pektin, Stärke, Fructosane usw. sind z.T. bei Algen und Pilzen vorhanden. In vielen Fällen findet sich eine große Anzahl weiterer Kohlenhydrat-Polymere. Einige dieser Polysaccharide aus dem Bereich von Algen und Pilzen haben aufgrund ihrer chemisch-physikalischen Eigenschaften auch wirtschaftliche Bedeutung erlangt. Im folgenden werden Polysaccharide vorgestellt, die in Chemie, Lebensmittelchemie, Pharmazie etc. einsetzbar sind.

Wichtige Polysaccharidtypen

Lichenin und *Isolichenin* stellen charakteristische Kohlenhydrate der Flechten dar, die aus dem isländischen Moos (Lichen islandicus) als Rohlichenin gewonnen werden. Lichenin besteht aus etwa 60-200 D-Glucoseeinheiten, die zu 30% ß-1.3-und zu 70% ß-1.4-glycosidisch verknüpft sind. Lichenin ist im heißen Wasser löslich und bildet beim Erkalten ein festes Gel. Isolichenin enthält etwa 40 D-Glucoseeinheiten, die α-1.3- und α-1.4-glycosidische Bindungen aufweisen. Wegen des stärkeähnlichen Aufbaus löst es sich bereits im kalten Wasser und gibt auch die charakteristische Jod-Stärke-Reaktion

Laminarin wird aus verschiedenen Braunalgen (Laminaria sp.) des Atlantik durch Extraktion mit verdünnter Salzsäure gewonnen. Es handelt sich um ein relativ kurzkettiges ß-1.3-Glucan (DP 18-30) mit Mannitol als weiterem Baustein und geringen Anteilen von ß-1.6-glycosidischen Verzweigungen.

Alginsäure (Strukturformel siehe Beitrag Franz, Polysaccharide in der Pharmazie) wird ebenfalls aus Braunalgen gewonnen, die im Pazifik in großen Mengen geerntet werden. Alginsäure ist ein lineares Polysaccharid, aufgebaut aus ß-1.4-verknüpften D-Mannuronsäure- und L-Guluronsäureeinheiten, das durch Extraktion der Algen mit heißer Sodalösung und anschließender Fällung des Natriumalginats mit verdünnter Säure gewonnen wird. Alginsäure stellt im Gegensatz zu Lichenin und Laminarin ein Zellwandpolysaccharid dar. Die Natriumalginate ergeben in Wasser hochviskose Lösungen ohne die Neigung zur Gelbildung. Erst durch Zugabe von Calziumionen entstehen feste Gele.

Agar - Agar (Gelose) (Strukturformel siehe Beitrag Franz, Polysaccharide in der Pharamzie) ist Zellwandbestandteil einer Reihe von Rotalgen des Pazifischen- und Indischen Ozeans. Dieses Polysaccharid ist ein Gemisch aus Agarose (70%) und Agaropektin (30%). Bausteine der Agarose sind D-Galactose und 3.6-Anhydro-L-Galactose, die in der Agarbiose ß-1.4-glycosidisch verknüpft vorliegen. Agaropektin ist ein saures Polysaccharid, aufgebaut aus ß-1.3-verknüpften D-Galactose- und D-Galacturonsäureresten, die teilweise am C_6 mit Schwefelsäure verestert sind. Agar wird durch Auskochen des Algenmaterials mit Säure gewonnen und stufenweise gereinigt. Das Polysaccharidgemisch quillt in kaltem Wasser und löst sich in kochendem Wasser. Beim Abkühlen bildet sich ein festes Gel. Hauptanwendungsgebiet ist die Mikrobiologie: Herstellung von Nährböden mit hohem Wassergehalt, die von Mikroorganismen nicht abgebaut werden können.

Carrageen (Irländisches Moos) (Strukturformel siehe Beitrag Franz, Polysaccharide in der Pharmazie) wird aus Rotalgen gewonnen, die an den Küsten der Nordsee und des Atlantischen Ozeans in großen Mengen vorkommen. Carrageen ist ein Polysaccharidgemisch mit den Hauptkomponenten: λ-Carrageenan, das sich im kalten Wasser löst und κ-Carrageenan, das sich erst beim Erhitzen löst. Beide Polysaccharide enthalten Sulfatester-Gruppen und sind in ihrem Aufbau dem Agar ähnlich. Das λ-Carrageenan ist linear und enthält α-1.3-glycosidisch verknüpfte D-Galactose-4-Sulfatreste. Das κ-Carrageenan besteht aus ß-1.3-glycosidisch gebundenen D-Galactose-4-Sulfatresten und α-1.4-glycosidisch verknüpften 3.6-Anhydro-Galactoseresten. Aufgrund der anionischen Natur der Sulfatgruppen liegen die Carrageenane als Kalium-, Natrium- oder Magnesiumsalze vor. Die Wasserlöslichkeit der Carrageenane steigt mit dem Anteil an Sulfatresten.

Furcelleran (Dänischer Agar) wird aus einer Rotalge gewonnen, die in den nördlichen Ozeanen verbreitet vorkommen. Nach Alkalibehandlung der Algen wird das Polysaccharid mit heißem Wasser extrahiert. Furcelleran besteht aus D-Galactose und 3.6-Anhydro-L-Galactose, die sulfatiert vorliegen. Die Struktur des Furcellerans ist der von κ-Carrageenan ähnlich. Furcelleran bildet thermoreversible Gele. Das Geliervermögen hängt vom Polymerisationsgrad und vom Gehalt an Anhydrogalactose ab.

WEITERFÜHRENDE ÜBERSICHTSLITERATUR

- Enzyclopedia of Plant Physiology, Eds. W. Tanner and F. Loewus, Springer, Berlin 1982, Vol. 13A: Intracellular Carbohydrates; Vol 13B: Extracellular Carbohydrates
- The Polysaccharides, Vol. 1, Ed. G.O. Aspinall, Academic Press, N.Y. 1982
- Bioactive Carbohydrates, Eds. J.F. Kennedy and Ch.A. White, John Wiley, N.Y. 1983
- The Biochemistry of Plants; Vol. 3, Carbohydrates, Structure and Function, Ed. J. Preiss, Academic Press, N.Y. 1980
- The Biochemistry of Plants, Vol. 1, The Plant Cell, Ed. N.E. Tolbert, Academic Press, N.Y. 1980
- Die Zelle, Struktur und Funktion, 3. Aufl., Herausgeber: H. Metzner, Wiss. Verlagsges., Stuttgart 1981

Cellulose

D. Fengel

VORKOMMEN UND ISOLIERUNG

Cellulose ist die Gerüstsubstanz aller Pflanzenzellen und damit das mengenmäßig wichtigste Naturprodukt überhaupt. Dieser Zellwandbestandteil entsteht tagtäglich in großen Mengen durch Photosynthese. In der Biosphäre sind rd. $27 \cdot 10^{10}$ t Kohlenstoff in Lebewesen festgelegt, davon mehr als 99% in Pflanzen. Etwa 40% dieses Kohlenstoffs ist in Cellulose gebunden. Damit berechnet sich die Menge der Cellulose im Pflanzenreich zu $26{,}5 \cdot 10^{10}$ t.

Cellulose ist nicht nur in hochentwickelten Pflanzen enthalten, sondern auch in niederen Organismen wie Bakterien, Flagellaten und Algen. Hohe Cellulosegehalte von 80 - 95% findet man in Samenhaaren (Baumwolle) und Bastfasern (Ramie, Flachs, Hanf); im Holz sind 40 - 50%, in Moosen und Bakterien 20 - 30% Cellulose.

Die Art der Isolierung der Cellulose hängt von den Begleitsubstanzen ab. Bei Baumwolle und Ramie können Fette, Wachse, Protein und Pektin leicht durch Extraktion mit Lösungsmitteln und verdünntem Alkali entfernt werden. Wegen der innigen Vergesellschaftung mit Polyosen und Lignin gelingt die Celluloseabtrennung aus Holz nur durch intensive Behandlung mit aggressiven Chemikalien. Im Labor verwendet man zur Ligninentfernung Chlor, Natriumchlorit oder Peressigsäure. Im technischen Maßstab behandelt man Holz unter Druck und erhöhter Temperatur mit Chemikalienlösungen (Zellstoffgewinnung) (Fengel, Wegener 1984).

KONSTITUTION UND KONFIGURATION

Im Gegensatz zu anderen Zellwandpolysacchariden zeigt die Cellulose bei allen Pflanzen die gleiche chemische Struktur. Cellulose ist ein linearpolymeres Glucan und besteht aus Glucose-Einheiten, die β-(1→4)-glycosidisch miteinander verbunden sind. Die Glucopyranose-Ringe der Cellulosekette befinden sich im energieärmsten Zustand, d.h. in äquatorialer Sesselkonfiguration (Abb. 1). Daraus resultiert eine gestreckte Orientierung der Cellulosemoleküle in den übermolekularen Strukturelementen der Zellwand.

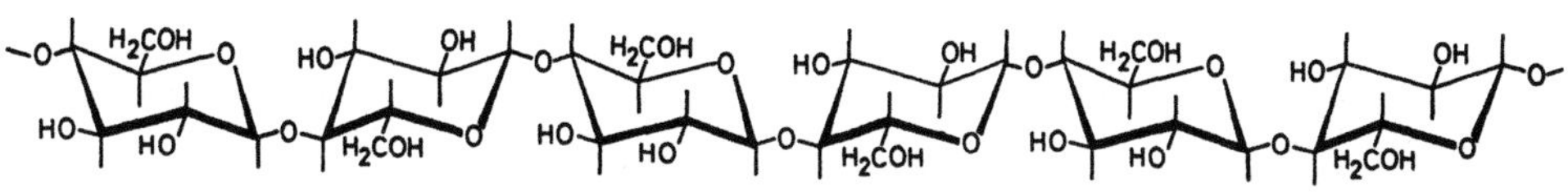

Abb. 1. Sterische Celluloseformel

An beiden Enden eines Cellulosemoleküls befinden sich Hydroxylgruppen, die zwar formal gleich sind, aber unterschiedliche Eigenschaften besit-

Polysaccharide
Herausgegeben von W. Burchard

zen. Die OH-Gruppe am C1 ist eine Aldehydhydrat-Gruppe, die sich aus der intramolekularen Halbacetalbindung ergibt. Somit wirkt diese Gruppe reduzierend. Die OH-Gruppe am C4 ist, wie auch die übrigen OH-Gruppen jeder Glucose-Einheit, eine alkoholische OH-Gruppe und wirkt daher nicht reduzierend.

CELLULOSE-LÖSUNGSMITTEL

Für die Untersuchung ihrer molekularen Eigenschaften ist es notwendig, die Cellulose in Lösung zu bringen. Trotz ihres hydrophilen Charakters ist sie aber aufgrund ihrer Molekülgröße und ihrer übermolekularen Struktur in keinem der üblichen Lösungsmittel löslich. Direkt auflösen läßt sich Cellulose nur in konzentrierten Säuren (Phosphorsäure, Trifluoressigsäure), wobei allerdings die Molekülketten teilweise hydrolytisch gespalten werden.

Aufgrund der vielen OH-Gruppen entlang des Kettenmoleküls ist die Cellulose jedoch sehr reaktionsfähig und kann derivatisiert werden. Zur Derivatisierung gehört die Umwandlung in Ester (Cellulosenitrat, -acetat, -carbanilat), die in organischen Lösungsmitteln löslich sind, und in wasserlösliche Ether (Methyl-, Carboxymethylcellulose).

Auch durch Anlagerung von Metallkomplexen an die OH-Gruppen kann man Cellulose in Lösung bringen. Solche Metallkomplexe sind z.T. schon sehr lange bekannt, wie z.B. Cuoxam (Kupferoxid-Ammoniak) und Cuen (Kupfer-Ethylen-Hydroxid). Eine Reihe verschiedener, celluloselösender Metallkomplexe wurde in den fünfziger Jahren entdeckt (Jayme 1971), von denen jedoch nur das farblose Cadoxen und das grüne EWNN (FeTNa) praktische Bedeutung erlangten.

Vor einigen Jahren wurden nicht-wässrige Lösesysteme entwickelt mit DMF und DMSO als Lösungsmittel, in denen die Cellulose gleichzeitig derivatisiert und aufgelöst wird.

In Lösung verlieren die Cellulosemoleküle ihre gestreckte Form und gehen mit zunehmender Verdünnung in eine lockere Knäuelform über. Der Löseprozeß beginnt an der Oberfläche der übermolekularen Cellulosestrukturen. Beim Eindringen des Lösungsmittels in die Struktur wird der Abstand zwischen den Molekülen vergrößert, wobei zunächst ein dichtes Molekül-Netzwerk mit assoziierten Teilchen entsteht (Schurz 1977). Erst eine hohe Verdünnung (Konzentrationen unter 0,1%) führt zu einer idealen Trennung in einzelne Moleküle.

KETTENLÄNGE

Da es sich bei der Cellulose um ein Linearpolymer mit einheitlichen Bausteinen handelt, wird die Molekülgröße im allgemeinen als Polymerisationsgrad angegeben. Der Durchschnitts-Polymerisationsgrad (DP, $\bar{P}$) einer Celluloseprobe hängt von ihrer Herkunft und ihrer Vorbehandlung ab. So weisen Baumwoll-Cellulose (aus noch nicht geöffneten Kapseln) einen DP von 15 000, Holz-Cellulose einen DP von 7 000 - 9 000, Zellstoff einen DP von 1 000 - 3 000 und Reyon einen DP von 300 auf (Goring, Timell 1962; Jayme et al. 1969).

Man geht davon aus, daß native Cellulose einen hohen DP-Wert (10 000 -

15 000) besitzt und die Kettenlänge ziemlich einheitlich ist. Erst durch eine chemische Behandlung bei der Isolierung oder Reinigung wird die Kettenlänge reduziert und eine polydisperse Verteilung der P-Werte erhalten (Abb. 2).

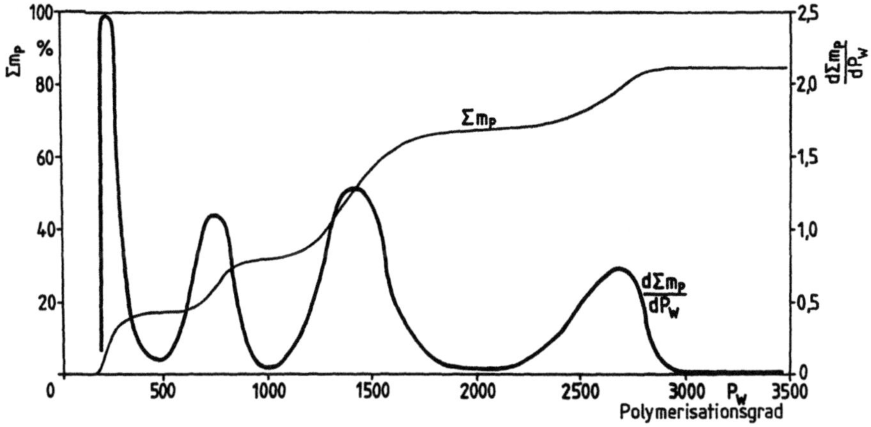

Abb. 2. Integrale und differentiale Verteilung des Polymerisationsgrades in Alpha-Cellulose aus Fichtenholz (nach Fengel u. Wegener 1984)

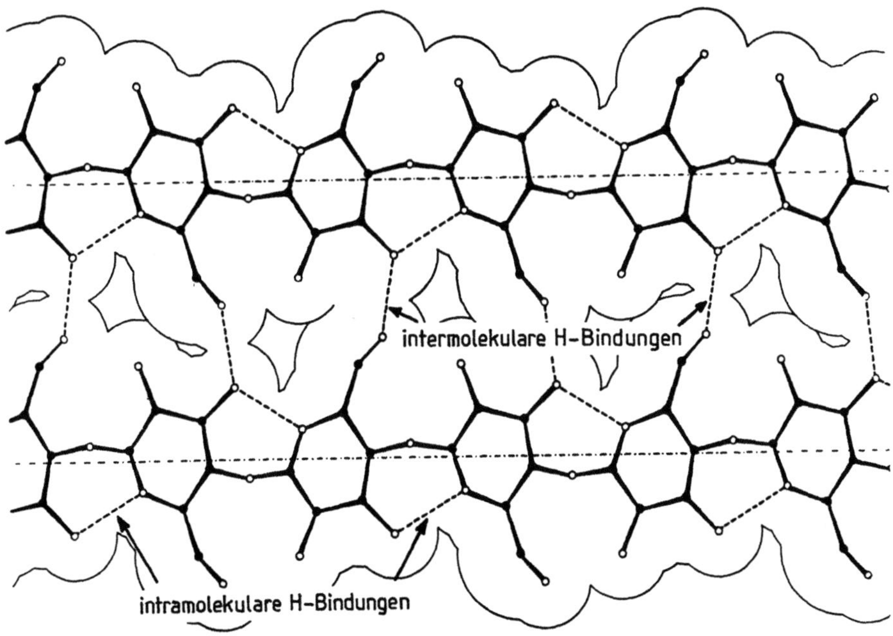

Abb. 3. Intramolekulare und intermolekulare Wasserstoffbrücken-Bindungen bei zwei benachbarten Celluloseketten

WASSERSTOFFBRÜCKEN-BINDUNGEN

Die Cellulosemoleküle stellen sehr lange (5 000 nm bei DP 10 000) und dünne Bändchen (1 nm breit, 0,5 nm dick) dar. Diese Bändchen sind innerhalb der pflanzlichen Zellwände zu übermolekularen Strukturen geordnet, die auf der Ausbildung von Wasserstoffbrücken-Bindungen (H-Bindungen) beruhen. Dabei führen intramolekulare H-Bindungen zwischen benachbarten Glucose-Einheiten des gleichen Moleküls zu einer Versteifung der Kette, durch intermolekulare H-Bindungen zwischen benachbarten Molekülen werden diese zusammengehalten (Abb. 3).

H-Bindungen sind verantwortlich für die Fibrillenstruktur in der Zellwand und die Festigkeit von Zellstoff und Papier. Nach dem Aufschluß befinden sich Cellulosefasern in einem hochgequollenen Zustand, d.h. die Oberflächen der übermolekularen Cellulosestrukturen sind mit Wassermolekülen besetzt und die interfibrillären Räume mit Wasser gefüllt. Bei der Trocknung wird das Wasser zwischen den Oberflächen entfernt, die Fasern schrumpfen und trocknen aufeinander auf unter Ausbildung von H-Bindungen (Nissan, Sternstein 1964) (Abb. 4).

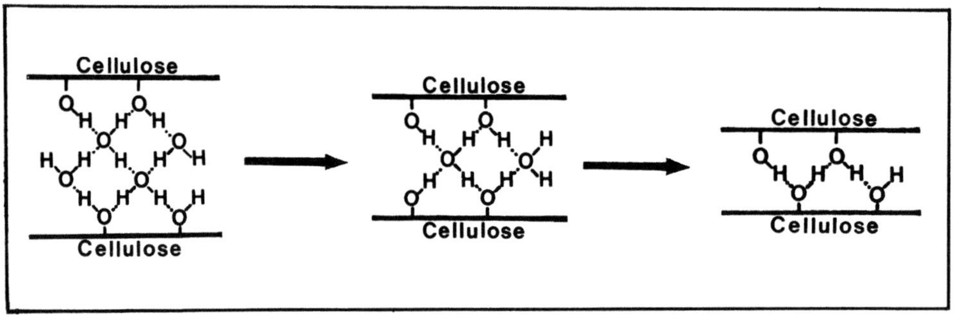

Abb. 4. Trocknungsvorgang zwischen Celluloseoberflächen

KRISTALLGITTER DER CELLULOSE

Die regelmäßige Anordnung der Hydroxylgruppen entlang der Celluloseketten führt zu einer regelmäßigen Ausbildung von H-Bindungen und damit zu einem Ordnungssystem mit kristallinen Eigenschaften. Die Cellulose kann sogar verschiedene Kristallgitter bilden. Native Cellulose wird als Cellulose I bezeichnet. Diese besitzt ein monoklines Gitter vom primitiven Typ mit einer Translation von 1/2 (Meyer, Misch 1937). Aus Abb. 5 geht hervor, daß das Cellulose-I-Gitter aus gegenläufigen Kettenpaaren besteht. Einer solchen Anordnung liegt eine optimale H-Bindung zwischen benachbarten Molekülen zugrunde. Nach der Berechnung der Packungsenergie ergibt sich allerdings eine stabilere Form bei parallelem Kettenverlauf (Sarko 1976).

Die Cellulose I ist verhältnismäßig einfach in andere Kristallformen überzuführen. Die für technische Prozesse wichtigste Umwandlung ist die in Cellulose II. Sie erfolgt durch Behandlung von nativer Cellulose mit Alkali, bevorzugt mit NaOH. Zunächst wird dabei das Cellulose-I-Gitter durch Einlagerung von NaOH aufgeweitet unter Verschiebung seiner Git-

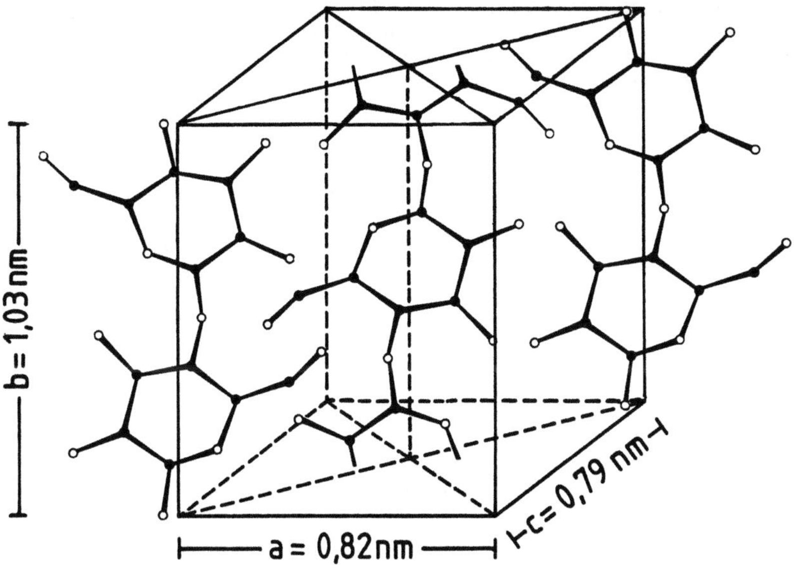

Abb. 5. Kristallgitter der Cellulose I

terebenen. Es entsteht das Gitter der Na-Cellulose I (Takal, Colvin 1978) (Abb. 6). Durch intensives Auswaschen mit Wasser werden die Fremdmoleküle aus dem Gitter entfernt und man erhält schließlich das Gitter der Cellulose II (Abb. 6). Regeneratcellulose (Reyon, Zellglas) liegt immer in diesem Gitter vor.

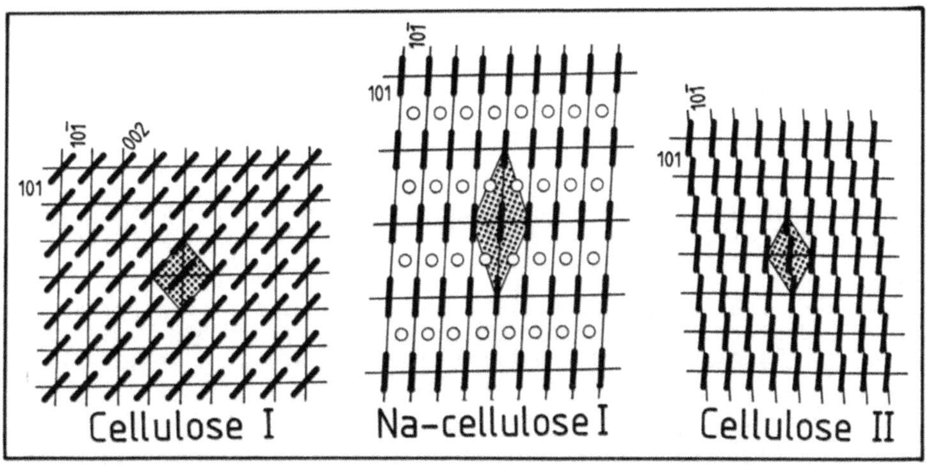

Abb. 6. Gitter von Cellulose I, Na-Cellulose I und Cellulose II (Ebene a-c)

Weitere Kristallformen sind die Cellulose III und die Cellulose IV, die sowohl durch Umwandlung von Cellulose I als auch von Cellulose II erhalten werden können (Ellefsen et al. 1964). Eine Rückumwandlung ist nur in die jeweilige Ausgangsform möglich (Abb. 7).

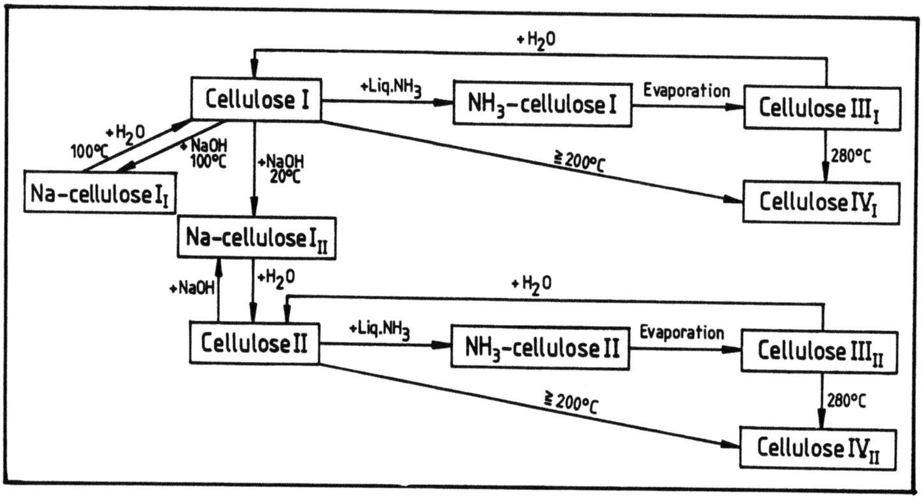

Abb. 7. Umwandlung der Cellulose in verschiedene Kristallformen (nach Fengel und Wegener 1984)

KRISTALLINITÄT

Aus Röntgendiffraktogrammen der Cellulose läßt sich nicht nur der Gittertyp, sondern auch der Grad der Kristallinität und damit der Anteil an weniger gut geordneten Molekülen in einer Probe ermitteln. Für Samenhaare und Bastfasern wurde die Kristallinität der Cellulose zu 70 - 80%, für Zellstoff zu 60 - 70% und für Regeneratfasern zu 45% bestimmt (Hindleh, Johnson 1972). Aus der Berechnung der spezifischen Oberfläche ergeben sich allerdings deutlich höhere Werte (Scallan 1971).

Die kristallinen Bereiche der Cellulose werden von Defektstellen unterbrochen, so daß eine longitudinale Periodizität in den Cellulosefibrillen auftritt. Bereiche mit Störstellen werden leichter von Säuren angegriffen als die kristallinen Bereiche. So wird bei partieller Säurehydrolyse der DP einer Celluloseprobe sehr rasch auf einen bestimmten Grenzwert reduziert (leveling-off-Polymerisationsgrad, DP_L), der sich dann aber bei längerer Säureeinwirkung nur noch wenig ändert (Battista 1950) (Abb. 8).

Die kristallinen Bereiche der Cellulose können durch intensive trockene Mahlung völlig zerstört werden, so daß nur noch amorphe Cellulose zurückbleibt. Bei der Befeuchtung einer solchen Cellulose tritt eine Rekristallisation ein. Rekristallisationserscheinungen sind auch nach intensiver Säurehydrolyse zu beobachten (Fengel 1967). Ein Wiederaufbau von fibrillären Strukturen wird auch beim Ausfällen von Cellulose aus Lösungen erzielt. Es ist anzunehmen, daß diesen Erscheinungen ein interner Matrizenmechanismus zugrunde liegt (Fengel, Wegener 1984).

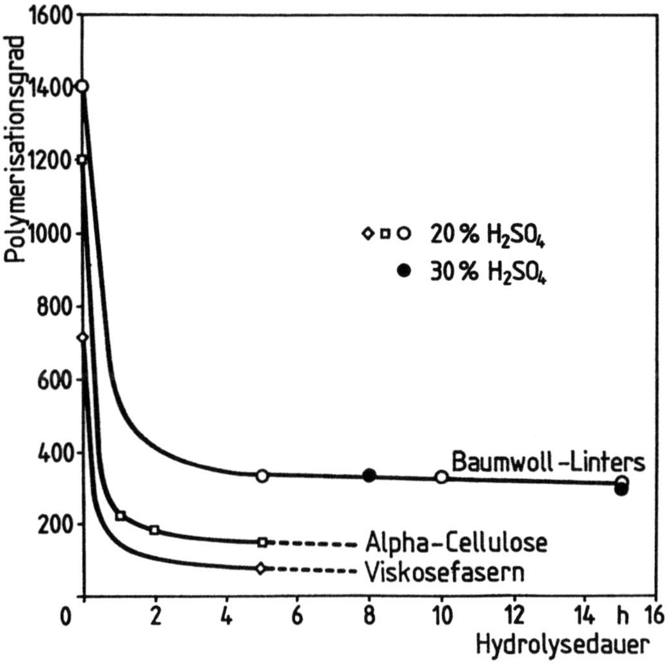

Abb. 8. Änderung des Polymerisationsgrades verschiedener Celluloseproben bei partieller Hydrolyse

FIBRILLENSTRUKTUR

Die fibrilläre Organisation der Cellulose kann im Elektronenmikroskop beobachtet werden. Die originären Cellulosefibrillen der Zellwand haben Durchmesser von 2 - 4 nm. Diese Fibrillen, die als Grundeinheiten der übermolekularen Cellulosestruktur anzusehen sind (Elementarfibrillen, Protofibrillen), lassen sich durch intensive mechanische und chemische Behandlung in Längsrichtung bis zu den Molekülen aufspalten (Fengel 1978). Möglicherweise sind die Elementarfibrillen in der Zellwand zu größeren Einheiten zusammengelagert (Mikrofibrillen mit Durchmessern von 10 - 30 nm). In der Holzzellwand sind die Fibrillen eng mit Polyosen und Lignin vergesellschaftet (Fengel 1971).

Die innere Struktur der Fibrillen ist noch nicht völlig aufgeklärt, und es werden verschiedene Modelle diskutiert. Die Modelle lassen sich aber auf drei Grundtypen zurückführen (Abb. 9):

a) Micellenmodell, bei dem die weniger geordneten Bereiche von Molekülketten gebildet werden, die von einer Fibrille zur anderen überwechseln. Mit diesem Modell kann eine gewisse Variabilität der Fibrillendurchmesser erklärt werden (Dolmetsch, Dolmetsch 1968).

b) Strangmodell, das aus individuellen Fibrillen gleichen Durchmessers mit ungeordneten Bereichen bzw. Defektstellen besteht (Mühlethaler 1969). Besonders im zweiten Fall sind zusätzliche ungeordnete Cellulosemoleküle notwendig, damit der entsprechende Kristallinitätsgrad erreicht wird.

c) Faltungsmodell, bei dem die ungeordneten Bereiche mit den Umkehrstellen der Molekülketten zu erklären sind. Durch die Umkehr der Moleküle ergibt sich ein antiparalleler Kettenverlauf (Marx-Figini, Schulz 1966; Manley 1964). Das physikalische Verhalten der Cellulose widerspricht allerdings einem solchen Modell.

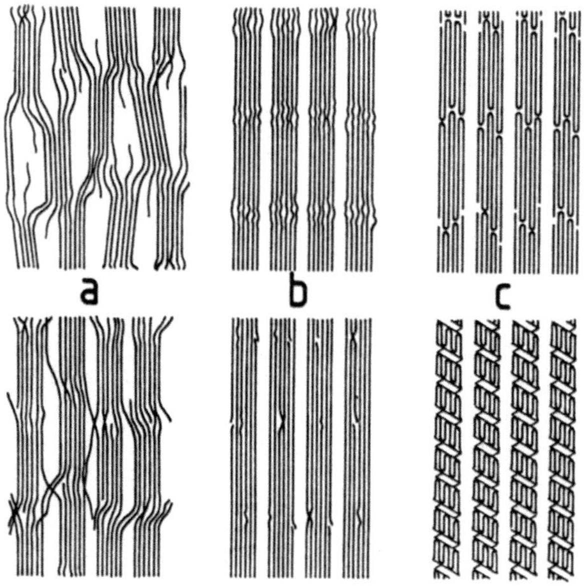

Abb. 9. Modelle für die innere Struktur der Cellulosefibrillen (nach Fengel u. Wegener 1984)

VERWENDUNG

Die cellulosischen Faserstoffe werden eingeteilt in Fruchtfasern (Kokosfasern), Blattfasern (Sisal, Manila), Bastfasern (Jute, Flachs, Hanf), Samenhaare (Baumwolle, Kapok) und Holzfasern (Nadelholz-, Laubholz-Zellstoff), die in unterschiedlichem Maße Verwendung finden. Die mengenmäßig wichtigsten sind Zellstoff und Holzschliff (Weltproduktion 127 Mio t/a) und Baumwolle (45 Mio t/a), in Abstand gefolgt von Jute (3 Mio t/a) (VDP 1983; Statistisches Bundesamt 1983).

Bastfasern, Blattfasern und Fruchtfasern werden im allgemeinen zu groben Geweben, Seilen, Netzen u.ä. verarbeitet. Lediglich Flachs findet Verwendung für feinere Textilien (Leinen, Halbleinen). Textilien und technische Gewebe sind das Hauptverwendungsgebiet für Baumwolle (Schliefer 1975).

Zellstoff geht vorwiegend in die papiererzeugende Industrie, wo Schreib-, Druck-, Hygiene-, Verpackungspapiere, Karton und Pappe daraus hergestellt werden. Aus hochveredelten Zellstoffen gewinnt man Regeneratcellulose (Reyon, Zellwolle, Zellglas), Celluloseether (Methyl-, Hydroxyethyl-, Carboxymethylcellulose) und Celluloseester (Cellulosenitrat, -acetat) (Balser, Iseringhausen 1975; Eicher, Fischer 1975; Fengel, Wegener 1984).

LITERATUR

Balser K, Iseringhausen M (1975) Celluloseäther. In: Ullmanns Encyklopädie der technischen Chemie, 4. Aufl, Bd 9. Verlag Chemie, Weinheim, S 192-212

Battista O A (1950) Hydrolysis and crystallization of cellulose. Ind Eng Chem 42: 502-507

Dolmetsch H, Dolmetsch H (1968) Über die Beziehungen zwischen Kristalliten, Elementarfibrillen und zugänglichen Bereichen in Cellulosefasern insbesondere in Holzfaserzellwänden. Papier 22: 1-11

Eicher, T, Fischer W (1975) Celluloseester. In: Ullmanns Encyklopädie der technischen Chemie, 4. Aufl, Bd 9. Verlag Chemie, Weinheim, S 227-246

Ellefsen Ø, Kringstad K, Tønnesen B A (1964) The structure of cellulose as judged by X-ray methods. Norsk Skogind 18: 419-430

Fengel D (1967) Beiträge zum übermolekularen Bau von Cellulose und Polyosen aus Holz. Papier 21: 635-645

Fengel D (1971) Ideas on the ultrastructural organization of the cell wall components. J Polymer Sci, Pt C, No 36: 383-392

Fengel D (1978) Über die fibrilläre Struktur von Cellulose aus Holz. Holzforschung 32: 37-44

Fengel D, Wegener G (1984) Wood - Chemistry, ultrastructure, reactions. W de Gruyter, Berlin New York

Goring D A I, Timell T E (1962) Molecular weight of native celluloses. Tappi 45: 454-460

Hindeleh A M, Johnson D J (1972) Crystallinity and crystallite size measurement in cellulose fibres: I. Ramie and Fortisan. Polymer 13: 423-430

Jayme G (1971) New solvents. In: Bikales N M, Segal L (eds) Cellulose and cellulose derivatives. Wiley-Intersci, New York London Sydney Toronto, p 381-410

Jayme G, Roffael E, Hasvold K K (1969) Einfluß der Kristallinität und der Kristallitbreite von Cellulose auf ihre Löslichkeit in Cadoxen. Papier 23: 597-600

Manley R S J (1964) Fine structure of native cellulose microfibrils. Nature 204: 1155-1157

Marx-Figini M, Schulz G V (1966) Über die Kinetik und den Mechanismus der Biosynthese der Cellulose in den höheren Pflanzen (nach Versuchen an den Samenhaaren der Baumwolle). Biochim Biophys Acta 112:81-101

Meyer K H, Misch L (1937) Position des atomes dans le nouveau modèle spatial de la cellulose. Helv Chim Acta 20: 232-244

Mühlethaler K (1969) Fine structure of natural polysaccharide systems. J Polymer Sci, Pt C, No 28: 305-316

Nissan A H, Sternstein S S (1964) Cellulose-fiber bonding. Tappi 47: 1-6

Sarko A (1976) Crystalline polymorphs of cellulose: Prediction of structure and properties. Appl Polymer Symp No 28: 729-742

Scallan A M (1971) A quantitative picture of the fringed micellar model of cellulose. Textile Res J 41: 647-653

Schliefer K (1975) Cellulosefasern, natürliche. In: Ullmanns Encyklopädie der technischen Chemie, 4. Aufl, Bd 9. Verlag Chemie, Weinheim,

S 247-253
Schurz J (1977) Cellulose solutions of network type: Characterization and properties. Cell Chem Technol 11: 3-28
Statistisches Bundesamt (1983) Statistisches Jahrbuch 1983 für die Bundesrepublik Deutschland. Kohlkammer, Stuttgart Mainz.
Takal M, Colvin J R (1978) Mechanism of the transition of cellulose I to cellulose II during mercerization. J Polymer Sci, Polymer Chem Ed 16: 1335-1342
VDP (1983) Papier '83. Ein Leistungsbericht der Deutschen Zellstoff- und Papierindustrie. Verband Deutscher Papierfabriken e V, Bonn

Stärke

Beate Pfannemüller

DAS STÄRKEKORN

Polysaccharide als Polyole haben die Fähigkeit, starke Wechselwirkungen mit Wasser einzugehen und Wasserstoffbrücken auszubilden. Während die Cellulose als Strukturpolysaccharid Wasserstoffbrückenbindungen intra - aber vor allem intermolekular ausbildet und als native Faser (Cellulose I) auch ohne Wasser kristallisiert, stellt Wasser für Stärke einen integralen Bestandteil dar. Völlig getrocknete Stärke liefert ein amorphes Röntgenbeugungsdiagramm. Das zeigt sich bereits an den Dimeren, ß-Cellobiose kristallisiert ohne Wasser, ß-Maltose nur als Monohydrat.

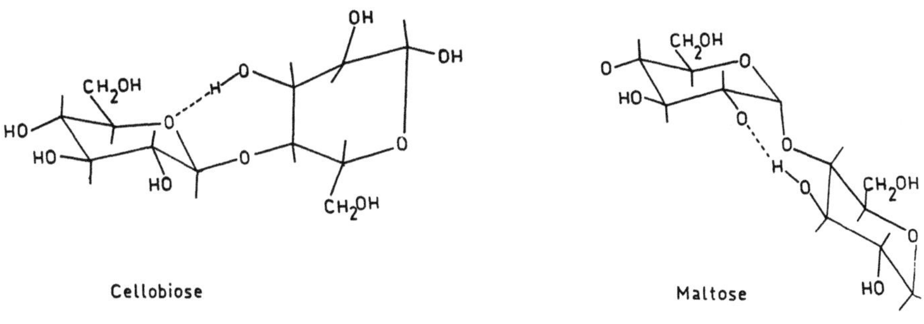

Abb. 1. Konformation der Cellobiose und Maltose

An dem Grundmuster der Dimeren (Abb. 1) läßt sich ablesen, daß die equatorial-equatoriale ß(1,4)-glycosidische Bindung die gestreckte Zickzackkette der Cellulose vorgibt, die Parallellagerung der Ketten, intermolekulare Wasserstoffbrücken und Schwerlöslichkeit bedingt; die axialequatoriale α(1,4)-glycosidische Bindung begünstigt eine helikale oder mehr verknäuelte Struktur der Amylose und damit die vergleichsweise bessere Löslichkeit.

Polysaccharide
Herausgegeben von W. Burchard

Die Hauptmenge der genutzten Stärke entsteht in den Amyloplasten, die in Samen, Knollen, Zwiebeln oder Wurzelstöcken höherer Pflanzen vorkommen. Die in diesen Zellorganellen gespeicherten Stärkekörner haben einen Durchmesser von 2 bis 1oo µm. Sie enthalten nahezu reine Stärke, Getreidestärken noch 1-2 % Fette oder Fettsäuren, Knollenstärken wie Kartoffelstärke o,o7-o,22 % Phosphat als Estergruppen an Amylopektin gebunden. Die Stärke läßt sich durch feuchtes Mahlen und Sedimentation leicht isolieren. Auf rasterelektronenmikroskopischen Aufnahmen wird die je nach Herkunft variable Struktur deutlich sichtbar.

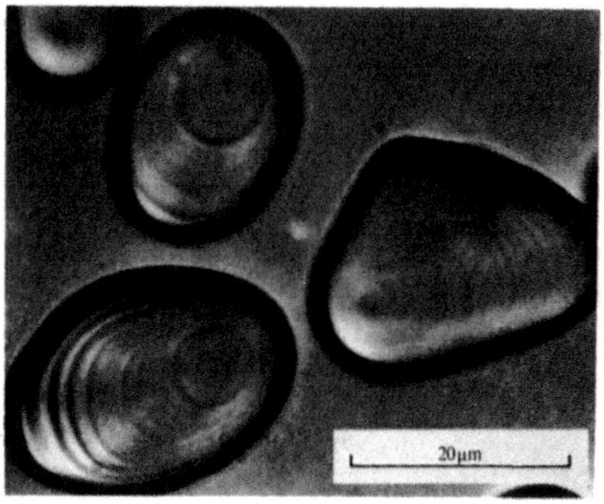

Abb. 2.Lamellarer Aufbau des Stärkekorns

Den lamellaren Aufbau des Stärkekorns und die konzentrischen Schichten, die vom sog. Hilum des Amyloplasten als Keimbildungszentrum der Synthese ausgehen, erkennt man nur bei ausreichendem Wassergehalt. Diese Schichten sind nicht sichtbar bei Suspension der trockenen Stärkekörner in Pentan, das den gleichen Brechungsindex wie Wasser hat, aber kein Quellungsvermögen. Die Schichten beruhen demnach auf Regionen mit unterschiedlichem Quellungsverhalten. Das Stärkekorn zeigt im polarisierten Licht das typische Malteserkreuz (Abb. 3).

Daher müssen die Moleküle innerhalb des Korns einen hohen Orientierungsgrad besitzen. Alle nativen Stärken geben gut definierte Röntgenbeugungsdiagramme, unterschieden wird der Typ A, vorwiegend in Getreidestärken und der Typ B in Knollenstärken. Wenn Stärkekörner mit Säure behandelt werden, nimmt die Kristallinität zu und die konzentrischen Schichten werden noch deutlicher sichtbar. Es ist bei manchen Stärken möglich, 7o % oder mehr des Stärkematerials herauszulösen, ohne daß die Kornstruktur makroskopisch ihre Integrität verliert.

Abb. 3. Doppelbrechung des Stärkekorns

Es gibt wohl kaum ein Polysaccharid, über das von alters her so viel Literatur existiert (s. allgemeine Literatur). Obwohl im Laufe der Zeit einige wichtige Aspekte zur physikalischen Struktur der Stärkekörner klarer geworden sind, bleibt das Bild immer noch unvollständig (van den Berg 1981). Widersprüchliche Ergebnisse und Interpretationen betreffen folgende Fragen: a) Verteilung von Amylose und Amylopektin im Korn, ihre Lokalisierung und Organisation; b) Porosität des Korns; c) Feinarchitektur aus Untereinheiten wie kleinen Blöcken, Mikrogranula oder Fasern; d) Kristallinitätsgrad; e) Rolle des Wassers bei der Strukturierung. Seine optimale Festigkeit erhält das Stärkekorn erst mit Wasser, Getreidestärken mit ca. 12 %, Kartoffelstärke mit ca. 18 %. Wasser ist also neben Amylopektin und Amylose ein nicht zu vernachlässigender Anteil. Wenn man bedenkt, wie schwer es ist, die Wasserstruktur zu verstehen, ist erstaunlich, daß die biologisch gebildete Einheit im Stärkekorn auch mit den neuesten Methoden nur langsam aufgeklärt werden kann.

DIE QUELLUNG DES STÄRKEKORNS

Die häufigste Anwendung der Stärke beruht auf ihrer Fähigkeit zur Wasseraufnahme und ihrer Quellbarkeit. Luftgetrocknete Stärkekörner quellen bei Suspension in Wasser rasch an, wobei ihr Durchmesser um etwa 3o-4o % zunimmt.Beim Erwärmen unter vorsichtigem Rühren bleiben die Gestalt und die optischen Eigenschaften erhalten, bis bei einer bestimmten Temperatur plötzlich irreversible Veränderungen einsetzen

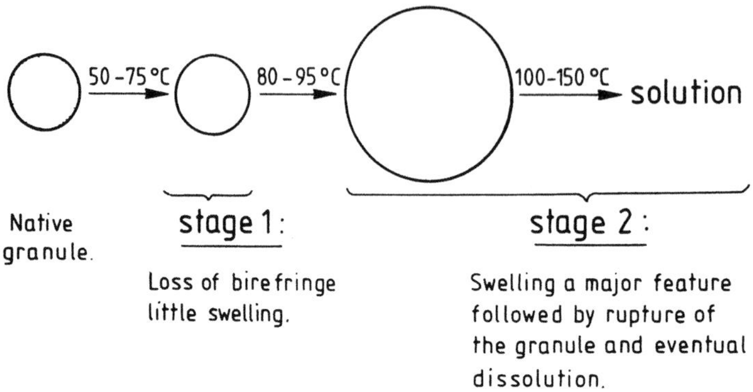

Abb. 4. Schematische Darstellung der sichtbaren Veränderungen beim Quellen des Stärkekorns (van den Berg 1981)

(van den Berg 1981). Die Körner beginnen ihre Doppelbrechung zu verlieren und quellen beträchtlich an. Diesen Temperaturbereich von etwa 10°C, in dem alle Körner diesen Prozeß durchlaufen, nennt man die Gelatinisierungstemperatur. Bei weiterem Erhitzen nimmt die Quellung der Körner stetig zu, sie verlieren ihre irreguläre Morphologie und sehen aus wie ein Blasebalg. Der Anstieg der optischen Transparenz, der Löslichkeit und der Viskosität erfolgt gleichzeitig. Die Viskosität erreicht ein Maximum, wenn der gesamte Raum mit gequollenen Teilchen ausgefüllt ist. In diesem Stadium beginnt die Diffusion eines Teils der Amylose aus dem Korn. Bevor sie platzen, können die Körner 2o-4o g Wasser pro 1 g Stärke aufnehmen. Oberhalb dieses kritischen Punktes brechen die Teilchen auf und die Viskosität fällt stark ab. Die zweite Stufe der Gelatinisierung, bei der eine echte homogene Lösung entsteht, liegt über 1oo°C, für Kartoffelstärke bei ca. 12o°C, für amylosereiche Stärke sogar erst um 15o°C.

Zur Charakterisierung des Gelatinisierungsverhaltens verschiedener Stärkesorten eignen sich Messungen am Brabender Viskoamylographen, die mit einem standardisierten Zeit-Temperaturprogramm durchgeführt werden (Abb. 5). Kartoffelstärke zeigt eine besonders hohe Viskosität und Quellung. Möglicherweise hängt dies mit dem Phosphatgehalt der Kartoffelstärke zusammen. Durch die Abstoßung der geladenen Gruppen würde die Assoziation gegenüber den phosphatfreien Getreidestärken herabgesetzt.

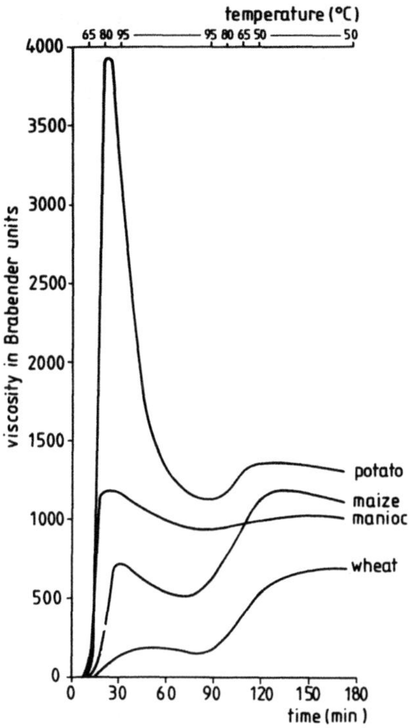

Abb. 5. Viskositätszunahme verschiedener Stärken bei der Gelatinisierung (van der Berg 1981)

Durch mechanische Beschädigung der Stärkekörner, z. B. beim trockenen Mahlen, gehen die Verkleisterungseigenschaften verloren. Säurevorbehandlung führt zu geringerer Quellung, vermutlich wegen der Erhöhung der Kristallinität. Der Übergang zur Verkleisterung wird von van den Berg als ein Schmelzprozeß interpretiert. Wenn man die Stärkesuspension tempert, d. h. für längere Zeit knapp unterhalb der Gelatinisierungstemperatur hält,wird der sonst breitere Temperaturbereich der Quellung (55-65° oder 62-72°) verschärft und zur oberen Grenztemperatur verschoben. Diese Beobachtung wird durch eine Rekristallisation defekter Kristallite erklärt. Der wirkliche Schmelzpunkt der reinen Stärkekristalle in Wasser liegt etwas höher als der Verkleisterungsbereich erkennen läßt. In der ersten Stufe der Gelatinisierung, 5o-7o°C, schmelzen die Stärkekristallite und bilden ein Polymernetzwerk. Bei dieser Temperatur geht nur Amylose in Lösung, aber ein großer Teil bleibt noch zurück. Im zweiten Stadium, bei etwa 1OO°C, wird das Netzwerk aufgebrochen und schließlich eine Lösung aus Amylose und Amylopektin erhalten.

AMYLOSE UND AMYLOPEKTIN

Hinweise auf zwei Komponenten unterschiedlicher Löslichkeit in der

Stärke finden sich schon in der älteren Literatur. Den Nachweis für die konstitutionelle Verschiedenheit der linearen und verzweigten Komponente erbrachte dann 1940 K. H. Meyer (1940, 1941) in einer Serie von grundlegenden, noch heute gültigen Arbeiten. Einen entscheidenden Fortschritt zur Trennung von Amylose und Amylopektin bedeutete die Einführung der Butanolfraktionierung durch Schoch (1941). Durch Zugabe von Butanol zur erhitzten wässrigen Stärkesuspension (Diffusionsamylose bei 65°C, Dispersionsamylose bei 100°C) fällt beim langsamen Abkühlen auf Raumtemperatur die Amylose als unlöslicher Butanolkomplex aus, das Amylopektin bleibt als Gel oder gelöst zurück. Mehrfache Wiederholung führt zur quantitativen Abtrennung des normalen Amylopektins. Das Amylopektin selbst wird mit Methanol ausgefällt. Zu diesem Verfahren gibt es Varianten. Banks und Greenwood (1975) verwenden zur Komplexierung der Amylose Thymol. Außerdem empfehlen sie eine Vorquellung der Stärke in Dimethylsulfoxid und anschließende Fällung mit Ethanol oder Butanol bei Raumtemperatur. Durch diese Vorbehandlung verliert die Stärke ihre Kornstruktur und ist in heißem Wasser leicht dispergierbar. Ein vereinfachtes Verfahren von Muetgeert (1961), das von der Fa. AVEBE in Holland angewendet wurde, besteht im Erhitzen der Stärkedispersion in Gegenwart von Salzen, insbesondere Magnesiumsulfat. Bei höherer Temperatur fällt die Amylose aus, bei tieferer das Amylopektin.

Der Gehalt der Stärke an Amylose wird routinemäßig durch die Jodfarbe oder durch Jodtitration bestimmt. Amylose gibt die typische Blaufärbung (λmax = 640-660 nm) und bindet 20 Gewichtsprozent Jod. Amylopektin bindet Jod nur in geringer Menge und färbt sich rötlich (Wachsmais) bis violett (Kartoffeln). Der empfindlichste Test für die Reinheit der Amylose ist der Abbaugrad mit β-Amylase zu β-Maltose. Er sollte 100 % betragen.

Die meisten Stärken enthalten 20-25 % Amylose(Tab. 1). Es gibt inzwischen Züchtungen mit hohem Amylosegehalt (Amylomais) und mit 100 % Amylopektin (Wachsmais). Auch verschiedene Erbsenarten unterscheiden sich erheblich in ihrem Amylosegehalt (Colonna et al. 1981, 1982, 1984).

Eine 100 % reine Amylose läßt sich in präparativem Maßstab durch enzymatische Synthese mit Phosphorylase herstellen (Abb. 6). Das Enzym, das aus Kartoffelsaft leicht zu gewinnen ist, überträgt den Glucosylrest aus Glucose-1-phosphat (G-1-P) auf das nicht reduzierende Ende eines Starters. Starterfunktion haben Maltooligomere mit einer Min-

Tabelle 1. Amylosegehalt verschiedener Stärken

Stärke	Amylose (%)
Kartoffel	21
Mais	27
Weizen	23
Cassava (Tapioca)	20
Amylomais	50-80
Wachsmais	0
Glatte Erbse	36
Schrumpferbse	69

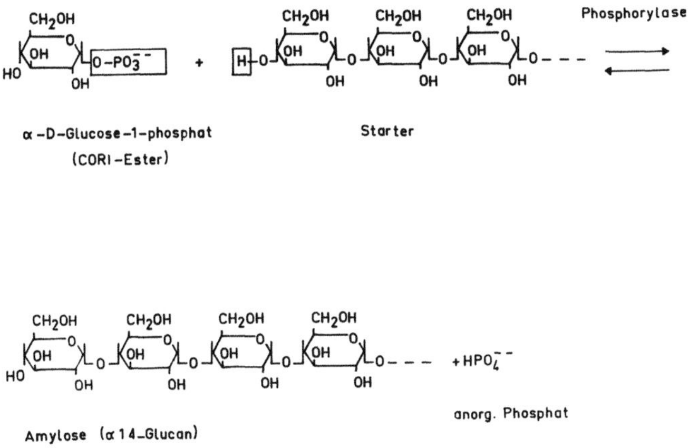

Abb. 6. Gleichgewichtsreaktion der Phosphorylase

destlänge von 3-4 Glucosen. Geht man von G-1-P aus, so liegt das Gleichgewicht auf Seiten der Synthese (80 % Umsatz an G-1-P.). Die Länge der Amylosen läßt sich durch das Molverhältnis Starter/G-1-P nach Wunsch einstellen. Auf diese Weise lassen sich Polymerisationsgrade bis zu 30 000 realisieren (Pfannemüller et al. 1969, 1971). Die enzymatisch synthetisierte Amylose hat eine ganz enge Kettenlängenverteilung ($P_w/P_n < 1.005$). Mithilfe dieser einheitlichen Produkte könnten wesentliche Eigenschaften der natürlichen Amylose , die eine breite Verteilung besitzt ($DP_w/DP_n \approx 2$) als Funktion ihrer Kettenlänge geklärt werden.

Die Molekülgrößen wurden lange Zeit über Viskositäts- und osmotische Messungen an den Triacetaten bestimmt. Nach eingehenden Untersuchungen von Burchard (Burchard et al. 1961, 1971, 1978) sind zur Charakterisierung der Amylosen die Tricarbanilate sehr viel besser geeignet. Die Umsetzung mit Phenylisocyanat in Pyridin führt in kurzer Zeit zur Substitution aller Hydroxylgruppen. Die Reaktion verläuft ohne Abbau und die Derivate sind in vielen organischen Lösungsmitteln löslich.

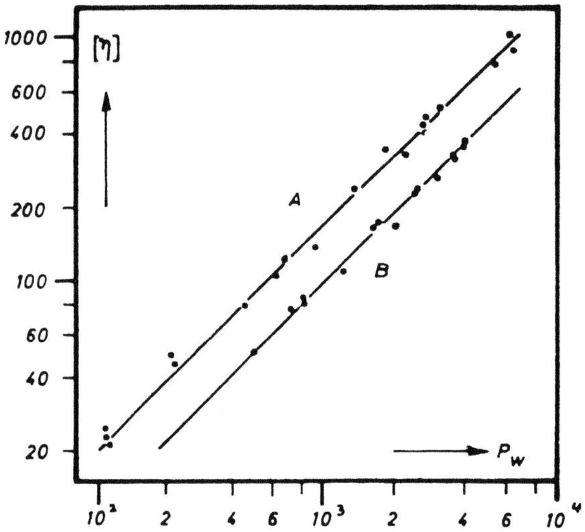

Abb. 7. Beziehung zwischen Viskosität und Polymerisationsgrad (Pw)
A: Amylosetricarbanilate in Dioxan
B: Amylose in 0,5 M NaOH (Husemann et al. 1961)

Anhand einer durch Streulichtmessungen über einen weiten Molekulargewichtsbereich aufgestellten Viskositäts-Molekulargewichtsbeziehung kann durch eine Viskositätsmessung der Polymerisationsgrad bestimmt werden. Entsprechende Kurven liegen auch vor für Messungen der Amylosetricarbanilate in Aceton und Pyridin, und für Amylose in Dimethylsulfoxid (Burchard 1963).

Erste osmotische Messungen an den Triacetaten des Amylopektins (Meyer 1940) ergaben Molekulargewichte von Mn $\geq$ 3.0×10^5 (P_n=1850). Die von Greenwood (1975) und uns (Burchard et al. 1975, 1984) bestimmten Gewichtsmittelwerte liegen im Bereich von 10×10^6 - 700×10^6. Der Anteil an α (1,6)-glycosidischen Verzweigungen beträgt etwa 4-5 %, die durchschnittliche Länge zwischen zwei Verzweigungen 7-8 Glucosen, die der äußeren Zweige 13-15 Glucosen (Heyns 1949). Das Riesenmolekül enthält nur eine reduzierende Endgruppe und der größere Teil besteht aus bis zu 5000 äußeren Zweigen. Auf der Basis der Methylierungsanalyse und des Abbaus mit β-Amylase schlug Meyer (1940) für Amylopektin das berühmte Baummodell vor mit einer statistisch verzweigten Struktur (Abb. 8). Unterschieden werden A-Ketten, die nur an ihrem reduzierenden Ende verknüpft sind, und B-Ketten, die ein oder mehrere Zweige tragen. Die in letzter Zeit diskutierten Modelle mit dichter und weniger dicht verzweigten Bereichen sind die von French vorgeschlagene Trichit- (c_1) und Clusterstruktur (c_2), und das Modell (b) der Arbeitsgruppe Mercier (Robin et al. 1975), das sich auf Abbauversuche mit gezielt spaltenden Enzymen stützt. French (Kainuma und French 1971, 1972) nimmt an, daß die dicht verzweigten Regionen des Amylopektins für die Kristallinität der Stärke verantwortlich sind. Amylopektin hat eine außergewöhnlich breite Molekulargewichtsverteilung, was die Strukturaufklärung sehr erschwert.

Bisher ist es noch nicht gelungen, auch Amylopektin enzymatisch zu synthetisieren. Versucht wurde eine Kombination von Phosphorylase und Q-Enzym, dem pflanzlichen Verzweigungsenzym, das die α (1,4) Bindungen der Amylose spaltet und die Bruchstücke unter α (1,6) Verknüpfung wieder ansetzt. Das Q-Enzym hatte neben der Verzweigungsaktivität auch Spalteigenschaften, so daß verzweigte und lineare Produkte nebeneinander entstanden. Inzwischen kann der Verzweigungsgrad auf chemischem Weg durchgeführt werden, so daß einfache Modellsubstanzen für Amylopektin zugänglich sind (siehe Beitrag "Neue Polymere aus Polysacchariden").

EIGENSCHAFTEN DER STÄRKE

Wegen der Kompliziertheit des Amylopektins sind physikalische und physikalisch-chemische Untersuchungen vorwiegend an Amylose durchgeführt worden. Seit den ersten Röntgenuntersuchungen von Katz (Katz, van Ittalie 1930) an Stärken verschiedener Herkunft kennt man den A-Typ (Getreidestärken) und den B-Typ (Kartoffelstärke). Wegen der Kleinheit der Kristallite findet man meist nur die Pulverdiagramme. Hinzu kommt der weiter unten beschriebene V-Typ, ursprünglich aus verkleisterter Stärke erhalten. Bei allen Modifikationen handelt es sich um helicierte Ketten.

Der Vorschlag einer helikalen Konfiguration für Stärke wurde erstmals von Hanes (1937) vorgebracht und von Freudenberg (1939) als Modell für die Jodamylose genau beschrieben. Diese frühe Erkenntnis der schraubenförmigen Lagerung der "Stärkekette" in der Jodstärke war dadurch erleichtert, daß Freudenberg und Meyer-Delius (1938) die durch Abbau mit Maceransamylase gebildeten Dextrine als Ringe identifizierten. Mit

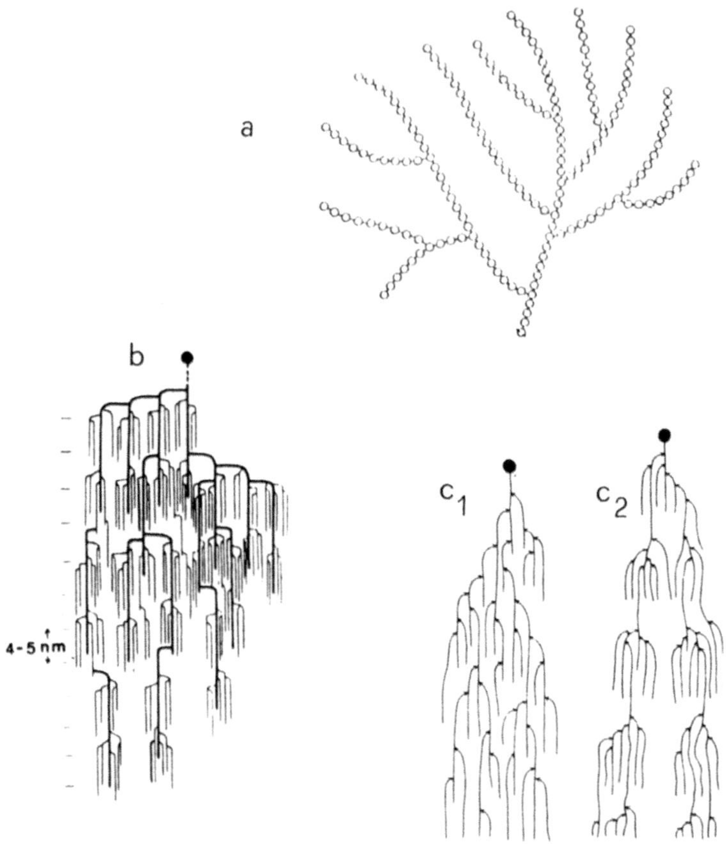

Abb. 8. Strukturmodelle für Amylopektin. a) Meyer,Bernfeld (1940); b) Robin et al. (1975), c) French (1972)

Stuartmodellen wurde gezeigt, daß die Helix durch intramolekulare Wasserstoffbrücken stabilisiert ist und daß die C-H Gruppen an C-1 und C-4 im Inneren einen geschlossenen kohlenwasserstoffartigen Ring herstellen, dessen lipophile Assoziationskräfte Jod festhalten und die Absorptionsbanden beeinflussen. Dieses Modell mit 6 Glucosen pro

Windung wurde durch Röntgenuntersuchungen von Rundle und French (1943) abgesichert und als V-Typ erkannt. Es zeigte sich, daß für die Bildung der V-Komplexe mit Jod, Alkoholen und einer Vielzahl andere organischer Moleküle die Amylose verantwortlich ist. Voraussetzung zur Komplexierung ist eine bestimmte Hydrophobie und die richtige Größe des Partners. Als Ursache für die Stabiliesierung nimmt man auch heut noch neben Wasserstoffbrücken den hydrophoben Charakter des Helixinnenraums an.

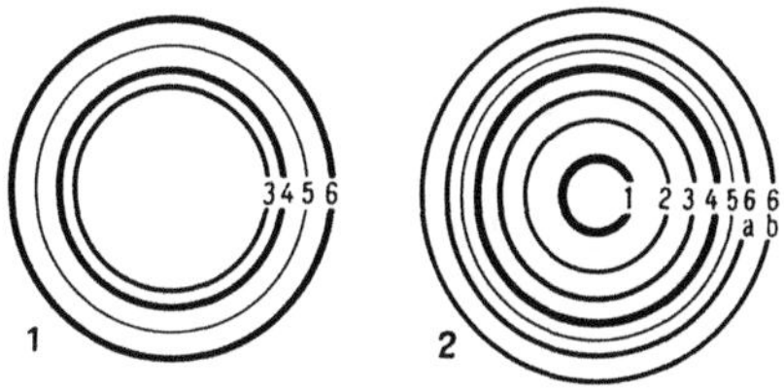

Abb. 9. Röntgenbeugungsdiagramm der Stärke (Badenhuizen 1971). Links: A-Typ; rechts: B-Typ

Im Elektronenmikroskop fanden Bittiger und Husemann (1969, 1971) für die Amylosekomplexe mit Alkoholen lamellare Einkristalle, für die Jodamylose dagegen Fibrillen. Bei genügender Verdünnung sind die einzelnen jodamylose Moleküle als Stäbchen erkennbar und ihre Länge ist proportional zum Polymerisationsgrad der einheitlichen synthetischen Amylosen. Es ist anzunehmen, daß die Helixketten gefaltet sind, wahrscheinlich in Längsrichtung. Ein Maß für die Ordnung der Amylose-Jodmoleküle in Lösung ergaben Untersuchungen des Circulardichroismus (Pfannemüller et al. 1971, 1978, 1981, 1982) (Abb. 10). Dabei zeigte sich, daß der Ordnungsgrad (als Maß dient $\Delta\varepsilon$) einen besonders hohen Wert bei DP 50 erreicht und zu längeren Ketten hin wieder abfällt. Beim Stehen der Lösungen nach Jodzugabe nimmt etwa über 2 Stunden hin die dichroitische Absorption stark zu. Das könnte ein Faltungsprozeß sein. Da diese zeitliche Zunahme aber bereits bei kurzen Ketten (DP 35) beobachtet wird, ist eine Bildung von geordneten, noch löslichen Assoziaten wahrscheinlicher.

Im Vergleich mit der V-Amylose hat die Aufklärung der A- und B-Struktur sehr viel länger gedauert. Immer wenn Stärke oder Amylose aus wässriger Lösung von selbst ausfällt (Retrogradation), erhält man das B-Diagramm, auch wenn ursprünglich A-Stärke vorlag. B- und A-Typ haben als Identitätsperiode in Faserrichtung 10,4 Å, sind also gestreckter als die V-Helix mit 8,0 Å pro Helixwindung. Im Lauf der Zeit wurden Helices mit 8, 3, 4 und 6 Glucosen pro Windung vorgeschlagen. Nach den letzten Untersuchungen von Wu und Sarko (1978) handelt es sich bei der

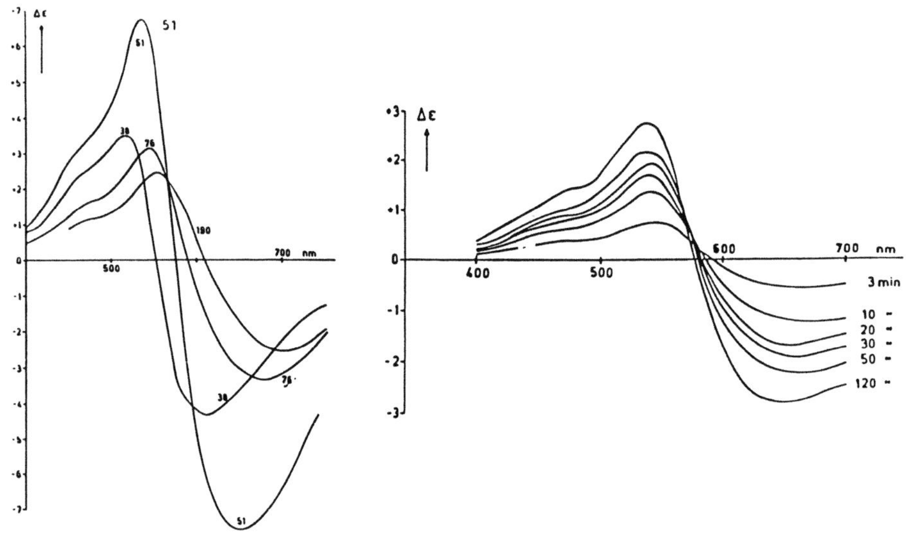

Abb. 10. Circulardichroismus von Amylose-Jodlösungen
links: Abhängigkeit von der Kettenlänge für DP 38, 51, 76 und 190
rechts: zeitliche Zunahme beim Stehen (DP 47)

A- und bei der B-Amylose um eine Doppelhelix mit 6 Glucosen pro Windung (Abb. 11). Die sich wiederholende Einheit der Doppelhelix liegt bei 10,4 Å, die einer einzelnen Helix bei 20,8 Å. Die beiden parallel laufenden Ketten sind rechtsgängig; die Doppelhelices sind antiparallel gepackt. Die Elementarzelle in A ist orthogonal mit nahezu hexagonaler dichtester Packung, die der B-Amylose hexagonal. Der wichtigste Unterschied zu A ist im B-Typ der offene Kanal zwischen den sechs Doppelhelixsträngen, der mit Wasser gefüllt ist. Die Elementarzelle der B-Amylose enthält 36 Wassermoleküle, die dichter gepackte A-Amylose nur 8. Durch Erhitzen verliert die Amylose Wasser und wandelt sich in den A-Typ um. Die Umwandlung von A in B erfordert vorherige Quellung in Wasser unter Zerstörung der kristallinen Struktur.

Das Modell von Wu und Sarko erklärt gut den bekannten geringeren

Wassergehalt der Getreidestärken und die höhere Wasseraufnahme und Porosität der Kartoffelstärke. Das Wasser in den Kanälen der B-Stärke ist beweglich und dies ist möglicherweise die Ursache für den Verlust der Kristillinität der Körner beim Trocknen.

Mit reinen Maltooligomeren im Bereich DP 6-20 wird bis zu DP 14

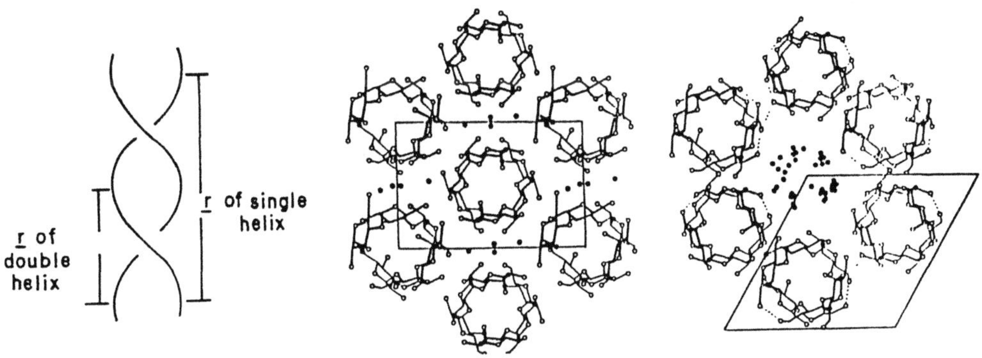

Abb. 11. Doppelhelix sowie Elementarzelle und Packung der Ketten in A-Amylose (links) und B-Amylose (rechts)

herunter das B-Diagramm erhalten, für DP 12 und 10 das A-Diagramm (Pfannemüller 1984). Die kürzeren Oligomeren ließen sich aus Wasser bisher nicht kristallisieren. Nach Ansicht von French (1972), der die Doppelhelix als erster vorgeschlagen hatte, sind es eher die dicht benachbarten Zweige des Amylopektins, die im Stärkekorn die Doppelhelices bilden, als die dort abgelagerte Amylose.

Inwieweit die Amylose bereits ohne Komplexbildner in wässriger Lösung eine definierte Helixstruktur besitzt, ist noch nicht endgültig entschieden. Eigene Untersuchungen (Pfannemüller und Ziegast 1981) sprechen mehr für eine über kurze Strecken zur Helicierung neigende, insgesamt aber knäuelartige Struktur, die in guter Übereinstimmung mit theoretischen Konformationsberechnungen der Arbeitsgruppe Brant (Jordan et al. 1978; Cesaro, Brant 1981) stehen. Die Tendenz der Amylose, aus wässriger Lösung unter Bildung von B-Amylose auszufallen, ist in hohem Maße von der Kettenlänge abhängig. Für die einheitlichen Amylosen beobachtet man ein Maximum der Schwerlöslichkeit um DP 80 (Pfannemüller et al. 1971). Amylosen im Bereich dieser Länge fallen in wenigen Minuten aus, während zunehmend kürzere und vor allem die hochmolekularen Amylosen über Wochen stabile wässrige Lösungen geben. Wahrscheinlich verknäueln sich die langen Ketten und bilden vorwiegend intramolekulare Wasserstoffbrücken aus. Das Maximum der Assoziationstendenz bei DP 80 könnte auf eine relativ steife Kette hinweisen. Zu diskutieren ist aber auch, daß zwischen dieser Länge und der Größe der Kristallite ein Zusammenhang besteht (Keimbildung).

Die kritische Länge für die Retrogradation der Amylose ist nicht auf die Amylose beschränkt. Wenn man die äußeren Zweige des Amylopektins enzymatisch verlängert, oder Amylopektin teilweise entzweigt, nimmt die Schwerlöslichkeit erheblich zu. Das gilt auch für eine Vernetzung der Amylose bei einem bestimmten Abstand zwischen den Vernetzungsstellen (Pfannemüller, Sperlich 1978). Man kann also die Eigenschaften des Amylopektins zu einem gewissen Grad aus denen der Amylose ableiten.

DERIVATE DER STÄRKE

Als Lösungsmittel für Stärke verwendet man meist Natronlauge oder Dimethylsulfoxid. In der älteren Literatur finden sich konzentrierte Salzlösungen wie Zinkchlorid, außerdem Hydrazinhydrat, Chloralhydrat, das Hydrat des Ethylendiamins und Thioharnstoff (Meyer et al. 1940). Alle lösen Wasserstoffbrücken. Eine Oxidation der Stärke mit Natriumperchlorat zur Dialdehydstärke erfolgt in wässriger Suspension, eine Vernetzung, z. B. mit Epichlorhydrin nach Anquellen oder Lösen in NaOH.

Die Herstellung wasserlöslicher Ether, Carboximethylierung mit Chloressigsäure, Oxiethylierung mit Ethylenoxid, Cyanoethylierung mit Acrylnitril, wird ebenfalls in NaOH vorgenommen. Zur Herstellung der Methyl-, Ethyl-, Benzylether verwendet man jetzt ausschließlich das Verfahren von Hakomori (1964). Die Herstellung der Ester und Urethane erfolgt am besten in Pyridin, wobei es sich für Amylopektin und Stärke empfiehlt, restliches Wasser vor der Umsetzung durch azeotrope Destillation zu entfernen. Hier hilft zur Verbesserung der vollständigen Substitution oft ein Zusatz von Dimethylformamid oder N-Methylpyrrolidon (Burchard, Pfannemüller 1969). Wie bereits erwähnt, führt die Umsetzung mit den reaktiven aromatischen Isocyanaten, besonders mit Phenylisocyanat, am raschesten zu voll substituierten Derivaten, die sich daher besonders gut zur Charakterisierung eignen. Bei der Herstellung der Acetate kommt man leicht zum 2 1/2-Acetat, das noch in

Aceton löslich ist; zur Triacetylierung braucht man höhere Temperatur und längere Reaktionszeiten, wobei ein gewisser Abbau nicht zu vermeiden ist. Die "Nitrate" spielen kaum mehr eine Rolle. Im übrigen unterscheidet sich die Herstellung der Stärkederivate nicht von den auch für andere Polysaccharide angewendeten Methoden.

ANWENDUNG DER STÄRKE

Die Weltproduktion an Stärke betrug 1979 ca. 13 Millionen Tonnen. Stärke ist damit das zweithäufigste Polysaccharid nach Cellulose, sowohl in Bezug auf das Vorkommen als auf die Nutzung. Wie Tab. 2 zeigt, ist Mais das wichtigste Ausgangsprodukt.

Tabelle 2. Herkunft der Handelsstärke

Quelle	Anteil (%) der Jahresproduktion
Mais	76,0
Kartoffeln	15,5
Tapioca (Cassava, Manioc)	4,0
Weizen	3,0
Reis	0,7
Sago	+

Von den amylosereichen Stärken hat man sich ähnlich wie für Cellulose und ihre Derivate, faser- und filmbildende Eigenschaften versprochen. Aber die Produkte können nicht mit Cellulose konkurrieren. Sie erreichen nicht die Festigkeit von Cellulosefasern, sind hygroskopisch und brüchig. Als Folge der Retrogradation bilden sich Mikrokristalle, so daß man aus wässriger Lösung nur instabile, trübe Filme erhält. Die Derivate haben nicht die hohe Viskosität der Lösungen der Cellulosederivate.

Native Stärke dient als Kleber, Träger, Emulgierungsmittel und Feuchtigkeitspuffer. Anwendungsgebiete finden sich in der Textilindustrie, bei der Papierbeschichtung, in der Holzindustrie (Sperrholz), und nicht zuletzt in Pharmazie und Kosmetik. Eine Modifizierung der Stärke erfolgt durch mechanische und gemäßigt thermische Behandlung, durch Oxidation und hydrolytischen sowie enzymatischen Abbau. Durch teilweise Acetylierung erreicht man eine Hydrophobierung und durch partielle Vernetzung eine Erhöhung der Festigkeit. Um das leichte Gleiten der Stärke beizubehalten, ist man bemüht, diese Modifizierung unter Erhalt der Kornstruktur vorzunehmen.

Als nicht-toxische Substanz ist der Einsatz von Stärke auf dem Nahrungsmittelsektor unübertroffen. Bei den derzeit strengen Bestimmungen ist sie anderen gelbildenden Polysacchariden, die teils von Mikroorganismen produziert werden, eindeutig überlegen. Sie hat die Funktion, die physikalischen und physikalisch-chemischen Eigenschaften von Nahrungsmitteln zu verbessern, wie Viskosität, Gelierung, Einfrierstabilität und Konsistenz. Die amylopektinreiche Wachsmaisstärke bildet nach vorheriger Vernetzung in ihrer Viskosität stabile und klare Pasten, die keine Synerese mehr geben und sich ausgezeichnet als Verdickungsmittel eignen. Die in kaltem Wasser lösliche Stärke hat für die Herstellung der "instant food" ihren Markt. Spezielle Anwendungen sind außerdem: kationische Stärken als Flockungsmittel, Carboximethylstärke als Ionenaustauscher oder oxidierte Stärke u. a. als Trägermaterial für Enzyme.

Die gute Quellbarkeit der Stärke und ihre Verträglichkeit mit Wasser sind gute Voraussetzungen, Stärke als Biomasse einzusetzen, die durch chemische und vor allem biotechnologische Verfahren gezielt abgebaut werden kann. Hier gibt es bereits einige interessante Ansätze. Potentiell liegen auf diesem Gebiet aber noch große Möglichkeiten.

LITERATUR

Allgemeine Arbeiten

Aspinall G.O., (Ed.): The Polysaccharides, Vol. 1, Academic Press, N. Y. 1982

Banks W., Greenwood C.T.: Starch and its Components, Edinburgh University Press, Edinburgh 1975

Badenhuizen N.P.: Struktur und Bildung des Stärkekorns, Handbuch der Stärke VI-2, Hrg. M. Ulmann, Verlag Paul Parey, Berlin und Hamburg 1971

Van den Berg C.: Vapour Sorption Equilibria and other Water-Starch Interactions, Dissertation, Landwirtsch. Univ. Wageningen, Niederlande 1981

Heyns K.: Die neueren Ergebnisse der Stärkeforschung, Vieweg, Braunschweig 1949

Radley J.A. (Ed.): a) Industrial Uses of Starch and its Derivatives; b) Starch Production and Technology, Appl. Science Publ., London 1976

Whistler R.L., BeMiller J.N., Paschall E.F., (Eds.): Starch, Chemistry and Technology, Second Edition, Academic Press, N. Y. 1984

Spezielle Arbeiten

Bittiger H., Husemann E., (1969), Kolloid-Z. & Z. Polym. 232, 661

Bittiger H., Husemann E., Pfannemüller B., (1971), Stärke 23, 113

Burchard W., Husemann E., (1961), Makromol. Chem. 44-46, 358

Burchard W., Pfannemüller B., (1969), Makromol. Chem. 121, 18

Burchard W., (1971), Br. Polym. J. 3, 214

Burchard W., Eschwey A., Franken I., Pfannemüller B., in "Structure of Fibrous Biopolymers", Colston Symposium, No 26, Butterworth, London 1975

Burchard W., Thurn A., in "Plant Polysaccharides, Structure and Function", Proc. Symposium Nantes 1984

Cesaro A., Brant D.A., in "Solution Properties of Polysaccharides" (Ed. D.A. Brant), ACS Symposium Series, Chapter 34, American Chemical Society, Washington 1981

Colonna P., Buleon A., Mercier C., (1981), J. Food Sci. 46, 88

Colonna P., Buleon A., Lemaguer M., Mercier C., (1982), Carbohydr. Polymers 2, 43

Colonna P., Mercier C., (1984), Carbohydr. Res. 126, 233

French D., (1972), Denpun Kagaku (J. Jpn. Soc. Starch Sci.) 19, 8

Freudenberg K., Meyer-Delius M., (1938), Ber. 71, 1596

Freudenberg K., Schaaf E., Dumpert G., Ploetz T., (1939), Naturwiss. 27, 850

Hanes C.S., (1937), New Phytologist 36, 189

Husemann E., Burchard W., Pfannemüller B., Werner R., (1961), Stärke 13, 196

Jordan R.C., Brant D.A., Cesaro A., (1978), Biopolymers 17, 2617

Hakomori S., (1964), J. Biochem. (Tokyo) 55, 205

Kainuma K., French D., (1971), Biopolymers 10, 1673

Kainuma K., French D., (1972), Biopolymers 11, 2241

Katz J.R., van Itallie T.B., (1930), Z. physik. Chem. A150, 90

Meyer K.H. et al., (1940), Helv. Chim. Acta 23, 845, 854, 865, 875, 885, 890

Meyer K.H. et al., (1941), Helv. Chim. Acta 24, 375, 378, 389

Muetgeert J., (1961), Adv. Carbohydr. Chem. 16, 299

Pfannemüller B., Burchard W., (1969), Makromol. Chem. 121, 1
Pfannemüller B.,Mayerhöfer H., Schulz R.C., (1971), Biopolymers 10, 242
Pfannemüller B., (1978), Carbohydr. Res. 61, 41
Pfannemüller B., Sperlich M., (1978), Makromol. Chem. 179, 1465
Pfannemüller B., Ziegast G., in "Solution Properties of Polysaccharides" (Ed. D.A. Brant), ACS Symposium Series, Chapter 35, American Chemical Society, Washington 1981
Pfannemüller B., Ziegast G., (1982), Int. J. Biol. Macromol. 4, 9
Pfannemüller B., (1984), in Vorber.
Robin J.P., Mercier C., Duprat F., Charbonniere R., Guilbot A., (1975), Stärke 27, 36
Rundle R.E., French D., (1943), J. Amer. Chem. Soc. 65, 558 ,1707
Schoch T.J., (1941), Cereal Chem. 18, 121; Amer. Chem. Soc. 64, 2957
Sutter W., Burchard W., (1978), Makromol. Chem. 179, 1961
Wu H.H., Sarko A., (1978), Carbohydr. Res. 61, 7, 27; Stärke 30, 73

Polyosen und Lignin-Polysaccharid-Komplexe aus Holz

D. Fengel und G. Wegener

BEDEUTUNG

Die Hauptbestandteile der verholzten Zellwand sind Cellulose, Polyosen (= Hemicellulosen) und Lignin. Cellulose und Polyosen gehören zur Gruppe der Polysaccharide, während das Lignin ein Polymer aus aromatischen Bausteinen (p-Hydroxyzimtalkohol-Einheiten) ist (Fengel, Wegener 1984). Um zu verstehen, auf welche Weise diese unterschiedlichen Komponenten ein festgefügtes System bilden, aus dem Zellwände und das als Holz bezeichnete pflanzliche Gewebe bestehen, bedarf es einer weitergehenden Betrachtung als es dem molekularen Aufbau und den chemischen Eigenschaften dieser Verbindungen entspricht.

Trotz der Verwandtschaft mit der Cellulose unterscheiden sich die Polyosen von dieser in ihrer molekularen und übermolekularen Struktur. Aus den bisherigen Erkenntnissen ist zu schließen, daß Cellulose und Lignin nicht oder höchstens in geringem Maße kompatibel sind. Die Polyosen sind aber in der Lage, sich sowohl über Wasserstoffbrücken-Bindungen mit der Cellulose zu verbinden als auch chemische und physikalische Bindungen mit dem Lignin einzugehen. Damit kommt den Polyosen für den Aufbau der Holzzellwände und des Holzgewebes und somit für die Festigkeit des Holzes eine wichtige Bedeutung zu.

ISOLIERUNG

Aus analytischer Sicht unterscheiden sich die Polyosen von der Cellulose durch ihre Löslichkeit in Wasser oder Alkali. Einige Polyosen sind direkt aus dem Holz extrahierbar, für andere bedarf es erst einer Entfernung des Lignins. Die Anwendung von Alkali ist zum Teil notwendig, um die Cellulosestruktur aufzuweiten und so die Polyosen zugänglich zu machen. Trotzdem bleiben Reste von Polyosen in der Alpha-Cellulose zurück.

Der Abbau des Lignins erfolgt durch Behandlung des Holzes mit oxidierenden Chemikalien (Chlor, Chlorit, Peressigsäure), wobei eine gewisse Schädigung der Polysaccharide nicht zu vermeiden ist. Die zurückbleibende Holocellulose (Cellulose + Polyosen) wird anschließend mit Alkali-Lösung (KOH oder NaOH) extrahiert (Fengel 1980).

Bei der Holzanalyse erfolgt die Extraktion in der Regel in zwei Stufen, wobei zuerst 5%ige Alkali-Lösung und danach 24%ige KOH oder 17,5%ige NaOH angewendet wird (Abb. 1). Im Falle von Nadelholz-Polyosen erhält man in der ersten Fraktion einen hohen Anteil an Xylan, in der zweiten hauptsächlich Mannan. Bei Laubhölzern bestehen beide Frak-

Polysaccharide
Herausgegeben von W. Burchard

tionen überwiegend aus Xylan. Mit NaOH ist die Ausbeute an Mannan etwas höher als mit KOH. Für eine bessere Trennung des Mannans von der Cellulose wird der Zusatz von Borsäure oder Boraten zur Alkali-Lösung empfohlen (Timell 1965).

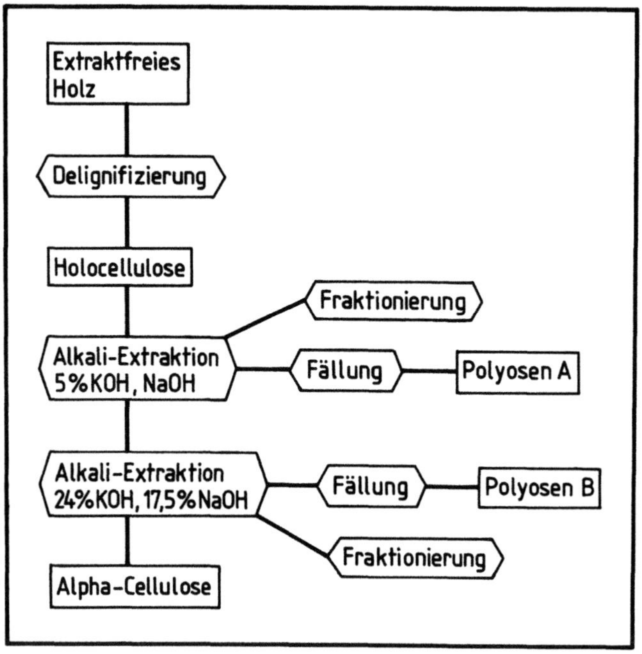

Abb. 1. Isolierung von Polyosen aus Holz (Fengel 1983)

Die Polyosen lassen sich aus den alkalischen Lösungen durch Ansäuern mit Essigsäure und Zugabe eines Überschusses von Ethanol ausfällen. Die Fällung der ersten Extraktionsstufe wird als Polyosen A, die zur zweiten als Polyosen B bezeichnet (Abb. 1).

Für die Gewinnung von einzelnen Polyosen aus solchen Gemischen sind in der Literatur Verfahren beschrieben, mit denen die Alkali-Extrakte durch Fällungs- und Lösungsreaktionen fraktioniert werden (Browning 1967; Fengel, Wegener 1984). Auch mit Hilfe der Ionenaustausch-Chromatographie lassen sich reine Mannan- und Xylan-Fraktionen aus den Alkali-Extrakten erhalten (Fengel 1976).

Identifizierung und Charakterisierung der einzelnen Polyosen erfolgen schließlich durch Bestimmung der Zucker-Bausteine und ihrer Anteile nach Totalhydrolyse, durch Sequenzanalyse anhand von Methylierung und partieller Hydrolyse, durch Bestimmung der Molmasse, des Drehwertes u.a. (Browning 1967; Fengel, Wegener 1984).

AUFBAU UND KLASSIFIZIERUNG

In ihrer Molekülstruktur unterscheiden sich die Polyosen von der Cellulose durch den Aufbau aus verschiedenen Zucker-Einheiten, viel kürzere Molekülketten, Seitengruppen und -ketten, sowie Verzweigungen. Die in den Polyosen vorkommenden Zucker-Einheiten gehören zu den Pentosen, Hexosen, Hexuronsäuren und Desoxyhexosen (Abb. 2).

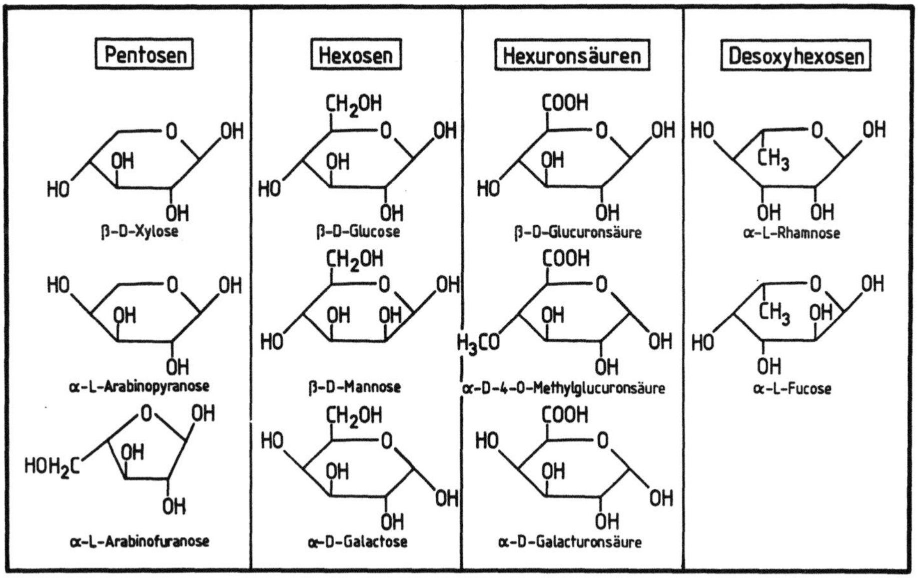

Abb. 2. Zucker-Einheiten der Holzpolyosen

Tabelle 1. Anteil und Zusammensetzung der wichtigsten Polyosen in Laub- und Nadelhölzern

Polyosen	Laubholz Anteil (%)	Laubholz Bausteine	Nadelholz Anteil (%)	Nadelholz Bausteine
Xylane	25-30	Xylose 4-O-Methyl-glucuronsäure Acetylgruppen	5-10	Xylose 4-O-Methyl-glucuronsäure Arabinose
Mannane	3-5	Mannose Glucose	20-25	Mannose Glucose Galactose Acetylgruppen
Galactane	0,5-2	Galactose Arabinose Rhamnose	0,5-3	Galactose Arabinose

Es gibt Polyosen mit homopolymeren und solche mit heteropolymeren Hauptketten, solche mit wenig verzweigten und solche mit stark verzweigten Molekülen. Als sehr zweckmäßig hat sich eine Einteilung den Hauptbausteinen entsprechend erwiesen, nach der man Xylane, Mannane, Galactane, Glucane und Arabinane unterscheidet. Man kann auch die Pektine zu den Polyosen zählen, zumal es bei der Klassifizierung zu Überschneidungen mit den Galactanen und Arabinanen kommt (Fengel, Wegener 1984).

Die Unterschiede zwischen Laub- und Nadelhölzern reichen vom anatomischen Aufbau bis zur chemischen Struktur ihrer Bestandteile. So ist nicht nur der Polyosengehalt verschieden, sondern auch der Anteil und der Aufbau der einzelnen Polyosen (Tabelle 1).

XYLANE

Die Xylane des Holzes besitzen eine homopolymere Hauptkette aus β-(1 → 4)-glycosidisch verknüpften Xylose-Einheiten. Beim Laubholzxylan ist diese Molekülkette in unregelmäßigen Abständen mit Seitengruppen aus α-(1 → 2)-gebundenen Resten von 4-O-Methylglucuronsäure versehen (Timell 1964) (Abb. 3). Viele OH-Gruppen am C2 und C3 der Xylose-Einheiten sind substituiert durch O-Acetylgruppen (Lindberg et al. 1973). Dieser Polyosentyp ist somit als O-Acetyl-4-O-methylglucuronoxylan zu bezeichnen. Das Verhältnis von Xylose- zu Uronsäure-Einheiten beträgt bei den meisten Laubhölzern aus gemäßigten Zonen etwa 10 : 1. Der Polymerisationsgrad ($\overline{P}_n$) liegt zwischen 150 und 200.

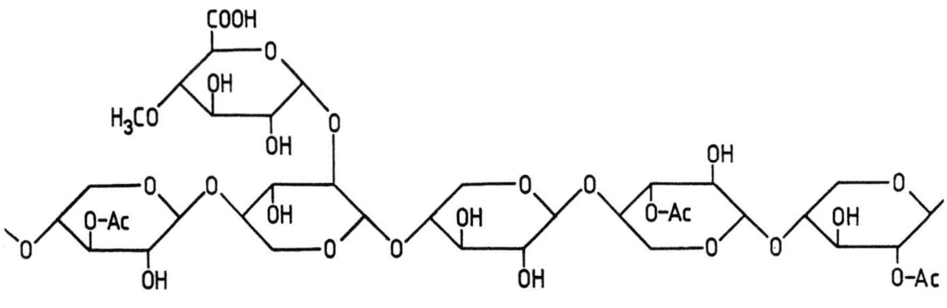

Abb. 3. Strukturformel von Laubholzxylan

Nadelholzxylan ist nicht acetyliert, trägt aber α-(1 → 3)-glycosidisch gebundene Arabinose-Einheiten (Timell 1965) (Abb. 4). Es handelt sich hierbei also um ein Arabino-4-O-methylglucuronoxylan. Das Verhältnis der Baueinheiten Xylose : Uronsäure : Arabinose beträgt im Durchschnitt 5 : 1 : 0,6. Die Moleküle der Nadelholzxylane sind mit einem $\overline{P}_n$ von 70-150 kleiner als die der Laubholzxylane.

Laubholz- und Nadelholzxylane sind leicht verzweigt, wobei je Molekül ein bis zwei Verzweigungspunkte vorliegen. Bei beiden Xylantypen wurden Endgruppen bestehend aus Rhamnose- und Galacturonsäure-Einheiten gefunden, die für die Alkalistabilität dieser Polyosen verantwortlich gemacht werden (Andersson et al. 1983).

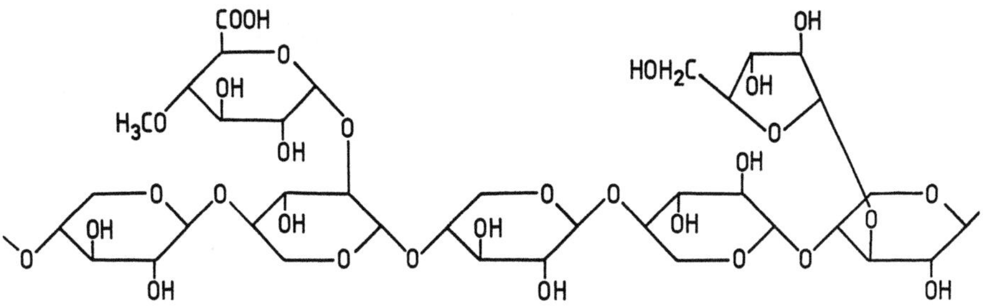

Abb. 4. Strukturformel von Nadelholzxylan

MANNANE

Die zweite wichtige Gruppe der Holzpolyosen sind die Mannane, die man genauer als Glucomannane bezeichnen muß, denn sie bilden heteropolymere Molekülketten aus Mannose und Glucose-Einheiten. Bei den meisten einheimischen Laubhölzern beträgt das Verhältnis von Mannose : Glucose 1-2 : 1. Der Polymerisationsgrad dieser Glucomannane wurde zu 60-70 bestimmt (Timell 1967).

Glucomannane aus Nadelhölzern tragen Seitengruppen aus α-(1 → 6)-gebundenen Galactose-Einheiten; einige OH-Gruppen am C2 oder C3 der Mannose-Einheiten sind acetyliert (Abb. 5). Ein Teil dieser O-Acetyl-galactoglucomannane ist wasserlöslich und hat ein Mannose : Glucose : Galactose-Verhältnis von 3 : 1 : 1, der andere, größere Teil ist alkalilöslich und hat ein Verhältnis von 3 : 1 : 0,2 (Timell 1967).

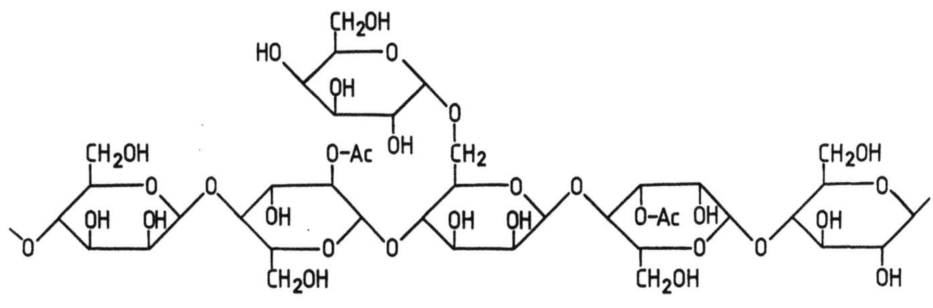

Abb. 5. Strukturformel von Nadelholzglucomannan

GLUCANE

Neben der Cellulose findet man andere Glucane nur in sehr geringem Anteil im Holzgewebe. Dazu zählt die Stärke, die in den Parenchymzellen gespeichert ist. Als Bestandteil von Druckholz in Nadelbäumen wurde Laricinan gefunden, das aus einer β-(1 → 3)-glycosidisch verknüpften

Kette von Glucose-Einheiten mit Seitengruppen von Glucuronsäure- und Galacturonsäure-Resten besteht (Hoffmann, Timell 1972).

Ebenfalls aus β-(1 → 3)-gebundenen Glucose-Einheiten besteht Callose, die in Parenchymzellen nachzuweisen ist, wo sie auf halbbehöften Tüpfeln abgelagert ist, um diese gegen die vaskulären Zellen hin abzudichten (Fu et al. 1972).

GALACTANE

Eine weitere Gruppe von Polyosen sind die Galactane, die in hohem Anteil (10 - 25%) in Kernholz der Lärche vorkommen. In anderen Nadelhölzern wie auch in den Laubhölzern beträgt der Galactangehalt nur 0,5 - 3%. Galactane sind im allgemeinen stark verzweigt. So besteht Lärchengalactan aus einer Hauptkette aus β-(1 → 3)-gebundenen Galactose-Resten und Seitenketten aus β-(1 → 6)-gebundenen Galactose- und Arabinose-Einheiten sowie Seitengruppen aus einzelnen Arabinose- und Glucuronsäure-Einheiten (Fu, Timell 1972) (Abb. 6).

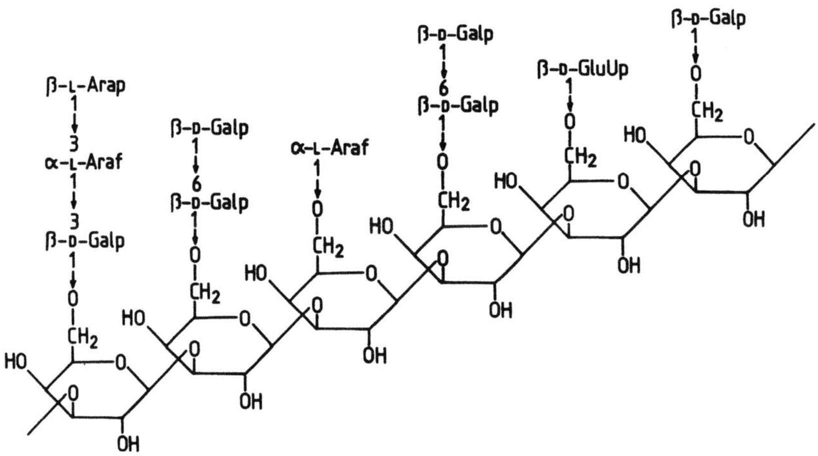

Abb. 6. Arabinogalactan aus Lärchenholz

Galactane aus Laubhölzern enthalten neben Galactose- und Arabinose-Resten auch Rhamnose-Einheiten. So wurde im Holz des Zuckerahorns ein Galactan mit einem Galactose : Arabinose : Rhamnose-Verhältnis von 1,7 : 1 : 0,2 gefunden (Adams 1964).

PEKTINE

Der Anteil von Pektinen im Holz beträgt unter 1%. Sie sind hauptsächlich in den Mittellamellen und den Tüpfelmembranen zu finden.

Galacturonane sind meist ziemlich kompliziert aufgebaut. So besteht das Pektin aus Bergahornholz aus Ketten von α-(1 → 4)-gebundenen Galacturonsäure-Einheiten. In regelmäßigen Abständen sind Rhamnose-Reste in die Kette eingebaut, von denen wiederum jeder zweite am C2 eine Galactan-Seitenkette trägt (Talmadge et al. 1973). Aus dem Holz der Seekiefer wurde ein Arabinan isoliert, das aus α-(1 → 5)-glycosidisch gebundenen Arabinofuranose-Einheiten und einigen Seitengruppen aus Glucose-, Xylose- und Galactose-Resten besteht (Roudier 1964).

LIGNIN-POLYSACCHARID-KOMPLEXE

Bei der Isolierung der Zellwandkomponenten fallen Fraktionen an, in denen sowohl Polysaccharide (Polyosen) als auch Lignin vorhanden sind. Solche Fraktionen erhält man bei der Fraktionierung von Polyosen und bei der Abtrennung von schonend isoliertem Lignin (Milled-Wood-Lignin), aber auch aus Zellstoffen und Ablaugen. Ohne chemische oder enzymatische Behandlung lassen sich die dabei gewonnenen Substanzen nicht in Polyosen und Lignin auftrennen. Andererseits ist es schwierig, einheitliche Verbindungen aus Polysacchariden und Lignin zu erhalten, denn eine weitere Fraktionierung ergibt neue Fraktionen, die beide Komponenten enthalten (Fengel, Wegener 1983). Für ein solches Verhalten können sowohl chemische (kovalente) als auch physikalische Bindungen (H-Bindungen), aber auch sterische Assoziationen verantwortlich gemacht werden.

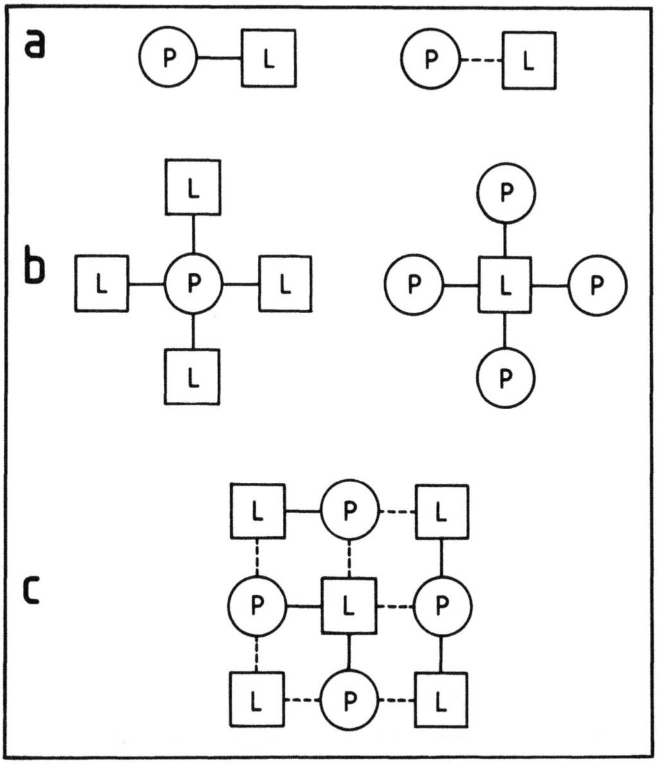

Abb. 7. Modelle der Verknüpfung von Polysaccharid-Elementen (P) mit Lignin-Elementen (L) (Fengel, Wegener 1983);

a) Kovalente und H-Bindung zwischen einem Polysaccharid und einem Lignin-Element;

b) Lignin-Elemente gebunden an ein Polysaccharid-Element und Polysaccharid-Elemente gebunden an ein Lignin-Element;

c) Netzwerk aus Polysaccharid- und Lignin-Elementen verknüpft über kovalente und H-Bindungen

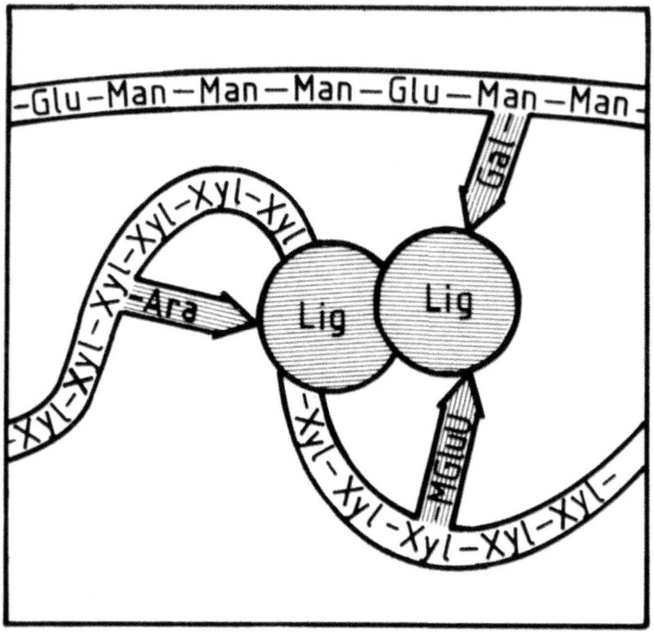

Abb. 8. Modell für die Bindung von Polysaccharidketten an Ligninmoleküle (Fengel, Wegener 1984)

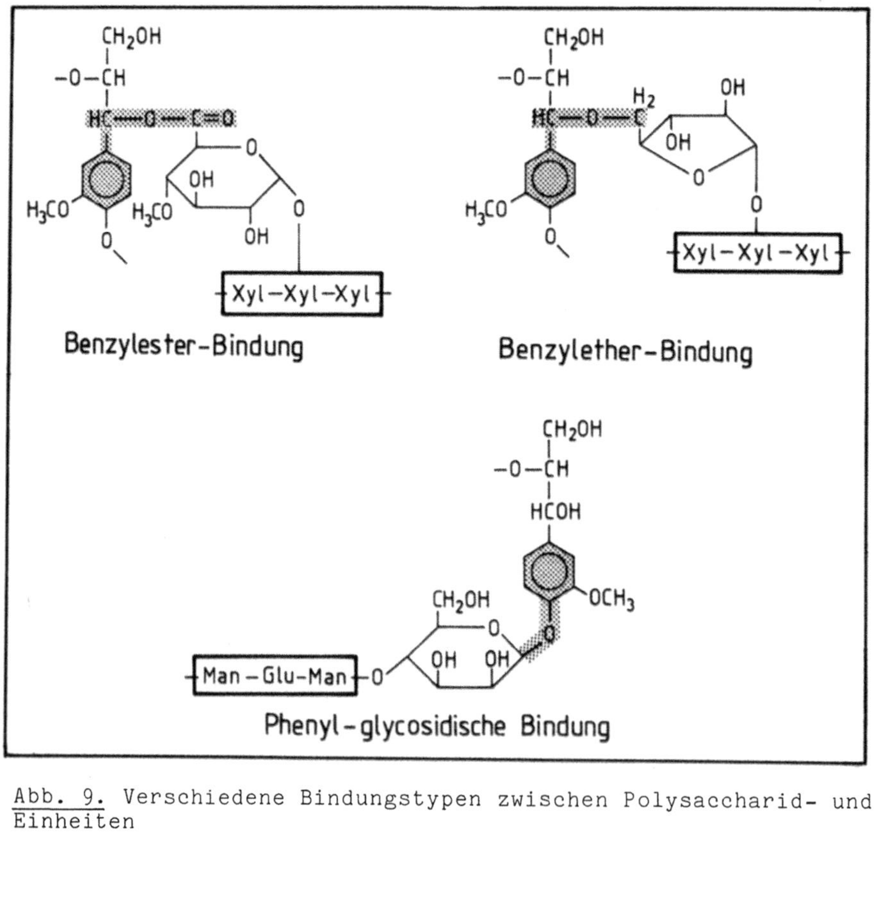

Abb. 9. Verschiedene Bindungstypen zwischen Polysaccharid- und Lignin-Einheiten

Die grundsätzlichen Möglichkeiten einer Verknüpfung von Polysaccharid- und Lignin-Elementen sind in Abb. 7 dargestellt.

Bei mehreren Syntheseversuchen konnte gezeigt werden, daß während der Polymerisation von Ligninmonomeren (p-Hydroxyzimtalkohole) in Anwesenheit von Kohlenhydraten diese über kovalente Bindungen in Ligninmoleküle eingebaut werden können (Freudenberg, Harkin 1960; Tanaka et al. 1979). Die Reaktion beruht auf der hohen Reaktivität von intermediär auftretenden Chinonmethiden mit Hydroxylgruppen (Leary 1980). Es gibt auch Hinweise, daß frisch isoliertes Lignin mit zugesetzten Mono- und Polysacchariden Verbindungen eingehen kann.

In den aus Holz isolierten Lignin-Polysaccharid-Komplexen werden alle auch in den Polyosen vorhandenen Zucker-Einheiten gefunden, allerdings in anderen Verhältnissen. Aus der Häufigkeit kann man schließen, daß bevorzugt die Seitengruppen aus Arabinose, Galactose und 4-O-Methylglucuronsäure als Bindeglieder zum Lignin auftreten (Koshijima et al. 1976; Lundquist et al. 1980) (Abb. 8). Es können aber auch endständige Mannose- und Glucose-Einheiten an das Lignin gebunden sein.

Alkalische, saure und enzymatische Hydrolyseversuche an Lignin-Polysaccharid-Komplexen lassen erkennen, daß keine einheitliche Bindung vorliegt. Vielmehr konnten Ether-, Ester- und glycosidische Bindungen nachgewiesen werden (Koshijima et al. 1976; Lundquist et al. 1980) (Abb. 9). Die Ausbildung verschiedener Bindungstypen in Abhängigkeit vom Reaktionspartner entspricht dem Verhalten der Ligninmonomeren bei der Polymerisation.

Aus diesen Erkenntnissen ist zu schließen, daß die Lignin-Polysaccharid-Komplexe Bauelemente der verholzten Zellwand sind und sozusagen die Nahtstelle zwischen Lignin und Polyosen darstellen. Aufgrund ihrer übermolekularen Struktur wie auch ihres chemischen Verhaltens wird auf eine komplexe Assoziation über chemische und physikalische Bindungen sowie sterische Verzahnungen geschlossen (Fengel, Wegener 1983). Die anfangs erwähnte Vermittlerrolle der Polyosen zwischen Cellulose und

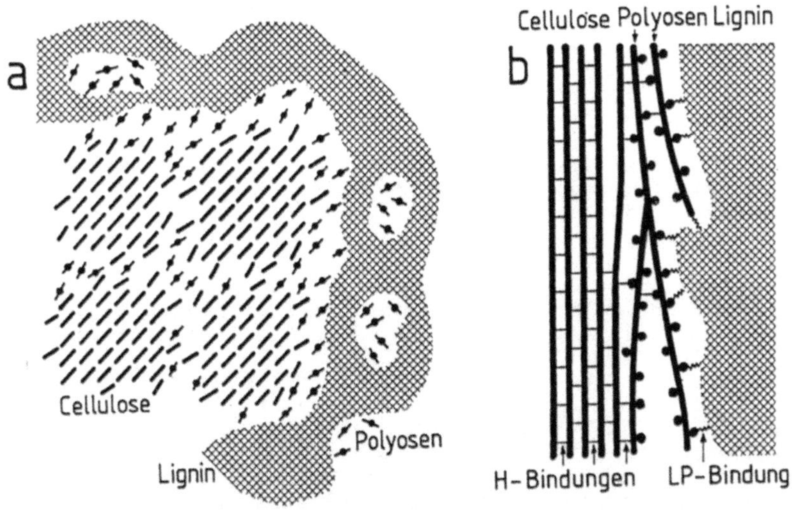

Abb. 10. Modell des inneren Aufbaus der Holzzellwand
a) Querschnitt; b) Längsschnitt (nach Fengel und Wegener 1984)

Lignin und das daraus resultierende innere Gefüge der Holzzellwände ist in Abb. 10 modellhaft dargestellt. Man erkennt auf der einen Seite die Bindungen der Polyosen zum Lignin (LP-Bindung) und auf der anderen Seite die Wasserstoffbrücken-Bindungen zur Cellulose (H-Bindungen).

LITERATUR

Adams GA (1964) Soluble polysaccharides of sugar maple (Acer saccharum). Svensk Papperstid 67: 82-88

Andersson SI, Samuelson O, Ishihara M, Shimizu K (1983) Structure of the reducing end-group in spruce xylan. Carbohyd Res 111: 283-288

Browning BL (1967) Methods in wood chemistry, vol 2. Intersci Publ, New York London Sydney, p 561-587

Fengel D (1976) Fraktionierungsversuche am Alkali-Extrakt aus Fichten-Holocellulose. Teil 2. Optimierung der ionenaustauschchromatographischen Trennung. Holzforschung 30: 143-148

Fengel D (1980) Versuche zur alkalischen Extraktion von Polyosen aus Fichten-Holocellulose. Papier 34: 428-433

Fengel D (1983) Isolierung, Charakterisierung und Struktur von Polyosen. Papier 37: 567-573

Fengel D, Wegener G (1983) Lignin-polysaccharide complexes - Compounds or associations? In: Int Symp Wood Pulp Chem, Proc vol 1, Tsukuba Science City Japan, p 144-148

Fengel D, Wegener G (1984) Wood - chemistry, ultrastructure, reactions. W de Gruyter, Berlin New York

Freudenberg K, Harkin JM (1960) Modelle für die Bindung des Lignins an die Kohlenhydrate. Chem Ber 93: 2814-2819

Fu Y, Timell TE (1972) Polysaccharides in compression wood of tamarack (Larix laricina). 5. The constitution of an acidic arabinogalactan. Svensk Papperstid 75: 680-682

Fu YL, Gutmann PJ, Timell TE (1972) Polysaccharides in the secondary phloem of Scots pine (Pinus sylvestris L.). 1. Isolation and characterization of callose. Cell Chem Technol 6: 507-512

Hoffmann GC, Timell TE (1972) Polysaccharides in compression wood of tamarack (Larix laricina). 1. Isolation and characterization of laricinan, an acidic glucan. Svensk Papperstid 75: 135-142

Koshijima T, Yaku F, Tanaka R (1976) Fractionation of Björkman LCC from Pinus densiflora. Appl Polymer Symp No 28: 1025-1039

Leary GJ (1980) Quinone methides and the structure of lignin. Wood Sci Technol 14: 21-34

Lindberg B, Rosell KG, Svensson S (1973) Position of the O-acetyl groups in birch xylan. Svensk Papperstid 76: 30-32

Lundquist K, Simonson R, Tingsvik K (1980) Studies on lignin carbohydrate linkages in milled wood lignin preparations. Svensk Papperstid 83: 452-455

Roudier AJ (1964) Les hémicelluloses du bois de pin maritime de Landes: Revue des résultats antérieurs, exposé des traveaux récent. In: Chimie et biochimie de la lignine, de la cellulose et des hémicelluloses. Actes Symp Int Grenoble, p 113-125

Talmadge KW, Keegstra K, Bauer WD, Albersheim P (1973) The structure of plant cell walls. I. The macromolecular components of the walls of suspension-cultured sycamore cells with a detailed analysis of the pectic polysaccharides. Plant Physiol 51: 158-173

Tanaka K, Nakatsubo F, Higuchi T (1979) Reaction of guaiacylglycerol-β-guaiacyl ether with several sugars II. Reactions of quinonemethide with pyranohexoses. Mokuzai Gakkaishi 25: 653-659

Timell TE (1964) Wood hemicelluloses. Part I. Adv Carbohyd Chem 19: 247-302

Timell TE (1965) Wood hemicelluloses. Part II. Adv Carbohyd Chem 20: 409-483
Timell TE (1967) Recent progress in the chemistry of wood hemicelluloses. Wood Sci Technol 1: 45-70

Mikrobieller Abbau von Cellulose und Xylan

H. Sahm

Einleitung

In jüngster Zeit hat die pflanzliche Biomasse weltweit sehr großes Interesse als regenerierbare Rohstoffquelle gefunden (Sahm, 1979, Ghose, 1981). Jährlich werden auf der Erde etwa $2x10^{11}$ to pflanzliche Biomasse mit Hilfe der Photosynthese aus Sonnenenergie, Kohlendioxid und Wasser neu gebildet. Zur Zeit werden davon etwa nur 1-2% zur Nahrungs- und Futtermittelproduktion und etwa die gleiche Menge zur Papier- und Fasergewinnung verwendet. Der größte Teil des Pflanzenmaterials bleibt somit bis heute primär wegen der Ernte- und Transportkosten wirtschaftlich ungenutzt. Ferner fallen bei der Ernte und Verarbeitung der pflanzlichen Biomasse wiederum große Mengen als Abfälle bzw. Rückstände an. In der Bundesrepublik Deutschland haben wir z.B. einen Überschuß an Stroh von etwa 8 Millionen Tonnen pro Jahr. Es wurde deshalb weltweit mit Arbeiten begonnen, die zum Ziel haben, pflanzliche Biomasse, insbesondere billige Lignocellulose-haltige Rückstände als Substrate für Mikroorganismen zur Gewinnung von organischen Rohstoffen einzusetzen.

Mikrobieller Cellulose-Abbau

Auf der Erde werden jährlich etwa 10^{11} to Cellulose von den grünen Pflanzen neu synthetisiert; dies sind durchschnittlich etwa 70 kg Cellulose pro Tage und Kopf der Erdbevölkerung. Die Cellulose ist damit die in größter Menge auf der Erde ständig neu entstehende organische Substanz. Es gibt eine Reihe von Mikroorganismen, die auf Cellulose als einziger Kohlenstoff- und Energiequelle wachsen können. Neben verschiedenen Bakterien, wie Cellovibrio, Cellulomonas, Pseudomonas, Actinomyceten und einigen anaeroben Stämmen sind dies besonders mycelbildende Pilze. Die bislang bekanntesten aktivsten Cellulose-abbauenden Pilzstämme sind Trichoderma viride (reesei), Trichoderma lignorum, Trichoderma koningii, Penicillium funiculosum, Penicillium iriensis und Fusarium solani. Diese Mikroorganismen spielen im Kreislauf des Kohlenstoffs auf der Erde eine wichtige Rolle.

Untersuchungen zur enzymatischen Cellulosehydrolyse, die in den letzten 5-10 Jahren vorwiegend mit einigen Pilzstämmen ausgeführt wurden, zeigen, daß wenigstens folgende drei Enzymsysteme an dem Prozeß beteiligt sind (Lee et al. 1980; Ryu et al. 1980):

1. Endo-ß-1,4-glucanasen spalten die Kette nativer Cellulose in der Mitte, wodurch Strukturen geringer Kristallinität zerstört werden und viele freie Kettenenden entstehen.
2. Exo-ß-1,4-glucanasen (Cellobiohydrolasen) spalten jeweils vom Ende der Celluloseketten Cellobioseeinheiten in einem stark ausgeprägten Synergismus mit den Endoglucanasen ab.
3. ß-1,4-Glucosidasen hydrolysieren die Cellobiose zu Glucose.

Polysaccharide
Herausgegeben von W. Burchard

A	Native Cellulose	Endo-glucanase →	Cellulose*
B	Cellulose*	Exo-glucanase →	Cellobiose
C	Cellobiose	ß-Glucosidase →	2 Glucose

* Cellulose mit vielen freien Kettenenden

Abb. 1. Schritte der enzymatischen Spaltung nativer Cellulose in Glucose

Um diese verschiedenen Enzyme quantitativ bestimmen zu können, wurden verschiedene Tests entwickelt. So wird bei der Endocellulase-Bestimmung als Substrat Carboxymethylcellulose verwendet und die Abnahme der Viskosität ermittelt. Die Exocellulase wird dadurch erfaßt, daß kristalline Cellulose als Substrat eingesetzt wird und die Abspaltung reduzierender Zucker, insbesondere von Cellobiose, gemessen wird. Die ß-Glucosidase-Aktivität wird mit Hilfe des natürlichen Substrats Cellobiose oder auch des künstlichen Substrats P-Nitrophenylglucosid bestimmt.

Die Isolierung und Charakterisierung dieser Enzyme in den letzten Jahren hat ergeben, daß die Organismen in der Regel mehrere verschiedene Endo- und Exo-ß-1,4-Glucanasen und ß-Glucosidasen ins Nährmedium ausscheiden, wobei es bis heute noch ungeklärt ist, ob es sich bei diesen verschiedenen Enzymen wirklich um Isoenzyme handelt, oder ob hierbei Modifikationen durch Proteasen erfolgt sind. All diese Enzyme werden in der Regel nur dann von den Mikroorganismen gebildet, wenn sie auf Cellulose oder einigen niedermolekularen Oligosacchariden, wie Cellobiose, Lactose oder Sophorose wachsen, d.h. die Enzyme werden in ihrer Synthese durch das Substrat bzw. einige Disaccaride induziert. Ferner unterliegen die Exoglucanasen einer Produkthemmung durch Cellobiose und die ß-Glucosidasen werden durch das Endprodukt Glukose in ihrer Aktivität gehemmt.

Bei den Versuchen zur Isolierung und Charakterisierung der Cellulasen von Trichoderma reesei fanden Sprey et al. (1983) mit Hilfe der Isoelektrofokusierung, daß dieser Pilz mindestens 90 verschiedenen Proteine ins Nährmedium ausscheidet, von denen die meisten Cellulaseaktivität besitzen. Nach Isolierung einer der Hauptproteinbanden konnte nachgewiesenwerden, daß diese neben Cellulase auch noch Xylanase- und eine geringe ß-Glucosidaseaktivität hatte. Es traten deshalb Zweifel auf, ob es sich bei dieser Präparation wirklich um ein einheitliches Protein handelte. Aus diesem Grunde wurden Titrationskurven aufgenommen, d.h. die elektrophoretische Trennung des Proteins erfolgte in einem pH-Gradienten. Dabei zeigte es sich, daß dieses Protein seinen elektrischen Punkt bei 5.7 hat und nur noch eine geringe Nebenproteinbande enthält. Wenn jedoch das Protein 30 Minuten mit 6 M Harnstoff und 1% Octylglucosid vorbehandelt wurde, so traten bei der Elektrofokusierung drei verschiedene Banden auf, und zwar eine bei einem isoelektrischen Punkt von 5.08 mit Cellulaseaktivität, eine bei einem isoelektrischen Punkt von 5.7 mit ß-Glucosidaseaktivität und eine dritte bei einem isoelektrischen Punkt von 6.01 mit Xylanaseaktivität. Dieses Ergebnis weist darauf hin, daß die am Celluloseabbau beteiligten

Enzyme einen relativ starken Multiproteinkomplex bilden, der mit den üblichen Proteintrennungsmethoden nicht gespalten werden kann, so daß hierbei besondere Behandlungsschritte notwendig sind, um wirklich reine Enzyme zu bekommen.

Da die Cellulose als Enzymsubstrat wegen ihrer Wasserunlöslichkeit und sehr heterogenen Molekulargewichtsverteilung nicht besonders geeignet ist, soll die Enzymcharakterisierung, insbesondere was die Bestimmung von enzymkinetischen Daten anbelangt, mit definierten Cellodextrinen ausgeführt werden. Zur Herstellung dieser Cellodextrine wurde käufliche Cellulose mit 10 N Salzsäure bei 25 °C zwei bis drei Stunden hydrolysiert. Anschließend wurde dieses Hydrolysat in eiskaltes Ethanol bzw. Propanol eingetropft, wodurch die Cellodextrine ausgefällt wurden. Nach Entfernung der restlichen Salzsäure wurde die wasserlösliche Fraktion dann auf eine Biogelsäule P4 gegeben, um die Cellodextrine nach ihrem Molekulargewicht aufzutrennen (Abb.2) (Hamacher et al.). Die so gewonnenen verschiedenen Cellooligomoren sind weitgehend rein und können als definierte Substrate zur Charakterisierung von Cellulasen und ß-Glucosidasen verwendet werden.

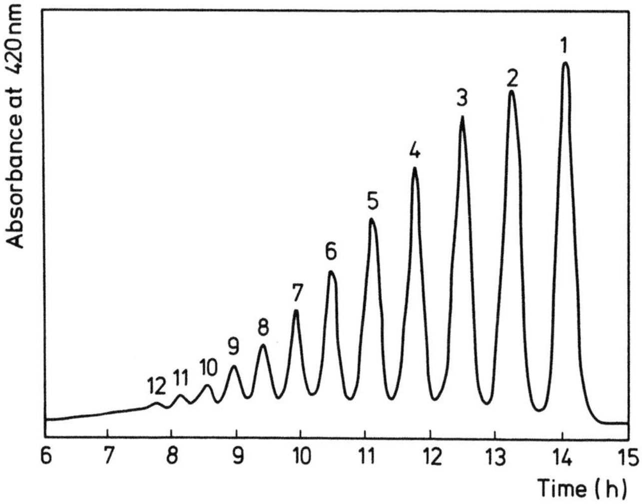

Abb. 2. Gelchromatographische Trennung eines Cellulose-Hydrolysats an Bio-Gel P4 (Hamacher et al)

Neben der Umsetzung von Cellobiose mit Hilfe der ß-Glucosidase in Glucose konnten noch zwei andere Systeme zur Metabolisierung von Cellobiose nachgewiesen werden. So konnte gezeigt werden, daß der Pilz Chaetomium cellulolyticum beim Wachstum auf Cellulose-haltigen Substraten ein Cellobiose oxidierendes Enzymsystem bildet (Fähnrich et al. 1982). Diese Cellobiosedehydrogenase katalysiert die Oxidation von Cellobiose zur Cellobionsäure, wobei im in vitro-Testsystem der Wasserstoff auf 2,6-Dichlorphenolindophenol oder 1-Benzochinon übertragen wird; Sauerstoff kann nicht als Wasserstoffakzeptor fungieren. Ein ähnliches Enzymsystem konnte auch in dem Weißfäulepilz Sporotrichum pulverulentum nachgewiesen werden, wobei man hier vermutet, daß dieses Enzym als Bindeglied zwischen dem Cellulose- und dem Ligninstoffwechsel eine wichtige Rolle spielt (Eriksson 1978). Ferner wurde in einigen Cellulose-abbauenden Cellulomonas-Stämmen gefunden, daß diese das Disaccharid Cellobiose nicht hydrolytisch sondern phosphorolytisch spalten, so daß als Reaktionsprodukte Glucose-1-Phosphat und Glucose gebildet werden (Schimz et al. 1983).

Biotechnologische Prozesse zur Verwertung von Cellulose

In den letzten Jahren wurde in den USA im Natick Research Centre ein kontinuierliches Verfahren zur enzymatischen Cellulosespaltung entwikkelt (Ghose et al. 1970). Wie aus Abb. 3 zu ersehen ist, werden hierbei im ersten Schritt die Cellulose-spaltenden Enzyme mit Hilfe des

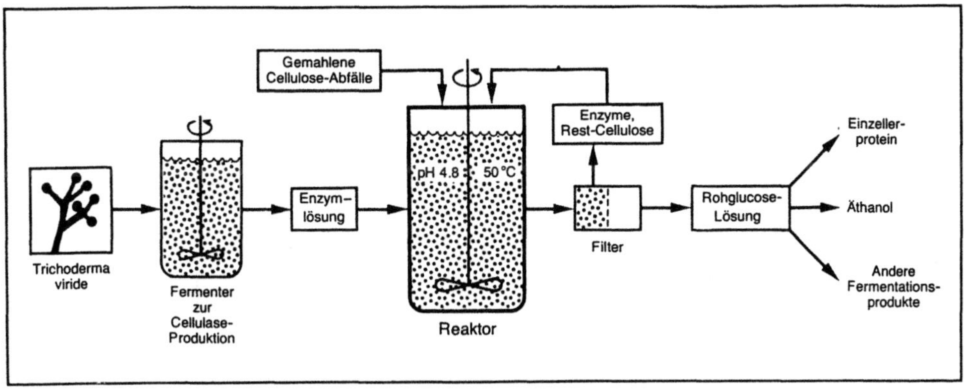

Abb. 3. Prozaß zur enzymatischen Spaltung cellulosehaltiger Abfälle in Glucose (Natick-Verfahren)

Pilzes Trichoderma reesei gewonnen. Unter optimalen Bedingungen können heute mit bestimmten Mutanten dieses Stammes in einem Medium, das 60g pro Liter Cellulose enthält, 20 g pro Liter extrazelluläre Cellulasen mit einer Produktivität von 150 mg Cellulasen pro Liter und Stunde hergestellt werden (Mandels et al. 1981). Nach Abtrennen des Pilzmycels wird das Kulturfiltrat, das die Cellulasen und ß-Glucosidasen enthält, mit fein gemahlenen Celluloseabfällen in einen Enzymmembranreaktor gegeben. Da die Cellulosehydrolyse durch Cellulasen von Trichoderma reesei sehr stark vom Ligningehalt abhängig ist - je höher der Ligningehalt, umso geringer ist die Cellulosespaltung - ist es notwendig, daß mit Hilfe von verschiedenen physikalischen und/oder chemischen Verfahren der Lignocellulosekomplex aufgeschlossen wird, um ihn enzymatisch leichter abbaubar zu machen (Abb. 4) (Fan et al. 1982). Die enzymatische Cellulosehydrolyse findet dann bei 50°C und einem pH-Wert von 4.8 statt, also bei sehr milden Bedingungen im Vergleich zur Säurehydrolyse. Je nach Cellulose- (10-30%) und Enzym-Konzentration (5 Einheiten/ml) können innerhalb von 24 Stunden zwischen 30 und 80% der Cellulose in Zucker gespalten werden, wobei die Glucosekonzentration in der Lösung dann zwischen 20 und 80 g/l liegt. Die Zuckerlösung, die je nach Aktivität der ß-Glucosidase im Enzympräparat noch mehr oder weniger Cellobiose enthält, wird durch Ultrafiltration von den Cellulasen und der Restcellulose, die in den Reaktor zurückgeführt werden, abgetrennt.

Wirtschaftlichkeitsbetrachtungen haben ergeben, daß die enzymatische Gewinnung von Glucose aus cellulosehaltigem Material z.Z. gegenüber der enzymatischen Stärkehydrolyse noch nicht konkurrenzfähig ist. Die Kosten liegen bei 0.80 - 1.00 DM/kg Glucose bei Gewinnung einer 10%igen Glucoselösung; dabei entfallen etwa 50-60% auf die Rohmaterialbeschaffung und Vorbehandlung, 25-30% auf die Enzyme und 10-20% auf die Hydrolyse. Hieraus ist zu ersehen, daß die Kosten für die Vorbehandlung des cellulosehaltigen Materials und für die Cellulasen gesenkt werden müssen, damit die enzymatische Gewinnung von Glucose aus cellulosehaltigem Material wirtschaftlich interessant wird. Neben der Selektion von Mutanten, welche größere Mengen Cellulasen produzieren, sucht man z.Z. insbesondere nach Stämmen, die Cellulasen mit einer

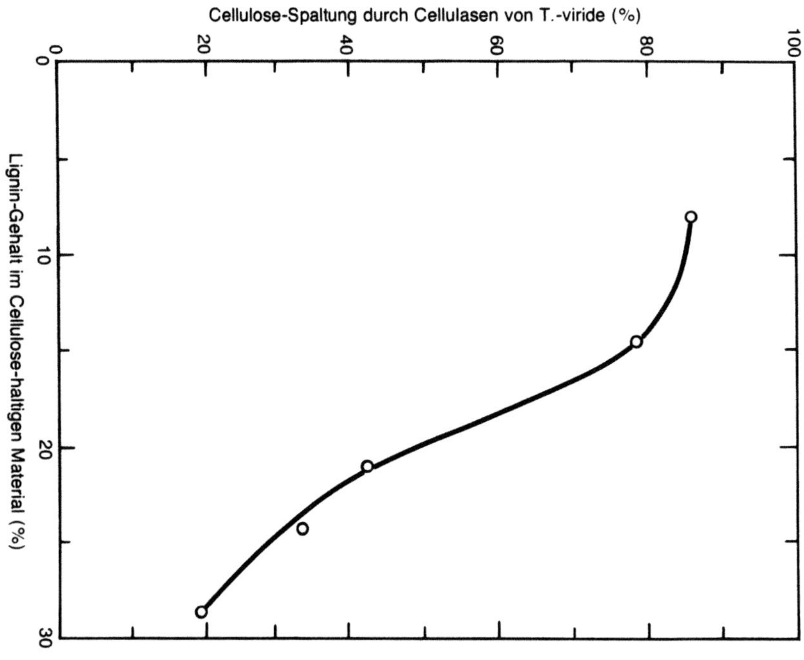

Abb. 4. Abhängigkeit der enzymatischen Cellulose-Hydrolyse vom Ligingehalt des Substrates

höheren spezifischen Aktivität und Stabilität bilden. Ferner versucht man, die Hemmung der Glucose auf die ß-Glucosidasen durch eine sich anschließende biotechnologische Umsetzung, z.B. von Glucose zu Äthanol oder zu Fructose zu umgehen (Woodward et al. 1981). So hat Gulf Oil Chemicals in einer Pilotanlage (Tagesumsatz 1 to Celluloserückstände) die enzymatische Cellulosehydrolyse mit einer Äthanolfermentation kombiniert, wobei jedoch nur eine Alkoholkonzentration von 3.5% erzielt wurde. In Ottawa konnte kürzlich bei diesem Prozeß die Äthanolkonzentration auf 5% gesteigert werden, so daß damit eine wirtschaftliche Destillation eher möglich war. Ferner wurde an der Universität of Pennsilvania zusammen mit General Electric ein Verfahren entwickelt, bei dem die Cellulose mit Enzymen aus dem thermophilen Bakterium Thermomonospora bei 60°C vorwiegend in Cellobiose gespalten wird, welche dann von Clostridium thermocellum direkt zu Äthanol vergoren wird.

Mikrobieller Xylan-Abbau

Neben der Cellulose sind die Hemicellulosen die am häufigsten vorkommenden organischen Verbindungen auf der Erde. Sie enthalten neben Glucose, Mannose und Galactose insbesondere einige Pentosen wie Xylose und Arabinose. Die Hauptgruppe der Hemicellulosen sind die Xylane, welche aus etwa 200 Xyloseeinheiten, die ß-1,4-glycosidisch miteinander verknüpft sind, bestehen. Ferner sind an diese Polysaccharidketten in gewissen Abständen noch Methylglucuronsäure, Arabinose und Essigsäure gebunden, welche die isolierten Xylane weitgehend wasserlöslich machen. Man kennt eine Reihe von Bakterien, z.B. Bacillus- und Streptomycetenarten und einige Pilze wie Aspergillus-, Penicillium- und Trichoderma-Stämme, welche Xylan-spaltende Enzyme bilden. Bei der Suche nach Mikroorganismen mit hohen Xylan-spaltenden Enzymaktivitäten kann man den sogenannten Plattendiffusionstest verwenden. Da das Xylan zu einer Trübung des Nährmediums führt, ist es möglich, die Xylan-spaltenden Enzymaktivitäten an den klaren Diffusionshöfen zu erkennen (Abb. 5).

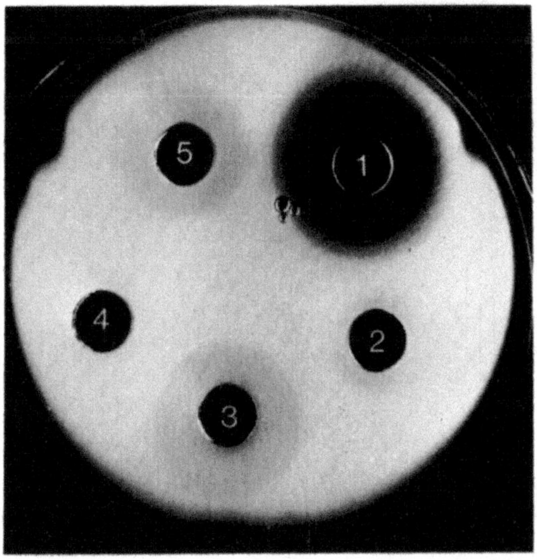

Abb. 5. Plattendiffusionstest zum Nachweis von Xylanasen

Aus einer Bodenprobe, die im tropischen Regenwald gesammelt wurde, konnte ein Schimmelpilz isoliert werden, der sehr gut auf Xylan als einziger Kohlenstoff- und Energiequelle wächst (Schmidt et al. 1984). Parallel zum Wachstum scheidet dieser Pilz eine hohe Xylanase- und Xylosidaseaktivität ins Kulturmedium aus. Für die Reinigung der Enzyme aus dem Kulturfiltrat dieses Pilzes, Trichoderma lignorum, wurden die extrazellulären Proteine zunächst mittels Ultrafiltration und Ammoniumsulfatfällung konzentriert. Durch zwei säulenchromatographische Schritte an Biogel und Hydroxyapatit wurden anschließend homogene Enzympräparate erhalten. Es konnten zwei verschiedene Xylanasen isoliert werden, welche eine sehr hohe spezifische Aktivität von ca. 1500 Einheiten/mg Protein hatten. Das Molekulargewicht der beiden Enzyme lag bei 20.000 bzw. 21.000. Wie SDS-gelelektrophoretische Untersuchungen ergaben, bestehen diese beiden Enzyme jeweils nur aus einer Polypeptidkette. Kohlenhydrate konnten in diesen Enzymen nicht nachgewiesen werden, so daß es sich hierbei um keine Glykoproteine handelt. Diese beiden Xylanasen sind im pH-Bereich zwischen 3 und 8 stabil und zeigen maximale Aktivität bei pH 3.5 bzw. 6.5. Das Temperaturoptimum beträgt bei beiden Enzymen 45 °C.

Um die Reaktionsprodukte, die bei der Hydrolyse des Xylans durch diese Enzyme entstehen, quantitativ bestimmen zu können, wurde ein Analysensystem mit einer Biogelsäule P6 aufgebaut. Wie aus der folgenden Abbildung zu ersehen ist, konnten mit Hilfe einer zwei Meter langen Gelchromatographie-Säule die Spaltprodukte sehr gut aufgetrennt werden.
Die Elution der Säule erfolgte mit destilliertem Wasser bei 60°C, was die Löslichkeit, besonders der höheren Oligomere, begünstigt. Wie bei allen bisher beschriebenen Xylanasen bauen auch die Xylanasen aus Trichoderma lignorum das Arabinoxylan durch einen Endospaltmechanismus

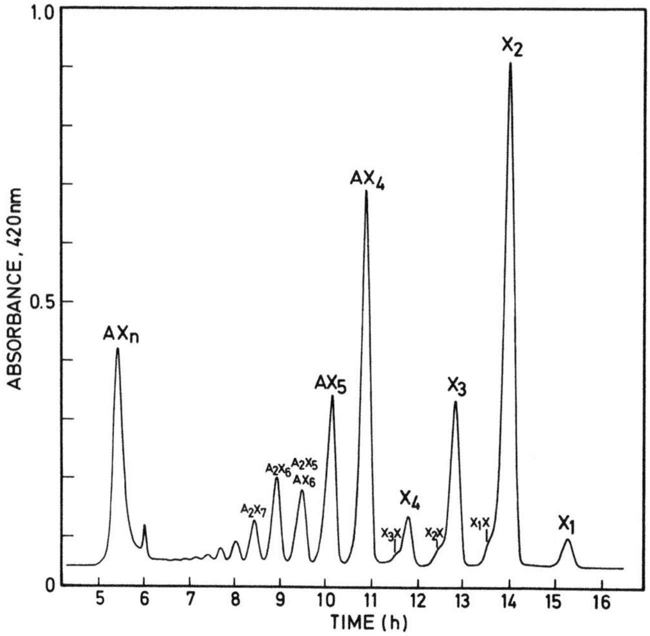

Abb. 6. Gelchromatographische Trennung eines enzymatischen Xylan-Hydrolysates

ab, wobei Xylose, Xylobiose, Xylotriose und verschiedene verzweigte Arabinoxylooligosaccharide, wie z.B. Arabinoxylotetraose entstehen. Da die Xylanasen aus diesem Pilz keine Arabinose freisetzen können, wie dies z.B. die Xylanasen aus Aspergillus niger können, verhindern die Arabinoseseitenketten im Arabinoxylan den vollständigen Abbau des Polysaccharids zu Xylobiose und Xylose. Diese Xylanasen können auch lineare Xylodextrine, wie z.B. Xyloheptaose abbauen, wobei eine der Xylanasen eine relativ hohe Glycosyltransferaseaktivität zeigt.

Neben den beiden Xylanasen konnten aus dem Kulturfiltrat von Trichoderma lignorum noch eine ß-Xylosidase und eine Arabinosidase isoliert werden. Die ß-Xylosidase hat ein Molekulargewicht von 100.000 und besteht aus zwei verschiedenen Untereinheiten. Dieses Enzym ist ein Glycoprotein mit einem Kohlenhydratanteil von 25%, wobei die Monosaccharide Mannose, Glucose und Xylose im Verhältnis 9:3:1 vorkommen. Die ß-Xylosidase zeigt eine bemerkenswert hohe Temperaturstabilität mit einem Temperaturoptimum von 70°C. Die Arabinosidase hat ein Molekulargewicht von 50.000 und besteht aus einer Polypeptidkette. Diese Enzym spaltet die Arabinose-Seitenketten vom Arabinoxylan oder von Arabinoxylooligosacchariden ab. Wie aus Abb. 7 zu ersehen ist, kann durch das Zusammenwirken all dieser Enzyme aus Trichoderma lignorum das Arabinoxylan weitgehend in die Monosaccharide Xylose und Arabinose gespalten werden.

Wie bei der Cellulosehydrolyse, so sind auch bei der enzymatischen Xylanhydrolyse mehrere Enyzme beteiligt (Abb. 8):

1. Endo-ß-1,4-Xylanasen, welche das Xylan in niedermolekulare Xylooligomere spalten; Exo-ß-1,4-Xylanasen konnten bisher nicht mit Sicherheit nachgewiesen werden.
2. α-L-Arabinofuranosidasen, welche die Arabinosesubstituenten vom Xylan bzw. von den Xylanoligomeren abspalten.
3. ß-1,4-Xylosidasen, die Xylobiose, Xylotriose und einige niedere Xylooligomere in Xylose hydrolysieren.

Über die enzymatische Abspaltung der 4-Methylglucoronsäure und Essigsäure vom Xylanmolekül ist noch nichts bekannt. In der Regel werden die Xylan-spaltenden Enzyme nur dann von den entsprechenden Mikroorganismen gebildet, wenn Xylan oder Xylooligomere im Nährmedium enthalten sind.

Zusammenfassend kann festgestellt werden, daß die Polysaccharide Cellulose und Xylan mit Hilfe von mikrobiellen Enzymen hydrolysiert werden können. Um die Systeme besser zu verstehen, sind jedoch weitere Forschungsarbeiten zur Charakterisierung der Enzyme sowie zur Regulation und Lokalisation der Hydrolasen erforderlich. Es ist zu hoffen, daß es gelingt, diese Enzymsysteme so in die Hand zu bekommen, daß man damit die Cellulose und die Hemicellulosen in Zukunft genauso gut enzymatisch hydrolysieren kann, wie heute die Stärke.

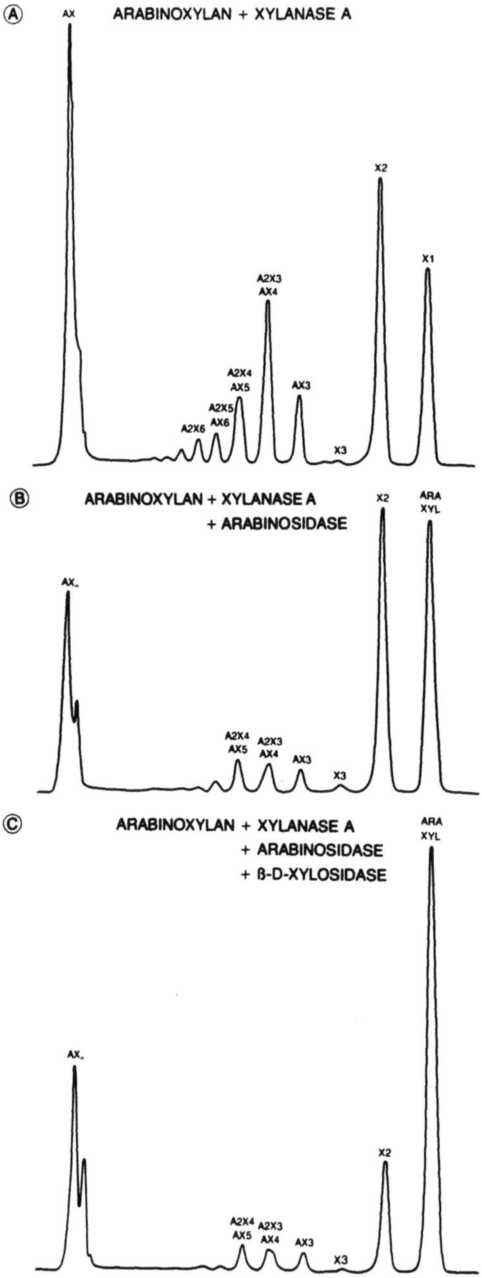

Abb. 7. Abbau von Arabinosexylan durch Xylanase (A) plus Arabinosidase (B) plus Xylosidase (C) (Schmidt et al. 1984)

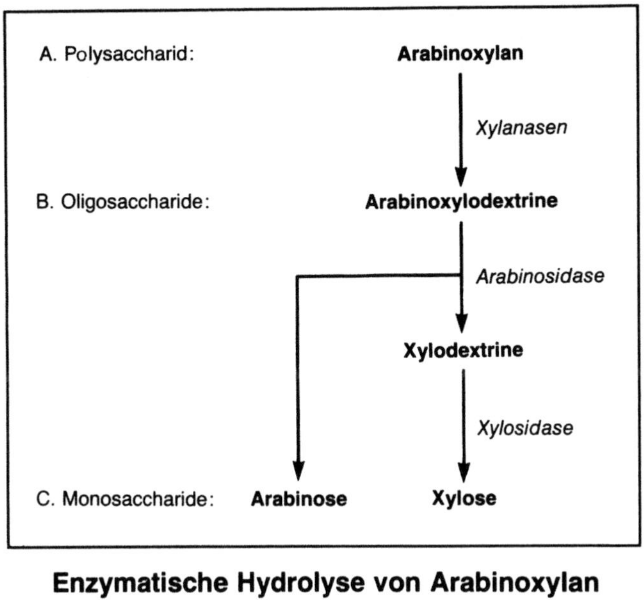

Abb. 8. Enzymatische Hydrolyse von Arabinoxylan (Schmidt et al. 1984)

LITERATUR

Eriksson KE (1978) Enzyme mechanisms involved in cellulose hydrolysis by the rot fungus Sporotrichum pulverulentum. Biotechnol Bioeng. 20: 317-332

Fan LT, Lee GH, Gharpuray MM (1982) The nature of lignocellulosics and their pretreatments for enzymatic hydrolyis. Adv Biochem Eng 23: 157-187

Fähnrich P, Irrgang K (1982) Some characteristics of the cellulolytic enzyme system of Chaetomium cellulolyticum. Biotechnol Lett 4: 519-524

Ghose TK, Kostick M (1970) A model for continuous enzymatic saccharification of cellulose with simultaneous removal of glucose syrup. Biotechnol Bioeng 12: 921-946

Ghose TK (1981) Bioconversion and Biochemical Engineering Symposium 2 Vol I/II. Indian Institute of Technology, New Delhi

Hamacher K, Schmid G, Wandrey C, Sahm H, manuscript in preparation

Lee YH, Fan LT (1980) Properties and mode of action of cellulase. Adv Biochem Eng 17: 101-129

Mandels M, Medeiros JE, Andreotti RE, Bissett FH (1981) Enzymatic hydrolysis of cellulose: Evaluation of cellulase culture filtrates under use conditions. Biotechol Bioeng 23: 2009-2026

Ryu DDR, Mandels M (1980) Cellulase: Biosynthesis and applications. Enzyme Microbiol Technol 2: 91-102

Sahm H (1979) Pflanzliche Rückstände als Substrate in der Biotechnologie. Forum Mikrobiologie 2(4): 177-182

Schmidt J, John M, Wandrey C, Sahm H (1984) Abbau von Hemicellulose durch ein leistungsfähiges Xylanase-System. Dechema Monographien 94 (im Druck)

Schimz KL, Broll B, John B (1983) Cellobiose phosphorylase (EC 2.4.1.20) of Cellulomonas: Occurrence, induction and its role in cellobiose metabolism. Arch Microbiol 135: 241-249

Sprey B, Lambert C (1983) Titration curves of cellulases from Trichoderma reesei: Demonstration of a cellulase-xylanase-ß-glucosidase complex by urea-octylglucoside treatment. FEMS Microbiol Lett 18: 217-222

Woodward J, Arnold SL (1981) The inhibition of ß-glucosidase activity in Trichoderma reesei C30 cellulase by derivatives and isomers of glucose. Biotechnol Bioeng 23: 1553-1562

Enzymatischer Abbau von Stärke

Beate Pfannemüller und W. Burchard

EINLEITUNG

Bis heute verläuft die industrielle Forschung weitgehend empirisch und sucht das optimale Produkt für einen bestimmten Zweck. Die praktische Nutzung könnte zweifellos gezielter sein, wenn manche Aspekte der Struktur des Stärkekorns und besonders des Amylopektins ausreichend geklärt und verstanden wären. Noch immer ist umstritten, welche Komponenten im Stärkekorn die Kristallinität bedingen. French (Kainuma und French 1971; French 1972) und die meisten anderen Autoren halten Amylopektin für die Kristallinität verantwortlich, nur wenige die Amylose. Es ist in der Tat ein Widerspruch, beim Quellen löst sich die Amylose heraus, das Amylopektin bleibt gelartig zurück. Andererseits ist die Amylose in ihrer wässrigen Lösung sehr instabil und fällt dann kristallin aus, während das gelöste Amylopektin ungleich stabiler ist und allenfalls als durchsichtiges Gel erstarrt.

Abb. 1 zeigt das alte Modell von A. Meyer (1895), das sich allein auf mikroskopische Beobachtungen stützt: radial angeordnete feine Fasern (Trichite) und konzentrische Schichten. Meyer erklärt die Schichtstruktur aus Unterschieden in Länge und Dicke der einzelnen Trichite und aus einer mehr oder weniger dichten Anordnung der Verzweigungspunkte. Dieses alte Modell kommt den heutigen Vorstellungen der Amylopektinstruktur sehr viel näher als das Faltmodell von Mühlethaler (1965) und das Modell von Nikuni (1978), der die Stärke als ein einziges Riesenmolekül betrachtet.

In vivo ist die Stärke in den Speicherorganen in hoher Dichte gepackt. Die bis zu 5000 nicht reduzierenden Endgruppen des Amylopektins bilden wahrscheinlich Angriffspunkte für den enzymatischen Abbau und die Resynthese. Wenn das Stärkekorn aber aus seiner nativen Umgebung abgetrennt ist, erweist es sich als kaum mehr angreifbar durch Enzyme. Die Kornstruktur wird nur durch Säuren erodiert. Enzyme können wohl wegen ihrer Größe in das fertige Korn nur noch schwer eindringen.

Polysaccharide
Herausgegeben von W. Burchard

Säureabbau bei tiefen Temperaturen führt zu säureresistenten Amylodextrinen, die gute Modelle für die native Stärke sind. Ihr Massenanteil beträgt selbst nach monatelanger Säurebehandlung etwa 25% (Kainuma und French 1971 . Die Röntgenkristallinität nimmt beim Säureabbau zu, der A- oder B-Typ der Ausgangsstärke bleibt jeweils erhalten. Erst beim Lösen in heißem Wasser geben die Amylodextrine eine rote bis purpurne Jodfarbe, entsprechend einer linearen Sequenz von 15 bis 30 Glucosen pro reduzierender Endgruppe.

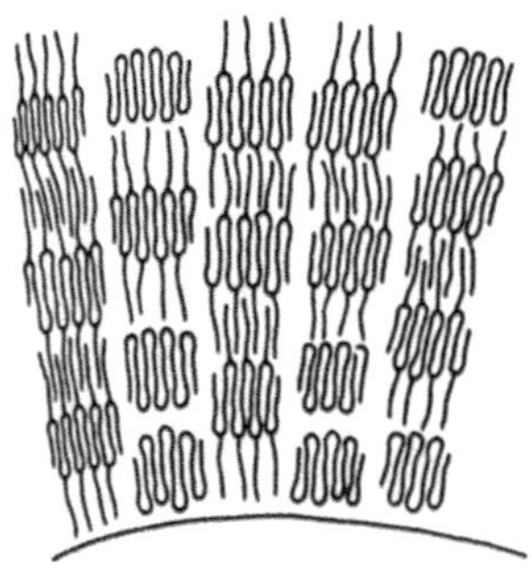

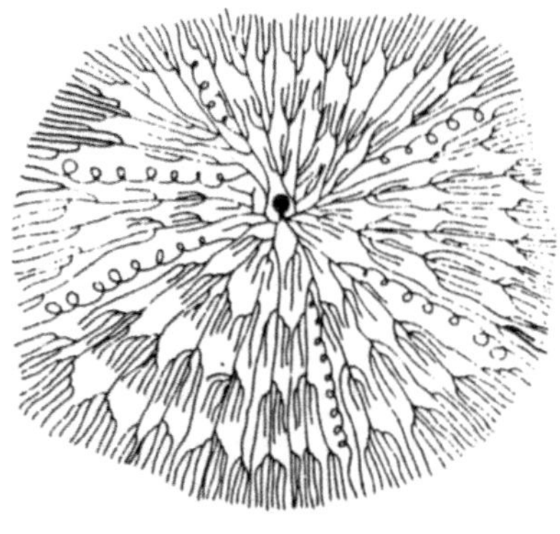

Abb. 1 . Modelle für die Feinstruktur der nativen Stärke. Oben: A. Meyer (1895); unten links K. Mühlethaler (1965); unten rechts: Z. Nikuni (1978)

Beim Abbau mit ß-Amylase liefern die Amylodextrine nur 80% Maltose, was auf eine Restverzweigung zurückzuführen ist. Denn die ß-Amylase ist ein Exoenzym und greift an den nicht reduzierenden Endgruppen an. Das Enzym wird an den Verzweigungsstellen gestoppt und hinterläßt Stümpfe von 2-3 Glucosen. (Abb. 2). Als kleinste Spaltstücke entstehen aus Amylose Glucose und Maltose.

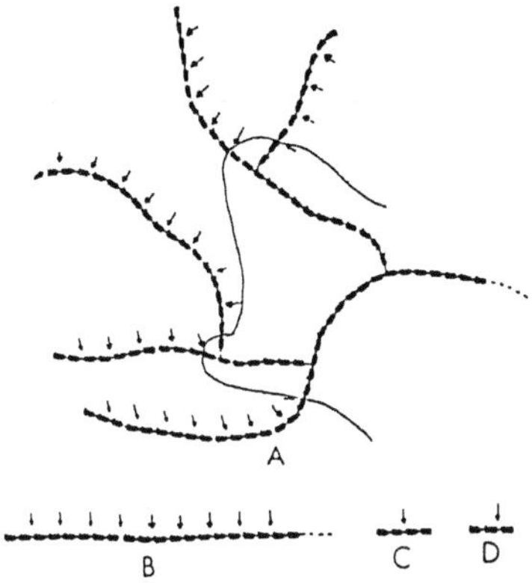

Abb. 2 . Wirkungsweise von ß-Amylase auf Amylopektin (A), Amylose (B), Maltotetraose (C) und Maltotriose (D).

STÄRKEABBAUENDE ENZYME

In Tabelle 1 sind die wichtigsten Enzyme zusammengestellt, die zum Abbau von Stärke, Amylodextrinen, Amylopektin und Amylose zur Verfügung stehen. Es ist eine große Auswahl vorhanden, denn jeder Organismus muß ja das Werkzeug besitzen, sein Energiedepot letztlich als Glucose zu mobilisieren.

Die α-Amylasen spalten die α(1,4)-glycosidische Kette statistisch, erst zu längeren, dann zunehmend zu kürzeren Stücken. Bei diesem Abbau des Amyloseanteils der Stärke wird ein Bereich schwerlöslicher Ketten durchlaufen . Dies macht sich in der Technik oft unangenehm bemerkbar, weil ganze Ansätze ausfallen und die Filter verstopfen können. Um diese Gefahr zu vermeiden, arbeitet man bei möglichst hoher Temperatur. Die Speichel- unf Pankreasamylasen bauen am weitesten ab, die Bacillus subtilis α-Amylase und die Malzamylase liefern neben Maltotriose bzw. Maltose größere Mengen an Hexa- und Octaose. (Vergl. Abb. 3).

Die Exoamylasen bauen, wie erwähnt, vom nicht reduzierenden Kettenende her schrittweise ab. Am wichtigsten für die Industrie ist die Glucoamylase, weil sie auch die α (1,6)-glycosidischen Bindungen spalten kann und daher auch Amylopektin in einem Gang in Glucose überführt. Für den tierischen Organismus ist die Abspaltung des Glycosylrestes und gleichzeitige Phosphorylierung unter Bildung von Glucose-1-phosphat (G-1-P) der bevorzugte energieliefernde Prozess. Nur die Pflanzen

Tabelle 1. Stärke abbauende Enzyme

Enzym	Herkunft (Substrat)	Endprodukt des Abbaus	gespaltene Bindung
Endoamylasen			
	Speichel, Pankreas	G 2, 3, 4	α(1,4)
	Bac. subtilis	G 3, 6-8	"
α-Amylasen	Gerstenmalz	G 2, 6-8	"
	Bohnen	G ≥ 6, G 2	"
	Asp. orycae	G 1, 2	"
Exoamylasen			
Glucoamylase	Asp. niger	G 1	α (1,4),(1,6)
Phosphorylase	Kartoffeln, Muskeln, Leber	G-1-P	α (1,4)
β-Amylase	Sojabohnen, Weizen, Süßkart., Gerstenmalz	G 2	"
spezielle Amylasen	Pseudomonas stutzeri	G 4	"
	Bac. licheniformis	G 5	"
	Aerobacter aerogenes	G 6	"
	Bac. subtilis, Var. K	G 6 (G 3, 5, 7)	"
"Macerans"-Amylase	Bac macerans	G 6, 7, 8 (cycl)	"
Entzweigungsenzyme			
Pullulanase	Aerobacter aerogenes		
	aus Pullulan	G 3	α (1,6)
	aus Phosph. Grenzdex.	G 4	"
	aus β-Grenzdextrin	G 2, 3	"
Isoamylase	Pseudomonas, Cytophaga		
	aus Pullulan	-	
	aus Phosph. Grenzdex.	G 4	α (1,6)
	aus β-Grenzdextrin	-	
Transferasen			
Glucosidase-Transferase	Muskel, Leber entzweigt Grenzdextrine unter Transfer auf (1,4)		α (1,4),(1,6)
Cyclodextrin-Glucosyl-transferase (CGT)	Klebsiella pneumoniae öffnet Cyclodextrine und bildet Serie von Maltooligomeren		α (1,4),(1,4)
α-Glucosidasen	Hefen, sweet corn spalter G 2 und G 3	G 1	α (1,4)

benutzen auch den Weg über den Abbau mit ß-Amylase. Technisch hat die ß-Amylase wenig Bedeutung. In letzter Zeit wurden in bestimmten Mikroorganismen auch Amylasen gefunden, die jeweils fast ausschließlich Maltotetraose, Maltopentaose oder Maltohexaose bilden. Ob es sich bei den beiden letzteren Enzymen um echte Exoamylasen handelt, ist noch nicht sicher entschieden. Die von Kennedy (Kennedy et al. 1979) gefundene Variante K aus Bacillus subtilis ist besonders temperaturstabil und daher für technische Prozesse, die bei möglichst hoher Temperatur und hoher Stärkekonzentration ablaufen, gut geeignet.

Die seit langem bekannte Maceransamylase (Cyclodextrinase), ursprünglich aus Bacillus macerans isoliert, jetzt auch aus anderen Quellen ,ist wohl auch als Exoenzym zu betrachten. Besonders in Japan und in Ungarn wird die Cyclodextrinproduktion in großtechnischem Maßstab mit diesen Enzymen durchgeführt.

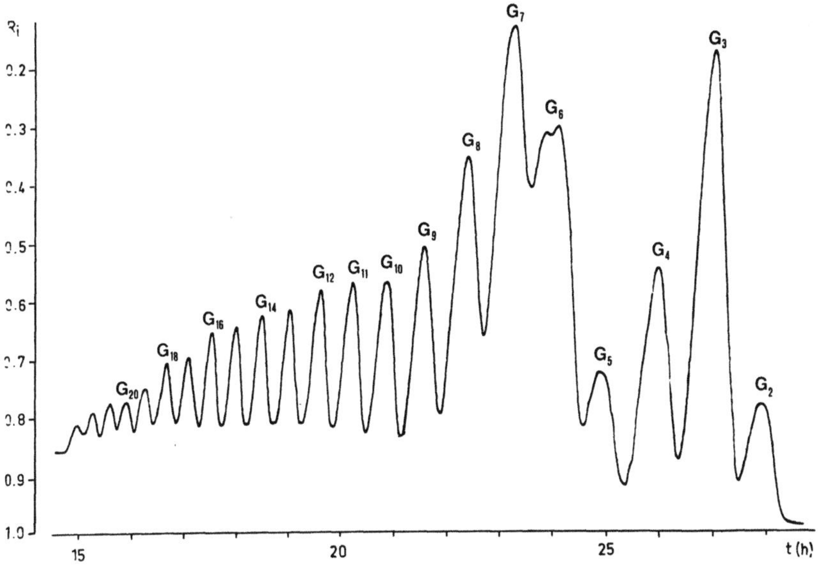

Abb. 3 . Abbau von Amylose mit Bacillus subtilis α-Amylase. Elutionsdiagramm an Bio-Gel P4. (Säule 5x150 cm; 5g Abbaugemisch; Elution mit Wasser, 50°C)

Ein entscheidender Fortschritt für die Strukturanalyse des Amylopektins und des Glycogens war 1970 die Entdeckung der Entzweigungsenzyme Pullulanase (Wallenfels und Bender, Freiburg) und Isoamylase (Harada, Japan und gleichzeitig Whelan, USA). Beide Enzyme können die α(1,6)-glucosidischen Bindungen des nativen Amylopektins lösen, die Pullulanase auch die kürzeren Stümpfe von vier Glucosen nach Abbau mit

Phosphorylase (Phosphorylase-Grenzdextrin) bzw. die Stümpfe von 2 bis 3 Glucosen nach Abbau mit ß-Amylase (ß-Grenzdextrin). Die Isoamylase spaltet die α(1,6)-glucosidischen Bindungen nur bei einer Zweiglänge von mindesten drei Glucosen.

Von den Transferasen sorgt die Glucosidase-Transferase im tierischen Organismus für die Entzweigung des Phosphorylase-Grenzdextrins aus Glycogen. In einer konzertierten Aktion werden von den Maltotetraosestümpfen erst drei Glucosen auf eine benachbarte α(1,4)-Kette transferiert und dann durch die Glucosidase die letzte Glucose an der Verzweigungsstelle abgelöst. Die von Bender (1977) entdeckte Cyclodextrin-Glucosyl-Transferase (CGT) katalysiert ein Ring-Ketten-Gleichgewicht von Cyclodextrin und offenen Maltodextrinen in Gegenwart von Glucose, Maltose oder Maltotriose.

Die α-Glucosidasen spalten nur die kleinen Bruchstücke.

EINSATZ VON ENZYMEN IN DER STÄRKEINDUSTRIE

In der Industrie werden zur Dextrinisierung, d.h. Herstellung von Glucose- oder Maltosesirup, bisher hauptsächlich die Glucoamylase und die α -Amylase aus Bacillus subtilis eingesetzt. Das Verteilungsmuster der Maltooligomeren nach Abbau von Amylose mit Bacillus subtilis und Fraktionierung an Bio-Gel P4 zeigt Abb. 3.

Die relativ hohen Anteile an G_3 und G_6-G_8 lassen auf einen gezielten Angriff des Enzyms schließen. Eine Vorstellung der Wirkungsweise von diesem und anderen Enzymen gibt Abb. 4. Nach thermodynamischen Untersuchungen haben Hollo und Mitarbeiter (Hollo et al. 1983) zunächst das Bindungsverhalten am aktiven Zentrum der Enzyme geklärt und aus diesen Daten Hinweise auf die bevorzugten Spaltstellen erhalten. Wie Abb. 5 zeigt, war es weiterhin möglich, die funktionellen Gruppen der Aminosäuren zu bestimmen, die an der Substratbindung und -spaltung beteiligt sind.

Aus der Tabelle in Abb. 5 sind die den einzelnen reaktiven Gruppen zugeordneten Funktionen zu entnehmen. Auf Grund dieser Kenntnis konnte durch chemische Modifizierung der Tryptophangruppe der α -Amylase des Bactillus subtilis erreicht werden, daß sich das Spaltungsverhalten verändert und der Anteil an Glucose und Maltose im Produkt erheblich ansteigt, ein für die Zuckerindustrie günstiger Effekt.

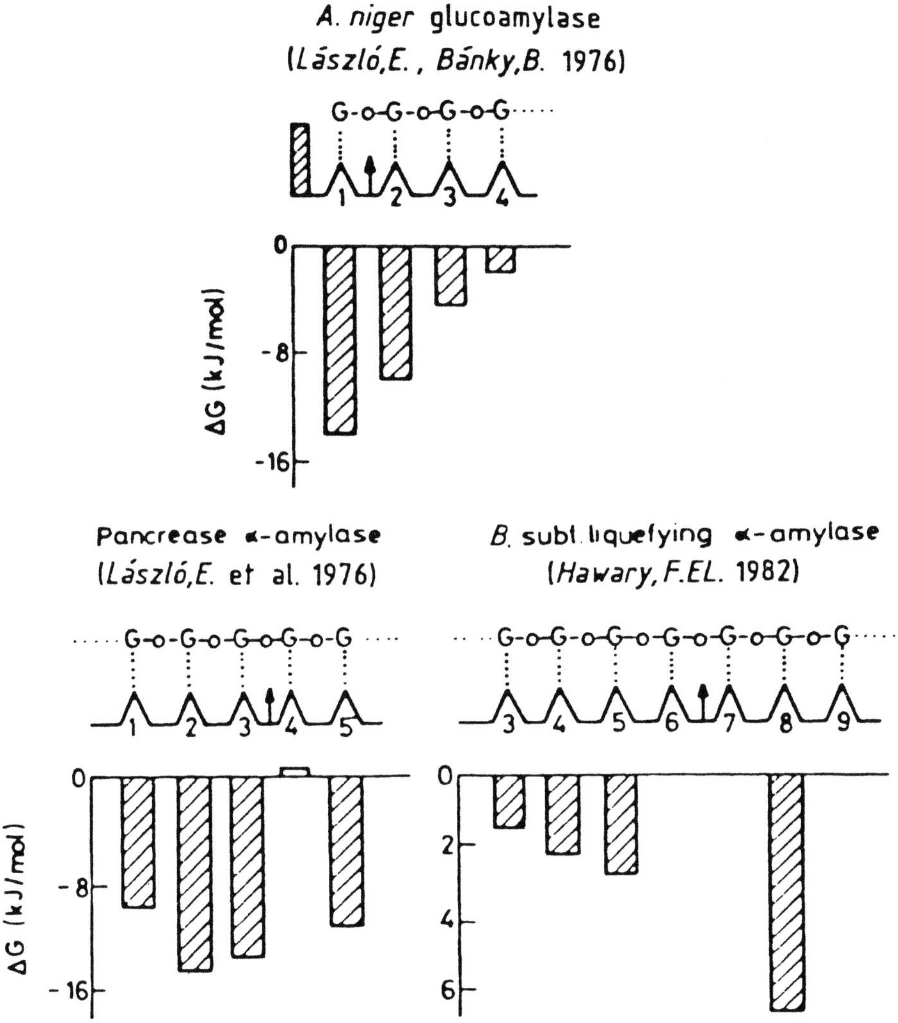

Abb. 4. Bindung der Amylose am aktiven Zentrum verschiedener Enzyme

Um eine Inaktivierung bei einer Bindung der Enzyme an ein Gel zu vermeiden, ist es wichtig zu wissen, welche Faktoren beachtet werden müssen. Ungeeignet ist nach Ansicht der Autoren die Trägerbindung von Bac illus subtilisα-Amylase an hydrophile Cellulose- und Acrylsäurederivate nach der Bromcyan- oder Isothiocyanatmethode, denn hierbei werden die essentiellen Tyrosyl- und Aminogruppen am aktiven Zentrum durch chemische Kopplung inaktiviert. Ähnliches gilt für Glucoamylase.

Brauchbare Träger scheinen Cellulosederivate wie Dialdehyd- und Ethylamincellulose zu sein. Günstige Kopplungsreagenzien sind z.B. Glutaraldehyd oder p-Benzochinon, da diese eine geringe Reaktivität der funktionellen Gruppen zeigen. Um eine Reaktion mit Aminogruppen am aktiven Zentrum zu verringern, wird der Zusatz aminogruppenhaltiger Produkte, wie z.B. Gelatine, empfohlen.

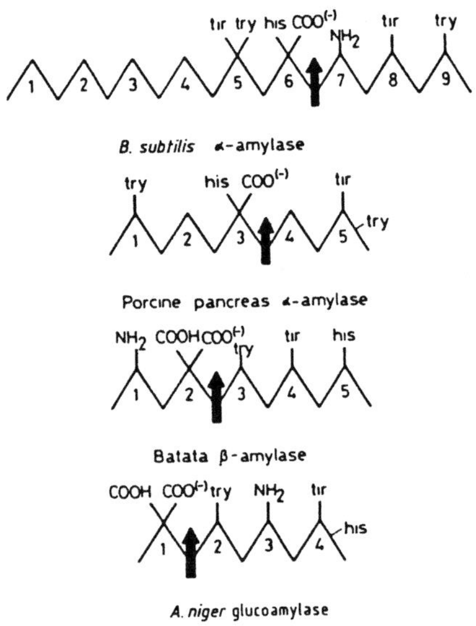

Amino acid side chain studied	*B. subtilis* α-amylase	*A. niger* glucoamylase
Tryptophyl	Substrate binding	Substrate binding
Tyrosyl	Substrate binding	Substrate binding
ε-Amino	Substrate binding	Substrate binding
Histidil	Bond splitting (proton donor)	Substrate binding
Carboxyl	–	Bond splitting (proton donor)
Carboxylate	Product forming (water donor)	Product forming (water donor)

Abb. 5. Reaktive Gruppen am aktiven Zentrum und ihre Funktion.

ENZYMATISCHE BESTIMMUNG DER VERZWEIGUNGSSTRUKTUR VON AMYLOPEKTIN

ALLGEMEINE BEMERKUNGEN

In den vorangegangenen Abschnitten wurde die Wirkungsweise abbauender Enzyme vorgestellt und der Einsatz in der industriellen Stärkenutzung besprochen. Im folgenden soll gezeigt werden, wie sich die Enzyme zur Aufklärung der Verzweigungsstruktur des Amylopktins einsetzen lassen. Zwei, in der Anwendung verschiedene, Konzepte sollen besprochen werden.

(I) Ausgehend vom intakten Stärkekorn wird ein säurehydrolytischer Abbau unter weitgehender Erhaltung des Stärkekorns vorgenommen. Das so erhaltene Produkt wird linterisierte Stärke oder Naegeli-Amylodextrin genannt. Erst nach heterogenem Abbau wird die morphologische Kornstruktur durch Erwärmen der Suspension zerstört. Die nun wasserlöslichen Produkte werden durch GPC und enzymatischen Abbau charakterisiert.

(II) Das Stärkekorn wird aufgebrochen und Amylopektin von Amylose separiert. Das in Wasser stark quellbare und teilweise lösliche Amylopektin kann nun durch verschiedene Enzyme abgebaut werden. Hierbei beeinflußt die Reihenfolge, in der die Enzyme angewendet werden, die Homogenität der Abbauprodukte entscheidend.

STRUKTUR DER NAEGELISTÄRKE

Wie bereits erwähnt, verhindert die kompakte teilkristalline Struktur des Stärkekorns ein Eindringen des Enzyms. Ein säurehydrolytischer Abbau bei 20°C ist jedoch möglich. Je nach Stärkeart findet man selbst nach mehreren Wochen Abbauzeit einen Anteil von 5 bis 20%, der resistent gegen den Säureabbau ist. Diese sogenannten Naegeli-Amylodextrine oder linterisierte Stärke sind bei höheren Temperaturen leicht wasserlöslich und haben einen mittleren Polymerisationsgrad von DP 25-30. Im GPC Diagramm findet man zwei Oligomerfraktionen mit (II) DP = ca. 25 und (III) DP = ca. 13. Nach vollständiger Entzweigung mit Pullulanase verschwindet Peak II mit DP = 25 vollständig, und nur Peak III mit DP = 13 bleibt erhalten (Kainuma und French 1972, Umeki und Kainuma 1981).

Aus diesen Versuchen schließen French (1972) und später Robin et al. (Robin et al. 1975) auf die in Abb. 6 dargestellte Struktur der Naegelidextrine.

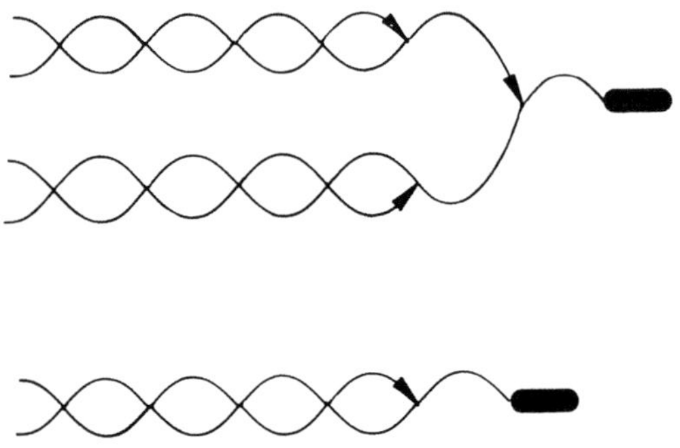

Abb. 6. Zwei Fraktionen der Naegelidextrine (Watanabe, French 1980)

Offensichtlich treten die Ketten meist als Paare mit einer Verzweigungsstelle auf, gelegentlich wird auch eine lineare Kette mit in das Kristallgitter eingebaut (Peak III). Abb. 7 verdeutlicht schematisch, wie es zu diesen Ketten etwa gleicher Länge kommen kann.

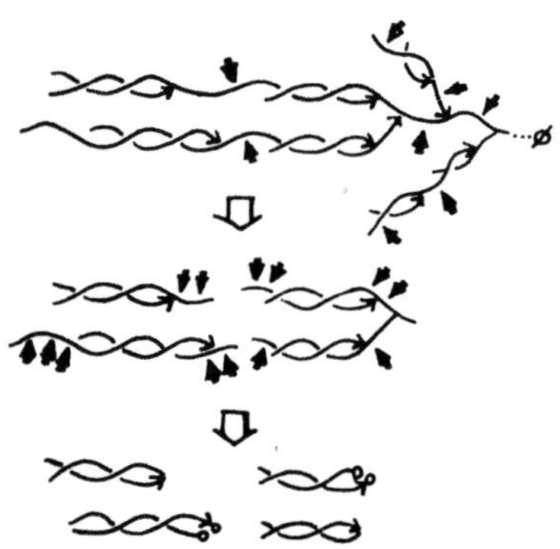

Abb. 7. Schematische Erklärung des heterogenen Abbaus bei der Säurehydrolyse von Stärkekörnern

Diese Ergebnisse zusammen mit dem Befund der Röntgenreflexe führten French (French 1972; Kainuma,French 1972) zu der Idee, daß die beiden Ketten in einem Paar in der Form einer Doppelhelix umeinandergewunden sind. Solche Doppelhelices kristallisieren leicht wegen der sich notwendigerweise aus der Doppelhelicierung ergebenden Kettensteifheit. Die Kristallisation schließt auch lineare Amyloseketten mit ein. Die über den kristallinen Bereich von 50-60 Å hinausragenden Ketten bilden die amorphe Phase, die dann säurehydrolytisch abgebaut werden kann.

Nach vielen mühsamen Versuchen verschiedener Autoren gelang es schließlich, durch bestimmte Fixierungsreagenzien die heterogene Struktur, frei von Artefakten, in elektronenmikroskopischen Aufnahmen nachzuweisen (Kassenbeck 1978). Je nach Behandlung, die in jedem Falle mit einem oxidativen Abbau mit $NaIO_4$ beginnt, können entweder die amorphen Bereiche (b), oder die geordneten Amylosebereiche (a), oder die kristallinen Amylopektinbereiche (c) sichtbar gemacht werden. Siehe Abb. 8.

Die teilkristallinen Bereiche zeigen eine blöckchenartige Aggregation (Kainuma, French 1972) von ca. 70 Å in tangentialer und 54 Å in radialer Richtung (Kassenbeck 1978). Abb. 9 verdeutlicht diese Struktur in einer vergrößerten Aufnahme des Bereichs (c) von Abb. 8.

Abb.8. Schematische Darstellung der unterschiedlichen Aspekte der Stärkekornstruktur im Ultradünnschnitt je nach Präparationsmethode. (a) Amylose, geordnete Bereiche; (b) amorphe Bereiche; (c) Amylopektin, kristalline Bereiche. Die Präparation besteht in einem oxidativen Abbau durch $NaIO_4$ und anschließender Anfärbung durch $AgNO_3$ und Fixierung der Struktur durch unterschiedliche Reagentien

STRUKTUR DES AMYLOPEKTINS

Die heterogenen Abbauversuche und die Erkenntnis über die Struktur der Naegelidextrine lassen keinen Zweifel an der heterogenen Verzweigungsstruktur des Amylopektins. Bis zu den Arbeiten von Whelan (Gunja-Smith et al. 1970; Lee, Whelan 1971; Lee 1971) hatte sich praktisch unangefochten das homogene Verzweigungsmodell von K.H. Meyer und P. Bernfeld (Meyer, Bernfeld 1940) gehalten. Dieses Modell ist mit zwei anderen bis 1940 konkurrierenden Vorschlägen in Abb. 10 dargestellt.

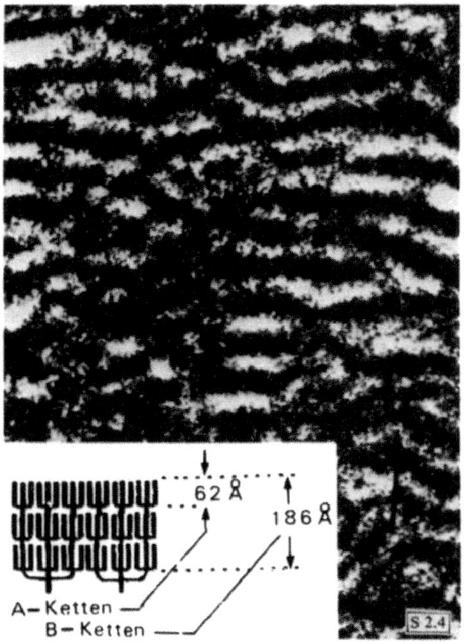

Abb. 9. Periodischer Aufbau des Amylopektins und ein Modell der vermutlichen Anordnung der A- und B-Kette; der Pfeil zeigt die radiale Richtung an (Kassenbeck 1978)

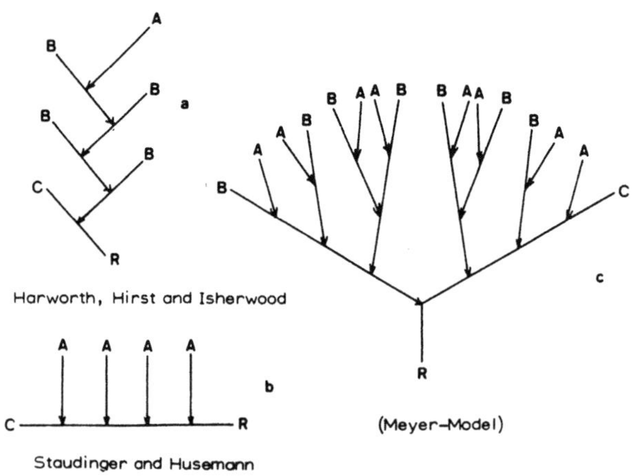

Abb. 10. Die drei konkurrierenden homogenen Verzweigungsstrukturen für Amylopektin nach Harworth, Hirst und Isherwood (laminarated structure) (Harworth et al. 1937) , Staudinger und Husemann (comblike structure) (Staudinger, Husemann 1937) und von K.H. Meyer und P. Bernfeld (treetype structure) (Meyer, Bernfeld 1940)

Eine Entscheidung zwischen diesen drei Verzweigungsmodellen wurde damals über das Verhältnis der A/B Ketten getroffen. A-Ketten sind stets unverzweigte äußere Ketten, die einseitig über eine α-1,6 glycosidische Bindung an eine B-Kette gekoppelt sind. Eine B-Kette ist stets verzweigt und kann außer der A-Kette auch weitere B-Ketten kürzerer Länge tragen. Sie ist schließlich selbst über eine α-1,6 Bindung an eine B-Kette größerer Länge gebunden. Im Meyer-Modell ist A/B = 1, im Kammodell von Staudinger ist $A/B \gg 1$ und in der "laminarated" Struktur von Harworth, Hirst und Isherwood ist $A/B \ll 1$.

Das Verhältnis von A- zu B-Ketten konnte allerdings erst sehr viel später einwandfrei durch die gründlichen Arbeiten von Manners und seinen Mitarbeitern und nach der Entdeckung der beiden Entzweigungsenzyme Pullulanase und Isoamylase bestimmt werden (Bathegate,Manners 1966; Manners, Matheson 1981). Die Idee zu dieser Bestimmungsmethode geht auf Whelan und seine Mitarbeiter (Gunja-Smith et al. 1970; Lee, Whelan 1971) zurück, die sich die Eigenschaft der Isoamylase zu Nutze machten, daß dieses Enzym nur dann eine α-1,6 Bindung lösen kann, wenn die Kette vor einer Verzweigunsstelle mindestens drei Glucoseeinheiten lang ist. Die Pullulanase dagenen kann auch noch kürzere Stümpfe entzweigen.

Das Verfahren von Manners (Manners, Matheson 1981) besteht in der Einwirkung einmal von Isoamylase allein (I) und zum anderen in einem Parallelversuch in der Einwirkung von beiden Entzweigungsenzymen, Isoamylase und Pullulanase (II), auf das ß-Grenzdextrin des Amylopektins. Ein ß-Grenzdextrin enthält zu 50% äußere Kettenstümpfe von drei Glucoseeinheiten und zu 50% solche von nur zwei Glucoseeinheiten. Die Isoamylase spaltet somit alle Bindungen zwischen B-Ketten und die Hälfte aller A-Ketten. Eine Endgruppenbestimmung der reduzierenden Kettenenden ergibt somit die Zahl von A/2 + B Ketten. Setzt man dagegen beide Entzweigungsenzyme ein, so erhält man eine Entzweigung von allen Ketten, also nach einer Endgruppenbestimmung die Zahl von A + B Ketten. Das Verhältnis der beiden Ketten ist also

$$A/B = 2(II-I)/(2I-II) \qquad (1)$$

Manners (Manners, Matheson 1981) fand bei allen von ihm untersuchten Amylopektinen stets ein Kettenzahlverhältnis von $A/B \cong 1$, woraus man schließen kann, daß die Modelle von Staudinger und Husemann und von Harworth, Hirst und Isherwood nicht vorliegen können. Man darf andererseits aber auch nicht auf die Richtigkeit des Meyer Modells schließen, da dieses mit den Ergebnissen über die Naegelidextrine nicht übereinstimmt.

Um ein genaueres Bild von dem Aufbau des Amylopektins zu erhalten, wendete Whelan (Gunja-Smith et al. 1970; Lee, Whelan 1971; Lee 1971) in einer sorgfältig überlegten Folge (1) Phosphorylase, (2) ß-Amylase, (3) Isoamylase und (4) wieder ß-Amylase an.

(1) Mit Phosphorylase wurde das Molekül bis zum Grenzdextrin abgebaut. Die Phosphorylase spaltet in Gegenwart von Phosphat vom nichtreduzierenden Ende der Ketten Monosaccharide in Form von Glucose-1-Phosphat ab. Die Reaktion kommt praktisch zum Stillstand, wenn Ketten vor einem Verzweigungspunkt gerade vier Einheiten lang sind.
(2) Die Einwirkung der ß-Amylase auf dieses sogenannte Φ-Grenzdextrin führt zum Φ-ß-Grenzdextrin, das sich von dem üblichen ß-Grenzdextrin dadurch unterscheidet, daß die äußeren Kettenstummel nun exakt zwei Glucoseeinheiten lang sind.
(3) Die darauf eingesetzte Isoamylase kann nur noch die α -1,6 Bindungen zwischen B-Ketten spalten, nicht jedoch die kurzen A-Kettenstummel von den B-Ketten abspalten.
(4) Die B-Ketten mit den A-Stummeln an dem einen Ende können von der ß-Amylase nicht abgebaut werden. Ein Blick auf das Meyer-Modell in Abb. 11 zeigt, daß hier überhaupt keine Ketten mehr abgebaut werden können. Whelan fand jedoch, daß 29% der Ketten abbaubar waren. Damit war gezeigt, daß das homogene Meyer-Modell nicht richtig sein kann.

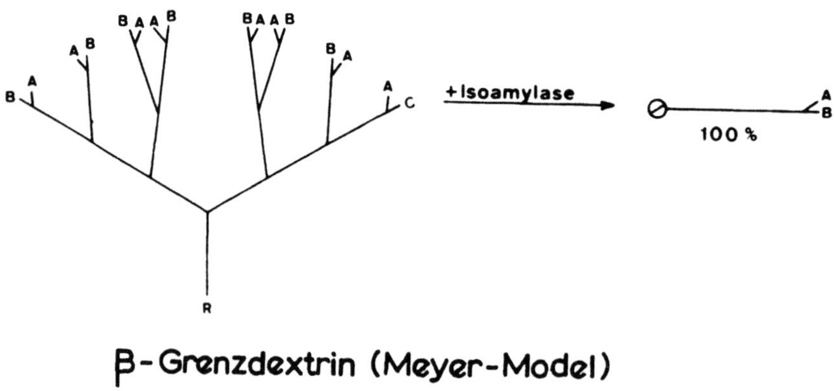

Abb. 11

Whelan schlug aufgrund seiner Untersuchungsergebnisse das folgende in Abb. 12 dargestellte sehr regelmäßige Strukturmodell vor, das in der

Tat alle seine Befunde zu erklären vermag. Tatsächlich ist aber mit dieser rein enzymatischen Analyse immer noch kein begründeter Vorschlag für die Verzweigungsstruktur möglich, denn es ist nicht bekannt (a) wie lang die Kette zwischen zwei Verzweigungspunkten ist, (b) man weiß nicht, ob nicht mehr als zwei Ketten in einem Bündel vorliegen und schließlich (c) ob nicht eine B-Kette mehr als ein Bündel von Ketten trägt.

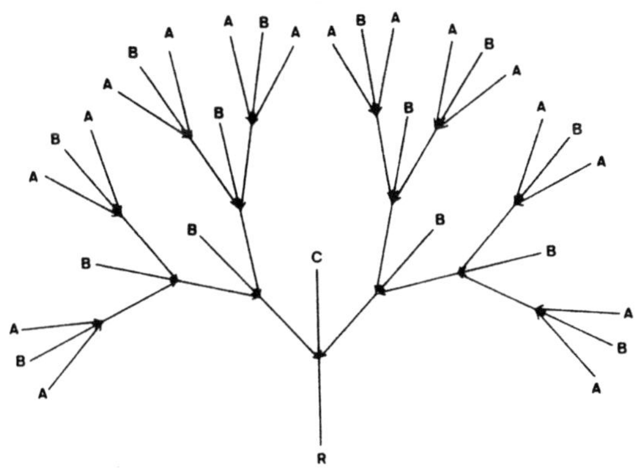

Abb. 12. Whelan-Modell

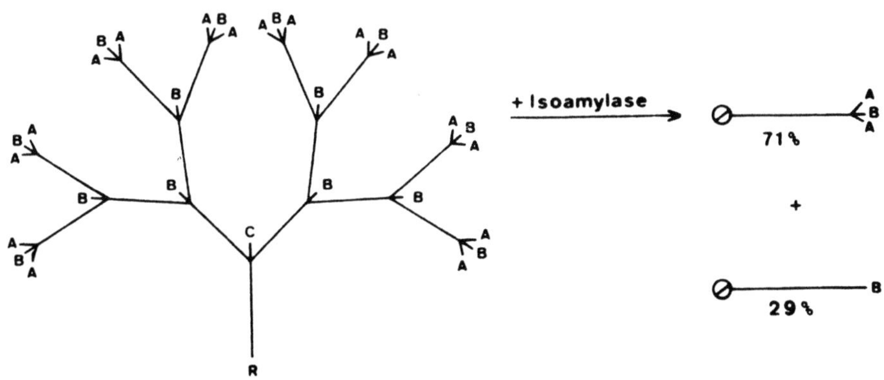

Abb. 13. ß-Grenzdextrin des Whelan-Modells und die von ihm beobachteten Kettentypen.

MITTLERE LÄNGE DER B-KETTEN

Die Frage der mittleren B-Kette sollte im Prinzip leicht durch vollständige Entzweigung des Amylopektins und nachfolgender GPC Trennung geklärt werden können. Die beiden Entzweigungsenzyme entstammen jedoch Mikroorganismen und sind nicht auf die Pflanzenphysiologie der Stärke eingestellt. Man muß unverhältnismäßig große Mengen an Enzym verwenden, um einen vollständigen Abbau zu erreichen. Abb 14 zeigt die GPC Diagramme von entzweigtem Amylopektin und entzweigtem ß-Grenzdextrin. Peak 4 entspricht dem unvollständig entzweigten Amylopektin, Peak 3 hat einen DP = 40-50, Peak 2 einen DP = 20-25 und Peak 1, der nur bei dem ß-Grenzdextrin auftritt, enthält Oligomere von ca. 2-3. Peak 2 mit DP = 20 wird den äußeren A- und B-Ketten im Amylopektin zugeordnet und Peak 3 den entzweigten B-Ketten. Aus diesem Befund schließen die Autoren (Lee 1971) auf B-Ketten, die ein oder zwei Büschel äußerer Ketten der Länge DP 20 enthalten.

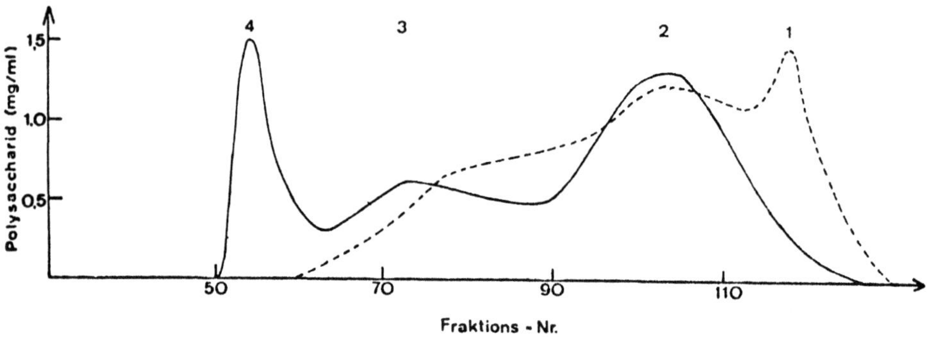

Abb. 14. GPC Diagramm des waxy-maize Amylopektins (————) und vom entsprechenden ß-Grenzdextrin (----) nach Entzweigung mit Pullulanase (Lee 1971)

MITTLERER VERZWEIGUNGSGRAD UND ZAHL DER KETTEN IN EINEM BÜSCHEL

Die Zahl der Ketten in einem Büschel ergibt sich aus dem mittleren Verzweigungsgrad, wenn bestimmte Annahmen über die Art der Verzweigung im Büschel gemacht werden. Für homogen verzweigte Moleküle erhält man mit K = Zahl der Verzweigungspunkte im Molekül, n_a der Kettenlänge der äußeren Ketten und n_i der Kettenlänge zwischen zwei Verzweigungspunkten

$$DP = n_a(K+1) + n_i(K-1) + n_r \qquad (2a)$$

bzw. für $K \gg 1$

$$DP \longrightarrow K(n_i + n_a) \qquad (2b)$$

oder

$$DP/K = (n_i+n_a)+(n_a-n_i+n_r)/K \quad (3a)$$
$$\longrightarrow (n_i+n_a) \quad (3b)$$

Beim Grenzdextrin ist n_a = 2.5 und DP/K = 13-15 ((Heyns 1949). Dies führt auf n_i = 10.5-12.5, während im GPC Diagramm die kürzeste Kette einen DP =20 hat.

Nimmt man dagegen für das Kettenbüschel eine heterogene Struktur an, (Abb. 15), so ergibt sich mit Z_k, der Zahl der Ketten in einem Büschel,

$$Z_k = (2n_{i2}-n_i-n_{ic})/(n_i-n_{ic}) \quad (4)$$

wobei n_i der Mittlwert über alle inneren Kettenlängen ist, n_{ic} die Kettenlänge innerhalb eines Büschels und n_{i2} die Kettenlänge ist, die zwei Büschel miteinander verbindet. Einsetzen von n_{i2} = 22, n_{ic} =2 und n_i = 11.5 ergibt für die Zahl der Ketten im Büschel (Burchard, Thurn 1984).

$$Z_k = 4.22 \quad (5)$$

Robin et al. (Robin et al. 1975) geben einen Wert von 9 Ketten pro "B"-Kette an. Der Widerspruch klärt sich allerdings schnell auf, wenn man berücksichtigt, daß die Autoren annehmen,daß eine B-Kette gleich zwei Büschel trägt. Dann ist die Zahl der äußeren Ketten gleich $2Z_k$ = 9. Man beachte, daß die "B"-Kette nur eine solche B-Kette ist, die die beiden Büschel von äußeren Ketten tragen. Die Zahl der äußeren Ketten besteht jedoch zu 50% aus B-Ketten.

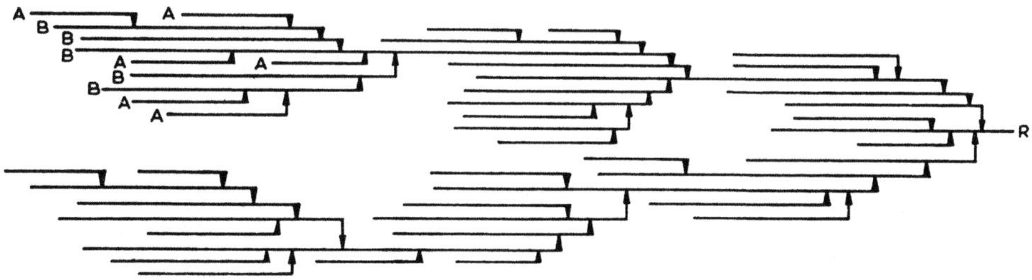

Abb. 15. Büschelmodell von French (Kainuma, French 1972)

French (Kainuma, French 1972) nimmt in seinem Modellvorschlag ebenfalls eine Büschelgröße von 4-5 Ketten an, er macht jedoch nicht die stark einschränkende Annahme einer homogenen Struktur für ein solches

Büschel, sondern hält ein mehr statistisches Modell für richtiger. Eigene Messungen bestätigen eher die Vorstellung von French (Eschwey et al.).

LITERATUR

Banks W., Greenwood C.T., (1975), Starch and its Components. Edinburgh University Press, Edinburgh

Bathgate G.N., Manners D.J., (1966), Biochem. J. 101, 3c

Bender H., (1977), Arch. Microbiol. 111, 271

Burchard W., Eschway A., Franken I., Pfannemüller B., (1975), in "Structure of Fibrous Biopolymers", Butterworth, London

Eschway A., Pfannemüller B., Burchard W., unveröffentliche Ergebnisse

French D., (1972), Dempun Kagaku 19, 8

French D., (1981), Amylases. Enzymatic Mechanisms, in Trends in the Biology of Fermentations for Fuels and Chemicals, S.153-182, Eds. A. Hollaender et al., Plenum Publ. Corp., N. Y.

Greenwood C.T., Milne E.A., (1968), Adv. Carbohydr. Chem. 23, 281-366 Starch Degrading and Synthesizing Enzymes.

Gunja-Smith Z., Marshall J.J., Mercier C., Smith E.E., Whelan W.J., (1970), FEBS Letters 12, 101

Harworth W.N., Hirst E.L., Isherwood F.A., (1937), J. Chem. Soc. (London) 577

Heyns K., (1949), "Die neueren Ergebnisse der Stärkeforschung", Vieweg, Braunsch.

Hollo J., Laszlo E., Hoschke A., (1983), Starch/Stärke 35, 169 Übersichtsartikel

Kainuma K., French D., (1971), Biopolymers 10, 1673

Kainuma K., French D., (1972), Biopolymers 11, 2241

Kassenbeck P., (1978), Starch/Stärke 30, 40

Kennedy J.F., White C.A., Riddiford C.L., (1979), Starch/Stärke 31, 235

Lee E.Y.C., (1971), Arch. Biochem. Biophys. 146, 488

Lee E.Y.C., Whelan W.J., (1971), The Enzymes, Vol 5, 191

Lee E.Y.C., Whelan W.J., (1971), The Enzymes, Vol 5, 191-234, Ed. P.D. Boyer, Academic Press, N. Y. "Glycogen and Starch. Debranching Enzymes".

Manners D.J., (1974), Essays in Biochemistry 10, 37-71 "The Structure and Metabolism of Starch".

Manners D.J., Matheson N.K., (1981), Carbohydr. Res. 90, 99

Marshall J.J., (1974), Adv. Carbohydr. Chem. Biochem. 30, 257-370

"Application of Enzymic Methods to the Structural Analysis of Polysaccharides".
Meyer A., (1985) "Untersuchungen über die Stärkekörner", G. Fischer, Jena
Meyer K.H., Bernfeld P., (1940), Helv. Chim. Acta 23, 865
Mühlethaler K., (1965), Stärke 17, 245
Nikuni Z., (1969),Chori. Kagaku, 2; (vergl. Robin J. P., Thése de Doctorat, Universitè Pierre et Marie Curie, Paris 1976)
Robin J.P., Mercier M.,Durpat F., Charbonniere R., Guilbot A., (1975), Starch/Stärke 27, 36
Solomon B., (1978), Adv. Biochem. Eng. 10, 131-177
Staudinger H., Husemann E., (1937), Ann. Chem. 527, 195
Umeki K., Kainuma K., (1981), Carbohydr. Res. 96, 143
Watanabe T., French D., (1980), Carbohydr. Res. 84, 115

Derivate der Cellulose

K. Balser

1 DIE REAKTIONEN DER CELLULOSE

Cellulose ist ein polymerer dreiwertiger Alkohol. Grundsätzlich sollte sie also denselben chemischen Reaktionen zugänglich sein wie die einfachen Alkohole, also Alkoholate, Ester und Ether bilden. Die drei funktionellen Hydroxylgruppen in jeder Anhydroglucoseeinheit (s. Abb. 1) sind allerdings gegenüber Reaktionspartnern nicht frei zugänglich, da sie durch inter- und intramolekulare Wasserstoffbrückenbindungen blokkiert sind. Diese Wasserstoffbrücken und andere sekundäre Bindungskräfte, vorwiegend van der Waals-Kräfte, vereinigen Anteile der Molekularketten zu übermolekularen Einheiten unterschiedlicher lateraler Ordnung, die sich von der vollständigen geometrischen Packung innerhalb eines Kristallgitters bis zu völlig ungeordneten ("amorphen") Bereichen erstrecken. Diese in sich nicht scharf abgegrenzten Bereiche sind in den morphologischen Einheiten der Elementar- und Mikrofibrillen zusammengefaßt, die wiederum in einer charakteristischen, mikroskopisch erkennbaren Fasertextur die nativen Cellulosefasern aufbauen.

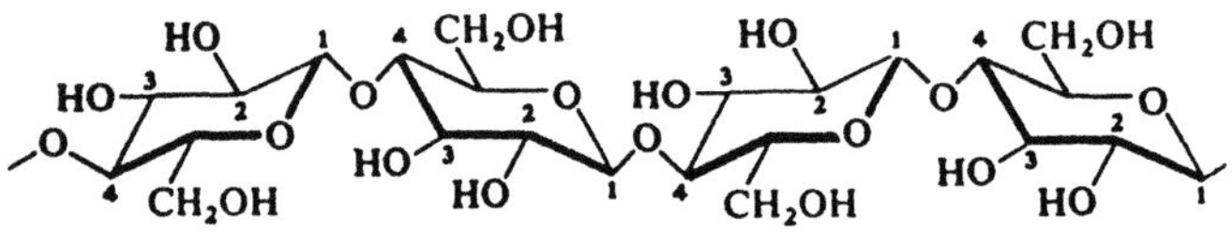

Abb. 1. Konformation des Cellulose-Moleküls

Diese Faktoren der übermolekularen Ordnung und der Feinstruktur - nämlich Ordnungsgrad, Anteil und Größe der kristallinen Bereiche, deren Lage und Orientierung innerhalb der Faserstruktur - hängen von dem Ursprung und der Vorgeschichte des Cellulosematerials ab und bestimmen die Zugänglichkeit und Reaktionsfähigkeit der alkoholischen Gruppen. Dazu kommen noch sterische Hinderungen der drei Hydroxylgruppen an derselben Glucoseeinheit.

Die Cellulose ist in allen gebräuchlichen Lösungsmitteln - Wasser, verdünnte Säuren und Laugen, organische Lösemittel - unlöslich. Daher laufen die Reaktionen zur Derivatisierung im allgemeinen in heterogenen Systemen ab. Bei fortschreitender Reaktion - insbesondere nach einer entsprechenden Aktivierung - werden jedoch neue reaktionsfähige Zentren geschaffen, so daß schließlich nahezu alle Anteile der Faser erfaßt und in besonderen Fällen lösliche Derivate erhalten werden, die in homogener Phase zu Ende reagieren.

Polysaccharide
Herausgegeben von W. Burchard

Die Reaktionen der Cellulose verlaufen aus den geschilderten Gründen nicht in streng stöchiometrischen Verhältnissen ab. Der Grad der Umsetzung wird durch den "durchschnittlichen Substitutionsgrad DS" bestimmt, d.h. durch die durchschnittliche Anzahl der in einer Anhydroglucose-Einheit substituierten Hydroxylgruppen (max. 3). Der DS sagt allerdings nichts aus über den Ort der Derivatisierung, also über die Statistik der Substituentenverteilung innerhalb einer Glucoseeinheit und entlang der Cellulosekette, die die Eigenschaften der erhaltenen Derivate maßgeblich beeinflußt. In jüngster Zeit werden verstärkte Anstrengungen unternommen, durch gezielte Fraktionierverfahren nicht nur die Kettenlängenverteilung der Cellulose selbst, sondern auch die Substituentenverteilung in Cellulosederivaten zu ermitteln.

Als Rohstoff für die Herstellung von Cellulosederivaten werden im allgemeinen Baumwoll-Linters oder veredelte Nadel- oder Laubholz-Zellstoffe mit α-Cellulosegehalten von mindestens 90 % eingesetzt. Die Zellstoffindustrie bietet ein breites Spektrum solcher Chemie-Zellstoffe (Dissolving Pulps) in unterschiedlichen Reinheitsgraden und Viskositäts-, d.h. Abbaugraden der Cellulosekettenlänge an.

2 EINTEILUNG DER CELLULOSEDERIVATE

In Tabelle 1 wird eine Übersicht gegeben über die Cellulosederivate, bei denen die technisch wichtigen und genutzten Produkte im Vordergrund stehen sollen.

Tabelle 1. Übersicht über Reagenzien und Produkte der Cellulosederivatisierung

Cellulose umgesetzt mit	Produkt	Beispiel
Alkali-Hydroxid	Alkalicellulose	Natroncellulose
Alkali-Metall + NH_3 flüssig	Cellulosat	Na-Cellulosat
Anorganische Säure	Celluloseester	Cellulosenitrat
Alkali + CS_2	Cellulosethioester	Na-Cellulosexanthogenat (Viskose)
Organische Säure	Celluloseester	Celluloseacetat
Alkali + Alkylchlorid	Cellulosealkylether	Methylcellulose
Alkali + Alkylenoxid	Cellulosehydroxyalkylether	Hydroxyethylcellulose
Alkali + α,β-ungesättigte Verbindung	Substituierte Ethylcellulose	Cyanethylcellulose
Metallkomplex	Cellulose-Metallkomplex	Cellulose-Cuoxamkomplex
Vinyl-Monomer	Cellulose-Pfropfcopolymer	Polyacrylnitrilcellulose

Vom technischen Standpunkt aus sind die bedeutendsten Cellulosederivate die Ester und Ether, bei deren Herstellung die Alkalicellulosen eine wichtige Rolle als Zwischenstufe darstellen. Oxidierte und halogenierte Cellulosederivate können höchst unerwünschte Nebenprodukte bei der Kochung, Bleiche und Weiterverarbeitung von Zellstoffen sein; sie werden hier nicht näher besprochen. Ein natürliches Derivat ist das Chitin, das aus β-1,4-glucosidisch gebundenen Acetyl-Glucosamin-Einheiten aufgebaut ist und den Krustenpanzer von Insekten und Schalentieren bildet.

Zusammenfassende Darstellungen über Cellulosederivate finden sich bei Lieser [1], Ott, Spurlin und Grafflin [2], Bikales und Segal [3], Honeyman [4], Vieweg und Becker [5], Yarsley u.a. [6], Weiner und Roth [7], Temming und Grunert [8] und jüngst bei Sjöström [9], Aspinall [10] sowie Fengel und Wegener [11]. Nicht zu vergessen sind die wegweisenden Arbeiten von Hermann Staudinger, die in [12] zusammengefaßt sind.

Die Methoden der Polysaccharid-Chemie sind von Whistler [13] zusammengefaßt. Enzyklopädische Übersichten finden sich in [14-16].

3 ALKALICELLULOSEN UND CELLULOSATE

Bei der Behandlung mit wäßrigen Alkalien wird das Kristallgitter der nativen Cellulose aufgeweitet, kenntlich an den röntgenographisch ermittelten Gitterkonstanten. Je nach der Art des Kations und der Alkalikonzentration erhält man einen unterschiedlichen Grad der Quellung, der überdies von der Vorgeschichte der Cellulose abhängt. So beeinträchtigt eine Übertrocknung, eine sogenannte "Verhornung", die Accessibilität und damit die Quellung.

Da bei der Quellung zugleich Wasser in die Cellulosestruktur eindringt, ist die Art der Bindung des Alkali noch nicht aufgeklärt. Die Alkalisierung mit Natronlauge wurde am intensivsten untersucht. Dabei steigt der Alkaligehalt in der Natroncellulose mit der Konzentration der Lauge an. Das Maximum von 1 Mol NaOH pro mol Anhydroglucose wird bei einer Laugenkonzentration von 19 Gew.-% erreicht, der Wassergehalt in der Alkalicellulose beträgt dann etwa 3 Mol, so daß sich folgende pseudostöchiometrische Formel ergibt:

$$(C_6H_{10}O_5) \cdot (NaOH) \cdot 3\,H_2O\,.$$

Über die chemische Struktur der Natroncellulose gibt es verschiedene Deutungen, die entweder einen Hydrat-Komplex der NaOH, in dem die Cellulose partiell Wasser ersetzt, oder eine Oxonium-Verbindung der Cellulose oder eine gemischte Struktur aus einem Alkoholat und einer Anlagerungsverbindung annehmen.

Mit metallischem Natrium und anderen Alkalimetallen in wasserfreiem Ammoniak wurde ein echtes Na-Cellulosat erhalten. Flüssiges NH_3 aktiviert die Cellulose derart, daß die Gitterumwandlung bei geringeren Alkalikonzentrationen eintritt.

Alkalicellulosen sind selbst keine Endprodukte, sondern wichtige Zwischenprodukte bei der Viskose- und Celluloseether-Herstellung. Die Aufweitung des Cellulosegitters und die zumindest teilweise Umwandlung der OH- in ONa-Gruppen unter Einlagerung von Wasser erhöht die Reaktionsfähigkeit der Cellulose bzw. ermöglicht erst gewisse chemische Reaktionen.

Alkalicellulosen sind nicht stabil, da in Verbindung mit Sauerstoff ein alkalisch-oxidativer Abbau der Cellulosekette eintritt. Unter Oxidation der aldehydischen Endgruppe der Cellulose zur Carboxylgruppe bildet sich das Perhydrol-Ion, das die Cellulosekette zu spalten vermag. Diese Kettenspaltung erfolgt statistisch. Man nutzt diesen Effekt technisch aus, um Alkalicellulosen als Zwischenstufe bei der Xanthogenierung oder Veretherung auf eine gewünschte Kettenlänge abzubauen (sog. "Vorreife"), um damit die Löslichkeit der Produkte und die Viskosität der Lösungen einzustellen.

4 ANORGANISCHE CELLULOSEESTER

4.1 Grundlagen und Überblick

Die alkoholischen OH-Gruppen der Cellulose sind polar und können durch nucleophile Gruppen in stark saurer Lösung ersetzt werden. Der Mechanismus besteht zunächst in der Bildung eines Oxonium-Ions der Cellulose, gefolgt von der nucleophilen Substitution (Abb. 2).

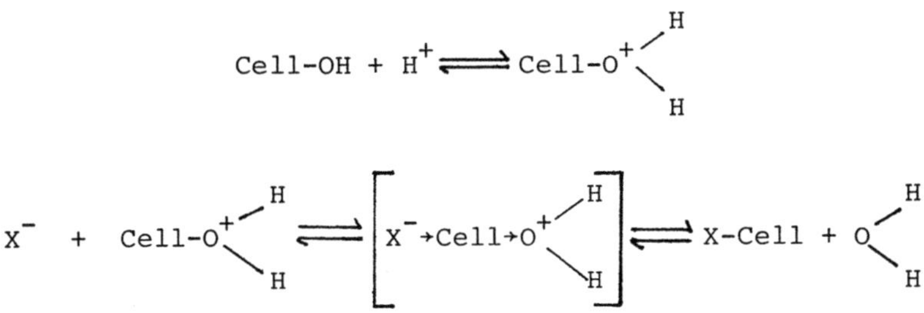

Abb. 2. Mechanismus der Veresterung mit anorganischen Säuren

Die Veresterung steht im Gleichgewicht mit der Rückreaktion, der Verseifung, die jedoch durch Bindung des Reaktionswassers unterdrückt werden kann.

Bei der Veresterung werden die Wasserstoffbrücken der Cellulose innerhalb der übermolekularen Struktur nahezu völlig gespalten. Die eingeführten Estergruppen sperren die Celluloseketten derart auseinander, daß die Faserstruktur entscheidend verändert oder gar völlig aufgelöst wird. Die Veresterung führt zu Mono-, Di- und Tri-Estern. Allerdings läßt sich ein Kettenabbau der Cellulose durch eine gleichzeitig ablaufende saure hydrolytische Spaltung nicht vermeiden.

Theoretisch ist die Veresterung mit allen Säuren möglich. Neben der Veresterung mit Salpetersäure (s. Kap. 4.2), die zu einem technisch wichtigen Produkt führt, sind folgende Ester mit anorganischen Säuren zu erwähnen:

Cellulosesulfat:
Die Umsetzung mit wäßriger Schwefelsäure ergibt Cellulosesulfat, allerdings in sehr schlechter Ausbeute. Der Hauptanteil des Reaktionsproduktes besteht in hydrolytisch gespaltenen Abbauprodukten, und man kann nur Kettenbruchstücke mit einem DS von höchstens 1,5 fassen. Daher hat man versucht, mit anderen Reaktionsmischungen wie H_2SO_4/SO_3, H_2SO_4 in flüssigem SO_2, Chlorsulfonsäure/SO_3, SO_3 in Dimethylformamid zu arbeiten. Eine andere Darstellungsart besteht in der Umesterung zwischen Butylsulfat und Cellulose in konzentrierter H_2SO_4.

Cellulosesulfate sind zwar in Wasser löslich, werden jedoch schnell verseift, so daß man die Cellulose wieder ausfällen kann. Man hat ferner versucht, Cellulosesulfatlösungen als Verdickungsmittel in Lacken und Druckfarben einzusetzen. Wegen des ionogenen Charakters, der Cellulosesulfate zur Salzbildung befähigt, wurden sie auch versuchsweise als Ionenaustauscher eingesetzt.

Cellulosephosphate:
Cellulosephosphate kann man durch Behandlung von Cellulose mit einer alkoholischen Lösung von Phosphorsäure und Phosphorpentoxid oder mit Phosphorsäure in einer Harnstoffschmelze darstellen. Sie haben ein gewisses Interesse wegen möglicher flammhemmender Eigenschaften, jedoch keine technischen Anwendungen gefunden. Auch die phosphorhaltigen Celluloseester haben ionenaustauschende Eigenschaften.

Cellulosenitrit:
Cellulosenitrit wurde in den letzten Jahren durch Umsetzung von Cellulose mit Distickstofftetroxid N_2O_4 (das reaktionsfähige Isomere ist dabei das Nitrosylnitrat) oder Nitrosylchlorid in Dimethylformamid oder Dimethylacetamid dargestellt, wobei sich das Reaktionsprodukt im Lösemittel löst. In Anwesenheit von Wasser findet ein schneller Kettenabbau statt. Wegen der hohen Reaktionsfähigkeit des Cellulosenitrits eignet es sich zur präparativen Darstellung anderer Celluloseester durch Umesterung in homogener Phase. Durch Ausfällung des Cellulosenitrits aus seiner Lösung mit Alkoholen, d.h. durch Alkoholyse, lassen sich ferner Fäden und Filme aus regenerierter Cellulose herstellen, doch hat das Verfahren als Ersatz für das Viskoseverfahren bisher keine technische Bedeutung erlangt.

4.2 Cellulosenitrat

Der Salpetersäureester der Cellulose, oftmals fälschlich als Nitrocellulose bezeichnet, wird in großem Maßstab für die verschiedenartigsten Einsatzgebiete industriell hergestellt. Der Grund dafür liegt in der relativ einfachen Herstellung in hoher Ausbeute, der Löslichkeit in organischen Lösemittelsystemen und der Filmbildung aus derartigen Lösungen ("Collodiumwolle" als Lackrohstoff) und der hohen Entflammbarkeit ("Schießbaumwolle" für Explosivstoffe).

Cellulosenitrat ist das älteste Cellulosederivat. Die Nitrierung von Polysacchariden mit konzentrierter Salpetersäure wurde bereits 1832 beschrieben, doch erst die Nitrierung mit einem Gemisch aus Salpeter- und Schwefelsäure durch Schönbein (1845) führte zu einem Produkt, das bald als Explosivstoff als Ersatz für das Schwarzpulver militärisches Interesse erlangte. Cellulosenitrat ist ferner Grundlage des ersten synthetischen Kunststoffes, des Celluloids oder Kunsthorns, das der Amerikaner Hyatt 1870 durch Verkneten von Cellulosenitrat mit Campher als Weichmacher in alkoholischer Lösung herstellte und das erst Mitte dieses Jahrhunderts von den Kunststoffen auf petrochemischer Basis verdrängt wurde.

Da die Veresterung eine Gleichgewichtsreaktion ist, läßt sich selbst mit wasserfreier Salpetersäure nur ein teilverestertes Produkt (DS ca. 2) erreichen. Für höhere Substitutionen bis DS 3 ist der Einsatz von Säuremischungen von Salpetersäure mit Schwefel-, Phosphorsäure oder Essigsäure-Anhydrid nötig. Für die industrielle Produktion ist nach wie vor $HNO_3/H_2SO_4/H_2O$ die gebräuchlichste Säuremischung. Dabei wird eine maximale Substitution erreicht, wenn die Salpetersäure in nicht-hydratisierter Form vorliegt, d.h. bei einem molaren Verhältnis $H_2SO_4/HNO_3/H_2O$ von 2 : 1 : 2, das entspricht einem Gewichtsverhältnis von 66,4/21,4/12,2 %.

In der Praxis kann man den gewünschten Nitriergrad durch die Zusammensetzung der Säuremischung einstellen. Den technisch üblichen Bereich dieses ternären Systems zeigt Abb. 3.

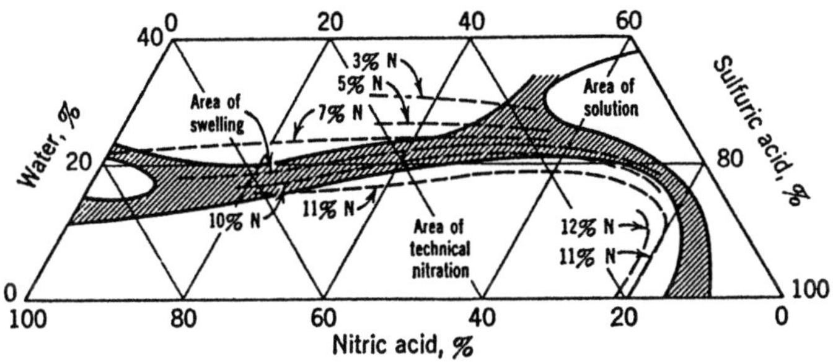

Abb. 3. Einfluß der Zusammensetzung der Nitriersäure auf den Nitriergrad

Dabei wird der Nitriergrad in % Stickstoff angegeben:

	DS	% N
Mononitrat	1	6,75
Dinitrat	2	11,11
Trinitrat	3	14,14

Der technische Prozeß der Nitrierung umfaßt mehrere Stufen (Abb. 4).

Die Ausgangscellulose wird in aufgerissener Form der Nitrierung zugeführt, die meist chargenweise in einem großen Überschuß der Nitriersäure durchgeführt wird. Dadurch bleibt das Reaktionsgemisch gut rührfähig, und es wird ein zu starker Temperaturanstieg verhindert, der einen Kettenabbau bewirken würde. Die Reaktion wird meist zwischen 15 und 36°C durchgeführt und dauert 40 - 60 Minuten. In der nachfolgenden Zentrifugation wird der Hauptanteil der Säure abgetrennt und der Aufarbeitung zugeführt.

Die folgenden Verfahrensschritte dienen der Reinigung, Stabilisierung und Viskositätseinstellung des Produktes. Durch mehrfaches Waschen und Kochen werden die noch vorhandenen Schwefelsäureester verseift, die zu einem säurekatalytischen Zerfall des Cellulosenitrats führen würden. In einer Druckkochung schließlich werden unter der Einwirkung von Säureresten die Celluloseketten partiell gespalten und damit die Viskosität des Endproduktes je nach Type eingestellt.

Getrocknetes Cellulosenitrat neigt zur Selbstzersetzung und unterliegt daher dem Sprengstoffgesetz. Für technische Anwendungen, z.B. für Lacke, in denen das Cellulosenitrat wasserfrei vorliegen muß, wird das Wasser durch Alkohole, besonders Isopropanol oder Butanol, verdrängt. Die handelsüblichen Lackwollen enthalten ca. 35 % Alkohole. Weiterhin kommt Cellulosenitrat, mit Weichmachern wie z.B. 25 % Dibutylphthalat verknetet, in Form von Chips in den Handel.

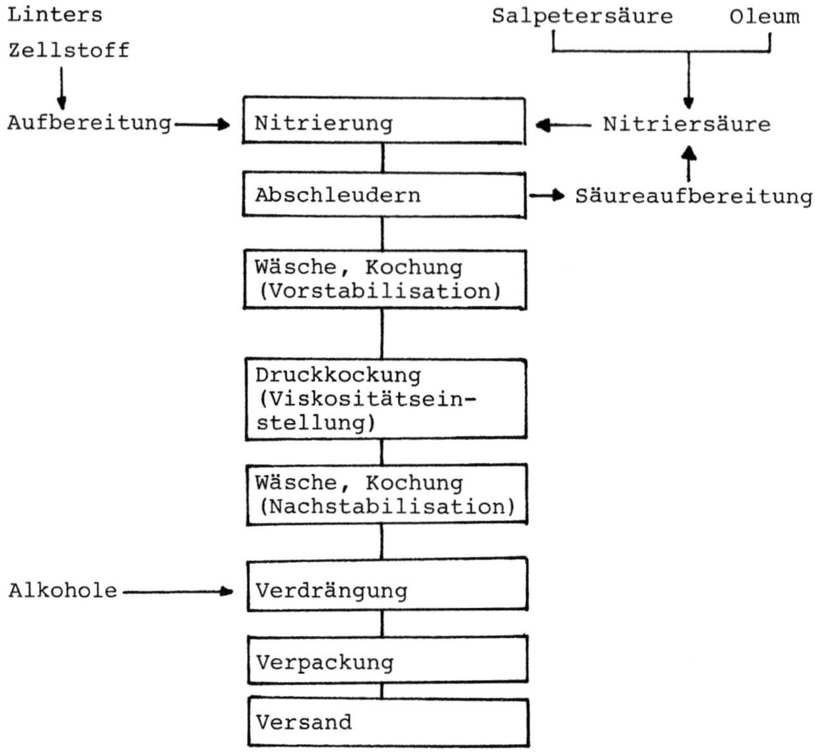

Abb. 4. Schematische Darstellung der Cellulosenitrat-Herstellung

Die Eigenschaften und damit die Einsatzgebiete der Cellulosenitrate hängen in erster Linie von dem Nitriergrad ab. Sie betreffen zunächst die Löslichkeit, wie nachfolgende Tabelle zeigt.

Tabelle 2. Die verschiedenen Typen von Cellulosenitraten

% N	DS	Lösemittel	Verschnittmittel	Einsatzgebiet
10,5-11,1	1,8-2,0	Ethanol	aromatische Kohlenwasserstoffe (Toluol)	Lacke, plastische Massen
11,2-11,7	2,0-2,2	Ether/Ethanol Methanol Ketone Ester	Ethanol, n-Butanol	Lacke, Klebstoffe
11,8-12,2	2,2-2,3	Ether/Ethanol Ketone Ester	aliphatische und aromatische Kohlenwasserstoffe	Lacke, Klebstoffe
12,2-13,7	2,3-2,8	Aceton Ester		Sprengstoffe

Die Einsatzgebiete von Cellulosenitrat bestanden zunächst in der Herstellung von Celluloid und von Sprengstoffen (rauchloses Schießpulver). Die guten Filmbildungseigenschaften wurden weiterhin zur Herstellung von photographischen Filmen ausgenutzt, die jedoch wegen der leichten Entzündlichkeit später von Celluloseacetatfilmen abgelöst wurden. Künstliches Leder und andere Kunststoffe entstanden auf Basis von Cellulosenitraten. Durch die Entwicklung der niederviskosen, d.h. in der Kettenlänge abgebauten Typen hat Cellulosenitrat als Rohstoff für feststoffreiche Schutz- und Decklacke die breiteste Verwendung gefunden. So ist z.B. die Fließbandfertigung von Automobilen erst durch die schnelltrocknenden Nitrolacke möglich geworden. Heute bestehen die Haupteinsatzgebiete in Holz-, Möbel-, Papier- und Folienlacken, Druckfarben und vielen anderen Anwendungen. Die neuesten Entwicklungen gehen in Richtung lösemittelarmer, wäßriger Cellulosenitrat-Dispersionssysteme, um die hochpreisigen und umweltschädlichen organischen Lösemittel weitgehend zu eliminieren.

4.3 Cellulosexanthogenat

Cellulosexanthogenat, als wichtige Zwischenverbindung bei der Herstellung von regenerierter Cellulose (Kunstseide, Zellwolle, Zellglas), ist ebenfalls als Ester einer anorganischen Säure, nämlich der nicht existenten Thiol-thion-Kohlensäure

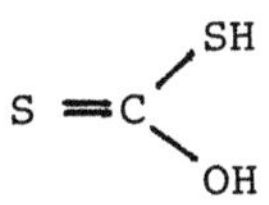

aufzufassen. Deren O-Ester mit organischen Resten ist die sogenannte Xanthogensäure mit den entsprechenden Salzen.

Das Na-Cellulosexanthogenat entsteht bei der Umsetzung von Alkalicellulose mit Schwefelkohlenstoff:

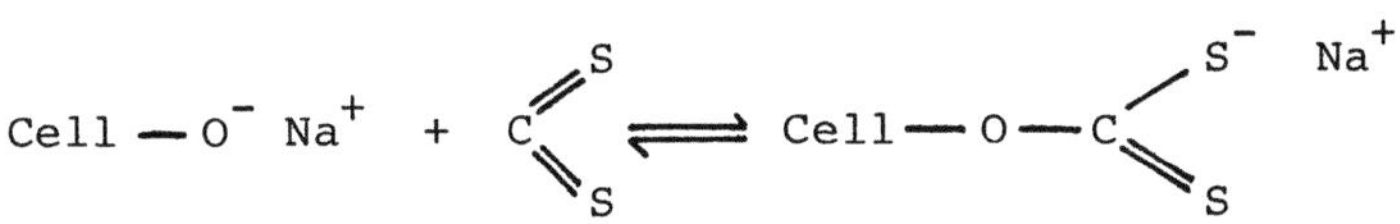

Abb. 5. Xanthogenierung der Cellulose

Der Reaktionsmechanismus ist sehr kompliziert, da zugleich verschiedene Nebenreaktionen ablaufen, wie die Umsetzung von NaOH mit CS_2 zu Dithiocarbonat, das instabil ist und in Sekundärreaktionen zu Trithiocarbonat, Sulfid und Carbonat zerfällt.

Die Reaktion läuft in dem 3-Phasen-System: feste Cellulose / flüssiges wäßriges Alkali / gasförmiger CS_2 ab. Dabei tritt eine Intermediärphase von hydratisiertem CS_2 auf. Die Xanthogenierung beginnt sehr schnell in den weniger geordneten Bereichen der Cellulosefasern, gefolgt von der langsamen Umsetzung innerhalb der hochgeordneten Anteile mit dem adsorbierten CS_2. Eine Temperaturerhöhung beschleunigt zwar die Reaktion, mehr aber noch die unerwünschten Nebenreaktionen.

Unter technischen Bedingungen ist ein DS von 0,5 - 0,6, entsprechend dem sog. γ-Wert (Zahl der Xanthogenat-Gruppen pro 100 Anhydroglucose-Einheiten) von 50 - 60, ausreichend, während präparativ γ-Werte von 100 - 300 erhalten wurden. Die OH-Gruppen entlang der Cellulosekette sind dabei nicht einheitlich substituiert; eine gleichmäßigere statistische Verteilung kann durch eine nachfolgende Umesterung ("Nachreife") in der Lösung erreicht werden. Alle drei OH-Gruppen der Glucose-Einheit sind der Xanthogenierung zugänglich; das OH am C_2 ist jedoch am reaktionsfähigsten, die Substitution jedoch weniger stabil als am C_6.

Das Cellulosexanthogenat löst sich in verdünnter Natronlauge zu einer orange-gelben, hochviskosen Lösung, der sog. "Viskose", die durch loch- oder spaltförmige Düsen in ein schwefelsaures, salzhaltiges Spinnbad ausgesponnen wird. Dabei wird das Alkali neutralisiert und die unbeständige Cellulose-Xanthogensäure verseift. Unter Abspaltung gasförmiger Reaktionsprodukte (CS_2, H_2S, CO_2) wird die Cellulose ausgefällt, sodann gewaschen, entschwefelt, gebleicht und zu Textilfasern (Reyon, Zellwolle, Cordseide) oder zu Folien (Zellglas als Verpackungsfolie) verarbeitet.

Die regenerierte Cellulose ist chemisch identisch mit der nativen Fasercellulose, hat aber ein anderes Elementargitter in den geordneten Bereichen, nämlich das der Cellulose II oder Hydratcellulose. Der Ordnungszustand (röntgenographischer Kristallinitätsindex) ist etwa nur noch halb so groß wie in der nativen Cellulose.

Die Grundlagen und die technische Durchführung des Viskoseprozesses sind in vielen Publikationen beschrieben; zusammenfassende Darstellungen finden sich bei Pummerer [17] und Götze [18]. Das Schema der Viskose-Herstellung zeigt Abb. 6.

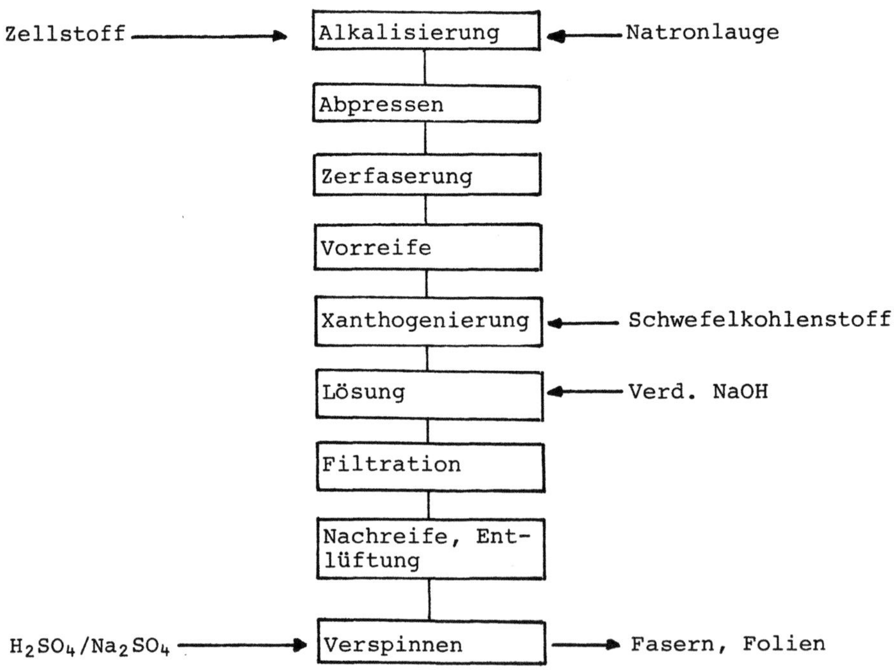

Abb. 6. Schematische Darstellung des Viskoseprozesses

Die wirtschaftliche Bedeutung dieses Prozesses, der vor nahezu 100 Jahren entwickelt wurde, liegt auf der Hand. Nur durch die Gewinnung der nicht als Textilfasern vorliegenden Cellulose aus Hölzern und die Umfällung durch den Viskose-Prozeß konnte der Bedarf der wachsenden Menschheit an textilen Faserstoffen befriedigt werden. Selbst die Entwicklung vollsynthetischer Faserstoffe hat der Viskosefaser keinen entscheidenden Abbruch getan, da durch Modifizierung des Verfahrens verbesserte Fasertypen mit Baumwolleigenschaften, Cordfasern für die Reifenherstellung und Kräuselfasern als Wolle-Ersatz auf den Markt gebracht wurden.

5 ORGANISCHE CELLULOSEESTER

5.1 Grundlagen und Überblick

Die Veresterung mit organischen Säuren verläuft im ersten Schritt entsprechend einer nucleophilen Addition (Abb. 7).

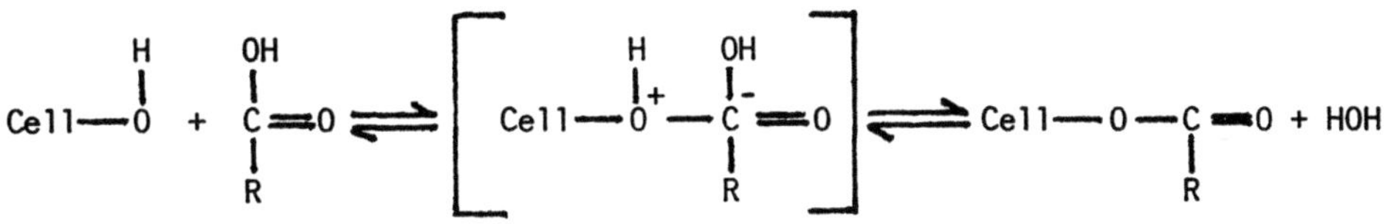

Abb. 7. Mechanismus der Veresterung mit organischen Säuren

Diese Addition wird durch saure Katalyse erleichtert. Die Reaktion ist ebenfalls eine Gleichgewichtsreaktion, die man durch Bindung des Reaktionswassers in die gewünschte Richtung verschieben kann.

Grundsätzlich ist die Veresterung mit jeder organischen Säure möglich. Die Konformation des Cellulosemoleküls und der übermolekulare Bau der Fasercellulose erschweren jedoch die Erzielung einer gewissen Substitution mit vielen Säuren und beschränken die Reaktion vorwiegend auf die aliphatischen und die einfachen aromatischen Carbonsäuren. Als Veresterungsmittel können eingesetzt werden die Säuren selbst, ihre Anhydride oder Säurechloride.

Celluloseformiate, darstellbar durch Umsetzung der Cellulose mit Ameisensäure in Anwesenheit eines sauren Katalysators wie Zinkchlorid und Mineralsäuren, haben nur theoretisches Interesse. Sie werden durch Wasser leicht verseift oder zerfallen bei der Trocknung.

Von technischem Interesse sind die Celluloseacetate, -propionate und -butyrate, die nachstehend (Kap. 5.2 und 5.3) besprochen werden. Die Darstellung von Estern mit höheren aliphatischen Säuren (bis C_{18}) gelingt durch Umsetzung von Cellulose mit den entsprechenden Säurechloriden in Pyridin/Dioxan, doch haben diese Ester keine Bedeutung. Das gleiche gilt für Ester mit ungesättigten und mit aromatischen Carbonsäuren. Cellulose-Ester, die mehrbasische Säuregruppen wie Phthalat-, Tetra- oder Hexahydrophthalat-, Glutarat-, Maleat-, Succinat-Gruppen enthalten, wurden als Mischester oder durch Umesterungen dargestellt.

Cellulosetricarbanilat, dargestellt durch Umsetzung von Cellulose mit Phenylisocyanat in Pyridin oder Dimethylformamid und Triethylendiamin als Katalysator, ist ein Celluloseester von wissenschaftlichem Interesse. Dabei erhält man in stöchiometrischer Umsetzung das trisubstituierte Cellulosederivat

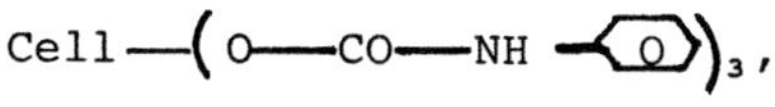
,

das in vielen organischen Lösemitteln löslich ist und zur Bestimmung des DP und der DP-Verteilung verwendet wird.

5.2 Celluloseacetat

Der Essigsäureester ist der technisch wichtigste Celluloseester. Er wurde 1865 von Schützenberger erstmals durch Umsetzung von Cellulose mit Essigsäure-Anhydrid dargestellt. Aber erst der Zusatz von Schwefelsäure, auch heute noch der gebräuchlichste Katalysator, führte zu brauchbaren Produkten. Dabei bildet sich rasch intermediär der saure Schwefelsäureester, der mit fortschreitender Reaktion und Temperaturerhöhung durch Acetylgruppen substituiert wird. Die Reaktion verläuft bis zum Triester, der allerdings nur in wenigen und teuren Lösemitteln löslich ist. Daher verseift man den Triester teilweise und erhält das in Aceton lösliche Sekundär-Acetat.

Die heute üblichen Verfahren lassen sich grundsätzlich in folgende Gruppen unterteilen:

a) Acetylierung im homogenen System (Lösungsacetate)
   - mit Eisessig als Lösemittel (Eisessig-Verfahren)
   - mit Methylenchlorid als Lösemittel (Methylenchlorid-Verfahren)

b) Acetylierung im heterogenen System (Faseracetate)

Die Lösungsacetate gehen als Triacetate im Laufe der Veresterung in Lösung und werden anschließend zum Sekundär-Acetat hydrolysiert. Faseracetat wird in Gegenwart von Nichtlösern gebildet (ähnlich der Nitrierung) und kann nicht hydrolysiert werden.

Ein Fließschema des Lösungsacetat-Verfahrens zeigt Abb. 8.

Zur Erhöhung der Reaktionsfähigkeit wird eine Aktivierung mit verdünnter Essigsäure vorgenommen, um eine Spaltung der Wasserstoffbrükken unter Quellung der Faserstruktur zu erzielen. Beim Eisessig-Verfahren besteht das Acetylierungsgemisch aus Eisessig, einem Überschuß Essigsäureanhydrid von 10 - 40 % und 2 - 15 % H_2SO_4 (bezogen auf Cellulose). Die Veresterung wird bevorzugt in kühlbaren Knetaggregaten durchgeführt. Die mit dem Acetylierungsgemisch gleichmäßig getränkte halbfeste Fasermasse geht bei einer Temperatursteigerung bis 50°C in einen Faserbrei und schließlich in eine hochviskose Lösung über. Während der exothermen Reaktion findet ein Abbau der Cellulosekette statt, der über die Temperaturführung gesteuert wird.

Die Verwendung von Methylenchlorid mit seinem niedrigeren Siedepunkt (42°C) als Lösemittel bietet eine Reihe von Vorteilen, da es durch Verdampfungskühlung eine bessere Temperaturführung erlaubt und ein ausgezeichnetes Lösemittel für Triacetat ist. Durchgeführt wird dieses Verfahren in rotierenden Trommeln oder liegenden Kesseln mit Schaufelrührwerken.

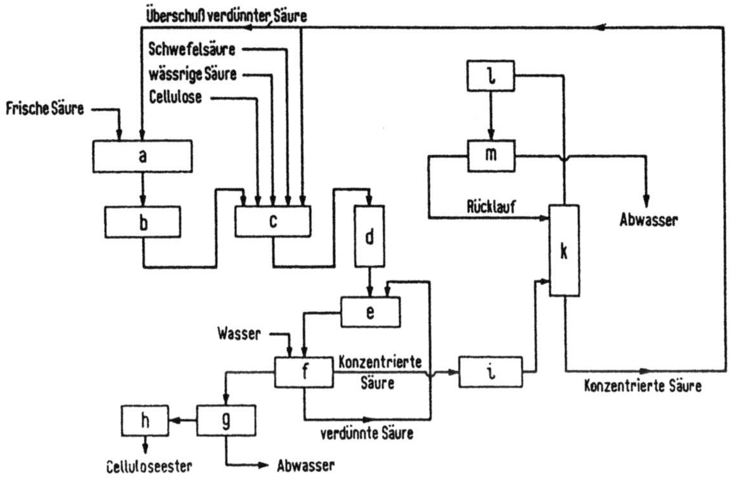

Abb. 8. Fließschema des Lösungsacetat-Verfahrens. a Säureaufarbeitung; b Säureanhydrid; c Veresterung; d Hydrolyse; e Fällung; f Auswaschung; g Zentrifuge; h Trockner; i Verdampfer; k azeotrope Destillation; l Kühler; m Dekanter

Nach der Veresterung und Lösung wird der Prozeß durch Zugabe von Wasser oder wäßriger Essigsäure unterbrochen. Dabei wird der Überschuß an Anhydrid zersetzt und ein Wassergehalt von 5 - 10 % in der Lösung eingestellt. Die Geschwindigkeit der Hydrolyse wird durch die Temperatur, die zwischen 40 und 80°C liegt, die Schwefelsäure- und Wassermenge gesteuert. Der Verlauf der Hydrolyse wird durch Kontrolle der Löslichkeit des Sekundäracetats überwacht und bei dem gewünschten Substitutionsgrad durch Neutralisation des Katalysators unterbrochen. Durch allmähliche Zugabe von Wasser oder verdünnter Essigsäure wird das Produkt ausgefällt, ausgewaschen, durch Druckkochung stabilisert und schonend getrocknet. Kontinuierliche Verfahren zur Acetylierung und Hydrolyse wurden zwar vielfach erprobt, konnten sich aber nicht durchsetzen. Unter Erhaltung der Faserstruktur kann Cellulose zu Faseracetaten verestert werden, indem eine ausreichende Menge eines Nichtlösers für das Triacetat zugegeben wird, bevorzugt Tetrachlorkohlenstoff, Benzol oder Toluol. Temperaturen und Katalysatormengen sind etwa gleich dem Lösungsverfahren. Als Katalysator wird hier Perchlorsäure oder Schwefelsäure vorgezogen. Die technische Durchführung der Faseracetylierung erfolgt in Siebtrommeln, die in einem Bad des Acetylierungsgemisches rotieren. Faseracetate lassen sich im heterogenen System nicht zu Aceton-löslichen Sekundäracetaten hydrolysieren, so daß ihre Verwendung auf Spezialzwecke wie die Herstellung von Triacetat-Folien und -Filmen beschränkt bleibt.

Celluloseacetate sind weiße, amorphe Produkte, ungiftig, geruch- und geschmacklos, in Form von Pulvern oder Flocken. Sie werden durch schwache Säuren nicht angegriffen und sind beständig gegen mineralische und fette Öle und Benzin. Sie zeichnen sich durch eine wesentlich geringere Entflammbarkeit aus als Cellulosenitrat. Die wichtigste Eigenschaft ist die Löslichkeit in organischen Lösemitteln, die abhängig ist von dem Veresterungsgrad (Tabelle 3).

Tabelle 3. Löslichkeit und Einsatzgebiet von Celluloseacetaten in Abhängigkeit vom Veresterungsgrad

gebundene Essigsäure (%)	DS	löslich in: Chloroform	Aceton	2-Methoxy-ethanol	Wasser	Anwendung
60 - 62,5	2,8 - 3,0	+	-	-	-	Plastische Massen (Fasern, Folien)
51 - 59	2,2 - 2,7	-	+	-	-	Fasern, Photofilm
31 - 45	1,2 - 1,8	-	-	+	-	Lacke, plast. Massen
18 - 26	0,6 - 0,9	-	-	-	+	-
< 18	< 0,6	-	-	-	-	-

Mit abnehmendem Acetylierungsgrad steigt neben der Weichmacherverträglichkeit die Löslichkeit in polaren Lösungsmitteln. Die höchstsubstituierten Celluloseacetate (Triester) werden für spezielle Einsatzgebiete (Filme, Elektroisolierfolien, Triacetatfasern) durch Schmelzextrusion oder aus Lösung in Dichlormethan/Methanol (9 : 1) verwendet. Die teilverseiften Produkte, sog. "2 1/2-Acetate" mit Essigsäuregehalten von 53 - 56 %, werden aus 10 - 25%igen Lösungen in Aceton/Ethanol (8 : 2) nach dem Trockenspinnverfahren zu Filmen (Photofilm) und Textilfasern verarbeitet. Wegen der Organolöslichkeit hat die Bedeutung der Acetatfasern jedoch stark abgenommen, dagegen ist ihr Einsatz in Form von Faserkabeln für Zigarettenfilter in den letzten Jahren stark gestiegen. Als Lacke mit guter Weichmacherverträglichkeit zeichnen sich die stärker verseiften Celluloseacetate durch ihre hohe Lichtechtheit und geringe Brennbarkeit, ihre hohe Wärmebeständigkeit und Unempfindlichkeit gegen Kohlenwasserstoffe, Öle und Fette sowie durch ihren Glanz aus. Celluloseacetate mit geringer Substitution (DS < 1) sind in einem engen Bereich sogar wasserlöslich, haben aber keine Verwendung gefunden.

5.3 Cellulosepropionat und -butyrat

Während die reinen Propionsäureester der Cellulose nur bedingt und die Buttersäureester wegen des komplizierten Verfahrens und teilweise ungünstiger Eigenschaften gar nicht hergestellt werden, haben die Essigsäure-Mischester, die Acetopropionate und -butyrate, seit ihrer Einführung 1946 bzw. 1956 steigende Bedeutung für die Produktion von Filmen und Lacken, insbesondere für plastische Massen, erlangt.

Die technische Herstellung erfolgt analog den Lösungsacetaten ausschließlich im homogenen System, wobei das Veresterungsgemisch neben Essigsäure- noch Propion- bzw. Buttersäureanhydrid enthält. Die Reaktionsfähigkeit der aliphatischen Fettsäuren nimmt mit steigender Kettenlänge jedoch stark ab. Handelsübliche Celluloseacetopropionate enthalten z.B. ca. 5 % gebundene Essigsäure (entsprechend DS ca. 0,25) und ca. 58 % gebundene Propionsäure (DS ca. 2,4); die niedrigviskosen Typen mit Schmelzbereich 180 - 200°C werden für Speziallack (Autometalleffektlacke, Isolierlacke, geruchfreie Papier- und Folienlacke), die mittelviskosen für Filme und Folien und die hochviskosen (Schmelzintervall 200 - 220°C) für plastische Massen im Spritzgußverfahren eingesetzt.

Celluloseacetobutyrate werden in wesentlich größerer Vielfalt hergestellt, wie Abb. 9 zeigt.

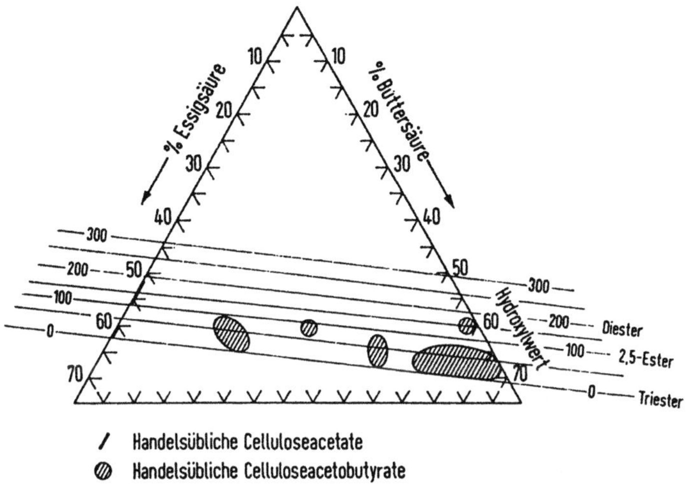

Abb. 9. Celluloseacetatbutyrat-Typen

Die Substitutionshöhen reichen dabei von 2 % Essig- und über 65 % Buttersäure (DS ca. 0,1 bzw. über 2,6) bis zu 45 % Essig- und nur 25 % Buttersäure (DS 2,3 und 0,7). Die Eigenschaften der Mischester wie Dichte, Schmelzpunkt, Wasseraufnahme, Löslichkeit in chlorierten Kohlenwasserstoffen, Ketonen und Weichmachern variieren von den reinen Acetaten bis zu den reinen Butyraten mit unterschiedlichem Hydrolysegrad in einem weiten Bereich, wobei die Propionate eine Mittelstellung einnehmen.

Die Einsatzgebiete der Mischester sind grundsätzlich gleich denen der Celluloseacetate, jedoch wegen des höheren Preises bevorzugt in Spezialanwendungen (Lacke) und in Zusätzen für Polyurethan- und Polyesterlacke. Die thermoplastischen Eigenschaften erlauben die Herstellung von spritzgegossenen und extrudierten plastischen Massen, die sich durch ihre Transparenz (Lichtdurchlässigkeit bis 90 %), Oberflächenglanz, elektrische Isolation bei geringer elektrostatischer Aufladung, Schlagzähigkeit und Spannungsrelaxation, Weichmacherverträglichkeit, Steifigkeit, Korrosions- und Witterungsbeständigkeit, Anfärbbarkeit und mechanische Bearbeitbarkeit auszeichnen. Bevorzugte Anwendungen finden sich daher im Fahrzeugbau (Lenkräder, Armaturen, Zierleisten, Rücklichtlinsen, Helmvisiere), in der Werkzeugfertigung (Werkzeuggriffe), im Bausektor, in der Möbel- und Haushaltsgerätefertigung, in der Lichttechnik, Elektro-, Photo- und Optikindustrie (Brillengestelle), Medizin-Technik bis hin zu kosmetischen Erzeugnissen und Spielzeug.

6 CELLULOSEETHER

6.1 Grundlagen und Überblick

Die grundlegende Reaktion der Veretherung verläuft ähnlich der der Veresterung, d.h. durch eine intermediäre Bildung des Oxonium-Ions. Bei einem Überschuß der alkoholischen Komponenten kommt es zu einer Etherbildung (Abb. 10).

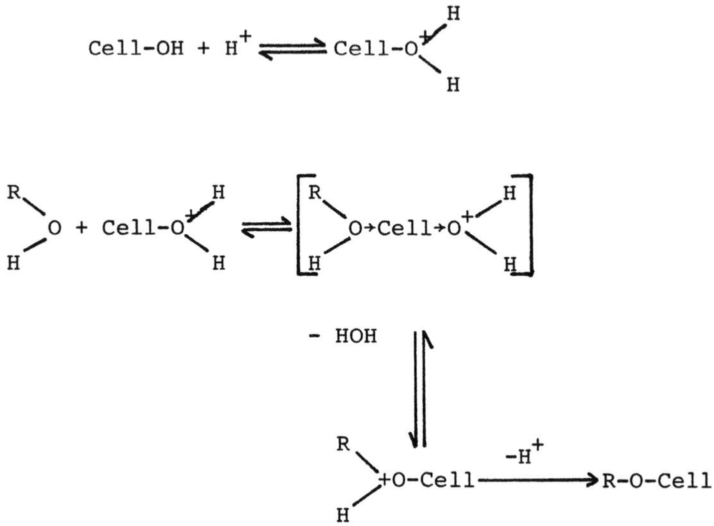

Abb. 10. Reaktionsmechanismus der Celluloseveretherung

Da die OH-Gruppen der Cellulose aber nur sehr wenig acid und daher der alkoholischen Komponente kaum zugänglich sind, liefert dieser Mechanismus nur eine ungenügende Substitution. Daher wird die Cellulose umgewandelt in die reaktionsfähige Alkalicellulose, die nach folgenden Mechanismen weiterreagiert:

a) Reaktion unter Alkaliverbrauch

Hierbei wird die Alkalicellulose mit Alkylhalogeniden umgesetzt (Ether-Synthese nach Williamson, Abb. 11). Dabei entsteht die stöchiometrische Menge Kochsalz. Nebenreaktionen zwischen dem Veretherungsmittel mit Natronlauge führen zu Alkoholen und Dialkylether.

$$\text{Cell-OH} \cdot \text{NaOH} + \text{Cl-R} \longrightarrow \text{Cell-O-R} + \text{NaCl} + \text{HOH}$$

R	Celluloseether	Symbol
$- CH_3$	Methylcellulose	MC
$- CH_2 \cdot CH_3$	Ethylcellulose	EC
$- CH_2 \cdot CH_2 \cdot CH_3$	Propylcellulose	PC
$- CH_2 \cdot C_6H_5$	Benzylcellulose	
$- CH_2 \cdot COONa$	Na-Salz der Carboxymethylcellulose	CMC

Abb. 11. Celluloseveretherung unter Alkaliverbrauch

Diese Reaktion wird zur großtechnischen Herstellung der Methyl-, Ethyl- und Carboxymethylcellulose durchgeführt; die Umsetzung mit Benzylchlorid zur Benzylcellulose hat heute kein technisches Interesse mehr.

b) Reaktion ohne Alkaliverbrauch

Hier dient das Alkali nur als Aktivierungsmittel und bewirkt einerseits die Gitteraufweitung der Cellulose und reaktiviert andererseits das Veretherungsmittel. Die nach diesem Mechanismus ablaufende Reaktion mit Epoxiden zeigt Abb. 12.

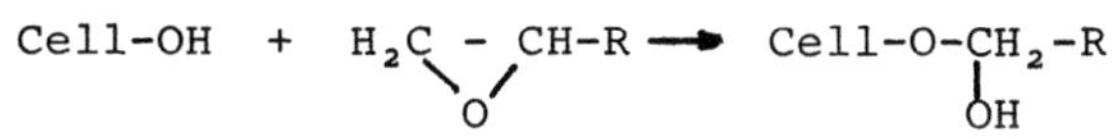

R	Celluloseether	Symbol
-H	Hydroxyethylcellulose	HEC
$-CH_3$	Hydroxypropylcellulose	HPC
$-CH_2-CH_3$	Hydroxybutylcellulose	HBC

Abb. 12. Celluloseveretherung mit Epoxiden

Auch diese Reaktionen sind durch Nebenreaktionen gehemmt, die im wesentlichen in der Umsetzung der Epoxide mit wäßrigen Alkalien zu Polyalkylethern bestehen. Weiterhin kann sich das Epoxid an die OH-Gruppen der Hydroxyalkylgruppen anlagern, so daß für die Substitution einer Cellulose-OH-Gruppe mehr als nur ein Epoxidmolekül verbraucht werden kann. Die Substitution der Hydroxyalkylcellulosen wird daher nicht durch den DS, sondern durch den molaren Substitutionsgrad MS charakterisiert, das ist die Anzahl der gebundenen Epoxidmoleküle pro Anhydroglucose-Einheit. Das Verhältnis MS/DS ist somit ein Maß für die Länge der veretherten Seitenketten.

Eine weitere Umsetzung ohne Alkaliverbrauch besteht in der Anlagerung von α,β-ungesättigten Verbindungen (Vinylverbindungen), die durch negative Gruppen aktiviert sind, wie Acrylnitril oder Vinylsulfonsäure (Abb. 13).

So erhält man durch Anlagerung von Acrylnitril die Cyanethylcellulose, aus der allerdings durch gleichzeitige Verseifung das Na-Salz der Carboxyethylcellulose entsteht.

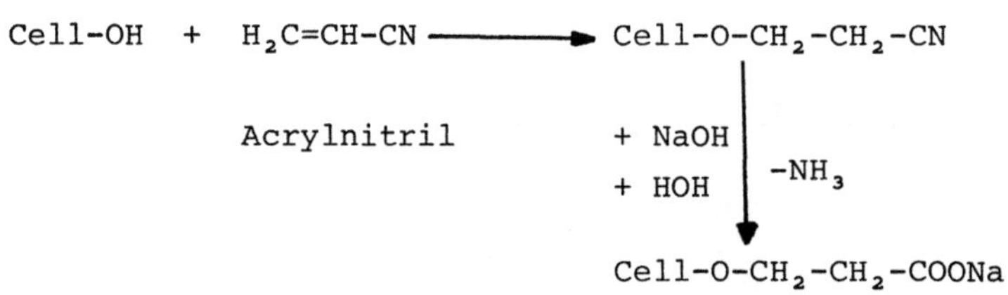

Abb. 13. Celluloseveretherung mit Vinylverbindungen

6.2 Alkylcellulosen

Methyl- und in geringem Maße Ethylcellulose werden industriell durch Umsetzung von Natroncellulose mit den entsprechenden Alkylchloriden hergestellt. Labormäßig läßt sich die Methylierung auch mit Dimethylsulfat durchführen.

Um einen Wasserüberschuß zu vermeiden, wird die Alkalisierung durch Aufsprühen einer 30 - 50%igen Natronlauge auf das gemahlene Cellulosematerial vorgenommen. Je nach gewünschter Substitutionshöhe werden dabei bei MC bis zu 3 Mole, bei EC 7 oder mehr Mole NaOH pro Mol Cellulose eingesetzt. Die Methylierung erfolgt diskontinuierlich oder kontinuierlich in Druckreaktoren bei 70 - 90°C und 5 - 7 bar mit gasförmigem Methylchlorid, das im Kreislauf geführt wird, wobei man die Nebenprodukte Methanol, Dimethylether und das bei der Reaktion entstehende Wasser ausschleust, oder in einem Überschuß des flüssigen Veretherungsmittels bei 60 - 70°C und höheren Drücken (20 bar).

Das Reaktionsprodukt wird mit heißem Wasser salzfrei gewaschen, abgepreßt, zerkleinert, getrocknet und auf die gewünschte Feinheit gemahlen. Die handelsüblichen Typen haben Substitutionsgrade von 1,4 bis 2,2.

Die einfachen Alkylether werden heute nur in geringem Umfang hergestellt, während die Hydroxyalkyl-Mischether zunehmend an Bedeutung gewonnen haben. Durch eine zusätzliche geringfügige Hydroxyalkylierung durch Zugabe von Ethylen- oder Propylenoxid können die Eigenschaften der Methylcellulose, besonders die Löslichkeit und Flocktemperatur, gezielt beeinflußt werden. Dabei beträgt der MS des Alkylenoxids nur 0,1 bis 0,5. Das Schema der MC-Herstellung zeigt Abb. 14.

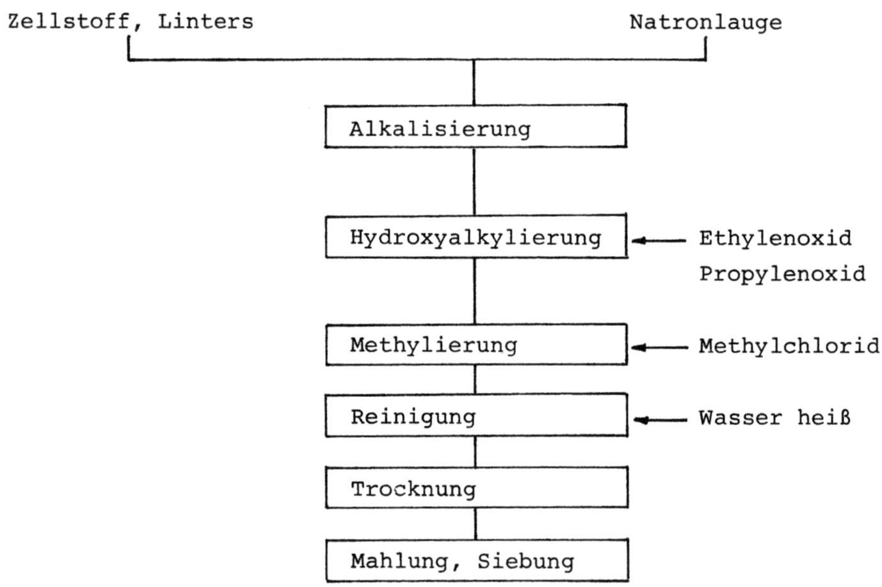

Abb. 14. Schema der Methylcellulose-Herstellung

Die Methylierungsgeschwindigkeit steigt im Verlauf der Reaktion an, erreicht nach ca. 1 Stunde Verweilzeit ihr Maximum und fällt dann wieder ab, während die Bildung von Nebenprodukten sich beschleunigt. Wegen des am stärksten ausgeprägten aciden Charakters der OH-Gruppe am C_2 wird diese am schnellsten substituiert; die Geschwindigkeitskonstanten verhalten sich $k_2 : k_3 : k_6$ wie 5 : 1 : 2.

Ethylcellulose wird grundsätzlich nach dem gleichen Verfahren hergestellt, wobei allerdings Temperaturen bis 140°C und Drücke bis 25 bar angewandt werden müssen.

6.3 Carboxymethylcellulose

CMC ist der im größten Umfang hergestellte Celluloseether. Die Reaktion ist sehr einfach und wird in drucklosen diskontinuierlichen oder kontinuierlichen Rührreaktoren durch Umsetzung von Alkalicellulose mit Monochloressigsäure oder deren Na-Salz bei 60 - 70°C durchgeführt. Um gleichmäßiger substituierte Produkte zu erhalten, kann der Prozeß in einem inerten Lösungsmittel, z.B. Isopropanol, vorgenommen werden. Als Nebenprodukte entstehen Kochsalz und Na-Glykolat aus der Verseifung des Chloracetats. Als technische Qualität mit ca. 35 % Salzgehalt wird CMC in den meisten Industrieländern hergestellt.

Die Reinigung muß wegen der Löslichkeit der CMC auch in heißem Wasser mit Lösemitteln, z.B. 70 - 75%igem Methanol oder Ethanol, durchgeführt werden. Dabei werden CMC-Gehalte von über 99,5 % erzielt (Lebensmittelqualität). Das Schema der CMC-Herstellung zeigt Abb. 15.

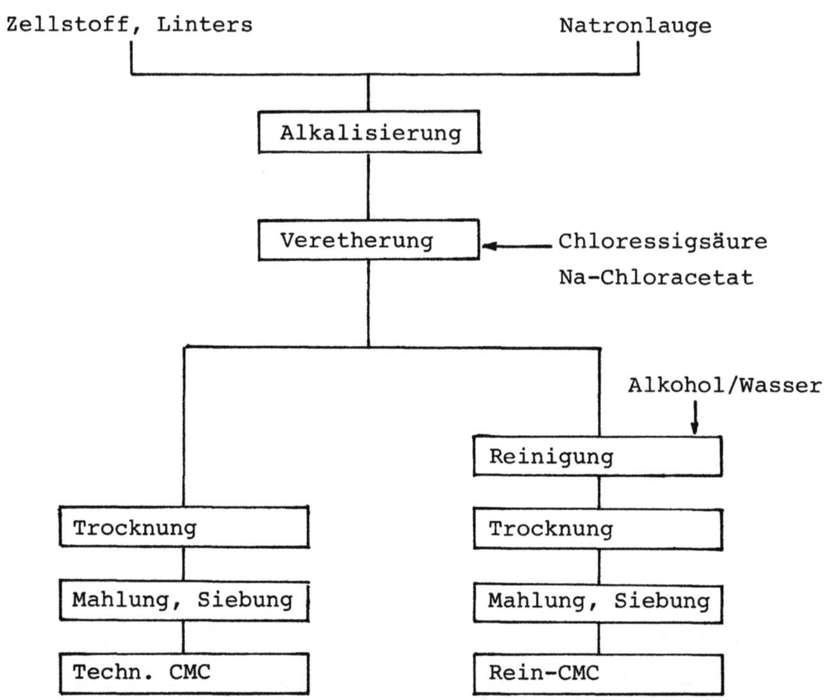

Abb. 15. Schema der CMC-Herstellung

Die handelsüblichen CMC-Typen haben Substitutionsgrade von 0,5 bis 1,2. Bei der Carboxymethylierung zeigt die OH-Gruppe am C_6 aufgrund der sterischen Lage die höchste Reaktionsfähigkeit; die Geschwindigkeitskonstanten verhalten sich $k_2 : k_3 : k_6$ wie 2 : 1 : 2,5.

6.4 Hydroxyalkylcellulosen

Die Anlagerung von Alkylenoxiden an Alkalicellulose wird im allgemeinen in einem inerten Lösemittel wie tert. Butanol oder Aceton durchgeführt (Slurry-Verfahren). Die Herstellung der technisch wichtigen HEC durch Reaktion mit Ethylenoxid läuft bereits bei niedrigen Temperaturen (ca. 50°C) ab, wobei man eine Ausbeute von max. 50 - 60 % des Veretherungsmittels erreichen kann. Als Nebenprodukte entstehen Ethylenglykol und Polyethylenoxide. Das Alkali wird nicht verbraucht und muß neutralisiert werden. Salze und Nebenprodukte werden mit Gemischen organischer Lösemittel und Wasser ausgewaschen.

Bei der Hydroxyalkylierung ist die OH-Gruppe am C_6 aus sterischen Gründen am reaktionsfähigsten; die Geschwindigkeitskonstanten verhalten sich $k_2 : k_3 : k_6$ wie 3 : 1 : 10. Die Anlagerung weiterer Hydroxyethylgruppen erfolgt bevorzugt an den schon veretherten Gruppen, so daß z.B. ein MS von 2 - 2,5 einem DS von 0,5 entspricht, d.h. die Seitenkette umfaßt 4 - 5 Ethylenoxid-Einheiten. Hydroxypropylcellulose wird in ähnlicher Weise in einem inerten Lösemittel oder im Überschuß des Veretherungsmittels selbst hergestellt. Da sie in Wasser einen thermischen Flockpunkt hat, kann sie mit heißem Wasser gereinigt werden. Technisch am wichtigsten ist indes die Hydroxyalkylierung zur Herstellung von Alkylmischethern wie MHEC, MHPC und EHEC (vgl. 6.2).

6.5 Andere Celluloseether

Cyanethylcellulose entsteht durch Anlagerung von Acrylnitril an alkalisch aktivierte Cellulose (vgl. 6.1). Je nach Veretherungsgrad werden alkalilösliche (DS 0,25 - 0,5), wasserlösliche oder organolösliche Produkte (DS bis 3) erhalten. Durch Verseifung in überschüssigem Alkali erhält man Carboxyethylcellulose. Benzylcellulose, früher auch technisch durch Umsetzung von Alkalicellulose mit Benzylchlorid zur Verwendung als Lackrohstoff hergestellt, hat heute kein technisches Interesse mehr. Die Umsetzung diente als Modellreaktion zur Untersuchung der topochemischen Reaktionsweise der Cellulose.

Tritylcellulose kann durch Umsetzung der Cellulose mit Triphenylmethylchlorid in Pyridin hergestellt werden. Sulfoethylcellulose wurde aus Alkalicellulose mit Ethylsulfat dargestellt. Das Produkt hat ionenaustauschende Eigenschaften.

Trimethylsilylcellulose kann durch Umsetzung von Cellulose mit Trimethylchlorsilan in Gegenwart tertiärer Amine hergestellt werden. Das Produkt ist organolöslich und kann leicht zu Cellulose regeneriert werden. Die jüngsten Versuche, den Viskoseprozeß durch das TMS-Verfahren abzulösen, haben aber noch zu keinem industriell verwertbaren Verfahren geführt.

6.6 Eigenschaften und Verwendung

Celluloseether-Handelsprodukte sind farblose bis gelbliche, geruchs- und geschmacksneutrale Pulver oder Granulate. Sie sind neutral, lichtbeständig und in fester Form unbegrenzt lagerfähig. Ab 200°C beginnt die thermische Zersetzung. In gereinigter Form sind die handelsüblichen

Produkte physiologisch unbedenklich (Zulassung als Lebensmittelzusatzstoffe). Celluloseether sind - wie die Cellulose selbst - biologisch abbaubar.

Die wichtigste Eigenschaft der Celluloseether, die letztlich auch ihre Einsatzgebiete bestimmt, ist die Löslichkeit, besonders in Wasser. Die Quell- und Lösungseigenschaften hängen ab von der Art und Größe der Substituenten sowie von der Höhe und Gleichmäßigkeit der Substitution (Tabelle 4).

Tabelle 4. Löslichkeit von Celluloseethern in Abhängigkeit von Substitutionsart und -höhe

Celluloseether	DS für Löslichkeit in		
	4 % NaOH	kaltem Wasser	organ. Lösemitteln
Methylcellulose	0,4 - 0,6	1,3 - 2,6	2,5 - 3
Ethylcellulose	0,5 - 0,7	0,8 - 1,3	2,3 - 2,6
Hydroxyethylcellulose	0,5	0,5 - 1 (MS 1,3 - 2,5)	
Na-Carboxymethylcellulose	0,5	0,5 - 1,2	
Cyanethylcellulose	0,25 - 0,5		2
Benzylcellulose			1,8 - 2

In Abhängigkeit von der Art und der Höhe der Substitution werden sämtliche Stufen der Löslichkeit durchlaufen. Bei hydrophilen Substituenten (HEC, CMC) wird die Wasserlöslichkeit bereits bei geringem DS von 0,5 erreicht und bleibt bis zu Persubstitution erhalten. Bei hydrophoben Substituenten (MC, EC) beginnt die Löslichkeitsskala gleicherweise bei der Quellung und Löslichkeit in verdünnter Lauge und geht erst bei einem DS von etwa 1 in die Wasserlöslichkeit über. Bei weiterer Substitution der noch vorhandenen OH-Gruppen mit hydrophoben Substituenten nimmt die Wasserlöslichkeit wieder ab zugunsten der Löslichkeit in organischen Lösemitteln, zunächst in stark polaren Gemischen bis hin zu Kohlenwasserstoffen, und geht bei hochsubstituierten Ethyl-, Hydroxypropyl- und Benzylcellulosen in Thermoplastizität über, die man als "innere Löslichkeit" bezeichnen darf.

Hydrophil substituierte Celluloseether wie HEC und CMC sind sowohl in kaltem wie in heißem Wasser löslich, während die Löslichkeit der hydrophob substituierten Typen wie MC und EC mit steigender Temperatur sinkt. Methylcellulosen besitzen einen thermischen Gelpunkt in Abhängigkeit von der Viskosität und Konzentration ihrer wäßrigen Lösungen zwischen 45 und 65°C, Ethylcellulose bereits bei 30°C. Die Flockung ist bei Temperaturerniedrigung reversibel. In den erwähnten hydroxyalkylierten Mischethern ist die Geltemperatur deutlich gesteigert.

Diese unterschiedlichen Lösungseigenschaften haben zu einer den praktischen Einsatzgebieten entsprechenden Einteilung der Celluloseether geführt (Abb. 16).

Die technisch bedeutungsvollste Eigenschaft der handelsüblichen Celluloseether ist ihre Fähigkeit, stabile wäßrige Lösungen erhöhter Viskosität zu liefern. Die Kettenlänge der linearen Molekülkolloide, die im Bereich zwischen DP 40 und 2 000 liegt, bestimmt die Höhe der Viskosität. Die verschiedenen Typen werden nach ihrer Viskosität in 2%iger Lösung charakterisiert, die zwischen 10 und 100 000 mPa·s betragen kann.

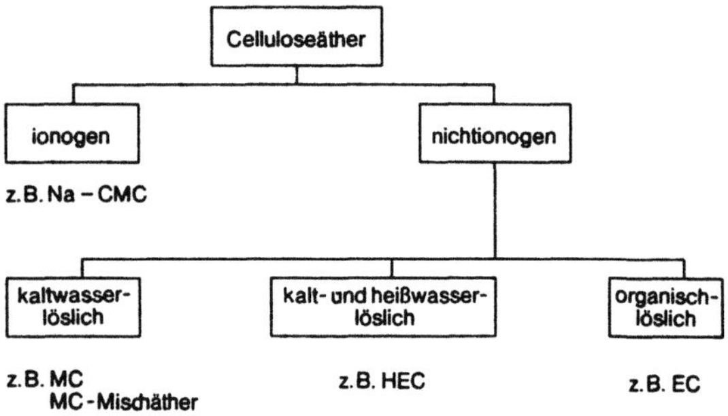

Abb. 16. Einteilung der Celluloseether nach der Löslichkeit (DIN-Entwurf 1979)

Die wäßrigen Lösungen sind nicht ideal fließend im Sinne Newtonscher Flüssigkeiten infolge der langgestreckten und mehr oder weniger verknäulten Gestalt der Moleküle. Die Viskosität ist daher von dem angewandten Schergefälle abhängig, wie die Fließkurven (Abb. 17) zeigen.

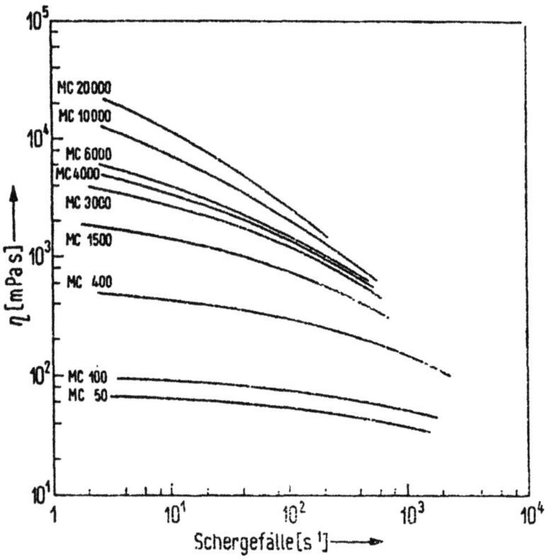

Abb. 17. Fließkurven 2%iger Lösungen verschiedener Methylcellulosen

Das pseudoplastische Verhalten ist bei den höher molekularen Produkten weit stärker ausgeprägt als bei den niederviskosen, bei denen die Viskosität über einen weiten Bereich des Schergefälles nahezu konstant bleibt.

Ferner ist in konzentrierten Lösungen das pseudoplastische Verhalten zeitabhängig, d.h. die scheinbare Viskosität nimmt mit zunehmender Dauer der Scherbeanspruchung ab: Die Lösungen sind thixotrop (wichtig für Anstrichmittel).

Die Viskositäten steigen mit zunehmender Konzentration der Lösungen stark an, wie Abb. 18 an verschiedenen hydroxyethylierten Methylcellulose-Typen zeigt.

Die üblicherweise bei 20°C gemessene Viskosität fällt bei steigender Temperatur stark ab, wie Abb. 19 in halblogarithmischer Darstellung an dem linearen Abfall bis zum Flockpunkt zeigt.

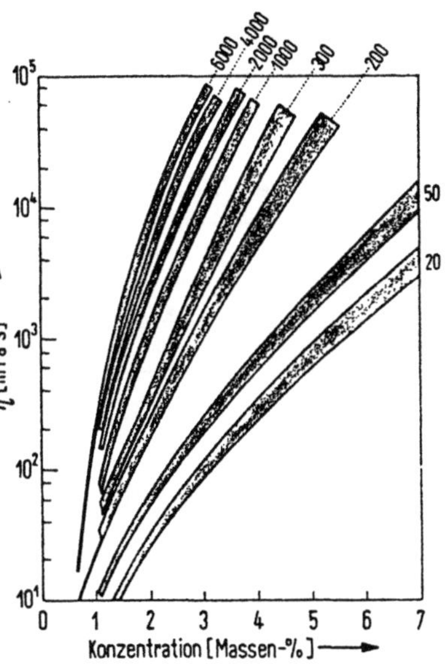

Abb. 18. Viskositäts-Konzentrations-Kurven verschiedener MC-Typen

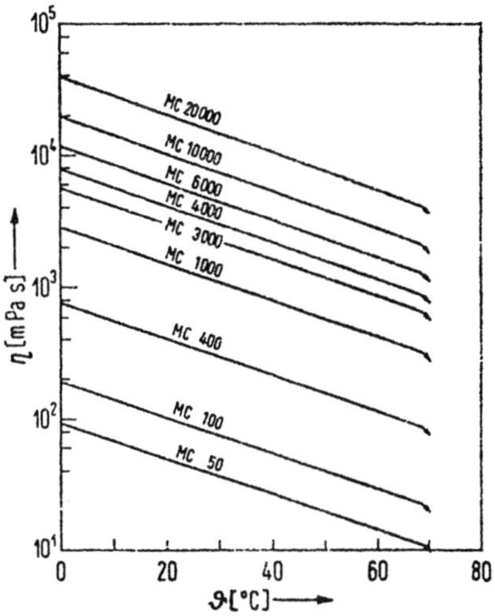

Abb. 19. Einfluß der Temperatur auf die Viskosität von MC-Lösungen

Elektrolyte beeinflussen den Lösungszustand der Molekülkolloide ebenfalls. Neutralsalze, besonders einwertiger Kationen, erniedrigen die Viskosität von MC-Lösungen erheblich und können in hohen Konzentrationen zur Flockung führen, während die hydroxyalkylierten Celluloseether und Methylmischether bedeutend stabiler sind. Bei CMC als Polyelektrolyt sind die Einflüsse einwertiger Ionen weniger stark ausgeprägt, dafür fällen mehrwertige Kationen wie Al und Cu die CMC als entsprechendes Salz quantitativ aus. Beim Ansäuern einer CMC-Lösung wandelt sich das Na-Salz in die freie Celluloseglykolsäure um, die wasserunlöslich ist. So kann man bei pH unter 4 die CMC quantitativ ausflocken.

Parallel mit der Viskosität steigt das sog. "Wasserrückhaltevermögen" von Celluloseethern an. Man nutzt dies zur Steuerung des Wasserhaushaltes und der sog. "Offenzeit", insbesondere in Bauwerkstoffen (Mörtel, Putz, Beton), Anstrichfarben und Klebersystemen sowie in Spülungsflüssigkeiten für Erdölbohrungen aus.

Wäßrige Lösungen von Celluloseethern haben ausgeprägte oberflächenaktive Eigenschaften, die in der Reihenfolge CMC - HEC - MC ansteigen. Dies zeigt sich insbesondere in verstärkter Schaumneigung. Diese Eigenschaft ist wichtig für die Verwendung als Emulgier- und Suspendierhilfsmittel im Einsatzgebiet Lebensmittel, Pharma und Kosmetik, in Wasch- und Reinigungsmitteln und ebenfalls in Erdölbohrungsspülflüssigkeiten.

Beim Eintrocknen der Lösungen bilden die Celluloseether transparente Filme hoher Elastizität und Bindekraft. Dies begründet den Einsatz als Klebstoffe sowie in pigmenthaltigen Anstrichstoffen wie Leim- und Dispersionsfarben und für die Masse- und Oberflächenleimung von Papier.

Die Einsatzgebiete der Celluloseether aufzuzählen, sprengt den Rahmen dieses Beitrags. In Tabelle 5 sind einige Anwendungsgebiete aufgelistet, die sich auf die charakteristischen Eigenschaften der Celluloseether gründen.

Tabelle 5. Eigenschaften und Anwendungsgebiete wasserlöslicher Celluloseether

Eigenschaft	Quellung	Viskosität	Oberflächenaktivität	Filmbildung
Wirkung	Wasserrückhaltung	Verdickung, Fließverhalten	Schutzkolloid, Emulgator	Kleb- und Bindemittel
Baustoffe	+	+	+	
Anstrichmittel	+	+	+	+
Tapetenkleber	+	+		+
Bohrindustrie	+	+	+	+
Keram. Massen	+	+	+	+
Textilien, Teppiche		+	+	+
Papier			+	+
Tabak			+	+
Waschmittel			+	
Pharmazeutika		+	+	+
Kosmetik	+	+	+	
Nahrungsmittel	+	+	+	
Suspensionspol.			+	

Daraus geht hervor, daß stets eine Kombination verschiedener Eigenschaften die gewünschten Effekte als Hilfsmittel liefert. Die Einsatzmengen der Celluloseether betragen dabei oft nur wenige zehntel Prozente. Wenn man die Weltjahresproduktion aller Celluloseether auf etwa 400 - 500 000 t schätzt, so spricht dies für die weiten Einsatzmöglichkeiten, die durch Variation und Modifikation des Typenfächers ständig erweitert und an neue Aufgabenstellungen angepaßt werden. Die Vielfalt der Celluloseether und ihre Einsatzgebiete im Vergleich zu anderen wasserlöslichen Polymeren ist u.a. von Meltzer [19] zusammengestellt.

7 CELLULOSE-METALLKOMPLEXE

Obwohl die Komplexverbindungen der Cellulose im allgemeinen nicht als faßbare Derivate und verwertbare Produkte aufzufassen sind, sollen sie hier der Vollständigkeit halber kurze Erwähnung finden. Wegen näherer Einzelheiten sei auf die zusammenfassende Literatur [2], S. 874, und [3], Part IV, S. 381, verwiesen.

Eine Zusammenstellung aller Cellulose-Lösungsmittel, darunter auch der Metallkomplexe, stammt von Gruber und Gruber [20].

7.1 Metall-Amin-Komplexe

1857 fand Schweizer, daß ammoniakalische Lösungen von Kupferhydroxid Cellulosefasern aufzulösen vermögen. Das sog. "Schweizers Reagens", das Kupfer(II)-Tetrammin-Hydroxid, löst 10 - 11 % Cellulose zu einer hochviskosen, dunkelblauen Lösung, aus der man durch Koagulation in Alkali und anschließende Zersetzung in Säure Regeneratcellulose in Form von Fasern ("Kupferseide") oder Folien ("Kupferzellglas") technisch hergestellt hat. Das sog. "Cuoxam-Verfahren" wurde - bis auf die Produktion einer Spezialfolie für Dialyse - inzwischen eingestellt.

Über den Mechanismus der Cellulose-Auflösung und -Ausfällung gibt es verschiedene Vorschläge. Die letzte, am besten mit den praktischen Erfahrungen übereinstimmende Deutung geht davon aus, daß in der Hälfte der Anhydroglucose-Einheiten das Kupfer an den benachbarten OH-Gruppen am C_2 und C_3 alkoholatartig gebunden ist, während in der anderen Hälfte der $Cu(NH_3)_4$-Komplex die C_2- und C_3-OH-Gruppen substituiert. So resultiert in der gelösten Cuoxam-Cellulose das molare Verhältnis Cellulose : Cu : NH_3 wie 2 : 2 : 4.

Die Cellulose-Cuoxam-Lösung kann durch Natronlauge ausgefällt werden zu einem transparenten, blauen Koagulat, der sog. "Normannschen Verbindung", die als Kupferalkalicellulose mit dem molaren Verhältnis Cellulose : Cu : Na wie 2 : 1 : 4 gedeutet wird. Demnach ist der Cu-Tetrammin-Komplex abgespalten, und die freien OH-Gruppen werden durch 4 Na unter Bildung eines Tetranatrium-Cupricellulosats besetzt. Dieses ist nicht stabil, sondern spaltet in Wasser langsam die Na-Ionen hydrolytisch ab, wobei die Farbe nach hellblau umschlägt. In diesem sog. "Cupricellulosat" ist das Cu alkoholatartig gebunden in einem Molverhältnis Cellulose : Cu wie 2 : 1. Durch Säure wird dieses Cellulosat sofort gespalten, die Cellulose bleibt als Hydratcellulose zurück (wie bei den übrigen Regenerationsverfahren, z.B. aus Viskose).

Die besondere Bedeutung dieses Komplexes liegt darin, daß es durch Lösung nativer und regenerierter Cellulosen erstmals möglich wurde, vergleichende Viskositätsmessungen und Korrelationen zu der Kettenlänge aufzustellen. Hier sei vor allem an die grundlegenden Arbeiten von Hermann Staudinger [12] erinnert. Noch heute ist der Ausdruck "Kupferviskosität" in Gebrauch. Ein Nachteil ist allerdings die extreme Sauerstoffempfindlichkeit der Lösung.

Durch Ersatz des NH_3 durch das höhersiedende Ethylendiamin erhielt man den Komplex Kupfer-Ethylendiamin-Hydroxid $Cu(en)_2(OH)_2$, der ebenfalls celluloselösend wirkt ("Cuen-Viskosität"). Weitere Komplexe mit Cobalt $Co(en)_3(OH)_2$, Zink $Zn(en)_3(OH)_2$, Nickel $Ni(en)_3(OH)_2$ sowie Nioxam $Ni(NH_3)_6(OH)_2$ und insbesondere mit Cadmium, das Cadoxen $Cd(en)_3(OH)_2$, wurden von Jayme 1951 bis 1960 entdeckt, von denen besonders das letztgenannte für Untersuchungen der strukturellen Löslichkeitsbeeinflussung nativer Cellulosen sowie für Bestimmungen der Grenzviskositätszahl eingesetzt wird.

7.2 Metall-Alkali-Komplexe mit Weinsäure

Ebenfalls von Jayme wurden verschiedene Eisen-Weinsäure-Natrium-(EWN-) Komplexe entdeckt, die in natronalkalischer Lösung (das sog. "EWNN") Cellulose lösen können. Bei einem molaren Verhältnis Eisen : Weinsäure wie 1 : 3 bildet EWNN einen Komplex mit der Anhydroglucose am C_2 und C_3. Die Löslichkeit nativer Cellulosen hängt von der Kettenlänge und der NaOH-Konzentration des Lösemittels ab. Unterhalb einer Konzentration von 0,2 % ist die Cellulose in EWNN molekulardispers gelöst. In höheren Konzentrationen liegen Micellen vor, die oberhalb von 2 % in Gele übergehen können.

Der Vorteil der Cellulose-EWNN-Lösung liegt in der Unempfindlichkeit gegenüber Luftsauerstoff. Bei geringen Cellulosekonzentrationen verläuft die Viskosität-Konzentrations-Beziehung nahezu linear, so daß man zur Ermittlung der Grenzviskositätszahl leicht auf c = 0 extrapolieren kann. Daher ist diese GVZ-Bestimmung auch genormt (Zellcheming-Merkblatt IV/50/69) und wird vielfach angewandt. Eine technische Verwendung hat dieses komplexe Celluloselösungssystem allerdings nicht gefunden.

8 PFROPFCOPOLYMERE DER CELLULOSE

Die Pfropfcopolymeren der Cellulose bestehen aus einem Rückgrat des natürlichen Polymeren mit kovalent gebundenen Seitenketten von synthetischen Polymeren. Durch die Pfropfung werden das Verhalten und die Eigenschaften der Cellulose charakteristisch beeinflußt.

Wegen der Vielzahl der Publikationen (seit etwa 1950) muß hier auf die zusammenfassende Literatur, besonders von Hebeish und Guthrie [21], verwiesen werden; der jüngste Stand ist von Hon [22] zusammengestellt. Die Mehrzahl der Arbeiten befaßt sich mit der Pfropfung von Vinylverbindungen (Vinylchlorid, Styrol, Methacrylate), die auf cellulosische Materialien wie Baumwolle, Zellstoff, Regeneratfasern, Papier aufgepfropft werden. Durch diese Modifizierungen lassen sich gewisse Eigenschaften wie Trocken- und Naßfestigkeit, Oberflächeneigenschaften, chemische Widerstandsfähigkeit, Anfärbbarkeit, hydrophiles Verhalten und dergleichen in gewünschten Richtungen beeinflussen. Dabei wird im allgemeinen nur der Oberflächenbereich des Fasermaterials modifiziert.

Die Pfropfreaktionen können nach drei grundsätzlichen Methoden unterschieden werden in:

- radikalisch initiierte Pfropfcopolymerisation,
- ionisch initiierte Pfropfcopolymerisation,
- Pfropfung durch Kondensations- oder Additionsreaktionen.

Die Pfropfcopolymerisation von Vinylverbindungen durch den radikalischen Mechanismus erfolgt in den meisten Fällen durch Kettenübertragungsreaktionen. Durch Radikale bildende Initiatoren, z.B. Peroxide, wird die Bildung von Polymerketten mit radikalischen Gruppen initiiert, die auf die Cellulosekette übertragen werden und dort weiter wachsen. Allerdings wird die Pfropfreaktion übertroffen von Nebenreaktionen, die bevorzugt in der Bildung von Homopolymeren (ca. 50 %) und auch Vernetzungsreaktionen bestehen.

Die Homopolymerisat-Bildung kann unterdrückt werden, indem man vor der Pfropfreaktion radikalische Gruppen in die Cellulosekette einführt, z.B. durch halogensubstituierte Ester-Gruppen, Mercapto- und Diazo-Gruppen oder durch Redox-Systeme. Die oxidative Bildung radikalischer Gruppen ist möglich durch Cer(IV)-Salze oder Mangandioxid, wobei ein Proton von dem Cellulosemolekül abgespalten wird. Eine weitere Methode besteht in der Radikalbildung durch Bestrahlung der Cellulose mit γ-Strahlen oder UV-Licht vor der Monomer-Zugabe. Dabei ist die Pfropfausbeute abhängig von der Bestrahlungsenergie, jedoch auch die Anzahl der Spaltungen der Cellulosekette.

Der ionische Polymerisationsmechanismus ist von geringerer Bedeutung. Solche Reaktionen werden in inerten Lösungsmitteln durchgeführt und gehen von Alkylcellulose-Derivaten, z.B. Cyanethylcellulose, aus. Nur wenige Arbeiten gibt es über Kondensations- und Additionsreaktionen. So lassen sich niedermolekulare Polyether oder Siloxane durch Kondensationsreaktionen mit Cellulose verknüpfen. Eine Additionsreaktion ist z.B. die Pfropfung von Cellulose mit Polyethylenimin.

Trotz intensiver Forschungsarbeiten und vieler Publikationen und Patente haben die Pfropfprozesse zur Derivatisierung der Cellulose vergleichsweise geringe wirtschaftliche Nutzung erreicht. Die Gründe liegen in der Tatsache, daß die Anzahl der gepfropften Seitenketten oftmals zu gering und ihre Länge zu groß ist, sowie in der nicht völlig unterdrückbaren Bildung von Homopolymeren und im Abbau der Cellulosekette selbst. Trotzdem eröffnen sich auf diesem Feld bisher noch nicht genutzte Möglichkeiten zur Verknüpfung der Eigenschaften des natürlichen Polymeren Cellulose mit denen beliebig kombinierbarer synthetischer Polymeren.

LITERATUR

1. Lieser Th (1953) Kurzes Lehrbuch der Cellulosechemie. Borntraeger, Berlin
2. Ott E, Spurlin HM, Grafflin MW (1954) Cellulose and Cellulose Derivatives, 2nd edn, Part II. Interscience Publ, New York London
3. Bikales NM, Segal L (1971) Cellulose and Cellulose Derivatives, Part IV + V. Wiley-Interscience, New York
4. Honeyman J (1959) Recent Advances in the Chemistry of Cellulose and Starch. Heywood & Comp, London
5. Vieweg R, Becker E (1965) Kunststoff-Handbuch, Bd III, Abgewandelte Naturstoffe. Carl Hanser, München
6. Yarsley VE, Flavell W, Adamson PS, Perkins NG (1964) Cellulosic Plastics. London Iliffe Books, London
7. Weiner J, Roth L (1967) Chemical Modification of Cellulose, III, Esters and Ethers. Bibl. Ser. No. 234. The Institute of Paper Chemistry, Appleton, Wisc
8. Temming H, Grunert H (1972) Temming-Linters, 2. Aufl. Peter Temming AG, Glückstadt
9. Sjöström E (1981) Wood Chemistry, Fundamentals and Applications. Academic Press, New York London
10. Aspinall GO (1982) The Polysaccharides, vol I. (vol II + III in Ausgabe). Academic Press, New York London
11. Fengel D, Wegener G (1983) Wood - Chemistry, Ultrastructure, Reactions. Walter de Gruyter, Berlin New York

12. Staudinger H (1972) Arbeiten über Cellulose und Cellulosederivate, Bd. 2, Teil I. Hüttig & Wepf, Basel Heidelberg

13. Whistler RL (1963) Methods in Carbohydrate Chemistry, vol III, Cellulose. Academic Press, New York London

14. Klug ED (1964) Cellulose Derivatives. In: Encyclopedia of Chemical Technology, vol 4, 2nd edn. John Wiley & Sons, New York London, pp 612-652

15. Ullmanns Encyclopädie der technischen Chemie, 4. Aufl. (1975) Bd 9, S 179, Celluloid; Bd 9, S 192, Celluloseether; Bd 9, S 213, Cellulose-Chemiefasern; Bd 9, S 227, Celluloseester; Bd 17, S 343, Nitrocellulose. Verlag Chemie, Weinheim

16. Römpps Chemie-Lexikon, 8. Aufl. (1979). Franckh'sche Verlagshandlung, Stuttgart, S. 623 ff.

17. Pummerer R (1953) Chemische Textilfasern, Filme und Folien. Enke, Stuttgart

18. Götze K (1967) Chemiefasern nach dem Viskoseverfahren, 3. Aufl. Springer, Berlin Heidelberg New York

19. Meltzer YL (1976) Water-Soluble Resins and Polymers - Technology and Applications. Noyes Data Corp, Park Ridge/NJ London

20. Gruber E, Gruber R (1981) Das Papier 35:133

21. Hebeish A, Guthrie JT (1981) The Chemistry and Technology of Cellulosic Copolymers. Springer, Berlin Heidelberg New York

22. Hon DN-S (1982) Graft Copolymerization of Lignocellulosic Fibers. ACS Symposium Ser No 187. Am Chem Soc, Washington

Bakterienpolysaccharide

K. Jann

Es ist charakteristisch für alle Zellen, daß sie von einer Kohlenhydrat-reichen Hülle umgeben sind. Bei höheren kernhaltigen (eukaryontischen) Zellen besteht diese Oberflächenschicht aus Glycoproteinen, Proteoglycanen und Glycolipoiden. Bei Bakterien kennt man, bis auf einige Ausnahmen (halophile Bakterien), keine Glycoproteine und Proteoglycane. Auch Glycolipoide kommen bei Bakterien selten vor. Auf bakteriellen Oberflächen finden sich, in verschiedener Weise gebunden, hauptsächlich Polysaccharide [1-3].

Man nimmt heute an, daß die Kohlenhydrate eukaryontischer Zellen mit proteinischen Erkennungsstrukturen anderer Zellen reagieren und daß diese Erkennungsreaktion in den betreffenden Zellen Signale für Differenzierung, Proliferation oder Zell-Adhäsion auslöst. Bei Bakterien liegen die Verhältnisse anders. Im Gegensatz zu höheren Zellen leben sie nicht im Zellverband oder, wie z.B. Blutzellen, in gepufferter und relativ sicherer Umgebung, sondern frei in einer oft feindlichen Umgebung. Typisches Habitat für Bakterien sind Mensch und Tier (hauptsächlich in Darm und Haut), Böden und Gewässer. Entsprechend haben die prokaryontischen Einzeller Schutzmechanismen entwickelt, an denen häufig Polysaccharide beteiligt sind. Es handelt sich dabei hauptsächlich um Schutz der Bakterien gegen Austrocknung, osmotische Veränderungen der Umgebung, oder Wirtsabwehrmechanismen.

Wenn Bakterien in höhere Organismen geraten - entweder auf dem natürlichen Wege einer Infektion oder auf dem artifiziellen Wege einer Immunisierung -, werden sie vom Immunsystem des Wirtes erkannt. Die wichtigste Reaktion sind die Bildung von spezifischen Immunzellen und von spezifischen Antikörpern (Erkennunsproteine im Blut). Die vom höheren Organismus erkannten bakteriellen Strukturen werden als Antigene bezeichnet. Zu den wichtigsten bakteriellen Antigenen gehören die Polysaccharide.

Polysaccharide kommen in Bakterien entweder an die Zellwand gebunden (Zellwand-Polysaccharide, Zellwand-Antigene) oder extrazellulär vor. Im letzteren Falle handelt es sich meistens um Kapseln (Kapsel-Polysaccharide, Kapsel-Antigene), welche die Zelle dicht umhüllen. Man kennt außerdem bakterielle Schleime, die von den Bakterien in die Umgebung ausgeschieden werden. Kohlenhydrate kommen ferner als wichtige Komponenten in der Stützschicht der Zellwand vor (Murein, Mucopeptid) [4-6].

Polysaccharide
Herausgegeben von W. Burchard

STRUKTURPRINZIPIEN BAKTERIELLER POLYSACCHARIDE

Analytische Untersuchungen (Oligosaccharid-Analyse, Kernresonanz-Spektroskopie) und Erarbeitung biosynthetischer Mechanismen ergaben, daß bakterielle Polysaccharide repetitive Strukturen haben. Sie bestehen aus oligosaccharidischen Struktureinheiten (repeating units). Für Strukturdarstellungen genügt die Formulierung der repeating unit und der sie im Polysaccharid verknüpfenden Bindung.

KOHLENHYDRATKOMPONENTE DES MUREINS

Murein (Peptidoglycan) ist ein Riesenmolekül von der Größe und der Gestalt des betreffenden Bakteriums. Es besteht aus Kohlenhydrat-Strängen, die durch kurze Peptidketten miteinander verknüpft sind (Abb. 1). Während die Peptidkomponente verschiedener Bakterienarten verschieden ist, hat die Kohlenhydratkomponente aller Enterobakterien die gleiche Struktur. Wie in Abb. 2 gezeigt, ist dies eine lineare Folge von β-1,4-verknüpftem N-Acetylglucosamin (GlcNAc) und Muraminsäure (3-O-Lactyl-GlcNAc) [7,8]. Auch bei Pflanzen und Crustaceen bilden Homopolysaccharide aus β-1,4-gebundenen Monosaccharid-Bausteinen mit Gluco-Konfiguration Stützstrukturen, wie Cellulose (β-Glucose) oder Chitin (β-N-Acetylglucosamin).

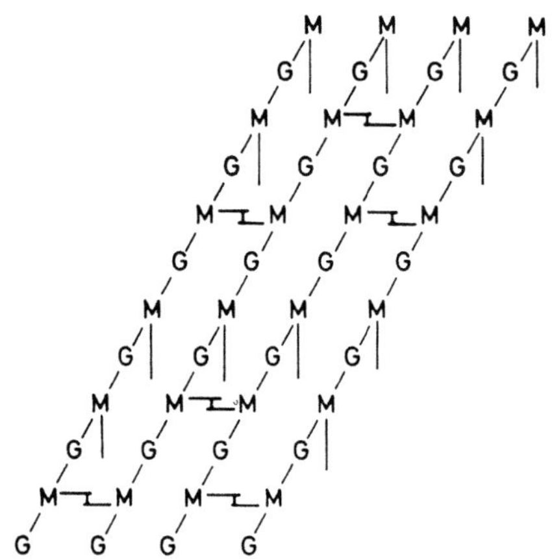

Abb. 1. Strukturschema eines Mureinnetzes. M = Muraminsäure, G = N-Acetylglucosamin, ⊥ und senkrechte Striche stellen Peptidverknüpfungen dar

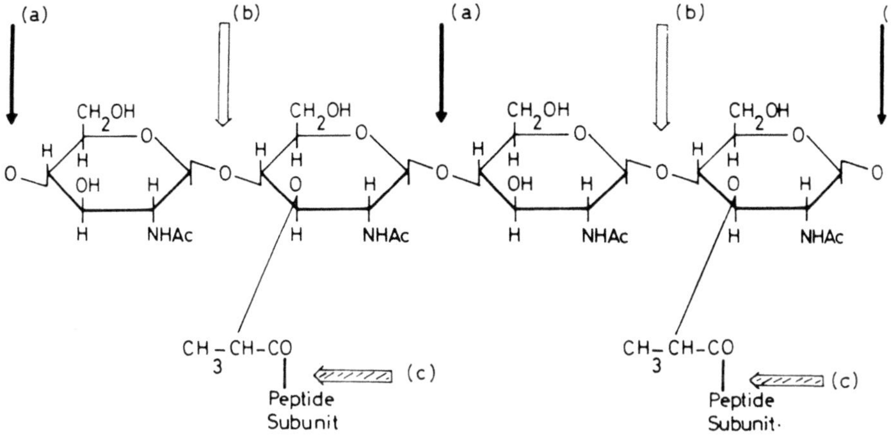

Abb. 2. Teil eines Glycanstranges des Mureins. Die mit (a) und (b) bezeichneten Pfeile sind Spaltstellen für Endoglycosidasen, und die mit (c) bezeichneten sind Spaltstellen für Peptidasen

ZELLWAND-POLYSACCHARIDE

Zwei wichtige Bakteriengruppen, die bei unseren Betrachtungen eine Rolle spielen, sind die durch bestimmte Färbetechniken zu unterscheidenden Gram-positiven und Gram-negativen Bakterien. Wie in Abb. 3 gezeigt, besitzen die Gram-negativen Bakterien (wie z.B. *E. coli*, *Salmonella* oder *Klebsiella*) nicht nur die stets vorhandene zytoplasmatische (innere) Membran, sondern zusätzlich eine äußere Membran. Diese stellt, außerhalb des Mureins, die äußere Begrenzung der Zellwand dar und besteht aus Lipoiden, Protein und Lipoid-haltigen Polymeren. Im Gegensatz dazu haben Gram-positive Bakterien (wie z.B. *Pneumococcus*, *Streptococcus* oder *Staphylococcus*) keine äußere Membran. Die äußere Zellbegrenzung ist hier das Murein. Die Zellwand-assoziierten Polysaccharide der Gram-negativen Bakterien unterscheiden sich von denjenigen Gram-positiver Bakterien. Die Zellwandpolysaccharide Gram-negativer Bakterien sind die Lipopolysaccharide, diejenigen Gram-positiver Bakterien sind vor allem die Teichonsäuren [9-11].

Lipopolysaccharide (LPS) sind über ihre Lipoidkomponente (Lipoid A) hydrophob in der äußeren Membran verankert. Sie bestehen aus Lipoid A, covalent gebundenem Oligosaccharid (Core), das seinerseits covalent an ein Polysaccharid (Molekulargewicht 10 - 20 kD) gebunden ist [4,6]. Ein LPS-Molekül hat ein Molekulargewicht zwischen 20 - 40 kD. LPS neigen in wäßriger Lösung zur Micellbildung (Assoziation über Lipoid A). Bei den verschiedenen Bakterien kommen nur wenige Core-Typen sehr ähnlicher Struktur vor. Die Zahl der Polysaccharid-Strukturen ist hingegen sehr groß. Sie werden, da sie durch ihre Feinstruktur die serologische O-Spezifität der Bakterien bedingen, als O-spezifische Polysaccharide bezeichnet. Für die chemische Analyse ist es vorteilhaft, daß die Bindung zwischen Lipoid A und dem Kohlenhydratteil der LPS sehr säurelabil ist. So kann man schon durch Erhitzen bei pH 3 (100°C, 60 - 90 min) die LPS, wie in Abb. 4 gezeigt, gezielt degradieren und die Polysaccharidkomponente durch Gelpermeationschromatographie reinigen [13]. Die Analyse der gereinigten O-spezifischen Poly-

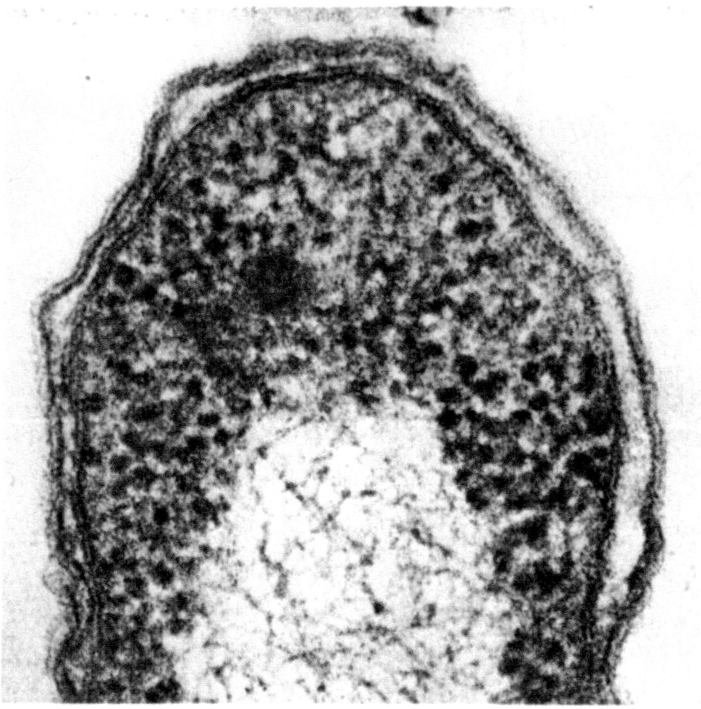

Abb. 3. Elektronenmikroskopische Aufnahme eines Dünnschnitts durch ein Gram-negatives Bakterium. Bei Gram-positiven Bakterien fehlt die äußere der beiden Membranen

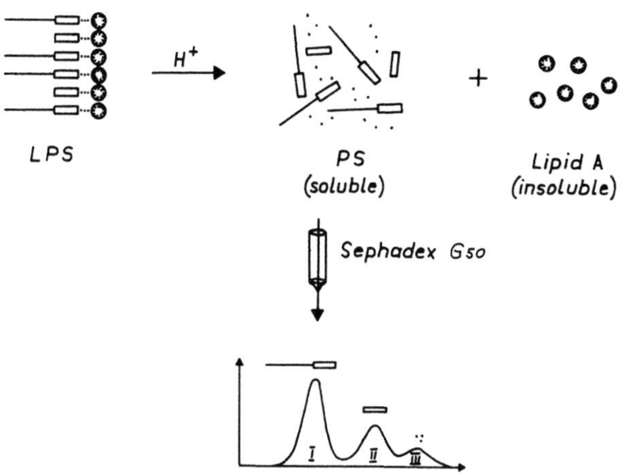

Abb. 4. Schema der milden sauren Hydrolyse (Degradierung) von Lipopolysacchariden (LPS) und der Fraktionierung des Kohlenhydrat(PS)-Anteils

saccharide ergab, daß häufig ungewöhnliche Zuckerbausteine vorkommen (z.B. Dideoxyzucker, Dideoxyaminozucker) [6,14]. Man unterscheidet LPS mit neutralen Homopolysacchariden (hauptsächlich bei *E. coli* und *Salmonella*) und solche mit neutralen Heteropolysacchariden (Abb. 5).

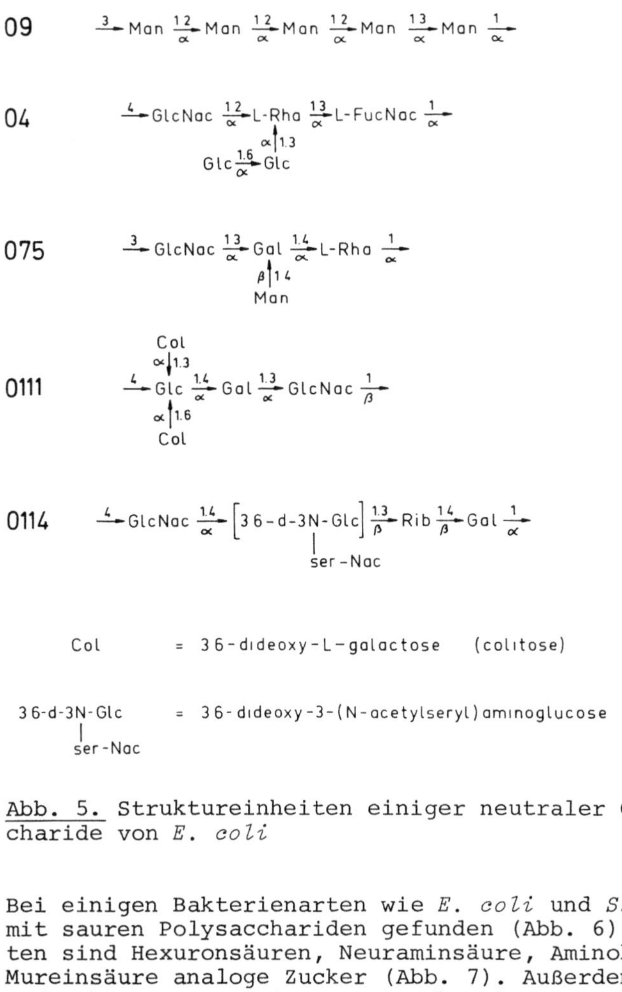

Abb. 5. Struktureinheiten einiger neutraler O-spezifischer Polysaccharide von *E. coli*

Bei einigen Bakterienarten wie *E. coli* und *Shigella* werden auch LPS mit sauren Polysacchariden gefunden (Abb. 6). Wichtige saure Komponenten sind Hexuronsäuren, Neuraminsäure, Aminohexuronsäuren oder der Mureinsäure analoge Zucker (Abb. 7). Außerdem kann die saure Ladung auf Substituenten wie Pyruvat (ketalartig gebunden) oder Phosphat beruhen.

Teichonsäuren sind, im Gegensatz zu den Lipopolysacchariden, covalent an Murein gebunden. In allen untersuchten Fällen ist die Bindung eine Phosphodiesterbrücke von einem Ende der Polymeren an C6 des N-Acetylglucosamins im Murein. Obwohl Teichonsäuren häufig als Polysaccharide bezeichnet werden, ist das eigentlich nicht korrekt. In dieser Substanzklasse liegen in der Polymerkette Phosphodiesterbindungen vor. Teichonsäuren bestehen aus Ketten von Poly-Glycerophosphat (Glycero-Typ) oder Polyribitolphosphat (Ribitol-Typ). Beide Arten sind mit Monosacchariden, Oligosacchariden und/oder Aminosäuren (esterartig) substituiert. Die serologischen Eigenschaften der Teichonsäuren beruhen vorwiegend auf diesen Substituenten [11,12].

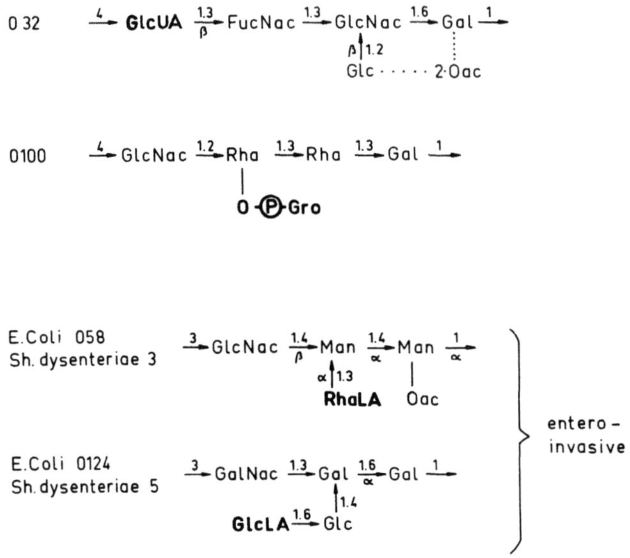

Gro = Glycerol

RhaLA = Rhamnolactylic acid

GlcLA = Glucolactylic acid

Abb. 6. Struktureinheiten einiger saurer O-spezifischer Polysaccharide von *E. coli* und *Shigella dysenteriae* 3 und 5

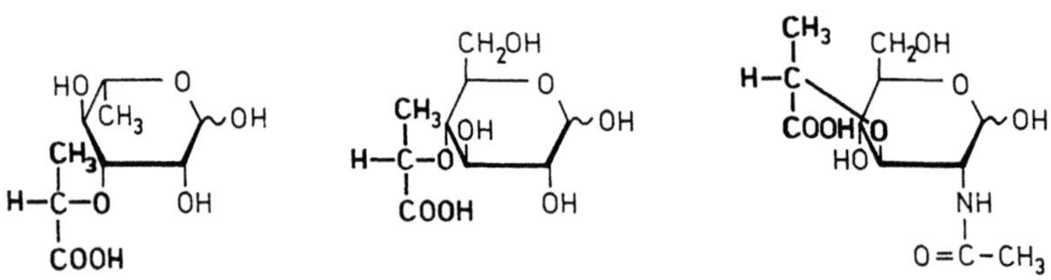

Rhamno-3-lactylic acid	Gluco-4-lactylic acid	Glucosamino-3-lactylic acid = muramic acid
in O-antigen	in O-antigen	in peptidoglycan

Abb. 7. Strukturen zweier der Muraminsäure verwandter O-Lactylzucker aus *E. coli* und *Shigella dysenteriae*

KAPSELPOLYSACCHARIDE

Sehr häufig sind Bakterien, wie in Abb. 8 gezeigt, mit einer Kapsel umgeben. Das gilt vor allem für pathogene Bakterien, die in die Blutbahn oder in Körpergewebe geraten, d.h. invasiv sind. Alle Bakterien bilden ihre Kapseln aus (meist sauren) Polysacchariden. Manche Bakterien haben dünne Kapseln, die aus Polysacchariden von relativ niedrigem Molekulargewicht bestehen (*E. coli*, *Neisseria*). Andere Bakterien bilden ihre Kapseln aus Polysacchariden von relativ großem Molekulargewicht (*E. coli*, *Klebsiella*, *Pneumococcus*). Die Eigenschaften der entsprechenden Kapselpolysaccharide von *E. coli* sind in Abb. 9 aufgeführt. Die hochmolekularen Kapselpolysaccharide enthalten als saure Komponenten Hexuronsäuren. Ihre Struktureinheiten (repeating units) sind Tetra-Heptasaccharide. Da im allgemeinen auf eine repeating unit eine Ladung kommt, haben sie keine sehr große Ladungsdichte. Diese Polysaccharide bilden wäßrige Lösungen großer Viskosität. Die Kapselpolysaccharide mit kleinem Molekulargewicht enthalten häufig ungewöhnliche saure Zuckerbausteine wie 2-Keto-3-deoxy-mannooctonsäure (KDO) oder N-Acetylneuraminsäure (bei *E. coli* und *Neisseria*). Die Biosynthese dieser beiden strukturverwandten Verbindungen durchläuft, wie in Abb. 10 dargestellt, ähnliche Stufen. Andere Vertreter dieser Gruppe von Kapselpolysacchariden haben saure Bausteine wie z.B. Glucuronsäure

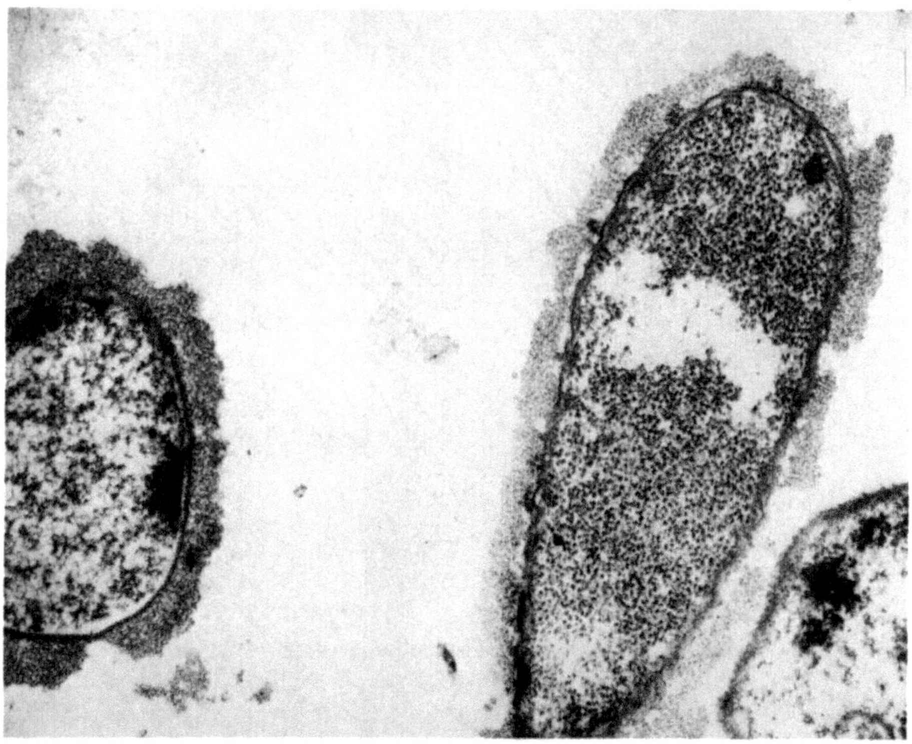

Abb. 8. Elektronenmikroskopische Aufnahme eines Dünnschnitts durch bekapselte *E. coli*. Die Kapseldarstellung erfolgte mit spezifischem antiK-Antiserum

COLI BACTERIA MAY HAVE :

THICK COPIOUS CAPSULES	THIN PATCHY CAPSULES
K(A) ANTIGENS ARE ACIDIC POLYSACCHARIDES	K ANTIGENS ARE ACIDIC POLYSACCHARIDES
MOLECULAR WEIGHTS ABOVE 100 000	MOLECULAR WEIGHTS BELOW 50 000
ACID COMPONENTS : HEXURONIC ACIDS	ACID COMPONENTS : HEXURONIC ACIDS KDO NANA
CAPSULES ARE COMPARABLE TO : KLEBSIELLA CAPSULES	CAPSULES ARE COMPARABLE TO : NEISSERIA CAPSULES

Abb. 9. Chemische und physikalische Eigenschaften von *E. coli* Kapselpolysacchariden

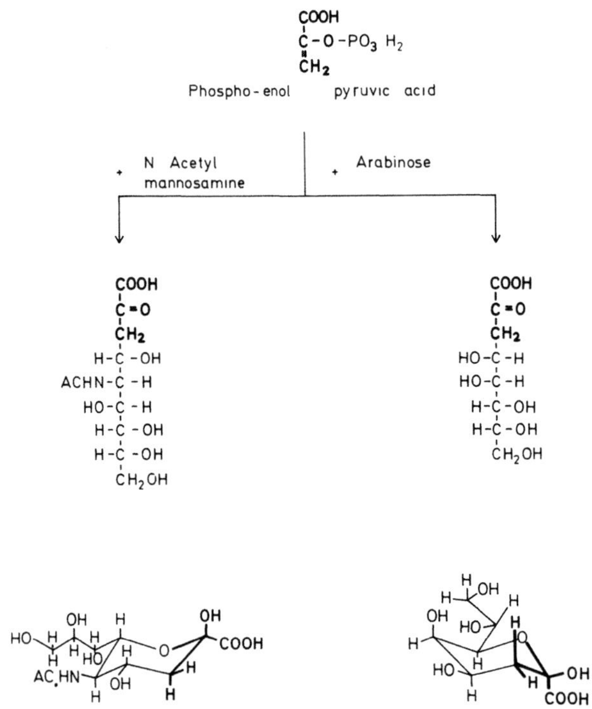

N-Acetylneuraminic acid

NeuNAc

2-Keto-3-deoxy-D-manno-octonic acid

KDO

Abb. 10. Verwandte Reaktion bei der Biosynthese von N-Acetylmuraminsäure und KDO

oder Glycerophosphat. Die repeating units einiger Kapselpolysaccharide mit kleinem Molekulargewicht sind in Abb. 11 und 12 aufgeführt. Diese Polysaccharide bestehen aus Disaccharid-Wiederholungseinheiten, haben also eine große Ladungsdichte [5,15,16].

K	REPEATING UNIT
6	$\xrightarrow{3}$ Rib $\xrightarrow[\beta]{1,7}$ KDO $\xrightarrow[\beta]{2}$ β↑1,2 Rib
12,82	$\xrightarrow{3}$ Rha $\xrightarrow[\alpha]{1,2}$ Rha $\xrightarrow[\alpha]{1,5}$ KDO $\xrightarrow[\beta]{2}$ ⁝7 Oac
13	$\xrightarrow{3}$ Rib $\xrightarrow[\beta]{1,7}$ KDO $\xrightarrow[\beta]{2}$ ⁝4 Oac
14	$\xrightarrow{6}$ GalNac $\xrightarrow[\beta]{1,5}$ KDO $\xrightarrow[\beta]{2}$ ⁝8 Oac
15	$\xrightarrow{4}$ GlcNac $\xrightarrow[\alpha]{1,5}$ KDO $\xrightarrow[\beta]{2}$
20	$\xrightarrow{3}$ Rib $\xrightarrow[\beta]{1,7}$ KDO $\xrightarrow[\beta]{2}$ ⁝ (Rib) Oac
23	$\xrightarrow{3}$ Rib $\xrightarrow[\beta]{1,7}$ KDO $\xrightarrow[\beta]{2}$

Abb. 11. Struktureinheiten einiger KDO-haltiger Kapselpolysaccharide uropathogener und invasiver *E. coli*

K	REPEATING UNIT	REFERENCE
1Ac+	$\xrightarrow{8}$ NeuNAc $\xrightarrow[\alpha]{2}$ |7/9 OAc	Mc Guire, Binkley: 1964
1Ac−	$\xrightarrow{8}$ NeuNAc $\xrightarrow[\alpha]{2}$	Ørskov et al.: 1979
2ab	$\left(\xrightarrow{4}\right.$ Galp $\xrightarrow[\alpha]{1,2}$ Gro $\xrightarrow{3}$ P $\left.\right)_{2-4}\left(\xrightarrow{5}\right.$ Galf $\xrightarrow[\alpha]{1,2}$ Gro $\xrightarrow{3}$ P $\left.\right)$ Galp |2,3 OAc; Galf |2,3 OAc	Jann, Schmidt: 1979
2a	$\left(\xrightarrow{4}\right.$ Galp $\xrightarrow[\alpha]{1,2}$ Gro — P $\left.\right)_{2-4}\left(\xrightarrow{5}\right.$ Galf $\xrightarrow[\alpha]{1,2}$ Gro $\xrightarrow{3}$ P $\left.\right)$	Jann, Schmidt 1979
5	$\xrightarrow{4}$ GlcUA $\xrightarrow[\beta]{1,4}$ GlcNAc $\xrightarrow[\alpha]{1}$	Jann et al 1981
51	—GlcNAc—P— | $(OAc)_2$	Jann, Jann 1982

Abb. 12. Struktureinheiten einiger KDO-freier Kapselpolysaccharide uropathogener und invasiver *E. coli*

BIOLOGISCHE EIGENSCHAFTEN BAKTERIELLER POLYSACCHARIDE

Sowohl Kapsel- als auch Zellwand-Polysaccharide sind Rezeptoren für Bakteriophagen (Bakterienviren). Die Spezifität, mit der ein Bakteriophage seinen Polysaccharide-Rezeptor erkennt, ist etwa so groß wie die Antikörperspezifität. Nach anschließendem Eindringen der Bakteriphagen-Nucleinsäure in die Bakterienzelle wird das Bakterium häufig nicht zerstört, sondern die virale Nucleinsäure integriert in das Bakterienchromosom. Die so bewirkte Veränderung des Bakterienstoffwechsels betrifft oft die Biosynthese des Rezeptor-Polysaccharides. Die Tochterzellen des (durch Bakteriophagen convertierten) Bakteriums bilden ein ähnliches, aber deutlich strukturverschiedenes Oberflächenpolysaccharid aus. Dieser Prozeß trägt sowohl zum Artenreichtum der Bakterien als auch zu ihrer immunologischen Variabilität (Veränderung der Polysaccharide-Antigene) bei. Viele Bakteriophagen haben spezifische Endoglycosidasen, mit denen sie die bakteriellen Polysaccharide partiell hydrolysieren können. In Abb. 13 sind einige Kapselpolysaccharide aufgeführt, bei denen durch Bakteriophagenenzyme spaltbare Bindungen erkennbar gemacht sind. Durch Inkubation mit gereinigten Bakteriophagen

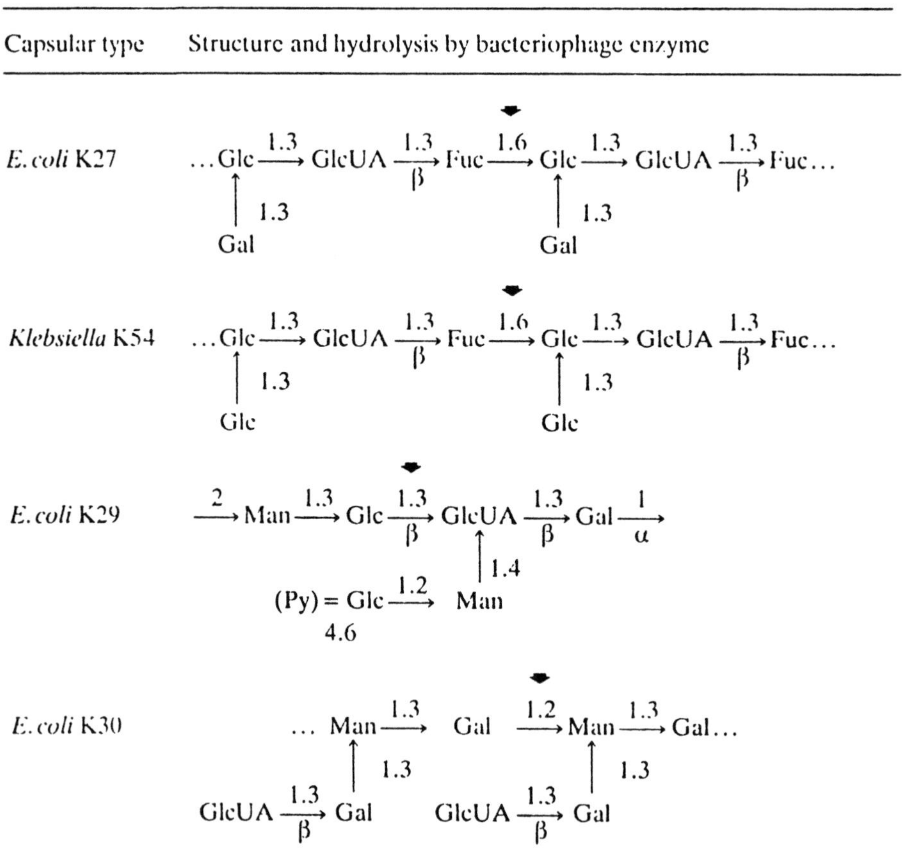

Abb. 13. Strukturen einiger "*Klebsiella*-artiger" Kapselpolysaccharide von *E. coli*. Die Stellen, an denen Spaltung durch Bakteriophagen-induzierte Endoglycosidasen stattfindet, sind durch Pfeile gekennzeichnet

können Polysaccharide *in vitro* in Oligosaccharide gespalten werden. Diese übersichtliche enzymatische Partialhydrolyse ist eine wertvolle Hilfe bei der Strukturaufklärung bakterieller Polysaccharide. Man nimmt an, daß bei Kapsel-spezifischen Bakteriophagen das Durchdringen der Kapsel durch die Enzymaktivität erleichtert wird und daß bei Zellwand-spezifischen Bakteriophagen das korrekte Anlagern an die Stellen der Bakterienoberfläche ermöglicht wird, an der die Nucleinsäure in das Bakterium injiziert wird. In Abb. 14 ist die elektronenmikroskopische Aufnahme eines bekapselten Colibakteriums gezeigt, durch dessen Kapsel sich ein Bakteriophage enzymatisch gebohrt hat. Darstellungen lateraler Bewegungen von Bakteriophagen auf Bakterienoberflächen, wie sie bei Endoglycosidase-Aktivitäten an Zellwand-LPS postuliert werden, konnten noch nicht dargestellt werden.

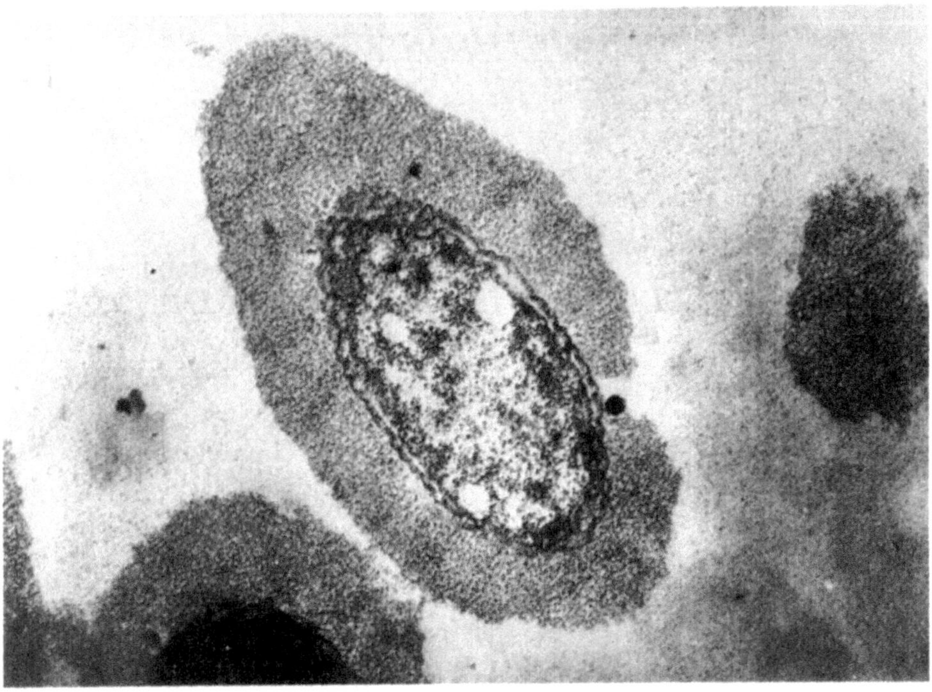

Abb. 14. Elektronenmikroskopische Aufnahme eines Dünnschnitts durch ein bekapseltes *E. coli*, dessen Kapsel von einem Kapsel-spezifischen Bakteriophagen durchbohrt wurde

Zellwand- und vor allem Kapselpolysaccharide ermöglichen ein Umgehen der Wirtsabwehr durch pathogene Bakterien. Vermutlich macht die extrazelluläre Schicht der sauren Kapselpolysaccharide ein Einwirken bakterienschädigender unspezifischer Abwehrstoffe (Komplement) unmöglich. Diese abschirmende Wirkung wird durch später in der Infektion gebildete Antikörper aufgehoben. Kapseln schützen also die eindringenden Bakterien i.a. nur im Anfangsstadium einer Infektion. Es gibt Ausnahmen, bei denen die Struktur eines Kapselpolysaccharids identisch oder sehr ähnlich der einer körpereigenen Substanz ist. Dies ist in Abb. 15 an der Strukturähnlichkeit des K1-Kapselantigens von *E. coli* mit Gangliosiden höherer Zellen und in Abb. 16 an der Strukturidentität des K5-Kapselantigens von *E. coli* mit einer Zwischenstufe der Heparin-Biosynthese gezeigt. In solchen Fällen ist eine Antikörperbildung gegen das Kapselpolysaccharid (K-Antigen) nicht oder nur schwer möglich (Camouflage der Bakterien durch ihre Kapselpolysaccharide). Die betreffenden Bakterien sind besonders pathogen [6,16,22-24].

K	REPEATING UNIT	IMMUNOGENICITY
92	$\xrightarrow{9}$NeuNAc$\xrightarrow[\alpha]{2,8}$NeuNAc$\xrightarrow[\alpha]{2}$	yes(-9)
1Ac+	$\xrightarrow{8}$NeuNAc$\xrightarrow[\alpha]{2,8}$NeuNAc$\xrightarrow[\alpha]{2}$ (each NeuNAc: |7/9 OAc)	yes(-OAc)
1Ac-	$\xrightarrow{8}$**NeuNAc**$\xrightarrow[\alpha]{2,8}$**NeuNAc**$\xrightarrow[\alpha]{2}$	no

TRISIALO GANGLIOSIDES:

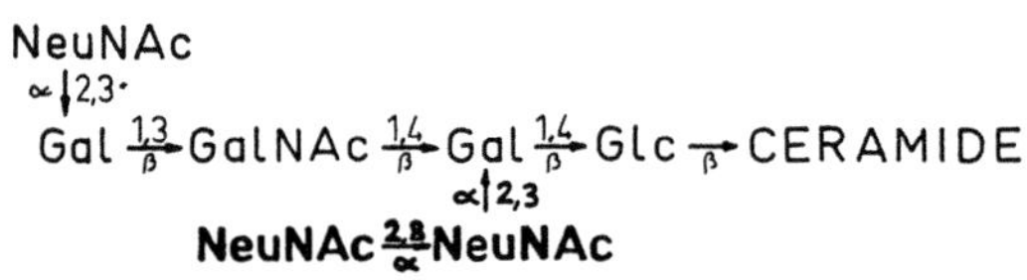

Abb. 15. Strukturvergleiche der Polyneuraminsäure-haltigen Kapselpolysaccharide K92, K1Ac^{+} und K1Ac^{-}. Zur möglichen Erklärung der schlechten Immunogenität des K1Ac^{-}-Polysaccharids wird der Strukturvergleich mit Trisialogangliosiden herangezogen

K5 POLYSACCHARIDE:

..$\xrightarrow{4}$GlcNAc$\xrightarrow[\alpha]{1,4}$GlcUA$\xrightarrow[\beta]{1,4}$GlcNAc$\xrightarrow[\alpha]{1,4}$GlcUA ---- Ⓟ - DIGLYCERIDE

INTERMEDIATE OF HEPARIN BIOSYNTHESIS:

..$\xrightarrow{4}$GlcNAc$\xrightarrow[\alpha]{1,4}$GlcUA$\xrightarrow[\beta]{1,4}$GlcNAc$\xrightarrow[\alpha]{1,4}$GlcUA → $(Gal)_2$-Xyl-PROTEIN

Abb. 16. Strukturvergleich des K5-Kapselpolysaccharids von *E. coli* mit einer biosynthetischen Vorstufe von Heparin

ANWENDUNG BAKTERIELLER POLYSACCHARIDE

Bakterielle Polysaccharide sind nicht nur in technischer Hinsicht interessant (z.B. bei Erdölförderung, Lebensmittel-, Arzneimittel-, Druck- und Computer-Industrie), sondern auch im Hinblick auf medizinische Forschung und Anwendung. Polysaccharide sind wichtige Antigene pathogener Bakterien, und gegen sie gerichtete Antikörper vermitteln Schutz vor bakteriellen Infektionen. Da es wünschenswert ist, bakterienfreie Impfstoffe zu haben, werden diese auf der Basis der bakteriellen Polysaccharide (vor allem aus Kapseln) erarbeitet. Freie

Polysaccharide sind i.a. nicht in der Lage, Antikörper zu induzieren (d.h. sie sind nicht immunogen). Daher werden sie an Träger gekuppelt, die Immunogenität verleihen. Das sind Proteine, wie z.B. Tetanustoxoid oder Diphtherietoxoid. Außer Polysacchariden werden auch daraus (z.B. mit Bakteriophagenenzymen) erhaltene Oligosaccharide für Kupplungsreaktionen verwendet. Einige häufig angewendete Kupplungsmethoden sind in Abb. 17 gezeigt. Durch Immunisierung mit den Protein-Kohlenhydrat-Konjugaten erhaltene Antikörper reagieren nicht nur serologisch mit den entsprechenden Poly- oder Oligosacchariden, sondern auch mit den ganzen Bakterien. In Tierversuchen konnte gezeigt werden, daß solche Vakzine vor Infektion mit den entsprechenden Bakterien schützen. Im Augenblick werden Polysaccharid-Vakzine gegen Erkrankungen wie z.B. Harnwegsinfektionen, Meningitis, Sepsis, Pneumonie oder Mittelohrinfektionen erarbeitet und z.T. bereits in Feldversuchen getestet. Derartige Untersuchungen gehören, vor allem angesichts der wachsenden Antibiotikaresistenz pathogener Bakterien, zu den interessantesten Anwendungen bakterieller Polysaccharide [25-28].

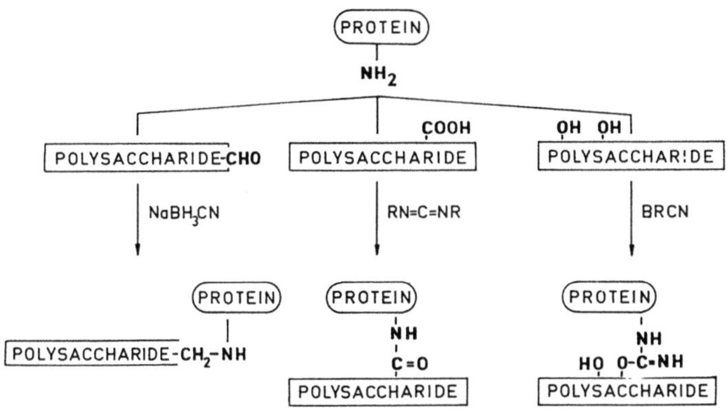

Abb. 17. Schematische Darstellung einiger Reaktionen für die Kupplung von Oligo- oder Polysacchariden an Trägerproteine

LITERATUR

1. Sharon N (1975) Complex carbohydrates; their chemistry, biosynthesis and functions. A set of Lecture notes. Addison-Wesley, Reading, Mass.
2. Cook GMW, Stoddard RW (1973 Surface carbohydrates of the eucaryotic cell. Academic Press, New York
3. Sutherland IW (1977) Surface carbohydrates of the procaryotic cell. Academic Press, New York
4. Jann K, Westphal O (1975) Microbial polysaccharides. In: Sela M (ed) The Antigens, vol 3. Academic Press, New York, p 1-125
5. Jann K, Jann B (1983) The K antigens of *Escherichia coli*. In: Kallòs P *et al.* (eds) Progress in Allergy 33:53-79. Karger, Basel
6. Ørskov F, Ørskov I, Jann B, Jann K (1977) Serology, chemistry and genetics of O and K antigens of *Escherichia coli*. Bacteriol Rev 44:667-710

7. Ghuysen JM, Strominger JL, Tipper DT (1968) Bacterial cell walls. In: Florkin M, Stotz EH (eds) Comprehensive Biochemistry 26A:53-104

8. Ghuysen JM, Shockman GD (1978) Biosynthesis of peptidoglycan. In: Leive L (ed) Bacterial Membranes and Walls. Microbiology Series, vol 1, p 37-130

9. Westphal O, Jann K, Himmelspach K (1983) Chemistry and immunochemistry of bacterial lipopolysaccharides as cell wall antigens and endotoxins. In: Kallòs P *et al.* (eds) Progress in Allergy 33:9-39. Karger, Basel

10. Bacterial Lipopolysaccharides. Structure, Synthesis and Biological Activities. In: Anderson L, Unger FM (eds) ACS Symposium Series 231. Amer Chem Soc, Washington

11. Ward JB (1981) Teichoic and teichuronic acids: Biosynthesis, assembly and location. Microbiol Rev 45:211-243

12. Knox KW, Wicken AJ (1973) Immunological properties of teichoic acids. Bacteriol Rev 37:215-257

13. Jann B, Reske K, Jann K (1975) Heterogeneity of lipopolysaccharides. Analysis of polysaccharide chain lengths by sodium dodecylsulfate-polyacryl amide gel elektrophoresis. Eur J Biochem 60: 239-246

14. Ørskov F, Ørskov I, Jann B, Jann K, Müller-Seitz E, Westphal O (1967) Immunochemistry of *Escherichia coli* O antigens. Acta path et microbiol Scand 71:339-358

15. Schmidt MA, Jann K (1983) Structure of the 2-keto-3-deoxy-D-manno-octonid-acid-containing capsular polysaccharide (K12 antigen) of the urinary-tract-infective *Escherichia coli* O4:K12:H⁻. Eur J Biochem 131:509-517

16. Jann K (1982) Bacterial structures involved in urinary tract infections. In: Schulte-Wissermann H (ed) Clinical, bacteriological and immunological aspects of urinary tract infections in children. Symposium in Mainz 1981. G. Thieme, Stuttgart New York, pp 73-82

17. Lindberg AA (1977) Bacterial surface carbohydrates and bacteriophage adsorption. In: Surface carbohydrates of the procaryotic cell. Academic Press, New York

18. Lüderitz O, Westphal O, Staub AM, Nikaido H (1971) Isolation and chemical and immunological characterization of bacterial lipopolysaccharides. In: Weinbaum G, Kadis S, Ajl SJ (eds) Microbial Toxins vol IV. Academic Press, New York, pp 145-223

19. Thurow H, Niemann H, Stirm S (1975) Bacteriophage-borne enzymes in carbohydrate chemistry. I. On the glycanase activity associated with particles of *Klebsiella* bacteriophage No. 11. Carbohydr Res 41:257-271

20. Reske K, Wallenfels B, Jann K (1973) Enzymatic degradation of O-antigenic lipopolysaccharide by coliphage Ω8. Eur J Biochem 36: 167-171

21. Prehm P, Jann K (1976) Enzymatic action of coliphage Ω8 and its possible role in infection. J Virol 19:940-949

22. The Molecular Basis of Microbial Pathogenicity. Life Science Research Report 16, Dahlem Konferenzen 1980, pp 115-132, 175-198

23. Ørskov F, Ørskov I, Sutton A, Schneerson R, Li W, Egan W, Hoff GE, Robbins JB (1979) Form variation in *Escherichia coli* K1: determined by O-acetylation of the capsular polysaccharide. J Exp Med 149: 669-685

24. Vann WF, Schmidt MA, Jann B, Jann K (1981) The structure of the capsular polysaccharide (K5 antigen) of urinary-tract-infective *Escherichia coli* O10:K5:H4. A polymer similar to desulfoheparin. Eur J Biochem 116:359-364

25. Schneerson R, Robbins JB, Chu Ch, Sutton A, Schiffman G, Vann WF (1983) Semi-synthetic vaccines composed of capsular polysaccharides of pathogenic bacteria covalently bound to proteins for the prevention of invasive diseases. In: Kallòs P *et al.* (eds) Progress in Allergy 33:144-158. Karger, Basel

26. Svenson SB, Lindberg AA (1977) Oligosaccharide-protein conjugate. A novel approach for making *Salmonella* O antigen immunogen. FEMS Microbiol Lett 1:145-148

27. Jennings HH (1983) Capsular polysaccharides as human vaccines. Adv Carbohydr Chem Biochem 41:155-208

28. Stowell CP, Lee YC (1980) Neoglycoproteins: The preparation and application of synthetic glycoproteins. Adv Carbohydr Chem Biochem 37:225-281

Polysaccharide in der Pharmazie

G. Franz

EINLEITUNG

Die Anwendung von Polysacchariden in den verschiedensten pharmazeutischen Bereichen hat in den letzten Jahren einen beachtlichen Aufschwung erlebt. Dies gilt nicht nur für das Gebiet der indifferenten Hilfsstoffe, sondern auch für eine Reihe von Polysacchariden, die aufgrund verschiedener chemisch/physikalischer Parameter die Grundlage für eine Anwendung als direkte Pharmaka ergeben haben. In quantitativer Hinsicht sind natürlich Hilfsstoffe vorherrschend, wobei unter dem Begriff 'Hilfsstoff' Substanzen zu verstehen sind, die bestimmten Pharmaka aus Gründen der Erzeugung, Verarbeitung oder Anwendung zugesetzt werden, ohne selber Hauptwirkstoff zu sein. Derartige Hilfsstoffe müssen ausgesprochen indifferent sein, sie dürfen im Normalfall nicht durch die Enzyme des Verdauungstraktes angegriffen werden, sie sollen unresorbiert wieder ausgeschieden werden.

Bezüglich der Unbedenklichkeit in der Anwendung von Polysacchariden muß natürlich von vornherein ausgeschlossen werden, daß sie in den in Frage kommenden Mengen keine für den Menschen toxischen Wirkungen entfalten können. Dies betrifft sowohl die akute Toxizität als auch die chronischen Toxizität, insbesondere mögliche cancerogene, teratogene, mutagene und allergisierende Eigenschaften.

Hilfsstoffe zur Herstellung der verschiedensten Arzneiformen sollten nur dann zur Anwendung kommen, wenn zwingende Gründe gegeben sind. Im Gegensatz zur Lebensmitteltechnologie ist die Verwendung von Polysacchariden als Hilfs- oder Zusatzstoffe im Gebiet der Pharmazie keinen rechtlichen Regelungen unterworfen. Dies gilt für die Qualität wie auch für die Quantität der eingesetzten Kohlenhydratpolymeren. Besonders wichtig beim Einsatz von Hilfsstoffen ist die Voraussetzung, daß sie dort die eigentlichen Wirkstoffe freisetzen, wo dies vom Hersteller beabsichtigt ist. Polysaccharide können durchaus die sogenannte biologische Verfügbarkeit bestimmter Pharmaka modifizieren, d.h. für eine Freisetzung in den verschiedenen Verdauungsbereichen im Magen, in den Darmabschnitten verantwortlich sein.

Die unterschiedlichen Einsatzmöglichkeiten von Polysacchariden beruhen auf ihren spezifischen Eigenschaften. Diese reichen von völliger Unlöslichkeit (Cellulose) bis zur guten Quellbarkeit und Löslichkeit in kaltem oder heißem Wasser (Stärke, Guaran, Alginate etc.). Polysaccharidlösungen können zum Teil sogar bei hoher Konzentration, geringe Viskosität (Gummi arabicum) oder auch zum Teil bei niedriger Konzentration schon sehr hohe Viskosität aufzeigen (Galactomannane). Eine Reihe von Polysacchariden bildet bereits in geringen Konzentrationen Gele (Alginate, Pektine), die zum Teil thermoreversibel sind. Bezüglich der spezifischen, physikalisch/chemischen Parameter hat man durch Einführung

Polysaccharide
Herausgegeben von W. Burchard

von Substituenten merkliche Veränderungen der Eigenschaften der genuinen Polysaccharide durchführen können. Einführung von neutralen Gruppen in lineare Polysaccharide erhöhen die Löslichkeit, Viskosität und Stabilität von Lösungen. Derartige Derivatisierungen sind im Bereich der Pharmazie, insbesondere bei Cellulose, Stärke, Galactomannanen und Dextranen durchgeführt worden. Bei entsprechender Substituierung ist auch eine Löslichkeit der organischen Lösungsmitteln von derartigen Polysaccharid-Derivaten gegeben, die insbesondere in der Pharmazie zur Herstellung verschiedenster Arzneiformen eingesetzt werden können.

Zum besseren Verständnis seien im folgenden die wichtigsten Arzneiformen kurz vorgestellt, die heute von allgemeiner Bedeutung sind.

Feste und flüssige Oralia und Peroralia

Ein oral angewendetes Arzneimittel muß seine Wirkung im oberen Teil des Verdauungstraktes (Mund) entfalten und den Wirkstoff freigeben. Ein peroral zu verabreichendes Medikament soll erst im Gastrointestinaltrakt zur Resorption und Wirkung kommen.

Pulver stellen trockene Haufwerke dar, die aus kristallinen und amorphen Teilchen unterschiedlicher Größe bestehen. An ein zur Weiterverarbeitung bestimmtes Pulver werden strengere Anforderungen im Hinblick auf Fließvermögen, Aggregierbarkeit und Komprimierbarkeit gestellt, als z.B. ein löffelweise einzunehmendes Pulver.

Granulate bestehen aus Körnern, die asymmetrische Aggregate aus Einzelteilchen darstellen. Ihre Oberfläche ist meist uneben, zackig oder aufgerauht, das ganze Korn mehr oder weniger porös.

Tabletten sind feste, verschieden geformte Arzneizubereitungen,

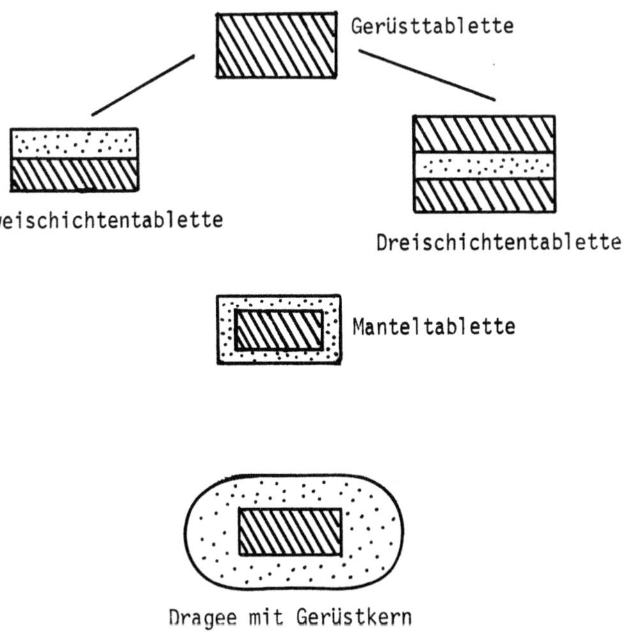

TABLETTEN- UND DRAGEE-MODELLE MIT KERN AUS QUELLBAREN POLYSACCHARIDEN

die aus feinkristallin gepulverten oder granulierten Wirkstoffen, in der Regel unter Zusatz von Füll-, Binde-, Spreng- und Gleitmitteln durch Pressen hergestellt werden. Wichtig ist hierbei, daß der oder die Wirkstoffe dem Patienten optimal zur Verfügung gestellt werden, d.h. es muß auf die Freigabe der Wirkstoffe besonderer Wert gelegt werden. Hierbei haben sich insbesondere Polysaccharide als Füllstoffe, Spreng- und Bindemittel bewährt.

Zu den flüssigen peroralen Arzneiformen werden gerechnet: Lösungen, Suspensionen, Emulsionen, Trocken- und Instantpräparate. Aus pharmakokinetischer Sicht können Arzneizubereitungen mit gelösten oder fein dispersen Wirkstoffen deutliche Vorteile gegenüber den festen Zubereitungen bezüglich rascherem Wirkungseintritt und höheren Resorptionsquoten haben.

Parenterale Arzneiformen

Parenterale Präparate werden nach Durchstechen der Haut oder Schleimhaut mittels Injektionskanüle oder durch Hochdruckstrahl direkt in die Blutbahn oder in bestimmte Organbezirke (Muskelgewebe) eingebracht. Zu ihnen zählen Arzneiformen mit dem schnellsten Wirkungseintritt (intracardiale Injektion), aber auch solche mit Depotwirkung (Implantate).

Suppositorien (Arzneiformen für Körperhöhlen)

Suppositorien oder Zäpfchen sind zylindrische, konische oder torpedoförmige feste Zubereitungen zum Einführen in das Rektum. Sie bestehen aus Suppositorienmasse und einem oder mehreren Wirkstoffen, sowie zusätzlichen Hilfsstoffen. Polysaccharide haben im Bereich dieser Arzneiform nur eine untergeordnete Bedeutung.

Dermatika

Dermatika nehmen unter den pharmazeutischen Zubereitungsformen eine Sonderstellung ein. Dies liegt darin begründet, daß der Ort der Applikation, die Haut, sich in Struktureigenschaften und Funktionen stark von den übrigen Applikationsorten unterscheidet. Bei diesen flüssigen-, salben- oder gelförmigen Zubereitungen spielen Polysaccharid-Hilfsstoffe eine wichtige Rolle. Auch für die Herstellung von Pudern, bei denen die Arzneisubstanzen fein dispergiert in indifferente Pudergrundlagen eingearbeitet werden, sind Polysaccharide unentbehrliche Hilfsmittel.

HILFSSTOFFE FÜR ARZNEIFORMEN

Hilfsstoffe sollen keine Eigenwirkung entfalten und auch keine toxischen Eigenschaften (carcinogen, teratogen und allergen) aufweisen. In neuester Zeit wird die Problematik der Allergieauslösung durch Hilfsstoffe vermehrt diskutiert, da sich gezeigt hat, daß einige Polysaccharide derartige Nebenwirkungen haben können.

Viskositätserhöhende Hilfsstoffe

Viskositätserhöher werden meist für wässrige Systeme verwendet, wobei hier sowohl nichtionische, anionische und kationische Makromoleküle (Polyelektrolyte mit Aminogruppen) und amphotere Makromoleküle zur Anwendung kommen. Der Vorteil der nichtionischen Hilfsstoffe liegt darin, daß sie mit den Wirkstoffen keine Wechselwirkung eintreten, die unter Umständen bei anionischen oder kationischen Makromolekülen gegeben ist.

NATÜRLICHE MAKROMOLEKÜLE ALS VISKOSITÄTSERHÖHENDE HILFSMITTEL

Substanz Markennamen (Auswahl)	Typ (Ladung)	Anwendung	Bemerkungen
Alginate (Alginsäure und Salze) **Manucol** Kelgin (versch. Typen)	anionisch	vor allem als Natriumalginat, Gelbildung in 3-6%iger Konzentration, pH-Bereich 6-7 optimal für Suspensionen, Emulsionen und Gele (peroral und kutan)	Alginsäure und Ca-Salz in Wasser unlöslich, Na-, K- und NH_4-Salz wasserlöslich, erhöhte Gelbildung nach Zusatz von Ca^{2+} (Calciumcitrat) Ausfällung der freien Säuren < pH 4,5 Viskositätsabfall beim Erhitzen auf 70°C Konservierung erforderlich (4-Hydroxybenzoesäure-ester, Thiomersal)
Xanthan-Gummi (Keltrol)	anionisch	Suspensionsstabilisator (~ 1%ig) mit Fließgrenze	durch Fermentation von Glucose durch *Xanthomonas campestris* produziertes Polysaccharid geringe Temperatur-, pH- und Salzempfindlichkeit Konservierung erforderlich (4-Hydroxybenoesäure-ester, Natriumbenzoat, Sorbinsäure)
Pektin	anionisch	Gele (> 5-10%ig)	Gelierung durch Zucker, Säuren und Ca^{2+} gefördert (Salzbildung freier Carboxyl-Gruppen), Hydrolyse durch Alkalien Konservierung erforderlich
Traganth besteht aus Tragacanthin (Fadenmolekül) und Bassorin, (gelbildend)	anionisch	Schleime (< 2%ig) plastische Gele (2,5-5%ig) elastische Gele (> 5%ig) vor allem kutan (auch für Katheder) pH-Bereich 4-6,5 opt.	Herstellung der Gele meist unter Verwendung von Äthanol oder Glycerin bzw. Propylenglykol (anreiben) unverträglich mit arabischem Gummi Konservierung erforderlich (4-Hydroxybenzoesäure-ester)

Infolge der charakteristischen hydrophilen Gruppen zeigen die meisten der pharmazeutisch verwendeten Polysaccharide starke Quellwirkung. Soweit sie sich im Wasser kolloidal lösen, bilden sie in Abhängigkeit von Konzentration und Benetzungsgrad mehr oder minder stark viskose Lösungen. Die Anzahl der in Frage kommenden Polysaccharide ist relativ groß. Für pharmazeutische Zwecke kommen aber nur Substanzen in Frage, die einen hohen Reinheitsgrad aufweisen und in ihren technologischen Eigenschaften konstant sind.

A l g i n s ä u r e (Alginate) ist eine charakteristische hochpolymere Substanz, die aus den Interzellularen verschiedener Braunalgen gewonnen wird. Nach einer Säurebehandlung wird mit heißer Sodalösung Alginsäure als Natriumsalz aus dem zerkleinerten Algenmaterial extrahiert und von unlöslichen Bestandteilen befreit. Durch Zusatz von Schwefelsäure kann die freie, im Wasser schwer lösliche Alginsäure erhalten werden.

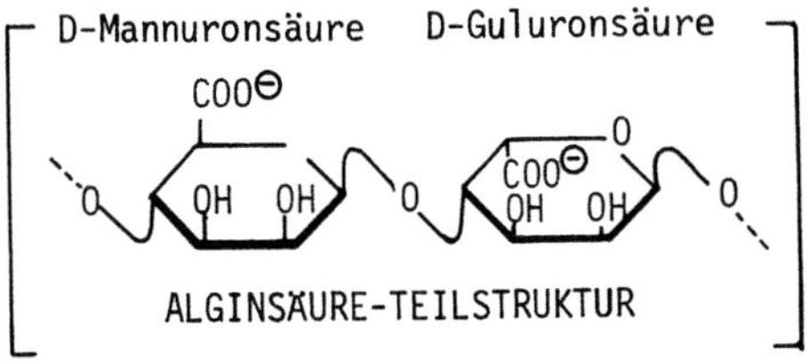

Durch Behandlung mit Calciumsalzen erhält man die schwer löslichen Calciumalginate. Freie Alginsäure quillt im Wasser ohne sich zu lösen, wobei aber die Natrium-, Kalium- und Magnesiumsalze eine gute Löslichkeit zeigen. Die Lösungen der Alginate sind hochviskös, ohne zur Gelbildung zu neigen. Erst durch Zusatz geeigneter Mengen zwei- oder mehrwertiger Metallionen entstehen unlösliche, feste Alginatgele. Alginatlösungen bilden nach dem Eintrocknen einen zusammenhängenden, abwaschbaren Film. Ferner eignen sie sich als blutstillendes Mittel, da sich Alginat mit den Calciumionen des Blutes zu schwerlöslichem Calciumalginat verbindet und dadurch eine die Wunde verschließende Haut bildet. Die Calciumsalze lassen sich ferner zu fäden-, gaze- oder watteähnlichen Produkten verarbeiten, die den Vorteil haben, vom Körper langsam resorbiert zu werden. Derartige Calciumalginat-Fäden werden durch Pressung einer Alginatlösung durch Düsen in eine Calciumchloridlösung hergestellt. Natriumalginat wird als Laxans verwendet, wobei hier insbesondere die viskositätserhöhende und quellende Wirkung im Darm zu tragen kommt. Daneben hemmt Natriumalginat die Aufnahme von Radium und Strontium aus dem Magen-Darmtrakt und zwar um so stärker,je höher der Anteil an L-Guluronsäure im Molekül ist. In der Pharmazeutischen Technologie werden Alginsäure und Alginate ferner als Verdickungsmittel, als Stabilisatoren für Salben, zur Herstellung von Gelees und Cremes und als Tablettensprengmittel eingesetzt.

X a n t h a n besteht aus einer celluloseähnlichen Hauptkette mit ß-1.4-verbundenen Glucoseeinheiten, an die Trisaccharide als Seitenketten angeknüpft sind. Diese Seitenketten im Xanthan bestehen aus zwei Mannoseeinheiten und einer Glucuronsäureeinheit. An diese Seitenketten gebunden sind Acetyl- und Brenztraubensäuregruppen. Diese Seitenketten wirken möglicherweise schützend auf die Hauptkette, die ja außergewöhnlich beständig gegenüber chemischem und enzymatischem Abbau ist. Xanthan ist eines der relativ wenigen Beispiele von Bakterienpolysacchariden, die technologische Bedeutung haben. Gewonnen aus dem Bakterium Xanthomonas campestris, kann man hier durch Steuerung der Fermentationsprozesse recht gute Ausbeuten erzielen. Der Produktionsvorgang für Xanthan umfaßt eine Fermentierung, eine Pasteurisierung und eine Isolierung der Polysaccharidfraktion aus dem flüssigen Extrakt. Gewinnung dieses Polysaccharids aus der Lösung geschieht durch Fällung mit Isopropanol, die durch Zugabe von Kaliumchlorid verbessert werden kann. Xanthan bildet in wässriger Lösung bei bestimmten Temperaturen eine Doppelhelix, die für die Pseudoplastizität und Fließgrenze in der Lösung verantwortlich ist. Der gelbildende Effekt dieses Bakterienpolysaccharids kann durch Zusatz von Galactomannanen synergistisch verstärkt werden.

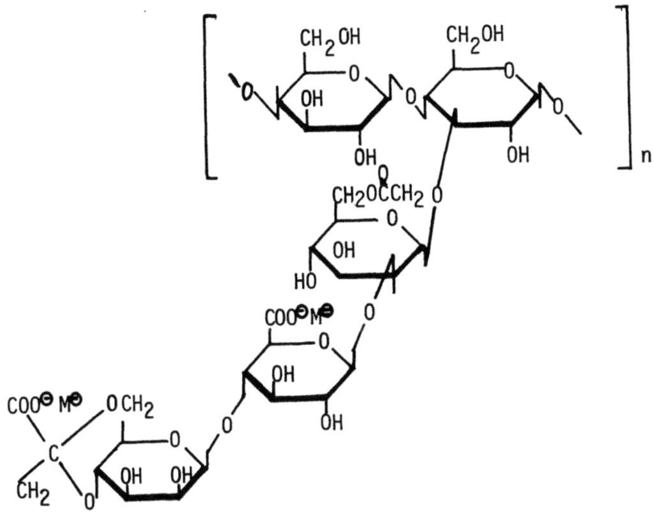

XANTHAN GUMMI - TEILSTRUKTUR

Dieses Phänomen macht man sich in der Praxis zunutze bei der Verwendung von Xanthan als Emulgator und Stabilisator.

C a r r a g e e n a n stellt ein komplexes Gemisch verschiedener Polysaccharide dar, das aus einer Reihe von Rotalgen gewonnen werden kann.

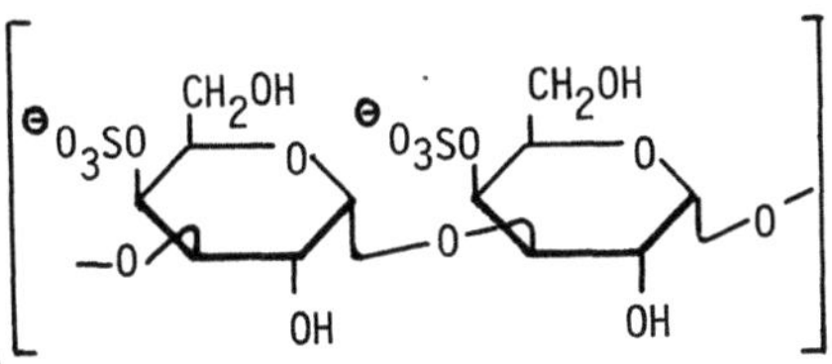

λ-CARRAGEENAN-TEILSTRUKTUR

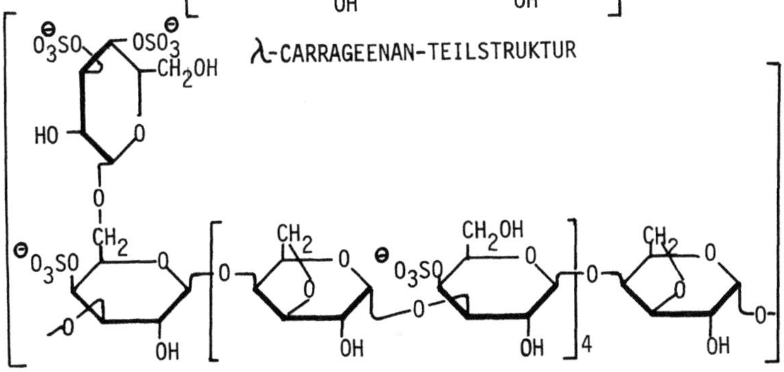

ϰ- CARRAGEENAN-TEILSTRUKTUR

Für praktische Zwecke bedeutsam ist insbesondere das λ-Carrageenan und das κ-Carrageenan, die sich durch fraktionierte Fällung mit Kaliumionen abtrennen lassen, wobei κ-Carrageenane in Gegenwart von Kaliumionen unlöslich, λ-Carrageenane dagegen löslich sind. Die Molekulargewichte der beiden Polysaccharide sind relativ hoch, in der Größenordnung von 10^5 bis 10^6. Die Wasserlöslichkeit dieser Algenpolysaccharide ist um so besser, je höher der Gehalt an Sulfatresten im Molekül und je niedriger der Gehalt an Anhydrozuckern ist. Die spezifische Viskosität der Carrageenanlösungen hängt vom Molekulargewicht, von der Lösungstemperatur, vom Ionenmilieu und von der Konzentration der Lösungen ab. Bei allen linearen Makromolekülen mit geladenen Gruppen steigt die Viskosität exponentiell mit der Konzentration. Charakteristisch für Carrageenan ist die Gelbildung in Gegenwart von Ammonium- und Kaliumionen, nicht aber in Gegenwart von Natriumionen. Dies scheint vom Radius der hydratisierenden Gegenionen abzuhängen. Carrageenane werden in der pharmazeutischen Praxis als Verdickungsmittel, als Emulgator, als Stabilisator und zur Herstellung fettfreier Salbengrundlagen eingesetzt. Eine häufige Anwendung ist auch die als Tablettierungs-Hilfsmittel. Wegen der heparinähnlichen Wirkung können hochgereinigte Carrageenane auch parenteral zur Prophylaxe von Herzinfarkt und Arteriosklerose eingesetzt werden. Eine relativ alte Anwendungsmöglichkeit dieser Algenpolysaccharide ist die Verwendung bei der Herstellung von Hustensäften, Antidiarrhoika und Laxativa.

Ebenfalls aus Rotalgen gewonnen wird das Produkt A g a r. Im Handel unterscheidet man nach den geographischen Herkünften amerikanischen, japanischen und russischen Agar, die zum Teil beträchtliche Unterschiede hinsichtlich ihrer chemisch/physikalischen Eigenschaften aufweisen können.

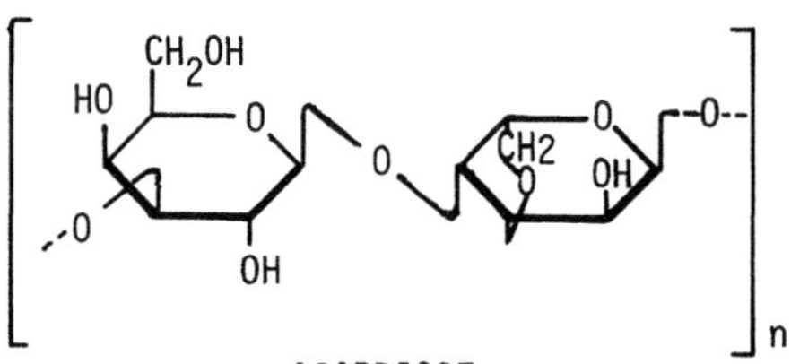

AGARBIOSE

AGAROSE (TEILSTRUKTUR)

Agar ist ein neutrales Galactan mit einem hohen Anhydrogalactose-Gehalt. Der 3,6-Anhydroring macht Galactane generell mehr hydrophob, d.h. weniger wasserlöslich. Die Sulfatgruppierungen sind für die Verstärkung des hydrophilen Charakters verantwortlich. Die im Agar vorhandenen Galactosereste sind durch α-1.3- und durch ß-1.4-Bindungen verknüpft. Das Produkt Agar besteht aus zwei trennbaren Hauptkomponenten: der linearen Agarose und dem Agaropektin, einem hochvernetzten Polysaccharid, das aus Galactose und Galacturonsäureresten aufgebaut ist, die teilweise mit Schwefelsäure verestert sein können. Haupteinsatzgebiet des Agars ist die Bakteriologie, zur Herstellung von Nährlösungen, für die Kultur von Mikroorganismen, da diese Agarkulturgele den Vorteil haben, von Mikroorganismen nicht abgebaut zu werden. In der pharmazeutischen Technologie wird Agar zur Herstellung von fettfreien Suppositorien, zur Herstellung von Emulsionen, fettfreien Salbengrundlagen und als Tablettensprengmittel verwendet. Eine weitere Einsatzmöglichkeit, die in einer Reihe von Spezialitäten zu finden ist, beruht auf der quellenden

Wirkung, die im Darm eine abführende (laxierende) Wirkung ausüben kann.

Polysaccharide aus höheren Pflanzen werden schon seit vielen Jahrhunderten im Bereich der Pharmazie angewendet. G u m m i a r a b i c u m und T r a g a n t h sind in der mittelalterlichen Pharmazie häufig eingesetzte Hilfsstoffe zur Herstellung von Pillen, Pastillen und anderen, heute nicht mehr verwendeten pharmazeutischen Zubereitungen.

T r a g a n t h ist ein Polysaccharidgemisch, das zu etwa 40% aus dem wasserlöslichen, schwach sauren Tragacanthin (Molekulargewicht ca. 10.000) und zu 60% aus dem wasserunlöslichen aber stark quellbaren neutralen Bassorin (Molekulargewicht ca. 100.000) aufgebaut ist. Traganth zeichnet sich durch ein außergewöhnliches Quellungsvermögen aus. Im sauren Milieu nimmt Traganth das 13-fache an Wasser auf, um neutralen Milieu das 43-fache und im alkalischen das 37-fache seines Volumens. Traganth zählt zu den Gummenpolysacchariden, die für die pharmazeutische Verwendung einer Reinigung bedürfen; für technische Zwecke ist dieser Schritt bei der Herstellung nicht notwendig. Traganth wird in erster Linie als Emulsionsstabilisator eingesetzt, ferner als Haft- und Klebemittel, insbesondere bei der Herstellung von Zahnprothesen-Haftpulvern. Bei der Herstellung von Zahnpasten dient Traganth als Dickungsmittel. Für den pharmazeutischen Sektor hat sich Traganth als sogenanntes Füllungsperistaltikum mit einer milden, laxierenden Wirkung bewährt.

G u m m i a r a b i c u m (Acaciae Gummi) besteht aus dem Calcium-, Magnesium- und Kaliumsalz der Arabinsäure, einem hochverzweigten, komplex aufgebauten sauren Polysaccharid. Für die pharmazeutische Verwendung ist eine Inaktivierung der im Gummi arabicum stets vorhandenen Peroxidasen notwendig, die, insbesondere bei der äußerlichen Anwendung, unerwünschte Reaktionen auslösen können. Gummi arabicum löst sich in der doppelten Menge Wasser zu einer hochviskosen Flüssigkeit, die als anionenaktiver Emulgator und Stabilisator eingesetzt werden kann. Die technisch weit verbreitete Anwendung als Klebe- und Verdikkungsmittel findet auch auf pharmazeutischem Gebiet Einsatz.

P e k t i n zur pharmazeutischen Verwendung stammt aus Äpfeln oder Citrusfrüchten, die sich durch einen relativ hohen Pektingehalt ausweisen. Citruspektin besteht ausschließlich aus Galacturonsäureresten, Apfelpektin zu etwa 90%, wobei die Säuregruppen hier zu 50% mit Methanol verestert sind. Pharmazeutisch verwendetes Pektin soll einen Molekulargewichsbereich zwischen 100.000 bis 250.000 aufweisen. Zum Unterschied zu dem in der Lebensmittelindustrie handelsüblichen Pektin darf das pharmazeutische Produkt keinen Zusatz von Zucker oder Fruchtsäure enthalten. Pektine besitzen die Fähigkeit, in wässriger Lösung aus dem Solzustand in den Gelzustand überzugehen. Diese Fähigkeit beruht auf der Ausbildung einer dreidimensionalen übermolekularen Netzstruktur. Vor allem das nieder-veresterte Pektin hat eine sehr hohe Gelierfähigkeit. Häufig findet allerdings die Gelierung erst in Gegenwart von Zuckern, Säuren oder Salzen statt, was auch bei der Herstellung von Fruchtgelees ausgenutzt wird. Pharmazeutischer Einsatz erfolgt in erster Linie als Verdickungsmittel und Emulgator, ferner zur Herstellung von Pillen und Tabletten und wegen der hämostyptischen (blutstillenden) Wirkung zur Wundbehandlung in Form von 2%igen sterilen Pektinlösungen. Zur Behandlung von Diarrhöen, Gastroenteritis und Ulcus haben sich ebenfalls gelöste Pektine als aufsaugende, reizlindernde und antiphlogistisch wirksame Polymere erwiesen. Ein weiteres Anwendungsgebiet ist das als Blutersatzflüssigkeit (Plasmaexpander).

G a l a c t o m a n n a n e kommen unter den Bezeichnungen Guar und Carubin in den Samen bestimmter Leguminosen vor. Nach dem heutigen Stand der Kenntnisse enthalten die Guar-Galactomannane 64% Mannose und 36% Galactose, für Carubin lauten die Anteile 84% Mannose und 16% Galactose. Die Mannosebausteine bilden lange, unverzweigte Ketten und sind in ß-1.4-glycosidischer Bindung verknüpft. An diesen Ketten sind einzelne Galactosemoleküle in α-1.6-Bindungen angefügt.

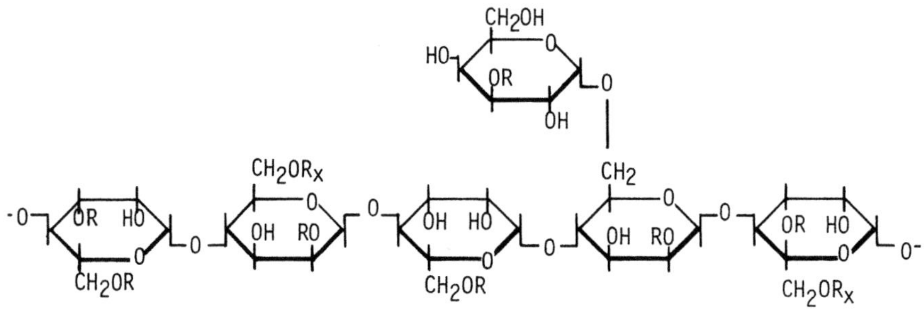

CM — Carubin: R= CH_2COONa R_x= — CH_2COONa

CM — Guar: R= CH_2COONa R_x= 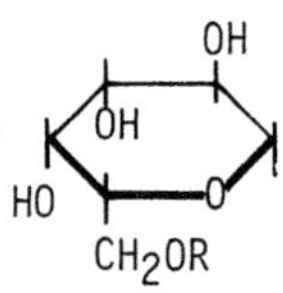

GALACTOMANNANDERIVATE

Im Hinblick auf die pharmazeutische Anwendung werden nur speziell aufbereitete Galactomannanqualitäten eingesetzt. Diese Substanzen ergeben in wässriger Lösung bereits in geringer Konzentration hochviskose Systeme, so daß heute in der Praxis hauptsächlich depolymerisierte Typen Verwendung finden. Anwendung dieser wasserlöslichen Hydrokolloide erfolgt heute in erster Linie aufgrund der viskositätserhöhenden Eigenschaften. Hierbei wird insbesondere eine physikalische Stabilisierung von Suspensionen und/oder eine Bindemittelwirkung erzielt. Galactomannane eignen sich ferner als Tablettensprengmittel. Es wurde nachgewiesen, daß die zerfallsfördernde Wirkung etwa vergleichbar mit der von Carboxymethylstärke ist und auf dem hohen Wasseradsorptionsvermögen beruht. Die mechanischen Eigenschaften von galactomannanhaltigen Tabletten können infolge der bindungsfördernden Wirkung dieses Hilfsstoffs deutlich verbessert werden. Eine weitere Anwendung von Galactomannanen hat sich bei der Herstellung von Retard-Tabletten ergeben. Hierbei werden Hydrokolloide vom Galactomannantyp als Matrixbildner eingesetzt. Die in der Retard-Tablette enthaltene trockene Kolloidsubstanz quillt in Gegenwart von Wasser unter Volumenzunahme und bildet dabei eine von außen nach innen fortschreitende Gallerte, durch die inkorporierte Wirkstoffe in das Gastrointestinalmilieu diffundieren können. Durch entsprechende Wahl des Hydrogelbildners kann die Diffusionsgeschwindigkeit modifiziert werden. Die Wirkstoffreisetzung erfolgt hierbei unabhängig von den individuellen Schwankungen der pH- und Enzymverhältnisse im entsprechenden Abschnitt des Verdauungstraktes. Tabletten, die Galactomannane enthalten besitzen Vorteile hinsichtlich der einfachen Herstellungstechnik, der völligen physiologischen Indifferenz und der toxikologischen Unbedenklichkeit. Ein weiteres Einsatzgebiet ist die Anwendung von Galactomannanen bei der Sprühtrocknung von Vitaminen oder auch von stabilen Antibiotika-Einbettungen. Die Sprühtrocknung als rationelles großtechnisches Trocknungsverfahren weist extrem kurze, und daher schonende Trocknungszeiten für die entsprechenden Pharmaka auf. Sie beträgt beim Versprühen zu Tröpfchen mit einem Durchmesser von 100 μ nur Bruchteile einer Sekunde. Wenn wasserunlösliche Wirkstoffe in wasserlösliche, hochpolymere Grundlagen inkorporiert werden, erhält man nach der Behandlung der Sprüheinbettung mit Wasser in der Regel feinst verteilte Partikel.

Ein neues, sehr interessantes Konzept ist auch die Verwendung von Galactomannanen in der Therapie des Diabetes mellitus und der Hyperlipoproteinaemie. Es konnte gezeigt werden, daß bei länger andauernder Verabreichung von Galactomannanen die postprandiale Blutglucosekonzentration um etwa 12% gesenkt werden konnte und die Harnglucoseausscheidung um durchschnittlich 50%. Hierbei scheint insbesondere eine verzögerte Magenentleerung durch Erhöhung der Viskosität des Nahrungsbreies eine Rolle zu spielen, so daß Kohlenhydrate langsamer aus den Nahrungsbestandteilen resorbiert werden können. Dadurch wird ein schneller, postprandialer Glucoseanstieg verhindert. Daneben wird durch die Adsorption von Gallensäure an die Galactomannane die Rückresorption von Cholesterin im Darm verhindert, was zu einer Senkung der Cholesterinkonzentration im Serum führen kann.

Pharmazeutische verwendete S t ä r k e stammt aus den verschiedenen Getreidearten und aus Kartoffeln. Nicht erlaubt für pharmazeutische Zwecke ist die Verwendung von Tapjoka-Stärke. Einsatz findet Stärke insbesondere bei der Herstellung von Tabletten und Drageekernen.

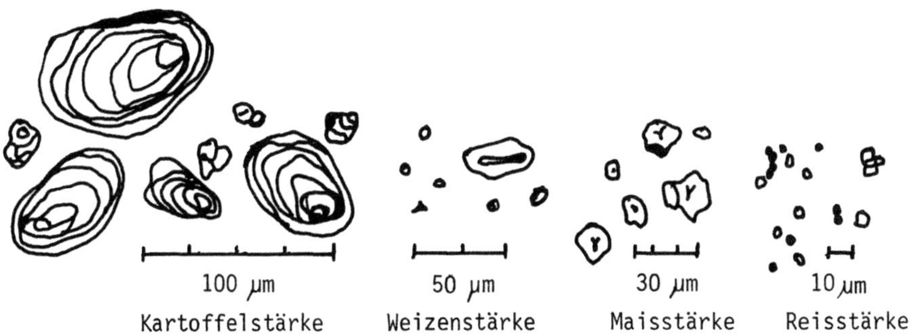

PHARMAZEUTISCH VERWENDETE STÄRKEARTEN

Bei dem Granulierungsprozeß wird Stärke als Bindemittel in Form eines 15-25%igen Stärkekleisters eingesetzt, bei der Sprühgranulierung als 8%iger Stärkekleister. Zur Direkttablettierung dient Stärke in reiner Form als Füll-, Spreng- und Feuchthaltemittel, sowie bis zu einem gewissen Grad auch als Fließregulierungsmittel.

Stärkehaltige Puder sind aufgrund der möglichen mikrobiellen Zersetzbarkeit in der Pharmazie zum gegenwärtigen Zeitpunkt kaum mehr im Gebrauch. Für die Herstellung von Diätetika wird in erster Linie partiell abgebaute Stärke (Dextrin) verwendet.

Auch das Struktur-Polysaccharid Cellulose findet pharmazeutischen Einsatz. Einerseits wird die Fasernatur der Cellulose zur Herstellung von Verbandwatte, - mull und - zellstoff eingesetzt, andererseits ist Cellulose ein wichtiger Hilfsstoff zur Herstellung von Tabletten. Die für pharmazeutische Zwecke geeignete Cellulose ist eine von Lignin und anderen Begleitstoffen befreite und gereinigte Cellulose, deren Faserstruktur weitgehend erhalten ist. Mikrokristalline Cellulose, die durch Säurebehandlung von genuiner Cellulose hergestellt wird, findet ebenfalls pharmazeutische Anwendung, wobei in letzter Zeit warnende Hinweise laut geworden sind, da nach peroraler Applikation mikrokristalline Cellulose in der Blutbahn nachgewiesen werden konnte. Hauptanwendungsgebiet für Cellulosepulver und mikrokristalline Cellulose ist die Direkttablettierung, wobei dieses Polymer als Füll-, Binde- und Sprengmittel dienen soll. Zu beachten ist, daß cellulosehaltige Tabletten in feuchter Atmosphäre zum Quellen neigen und aus diesem Grunde nur in luftdicht abschließbaren Verpackungen gelagert werden sollten. In Gegenwart von Feuchtigkeit kann mikrofeine und mikrokristalline Cellulose bis zu 25% (g/g) Wasser aufnehmen.

Von großer Bedeutung sind neben der reinen Cellulose Cellulose-Derivate, die insbesondere als pharmazeutische Hilfsstoffe in den letzten Jahren vermehrt Einsatz gefunden haben. Methylcellulose stellt einen Methylether der Cellulose mit einem Methoxigehalt von 25 - 30% dar. Sie löst sich in kaltem Wasser, zum Teil in Methanol und Aceton und verdünntem Ethanol. Die Hauptanwendungsgebiete dieser Cellulose-Derivate sind die Granulation und Tablettierung, ferner der Einsatz als indifferenter Trägerstoff und Bindemittel, sowie als Schutzkolloid für Antibiotika. Bei der Herstellung von Augentropfen wird Methylcellulose zur Erreichung einer bestimmten Viskosität verwendet. Für den äußerlichen Gebrauch erfolgt der Einsatz von Methylcellulose in Hautschutzsalben, bei der Herstellung von Emulsionen, Lotionen und Pasten. Die Eigenschaft zur Filmbildung nach Trocknung des Lösungsmittels wird für die Herstellung von Sprays bei Präparaten gegen Verbrennungen ausgenutzt. In Gipsverbänden dient Methylcellulose als Klebestoff.

Celluloseacetatphthalat ist ein gemischter Partialester der Cellulose mit einem Gehalt von 30-40% Phthalylgruppen und 15-25% Acetylgruppen. Dieses Cellulose-Derivat ist ein schwach nach Essigsäure riechendes nicht klebriges Pulver, das in Wasser, Ethanol, Kohlenwasserstoffen und chlorierten Kohlenwasserstoffen unlöslich ist, dagegen gute Löslichkeit in Ketonen, Ethern und Gemischen von Alkoholen und chlorierten Kohlenwasserstoffen zeigt. Celluloseacetatphthalat wird insbesondere als magensaftresistenter Filmbildner verwendet, wenn bei peroraler Anwendung Wirkstoffe erst in bestimmten, tiefer liegenden Darmbereichen zur Freisetzung kommen sollen.

Natriumcarboxymethyl-Cellulose enthält pro Glucoseeinheit 0,3-1,0 Carboxymethylgruppen und soll einen Gehalt von mindestens 5% Natrium, bezogen auf die getrocknete Substanz aufweisen. Natriumcarboxymethyl-Cellulose quillt in Wasser unter Gelbildung und geht bei weiterem Wasserzusatz, je nach Konzentration, in eine kolloidale Gellösung über. In organischen Lösungsmitteln ist dieses Cellulose-Derivat praktisch unlöslich. Anwendung erfolgt in erster Linie als Bindemittel, als Spreng- und Verdickungsmittel, ferner als

Gelbildner, als Stabilisator für Emulsionen und Suspensionen. Zur Herstellung von sogenannten Xero- oder Trockengelen wird Natriumcarboxymethyl-Cellulose eingesetzt unter Zusatz von 10-30% Glyzerin, das die Biegsamkeit dieses Filmbildners erhöhen soll.

Methyl (MC)	-H, $-CH_3$
Ethyl (EC)	-H, $-CH_2-CH_3$
Hydroxypropyl (HPC)	-H, $-CH_2-CH(OH)-CH_3$, $-CH_2-CH(CH_3)-O-CH_2-CH(OH)-CH_3$ $-CH_2-CH(CH_3)-O-CH_2-CH(CH_3)-O-CH_2-CH(OH)-CH_3$
Hydroxy (HEC)	-H, $-CH_2-CH_2OH$, $-CH_2-CH_2-O-CH_2-CH_2OH$? usw. analog HPC
Hydroxypropyl-methyl (HPMC)	-H, $-CH_3$, $-CH_2-CH(OH)-CH_3$
ethylhydroxy-ethyl (Hydroxy-ethyl-äthyl, HEEC)	-H, $-CH_2-CH_3$, $-CH_2-CH_2-OH$
Natrium-carboxymethyl (CMC)	-H, $-CH_2-COO-Na^+$

PHARMAZEUTISCH EINGESETZTE CELLULOSEDERIVATE

Polysaccharide als Füll- und Trägerstoffe

Füll- und Trägerstoffe geben den festen Arzneiformen das notwendige Volumen, sie können dazu beitragen, daß ein Wirkstoff überhaupt zu einer Arzneiform verarbeitet werden kann. Sie üben vielfach einen wesentlichen Einfluß auf die biologische Verfügbarkeit des Wirkstoffes aus. Für Pulver, Granulate, Tabletten und Dragees werden als Füllstoffe verwendet: Stärke, Cellulose und Galactomannane. Füllstoffe werden ferner bei der S p r ü h t r o c k n u n g eingesetzt. Diese Methode besteht in einem einzigen Arbeitsgang, bei dem gelöste oder suspendierte Feststoffe in ein trockenes Pulver umgewandelt werden. Das geschieht durch Einbringen konzentrierter Lösungen oder Suspensionen in Heißluft, die den feinen Tröpfchen das Lösungsmittel entzieht und sie dabei vollständig trocknet. Sprühgetrocknete Teilchen sind rund, haben eine enge Kornverteilung (10 bis 20 µ) und besitzen dadurch eine verhältnismäßig große Oberfläche, die bei ausreichend gut benetzbaren Substanzen für ein schnelles Lösen bzw. Zerfall im Wasser sorgt. Als Grundlagen für Sprühtrocknungen haben sich Galactomannane und Methylcellulose mit grossem Erfolg einsetzen lassen.

Polysaccharide als Binde- und Sprengmittel

Bindemittel sorgen für den Zusammenhalt von Pulverpartikeln, wobei größere Agglomerate (Granulate) gebildet werden. Am häufigsten werden Bindemittellösungen wie Stärkekleister und Cellulosederivate eingesetzt. Polysaccharidlösungen mit niedriger Viskosität werden wegen der besseren zerfallsfördernden Eigenschaft bevorzugt. Bei feuchtigkeitsempfindlichen Wirkstoffen werden Bindemittel (Cellulose-Derivate) in organischen Lösungsmitteln eingesetzt. Mikrokristalline Cellulose kann auch in trokkener Form Bindemitteleigenschaften ausüben. Sprengmittel sollen den schnellen Zerfall eines Preßlings (Tablette, Dragee) in Wasser oder im Magensaft bewirken. Außer durch Zusatz der eigentlichen Sprengmittel kann eine Beschleunigung des Zerfalls auch durch eine Reihe von anderen Maßnahmen erreicht werden, wie z.B. durch die Wahl des geeigneten Füll- und Bindemittels zur besseren Benetzung. Für viele Wirkstoffe lassen sich Bindemittel und Füllstoffe einsetzen, die gleichzeitig Sprengmitteleigenschaften haben.

Retardierungsmittel

In manchen Fällen wird eine Verlangsamung der Wirkstoffreigabe über einen bestimmten Zeitraum benötigt; dies geschieht durch eine Reduktion der Wasserlöslichkeit der betreffenden Systeme bzw. eine Erschwerung der Wirkstoffdiffusion. Hierbei haben sich Cellulose-Derivate (Ethylcellulose, Celluloseacetetphthalat) und Polysaccharide vom Galactomannantyp bewährt. Derartige Substanzen bewirken durch Gelbildung eine Diffusionsverzögerung und dadurch eine verlangsamte Freisetzung der eigentlichen Pharmaka aus den festen Arzneistoffen.

POLYSACCHARIDE ALS PHARMAKA

Laxativa

Hierbei kommen quellbare und viskositätserhöhende Polysaccharide zum Einsatz. Sie führen durch Quellung zu einer Volumenvermehrung des Darminhalts und damit reflektorisch zur Auslösung der Peristaltik. Durch Viskositätserhöhung im Darmbereich wird eine raschere Weiterbeförderung des Darminhaltes bewirkt. Ein häufig gebrauchtes Abführmittel pflanzlicher Herkunft ist Leinsamen, der größere Mengen an quellbaren Polysacchariden enthält, die diese Wirkung im Darm entfalten sollen.

Reizlindernde Polysaccharide

Polysaccharide aus einer Reihe von höheren Pflanzen (Schleimpolysaccharide) werden aufgrund ihrer einhüllenden und reizlindernden Wirkung im Bereich der oberen Atemwege mit Erfolg als Hustenmittel in der Kinderpraxis eingesetzt. Anwendung finden vor allem Eibisch-, Spitzwegerich-, Malven- und Huflattich-Extrakte, die in einer Reihe von pharmazeutischen Spezialitäten verwendet werden.

Antidiarrhoika

Als Antidiarrhoikum wird in erster Linie Pektin aus Äpfeln oder gereinigtes Citruspektin verwendet. Die Wirksamkeit beruht auf der Bildung eines Schutzfilmes im Darm; daneben haben die Pektine die Fähigkeit größere Mengen Flüssigkeit im Darm zu binden. Pektine werden durch die Darmflora partiell abgebaut, wobei die entstehenden Säuren für die darmfremden Bakterien ein ungünstiges Milieu schaffen. Ähnlich wie Pektin werden auch Galactomannane als Antidiarrhoika eingesetzt.

Polysaccharide als Plasmaexpander

Hierfür eignen sich insbesondere die aus verschiedenen Leuconostoc-Arten gewonnenen Dextrane.

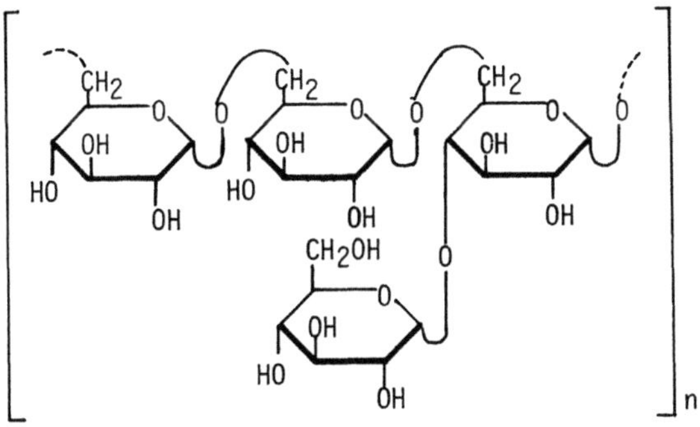

DEXTRANKETTE (Teilstruktur)

Die nativen Dextrane weisen ein Molekulargewicht in der Größenordnung von einigen Millionen auf; medizinisch anwendbare Dextrane sollen ein Molekulargewicht von etwa 60.000 haben. Dadurch ist eine Nierengängigkeit gewährleistet und eine relativ kurze Verweildauer von 12-14 Stunden im Körper. 6%ige Dextranlösungen führen zu einem erheblichen Einstrom von Gewebewasser in die Blutbahn. Die Folge davon ist ein Anstieg des intravasalen Volumens in einem größeren Maße, als der infundierten Flüssigkeitsmenge entspricht. Dieses Phänomen des intravasalen Volumenzuwachses führt zu der Bezeichnung 'Plasmaexpander'. Dextranhaltige Blutersatzmittel haben auf die Blutstillung und Blutgerinnung einen direkten Einfluß. Der gerinnungshemmende Effekt des Dextrans steht dabei in direkter Abhängigkeit zum Molekulargewicht und zur verabreichten Menge. Je höher das Molekulargewicht und je größer die infundierte Menge an Dextran desto ausgeprägter ist die Homöostasestörung. Es wird hierbei angenommen, daß die Thrombocyten mit einem einschichtigen Dextranfilm überzogen werden, wodurch die Aktivität der Plättchenaggregation gehemmt wird. Die Mikrozirkulation wird durch den Einsatz von Dextranen mit einem Molekulargewicht von 40.000 stark gefördert, wobei die Beeinflussung der Fibrinolyse und die Veränderung der Thrombocyten Adhäsivität die hauptsächlichen Mechanismen der Wirkung darstellen. Zusätzlich können dextranhaltige Volumenersatzmittel, wie auch alle anderen Plasmaersatzstoffe im Rahmen der eintretenden Hämodilution zu einer Verdünnung und damit zur Reduzierung des plasmatischen Gerinnungspotentials beitragen. Die Ausscheidung der Dextrane erfolgt entsprechend ihrem Molekulargewicht unterschiedlich schnell, wobei die Nierenschwelle bei einem Molekulargewicht von etwa 60.000 liegt. In der Leber und Milz erfolgt der Abbau der Dextrane über dextranspaltende Enzyme. Ähnlichen Einsatz wie Dextrane finden auch partiell abgebaute Stärkeprodukte.

Polysaccharide mit immunstimulierender-und Antitumorwirkung

Immunstimulierung durch Polysaccharide hat als therapeutisches Konzept in der Medizin eine lange Tradition, wobei die experimentelle Überprüfung im Tierversuch und in der Klinik erst in den letzten Jahren erfolgte. Die Immunstimulierung beruht auf einem komplizierten Zusammenspiel von spezifischer und unspezifischer, von zellulärer und humoraler Immunantwort,von Stimulation und Subpression in kompetenten Zellen und von der Beeinflussung durch das Endokrinium. Die Immunstimulierung hat als Folge eine Steigerung der Phagocytose durch Makrophagen und Granulocyten. Die Aktivierung von Makrophagen kann z.B. durch bestimmte Polysaccharide erfolgen. Die genaue strukturelle Voraussetzung für eine Bindung zwischen derartigen Substanzen sind bis heute nur teilweise bekannt. Es scheinen aber bestimmte Voraussetzungen hinsichtlich des Molekulargewichts, der Löslichkeit und des strukturellen Aufbaus an die Stimulationsfähigkeit geknüpft zu sein. Als strukturelle Gemeinsamkeit werden häufig ß-1.3- und ß-1.6-Grundgerüste insbesondere von Glucosebausteinen nachgewiesen. Interessanterweise scheint auch der Uronsäuregehalt für die immunstimulierende Wirkung eine wesentliche Rolle zu spielen. Neben in 'Screening-Verfahren' untersuchten Polysacchariden aus dem Bereich der Algen, Pilze und Flechten sind in den letzten Jahren auch Polysaccharide aus höheren Pflanzen getestet worden, bei denen ebenfalls eine beachtliche immunstimulierende Potenz nachgewiesen werden konnte.

IMMUNSTIMULIEREND WIRKENDE POLYSACCHARIDE

	Polysaccharide	Strukturtyp	Bindungen	Mol. Gew.
Pilze	Zymosan	Glucan	ß-1→3	50 - 120 000
	Manozyam	Mannan	ß-1→3	5 - 20.000
			{ß-1→3, ß-1→4}	50 - 65 000
	Lentinan	Glucane	ß-1→3	ca. 50 000
	Pachyman	"	{ß-1→2, ß-1→6}	- 1 Mill.
	Pachymaran	"		
	Schizophyllan	Glucan	{ß-1→3, ß-1→6}	ca. 400 000
	Krestin	Glucan + coval. geb. Protein	{ß-1→4, ß-1→6}	50 - 100 000
Flechten		Glucane		
Algen	Pustulan		ß-1→6	100 - 500 000
	Lichenin		{ß-1→3, ß-1→4}	
	Isolichenin		{α-1→3, α-1→4}	
	Laminarin		{ß-1→3, ß-1→6}	

Polysaccharide als Antitumorsubstanzen

Das Interesse an nicht-toxischen Naturstoffen mit ausgeprägter Antitumorwirkung hat in den letzten Jahren verständlicherweise zugenommen, da der größte Teil der heute in der Chemotherapie eingesetzten Antitumorsubstanzen mit sehr gravierenden Nebenwirkungen behaftet ist. Die Beobachtung, daß bestimmte Tumoren durch Polysaccharide in ihrem Wachstum gehemmt werden können, stammt aus Beobachtungen, daß Tumorzellen nach bakteriellen Infektionen erhebliche Regressionsraten zeigen. Hierbei wurde angenommen, daß aufgrund der in den Bakterienzellwänden vorkommenden Polysaccharide eine Interaktion möglich sein müßte. In den vergangenen Jahren wurde die Suche nach Antitumor-Polysacchariden mit Erfolg ausgeweitet auf Pilz- und Flechten-Polysaccharide. Als Resultat konnten hier erste Merkmale zwischen Struktur und Wirkung nachgewiesen werden. Insbesondere zeigten lineare ß-1.3- und ß-1.4-Glucane eine hohe spezifische Wirksamkeit. Auch durch chemische Modifikationen von Polysacchariden konnten Antitumoraktivitäten in gesteigerter Form nachgewiesen werden. Dies war der Fall bei Pachyman, einem verzweigten ß-1.3, 1.6-Glucan. Nach Carboxymethylierung dieses Polysaccharids konnte eine wesentliche Steigerung der Inhibitionsrate bei Ehrlich Ascites-Carcinomen und implantierten Sarkomen nachgewiesen werden. Auch bestimmte Polysaccharidfraktionen aus höheren Pflanzen erwiesen sich im Tierversuch, insbesondere gegen Sarkoma 37-Tumoren als wirksam. Sowohl Traganth als auch Gummi arabicum, Carboxymethylcellulose und DEAE-Dextrane zeigten hier beachtliche Antitumoraktivitäten. Bezüglich der molekularen Wirkungen gibt es noch keine einheitliche Vorstellung. Es wird zum Teil angenommen, daß einige der Polysaccharide die Blutversorgung der Tumorgewebe negativ beeinflussen, bei anderen Polysacchariden wurde festgestellt, daß hier spezifisch das Zellvolumen von Tumorzellen vergrößert wurde, wobei die Zellpermeabilität drastischen Veränderungen unterliegt so daß die Zellen osmotisch geschädigt wurden.Eine weitere Möglichkeit besteht in der Beeinflussung über das Immunsystem. Schließlich wird angenommen, daß Polysaccharide den Zell-Zellkontakt beeinflussen können, so daß Signalleitungen von Zelle zu Zelle unterbrochen werden und auf diesem Weg die Teilungsrate gestoppt werden kann. Alle bislang untersuchten Polysacharide zeigten im Tierversuch ausgeprägte Aktivitäten bei der Beeinflussung von transplantierten Tumoren. Bislang sind allerdings diese aktiven Polysaccharidfraktionen noch nicht bis zur klinischen Überprüfung gediehen, da insbesondere die Methode der intraperitonealen Applikation am Menschen in ähnlicher Weise wie am Versuchstier nicht durchgeführt werden kann.

WEITERFÜHRENDE LITERATUR

H. Wagner, Pharmazeutische Biologie, G. Fischer Verlag, Stuttgart 1982
H. Sucker, Pharmazeutische Technologie, G.Thieme Verlag, Stuttgart 1978
P.H. List, Arzneiformenlehre, Wiss. Verlagsges., Stuttgart 1980
H.D. Fiedler, Lexikon der Hilfsstoffe; Edition Cantor, Aulendorf 1981
E. Nürnberg und G. Bleimüller, Pharmazeutische Zeitung, 124, 258, 1979
E. Nürnberg und B. Dölle, Pharmazeutische Industrie, 42, 1019, 1980
R. Hänsel und H. Haas, Therapie mit Phytopharmaka, Springer Verlag, Heidelberg, 1983
J. Seidemann, Stärke in der Kosmetik und Pharmazie, P. Parey Verlag, Berlin, 1973
G.S. Banker and C.T. Rhodes, Modern Pharmaceutics, M. Dekker, New York, 1979
G.E, Trease and W.C. Evans, Pharmacognosy, Ballière-Tindall, London, 1978

Verwendung der Polysaccharide in der Lebensmittelverarbeitung

H. Scherz

EINLEITUNG

Bei der Entwicklung der modernen Lebensmittelverarbeitung sind folgende zwei Richtungen in den Vordergrund getreten:

a) Herstellung von Halbfertig- und Fertiggerichten. Der Konsument kauft diese im Handel und benötigt für die endgültige Nahrungszubereitung oft nur einen einzigen Operationsschritt wie Erwärmen (bei Konserven bzw. Tiefkühlkost) oder Zugabe von Flüssigkeit (bei Instantgerichten). Dadurch fällt die oft mühsame und zeitraubende Zubereitung dieser Produkte im Haushalt weg.
b) Schaffung neuer Produkte durch Entwicklung entsprechender Ingredentien, Produktions- und Konservierungsverfahren (letzteres z.B. wenn exotische Lebensmittel verarbeitet werden). Dies betrifft vor allem die Bereiche Süßwaren, Würzsaucen, alkoholfreie Getränke und energiereduzierte Nahrungsmittel.

Die Herstellung dieser Waren ist ohne die Verwendung konsistenzbeeinflussender Zusatzstoffe nicht möglich. Diese Verbindungen werden als Stabilisatoren oder Dickungsmittel bezeichnet. Ihre Funktionen, welche deutlich größer sind als die Namen vermuten lassen, sind nachstehend zusammengestellt.

AUFGABEN DER DICKUNGSMITTEL IN LEBENSMITTELN

1. Verbesserung des "mouth feelings" durch Erhöhung der Viskosität.*

2. Stabilisierung von mehrphasigen Systemen.
Diese wird erreicht a) durch Erhöhung der Viskosität der Lösung, b) durch spezielle Wechselwirkung mit bestimmten Inhaltsstoffen (z.B. Carrageen mit Casein der Milch) und c) durch Herabsetzung der Oberflächenspannung (Emulgatorenwirkung).

Man unterscheidet hier:

2.1. Stabilisierung von Suspensionen
z.B. Fertiggerichte, Suppen, Cremes, trübe Fruchtsaftgetränke etc.

2.2. Stabilisierung von Emulsionen
z.B. Dressings und Mayonnaisen

---

* Der Begriff "mouth feeling" umfaßt die positiven oder negativen Empfindungen, welche die Textur der Nahrung im Mund verursacht (z.B. weich, cremig, zart, pappig, schleimig etc.).

Polysaccharide
Herausgegeben von W. Burchard

2.3. Stabilisierung von Schäumen
z.B. Schlagsahne, Bier etc.

3. Ausbildung eines Gels

Durch die Ausbildung eines dreidimensionalen molekularen Netzwerks werden klare wässrige Lösungen oder Emulsionen zu mehr oder weniger elastischen Festkörpern stabilisiert, welche oft andere Festkörper (z.B. Früchte) miteinschließen.
z.B. Pudding, Geleebonbons etc.

4. Filmbildung

Ausbildung einer dünnen farblosen Membran, die sich als Hülle über die Lebensmittel legt und zu deren Schutz gegen äußere Einflüsse dient (z.B. gegen Oxidation, Wasseraufnahme oder -abgabe, Verluste an flüchtigen Stoffen).
z.B. Wurstwaren, Kartoffelprodukte etc.,
Mikroeinkapselung von Aromakonzentraten
z.B. für Instantprodukte, Erfrischungsgetränke

5. Verminderung von Wasserverlusten

Bindung des im Lebensmittel enthaltenen Wassers und damit Verlängerung der Frischeperiode;
z.B. Brot, Backwaren etc.,
Verhinderung des Wasseraustritts (Syneräse) bei Produkten mit gelartiger Konsistenz
z.B. Pudding, Yoghurt etc.

6. Verbesserung der mechanischen Eigenschaften wie Festigkeit, Elastizität oder Gashaltevermögen von Teigen (Brot, Backwaren).

7. Verhinderung der Kristallisation von Lebensmittelinhaltsstoffen
z.B. Zucker bei Eiscremes und Tortenguß

8. Füllmittel

Herstellung einer inerten nicht resorbierbaren Matrix z.B. energiereduzierte Lebensmittel

Für jede der hier genannten Funktionen sind entsprechende Polysaccharide vorhanden. Allgemein gelten bei der Verwendung in Lebensmitteln noch die folgenden Anforderungen:

1) Die Substanz muß physiologisch unbedenklich sein.
2) Die Substanz muß die erforderliche Stabilität besitzen:
   a) gegenüber Lebensmittelinhaltsstoffen, wie z.B. Fruchtsäuren, Elektrolyten (z. B. Ca), Proteinen und Aromastoffen
   b) gegenüber Temperatureinflüssen
   c) gegenüber Verderbreaktionen (mikrobiell oder oxidativ)
3) Die Substanz muß geschmack- und geruchlos sein und soll keine Eigenfarbe besitzen.
4) Die Substanz muß kostengünstig sein.

Dem Lebensmitteltechnologen steht eine Palette von Produkten zur Verfügung, unter denen er die entsprechende Auswahl treffen kann. Hier unterscheidet man drei Gruppen, nämlich a) natürliche Produkte, b) physikalisch oder chemisch modifizierte natürliche Produkte und c) vollsynthetische Produkte. Als Lebensmittelzusatzstoffe sind nur die Verbindungen der Gruppen a) und b) zugelassen. Sie gehören mit Ausnahme von Gelatine alle zu den Polysacchariden. Tabelle 1 gibt eine Übersicht über Konstitution und Eigenschaften der wichtigsten polysaccharidhaltigen Materialien.

Tabelle 1. Übersicht über die Eigenschaften der wichtigsten polysaccharidhaltigen Dickungsmittel, die nach der Zusatzstoffzulassungsverordnung (BGBL: Fassung vom 22.12.1981) zugelassen sind.

Tabelle 1a. Natürliche Produkte

Name	Einzelbausteine	Löslichkeit u. Viskositätsverhalten in Wasser	Gelbildung
Stärke	Glucose	Quellung ab ~ 60°C; Viskositätsverhalten unterschiedlich; abhängig v. Verhältnis Amylose:Amylopektin	Gelbildung bei RT; Zerstörung der Gelstruktur bei der Lagerung durch Retrogradation
Guar	Mannose Galactose 2:1	löslich bei RT; 1 % Lösung:3000-4000 cp; elektrolyt- und pH-beständig	keine Gelbildung (nur nach Zusatz von Borat)
Johannisbrotkernmehl	Mannose Galactose 4:1	löslich bei 80-90°C; 1 % Lösung: 50-300 cp; elektrolyt- und pH-beständig	keine Gelbilbildung (nur nach Zusatz von Borat
Agar	Galactose 3,6 Anhydrogalactose ca. 1:1	löslich bei 80-90°C 1 % Lösung: 5-10 cp	Gelbildung:reversibel; Smp: 80°C Geltem. 30°; elektrolytbeständig
Gummi arabicum	Arabinose Rhamnose Galactose Glucuronsäure 3,5:1,1:2,9:1,6	löslich bei RT; 1 % Lösung: 2-5 cp; 20 % Lösung: 30 cp; elektrolyt- und pH-abhängig (max. pH 6-7)	keine Gelbildung
Traganth	Arabinose Xylose, Rhamnose Fucose, Glucose Galactose Galacturonsäure unterschiedl. Relationen	löslich teilw. bei RT; 1% Lösung: 500-2000 cp; pH- und elektrolytbeständig	quasi gelartige Konsistenz
Carrageen (Kappa, Iota)	Galactose, 3,6 Anhydrogalactose ~ 1:1 mit H_2SO_4 verest. (versch.Grade)	löslich bei 50-60°C; 1 % Lösung 50-300 cp; elektrolyt- und pH-empfindlich	schwache Gelbildung, verstärkt d. K^+-Ionen u. Johannisbrotkernmehl; reversibel
Lambda	Galactose mit H_2SO_4 verestert		keine Gelbildung

Tabelle 1a. Fortsetzung

Name	Einzelbausteine	Löslichkeit u. Viskositätsverhalten in Wasser	Gelbildung
Pectin	Galacturonsäure (Hauptbestandteil) Galactose, Arabinose, Rhamnose (Nebenbestandteile)	Na-Salz, Methylester löslich bei RT; 1 % Lösung: 5-100 cp; elektrolyt- und pH- empfindlich	hochveresterstertes Pectin: Gelbildung mit Zucker und Säuren; nicht reversibel; niedrig verestertes Pectin: Gelbildung mit Ca-Salzen; reversibel
Algin	Mannuronsäure Guluronsäure 1:(0,5-1,9)	Na-Salz:löslich bei RT; 1 % Lösung:100-1500 cp; pH- und elektrolytempfindlich	Gelbildung mit Ca-Salzen; nicht reversibel
Xanthan	Glucose,Mannose, Glucuronsäure, 2,8:3:2 mit Brenztraubensäure und Essigsäure verestert	löslich bei RT; 1 % Lösung 1200 cp; geringe Elektrolyt- und Temperaturabhängigkeit	keine Gelbildung allein; starke Gelbildung mit Johannisbrotkernmehl; reversibel

Tabelle 1b. Modifizierte natürliche Produkte

Name	Einzelbausteine	Löslichkeit u. Viskositätsverhalten in Wasser	Gelbildung
Vorgelatinierte Stärke	Glucose	bei RT quellend; sonst. Verhalten ähnl. natürlicher Stärke	Gelbildung
Thermisch modifizierte Stärke	Glucose	löslich bei RT; Ernied. d. Viskosität; Erhöhung d. Transparenz der Lösung	schwache bis keine Gelbildung
Säuremodefifizierte Stärke (dünnkochende Stärke)	Glucose	löslich ab 60°C: verminderte Viskosität in Wärme, geringe Retrogradation, verbesserte Transparenz der Lösung	verbesserte Gelierfähigkeit
Stärkemonophosphat (Neukomstärke)	Glucose mit H_3PO_4 verestert (~ 0,2-0,4% P)	löslich bei RT; kaltquellend; klare Lsg., keine Retrogradation, gute Gefrier-Taustabilität	keine Gelbildung
Distärkephosphat	Glucose H_3PO_4 Brücken (~ 0,04 % P)	Verminderte Quellfähigkeit; stark verbesserte Viskositätsstabilität bei hohen Temp.; keine Retrogradation; gute Gefrier-Taustabilität	Gelbildung vermindert

Tabelle 1b. Fortsetzung

Name	Einzelbausteine	Löslichkeit u. Viskositätsverhalten in Wasser	Gelbildung
Stärke-acetat	Glucose mit Essigsäure verestert 0,5-2,5 %	löslich bei RT.; klare Lsg.; keine Retrogradation; geringe pH- u. elektrolytempfindlich	keine Gelbildung
Methyl-zellulose	Glucose Methylglucosen	löslich bei RT; fällt in der Hitze aus 1% Lsgung ~ 150 cp	keine Gelbildung bei RT; reversible Gelbildung in der Hitze
Carboxy methyl-zellulose	Glucose, Carboxymethylglucosen	lösl. bei RT, 1% Lsg.: 50-1200 cp, elektrolyt- u. pH-empfindlich	Gelbildung mit trivalenten Ionen (z.B. Al)
Propylen-glykolal-ginat	Mannuronsäure Gulurons. mit 1,2-Propylen-glykol verestert	löslich bei RT verbesserte Säurestabilität	Gelbildung mit Ca: abhängig vom Veresterungsgrad

Abkürzung: RT = Raumtemperatur; cp = centipoise

Durch die Zusatzstoffzulassungsverordnung (1981) sind für die meisten dieser Stoffe Höchstmengen (meistens 2g/100 g) festgelegt.

ANWENDUNG IN DER LEBENSMITTELVERARBEITUNG

Das Einsatzgebiet der Hydrokolloide in der Lebensmittelproduktion ist heute sehr umfassend. Die wichtigsten Bereiche sind folgende:

1) Milcherzeugnisse
2) Süßwaren
3) Marmeladen, Konfitüren
4) Suppen, Dressings, Mayonnaisen
5) Getränke
6) Backwaren
7) Fleischwaren
8) Instantprodukte
9) tiefgefrorene Gerichte
10) kalorienreduzierte Lebensmittel

Die Aufgaben dieser Stoffe bei den genannten Lebensmittelgruppen sollen in den nachstehenden Kapiteln etwas eingehender besprochen werden.

1. Milcherzeugnisse

1.1. Milchgetränke

Hydrokolloide werden hier zur Stabilisierung von Suspensionen verwendet. Am besten eignet sich hierzu Carrageen, dessen kappa- und iota-Fraktionen (die 3,6-Anhydrogalactose enthalten), mit den α_{s2}- und κ-Caseinen zu einem elektrostatischen Komplex reagieren, wobei sich ein schwaches Gel ausbildet (vgl. Abb. 1).

Dieses schwache Gel ist in der Lage, sowohl die Fettkügelchen der Milch wie auch feinverteilte Festkörper zu stabilisieren. Dadurch ist z. B. die industrielle Produktion trinkfertiger Schokolademilchmöglich.

Verwendet werden hier hochmolekulare Carrageene (MG 300.000-700.000) in Konzentrationsbereichen von 0,02-0,05 %. Weiterhin verhindert ein Zusatz von 0,005 % Carrageen das Aufrahmen des Fettes bei der Kondensmilchproduktion. Ähnliche Stabilisierung erreicht man durch Na-alginat, niedrig verestertes Pektin (Reaktion mit Ca der Milch) bzw. mit Carboxymethylzellulose. [1,2,4]

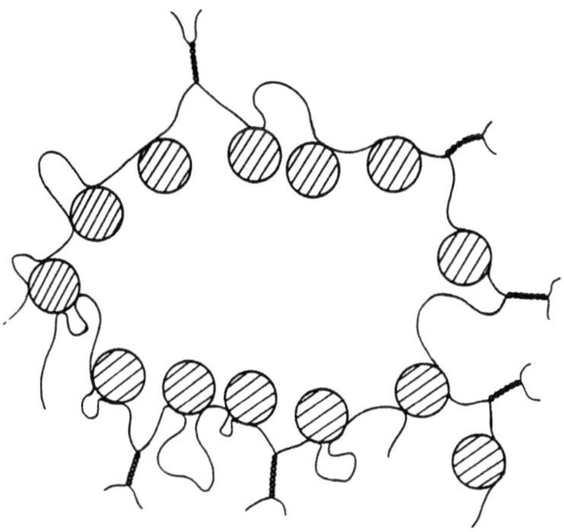

Gelaufbau, wie er für Kappa- und Iota-Carrageen in Milch angenommen wird (nach SNOEREN (4)).

1.2. Joghurt

Bei der großtechnischen Herstellung von Rührjoghurt wird durch Abfüllen in Becher das Caseinnetzwerk gestört und damit die Konsistenz des Endproduktes beeinträchtigt. Dieser Effekt läßt sich durch Zugabe von Hydrokolloiden beträchtlich mildern, wozu sich speziell Agar oder Amylopektine eignen. Die sonst für solche Zwecke üblichen Produkte wie Guar, Johannisbrotkernmehl, Carrageen, Algin und niedrig veresterte Pektine lassen sich hier nicht verwenden; die ersten zwei führen zu Synärese, die anderen besitzen im sauren Medium proteinfällende und dadurch konsistenzbeeinträchtigende Eigenschaften. Einsatzmenge: 0,2-0,4 % für Agar, 0,5-1,5 % für Amylopektin. [4]

1.3. Käse

Ein Zusatz von Hydrokolloiden zu der Milch während des Labvorganges verbessert die Ausbeute wie auch die Konsistenz des Bruches. Im reifen Käse bewirken diese Stoffe eine generelle Texturverbesserung (z.B. Erhöhung der Formstabilität) und durch intensivere Wasserbindung eine Verzögerung des Austrocknens. Zugelassen ist der Zusatz in Deutschland allerdings nur für Schmelzkäse und davon abgeleitete Produkte (Käseverordnung: 19.02.1976, BGBL: 321). Verwendet werden hierfür Guar, Johannisbrotkernmehl, Carrageen, Carboxymethylzellulose und Alginat; Konzentrationsbereich 0,5-0,8 %.

1.4. Speiseeis

Hier haben die Hydrokolloide mehrfache Funktionen, nämlich folgende:

a) Ausbildung einer geschmeidigen Struktur
b) Verhinderung der Separation der Fett- und der Wasserphase in der Kälte (bei Eiscremes)
c) Stabilisierung der vorhandenen Feststoffe in der Matrix
d) Verhinderung der Auskristallisation des Zuckers
e) Verminderung der Abschmelzgeschwindigkeit
f) Verbesserung der Hitze-Schockresistenz d.h. der Erhöhung der Stabilität der Eiscreme gegenüber Temperaturschwankungen.

Die gewünschten Effekte lassen sich nicht durch ein einziges Hydrokolloid erzielen, sondern nur durch Kombination von 2-3 solchen Stoffen. Die wichtigsten sind: modifizierte Stärken, Traganth, Guar, Johannisbrotkernmehl, Carboxymethylzellulose, Methylzellulose, Na-Alginat allein (0,2-0,6 %) oder in Kombinationen mit Carrageen oder Agar als Secundärstabilisatoren (0,05-0,1 %). Die letztere Gruppe von Verbindungen bewirkt die Ausbildung eines schwachen Gels, wodurch Diffussionsvorgänge eingeschränkt sind. [1,2,3,5]

1.5. Puddings, Cremes:
Die Grundmasse dieser beiden Produkte ist Zucker, Milch und Stärke, eventuell auch Fette wie Butter oder Margarine. Der Zusatz von Hydrokolloiden bewirkt:

a) Verbesserung der Formstabilität; Verhinderung des Auseinanderfließens des Produktes während der Lagerung; Verhinderung der Hautbildung
b) Verfeinerung der Textur (Zartheit, Cremigkeit)
c) Verhinderung der Retrogradation der Stärke und der damit verbundenen Synärese (wichtig für die Kaltlagerung).

Die wichtigsten Stoffe sind hier neben den modifizierten Stärken Kombinationen von Stärke mit Stoffen, welche schwache Gelbildung bewirken (Alginat, niedrig verestertes Pektin, Carrageen, Agar), oder solchen, welche die Viskosität drastisch erhöhen (Guar, Carboxymethylzellulose etc.). Einsatzmengen der Nicht-Stärke-Hydrokolloide: 0,03-0,3 %.

2. Süßwaren

2.1. Dessertgelee
Es handelt sich hier um klare Geleeprodukte mit oder ohne eingeschlossene Festkörper (z.B. Früchte). Von den polysaccharidhaltigen Produkten verwendet man je nach Rezeptur und Anforderung an die Textur folgende Hydrokolloide:

a) hochverestertes Pektin für stark zucker- und fruchtsäurehaltige Ausgangsmaterialien wie Obstgelees (z.B. Quittengelee); maximale Gelfestigkeit bei ca. 65 % Saccharose
b) Na-Alginat bzw. niedrig verestertes Pektin in Gegenwart von Ca-Salzen: Herstellung neutraler oder schwach saurer Geleeprodukte, die bei Raumtemperatur ohne Kühlung erstarren, eine feste Textur ergeben und backfähig sind. Zur Regulierung der Geliergeschwindigkeit und der Gelfestigkeit werden Systeme verwendet, welche die Ca-Ionen langsam in Lösung freisetzen, wie z.B. tert. Ca-Phosphat + Zitronensäure etc.
c) Carrageen-K^+-Johannisbrotkernmehl: Gibt hochschmelzende Gele; geeignet für Instant-Geleeprodukte, die beim Anrühren mit Wasser verzehrfertiges Dessert geben (z.B. amerikan. Rezept: 86 T Saccharose, 1,36 T Carrageen (kappa + iota), 1,3

T Johannisbrotkernmehl, 0,64 T KCl, 1,4 T Fumarsäure und 1,6 T Na-Fumarat).[1,2,4,5]

2.2. Fruchtdressings
Fettfreie Produkte, welche als Übergüsse bzw. Füllungen für Eiscremes oder Torten (Obsttorten) verwendet werden. Die texturgebenden Basiskomponenten sind meistens Stärken oder modifizierte Stärken.

2.3. Gelee- und Gummibonbons
Die Basis für diese Produkte sind Zucker, Fruchtsäuren, Aromastoffe und das konsistenzgebende Hydrokolloid. Verwendet hierfür werden die folgenden Verbindungen: hoch- oder niedrigverestertes Pektin (je nach Zucker und Säuregrad)
Agar-Agar: für säure- evtl. auch zuckerfreie Produkte
Gummi arabicum: für Produkte mit einer zähen kaubaren Konsistenz (Gummibonbons).
Modifizierte Stärken:
Aus Kostengründen werden Agar und Gummi arabicum durch modifizierte Stärken ersetzt, und zwar geben dünnkochende amylosereiche Stärken gute Geleebonbons, dünnkochende amylopektinreieche Wachsmaisstärken ersetzen Gummi arabicum bei der Herstellung von Gummibonbons.[3,4]

2.4. Bonbonfüllungen, Zuckerüberzüge (für Torten und kandierte Früchte)
Die Hydrokolloide haben hier die folgenden Aufgaben:

a) Verhinderung der Auskristallisation des Zuckers
b) Schaffung und Stabilisierung der für das jeweilige Produkt chakteristischen Konsistenz
c) Aromastabilisierung

Die hier am häufigsten verwendeten Verbindungen sind modifizierte Stärken, Agar, Carrageen und Gummi arabicum. Man erhält derartige Tortenüberzüge pulverförmig im Handel, die nur mit Fruchtsaft angerührt werden müssen (Zusammensetzung: z.B. Zucker modif. Stärke 150:10, mit oder ohne Zusatz von Natriumcitrat und Carrageen).

3. Marmeladen

Es handelt sich bei diesen Produkten um eingekochte zerkleinerte Früchte mit mehr oder weniger hohem Zucker- und Fruchtsäuregehalt. Die konsistenzgebenden Hydrokolloide sind ausschließlich Pektine, und zwar:
bei hohem Zucker- und Fruchtsäuregehalt
hochverestertes Pektin
bei niederem Zuckergehalt (Diabetikerkonfitüre)
niedrig verestertes Pektin + Ca-Salze oder amidiertes Pektin; Mengenbereich: 0,5-1 %
Andere Hydrokolloide sind für die Produktion in Deutschland nicht zugelassen (Konfitürenverordnung: 26.10.1982, BGBL: 1434).[1,2,4]

4. Suppen, Saucen, Dressings und Mayonnaisen

Die hauptsächliche Aufgabe der Hydrokolloide ist die Verbesserung der Stabilität der für das jeweilige Produkt charakteristischen Konsistenz.
Dies bedeutet bei:

4.1. Suppen und Saucen (bei Dosengerichten)
eine Verbesserung der Viskositäts-Temperaturstabilität, damit es bei Sterilisations- oder Kühlprozessen zu keiner irreversiblen Änderung der Konsistenz kommt (z.B. Brechen der Emulsion durch Viskositätsabfall etc.) und Steuerung der Wärmeleitfähigkeit des Füllgutes. Gewöhnlich verwendet man hier Kombinationen verschiedener modifizierter Stärken (z.B. dünnkochende Stärke mit phosphatvernetzter Stärke)

4.2. Mayonnaisen und Dressings
Hier handelt es sich um Öl/Wasseremulsionen, welche mit bestimmten Emulgatoren hergestellt werden. Der Zusatz von Hydrokolloiden bewirkt die Stabilisierung derartiger Emulsionen durch Erhöhung der Viskosität der wässrigen Phase. Einige von ihnen reduzieren auch die Oberflächenspannung und haben dadurch zusätzliche Emulgatorwirkungen (z.B. Propylenglykolalginat). Bei energiereduzierten Lebensmitteln wird ein Teil des Öles und die Stärke durch Proteine und nicht resorbierbare Polysaccharide ersetzt. Außerdem kann man durch diese Zusätze ein bestimmtes Fließverhalten einstellen, welches die industrielle Fabrikation dieser Produkte erleichtert (z.B. einstellbarer Grad der Thixotropie zur Erleichterung der Abfüllung). Verwendet werden Stärke und modifizierte Stärken in Kombination mit Propylenglykolalginat (als Ersatz für den teuren Traganth), daneben Guar, Johannisbrotkernmehl, Carboxymethylzellulose, Carrageen und Xanthan. Die Einsatzmengen liegen zwischen 0,1-0,8 %. [1,2,5,10]

5. Getränke

In Deutschland ist die Stabilisierung naturtrüber Säfte nur mit fruchteigenen Stoffen, d.h. mit nicht abgebauten hochveresterten Pektinen möglich (Fruchtsaftverordnung: 17.02.1982, BGBL: 193), wodurch es einer speziellen Prozeßführung bedarf (z.B. Inaktivierung der Pektinesterasen und Polygalacturonasen durch Erhitzen unmittelbar nach dem Preßvorgang).

In Ländern mit einer weniger restriktiven Gesetzgebung auf diesem Gebiet werden auch andere Hydrokolloide eingesetzt, wie z.B.

Carrageen:	Verbesserung der Textur von Gemüsesäften (z. B.Tomatensaft)
Propylenglykolalginat:	Trubstabilisation bei Obst und Gemüsesäften; Schaumstabilisation bei Bier (40-80 mg/l)
Guar:	Verdicker bei Fruchtnektaren
Methylzellulosen:	Verbesserung der Konsistenz von künstlichen Erfrischungsgetränken
Gummi arabicum:	Aromastabilisation bei Erfrischungsgetränken

6. Backwaren

Durch den Zusatz von Hydrokolloiden werden verbessert:

a) die Festigkeit, die Elastizität und Zartheit der Krume,
b) das Gashaltevermögen; die Teige werden dadurch lockerer und weniger schwer,
c) das Wasserbindungsvermögen von Brot und Backwaren, wodurch diese länger frisch bleiben.

Außerdem können diese Stoffe emulgierende Ingredentien wie z.B. Eier ersetzen. Hierfür haben sich vor allem Guar, Johannisbrotkernmehl, Carrageen und in letzter Zeit auch Xanthan bewährt.

Hervorzuheben ist weiterhin der Einsatz von Methylzellulose bei der Herstellung von glutenarmen bzw. glutenfreien Backwaren (z.B. für Cöliakiekranke), durch den eine den normalen Backwaren ähnliche Textur erzielt wird. Einsatzmenge: 0,1-0,7 % bezogen auf Fertigprodukte.[5,9,10]

7. Fleischwaren

Die Verwendung von Hydrokolloiden für Fleischprodukte ist in Deutschland durch den Gesetzgeber sehr eingeschränkt.
Verwendet werden dürfen lediglich:
Gummi arabicum und Traganth für flüssige Fleischwürzen; Carboxymethylzellulose + Al - Salze für Kunstdärme bei der Wursterzeugung.
Dagegen sind Zusätze von Hydrokolloiden zu Fleischprodukten wie Würsten, Hackfleisch etc. verboten. (Fleischverordnung vom 21.1.1982, BGBL: 89)

In einer Reihe anderer Länder werden solche Zusätze erlaubt, und dort verwendet man:
Guar, Johannisbrotkernmehl, Stärken, Carrageen zur Verbesserung der Textur und zur Erhöhung des Wasserbindungsvermögens; Carrageen und Agar zur Herstellung von Sülzen.
Hervorgehoben sei noch die Verwendung von Carrageen (1 %) als Binder bei der Herstellung von pflanzlichen Produkten mit fibrillärer fleischähnlicher Struktur (vegetarisches Fleisch).[1]

8. Instantgerichte

Es handelt sich um Produkte, die entweder aus den entsprechenden wasserhaltigen Vorstufen durch Walzen-, Sprüh- oder Gefriertrocknung und anschließende Granulierung, oder durch Mischung entsprechender granulierter Ausgangsmaterialien hergestellt werden. Mit kaltem oder heißem Wasser bzw. Milch angerührt ergeben sie verzehrsfertige Gerichte.

Der Hydrokolloidanteil in solchen Materialien bewirkt:

a) Schaffung der entsprechenden verzehrsgerechten Konsistenz,
b) Stabilisierung der Instantprodukte gegenüber äußeren Einflüssen bei der Lagerung (z.B. gegen Wasseraufnahme),
c) Stabilisierung des Aromas.

Die wichtigsten am Markt befindlichen Produkte sind Trockensuppen, Trockensaucen, Instantsüßspeisen (Cremes, Puddings, Dessertgelee), Instantkaffee, -kakao, -tee sowie Fruchtsaftpulver.
Als Hydrokolloide werden verwendet:
bei Trockensuppen bzw. Trockensaucen:
modifizierte Stärken (Quellstärke, Stärkemonophosphat) in Kombination mit Guar, Johannisbrotkernmehl und evt. Carrageen;
bei Instantsüßspeisen:
nicht gelierende Produkte (z.B. Cremes):
modifizierte Stärken allein oder in Kombination mit anderen Hydrokolloiden wie Guar, Gummi arabicum, Carboxymethylzellulose, Propylenglykolalginat etc.

gelierende Produkte (Pudding, Wassergelee):
Na-Alginat + Ca-Salze, Carrageen + K-Salze + Johannisbrotkernmehl, in neuester Zeit Xanthan-Johannisbrotkernmehl;
bei Instantgetränken (Kaffee, Kakao etc.):
Amylose, modifizierte Stärke, bzw. Gummi arabicum zur Aromastabilisierung. [1,2,3,4,5]

9. Tiefgefrorene Fertiggerichte

Hydrokolloide stabilisieren bei der Tieftemperaturlagerung die Konsistenz derartiger Produkte (Gefrier-Taustabilität), indem sie den Austritt des Wassers aus der Matrix (Synärese) wie auch die Kristallisation von Lebensmittelinhaltsstoffen (z.B. Zucker) verhindern. Die wichtigsten Produkte sind hier modifizierte Stärken (Phosphat- oder Acetatstärke) allein oder in Kombination mit Carrageen, Algin oder niedrig verestertem Pectin. [1,2,3,5]

10. Kalorienreduzierte Produkte

Bei diesen Produkten wird die energieliefernde Stärke durch nicht resorbierbare Hydrokolloide ersetzt. Allerdings liegen gesetzliche Beschränkungen vor.
Manche Produkte wie z.B. abgebautes Guar oder mikrokristalline Zellulose (als Füllmittel) sind in Deutschland zu diesem Zweck nicht zugelassen.

ZUSAMMENFASSUNG

Wie die Zusammenstellung ergibt, ist der Einsatz von Polysacchariden bei der Lebensmittelverarbeitung sehr groß und die an sie gestellten Anforderungen sind äußerst vielfältig. Um diese zu erfüllen, bedarf es meistens der Kombination von mehreren solchen Stoffen. Die Variationsmöglichkeiten auf diesem Gebiet sind äußerst vielfältig und dementsprechend existiert eine sehr umfangreiche Patentliteratur. Auf Grund der wachsenden Ansprüche der Verbraucher und der heutigen Wettbewerbssituation der Lebensmittelindustrie ist zu vermuten, daß die Verwendung von Stabilisatoren künftig noch steigen wird.

LITERATUR

1. R. Whistler, J.N. BeMiller: Industrial Gums, Academic Press, New York-San Francisko-London, 1975
2. M. Glicksman: Gum Technology in the Food Industry, Academic Press, New York-London, 1969
3. M. Zobel: Anwendung der Stärke in der Lebensmittelindustrie, Verlag Paul Parey, Berlin u. Hamburg 1975
4. Gelier- und Verdickungsmittel in Lebensmitteln, herausgegeben von M. Neukom u. W. Pilnik, Forster-Verlag AG Zürich 1980
5. H.-D. Belitz, W. Grosch: Lehrbuch der Lebensmittelchemie, Springer-Verlag, Berlin-Heidelberg-New York 1982
6. S. Sharma: Gums und Hydrokolloids in Oil-Water-Emulsions, Food Technology 35 (1), 59 (1981)

7. L. Grosse: Arten und Eigenschaften von Cellulose-Derivaten im Rahmen ihrer Verwendung in der Lebensmittelindustrie, Dtsch. Molkereizeitung 46, 1542 (1981)
8. J.W. Mansvelt: Einsatz von Hydrokolloiden bei der Herstellung von Süßwaren, Kakao + Zucker 6, 221 (1975)
9. A. Menger, H.G. Ludwig: Hydrokolloide bei der Herstellung feiner Backwaren, Mehl, Brot u. Gebäck 31, 299 (1977)
10. M. Hille: Xanthan und Xanthan-Varianten, Eigenschaften und Einsatz, Mehl, Brot u. Gebäck 35, 221 (1981)

Moleküleigenschaften in verdünnten Lösungen

M. Schmidt und W. Burchard

EINLEITUNG

Makromoleküle und ihre Werkstoffe unterscheiden sich wesentlich und auffallend in ihren Eigenschaften von den niedermolekularen Stoffen. Wir verdanken bereits den frühen Arbeiten von Hermann Staudinger und Werner Kuhn die Erkenntnis, daß es die Gestalt und die außergewöhnliche Größe sind, die die besonderen Eigenschaften dieser Moleküle bestimmen. So ist die regellos verknäuelte Gestalt flexibler Kettenmoleküle Ursache für die begehrte Kautschukelastizität, und die vielbeobachtete Kettensteifheit, verbunden mit einer hohen Regelmäßigkeit in der chemischen Struktur, ist Voraussetzung für die Bildung mechanisch hochfester Fasern.

Bei synthetischen Kunststoffen ist die Gestaltsfrage für die mechanischen Eigenschaften so ausschlaggebend, daß die Besonderheiten der chemischen Struktur erst an zweiter Stelle Bedeutung haben, sofern keine Verzweigung vorliegt. Das liegt vor allem daran, daß die üblichen Kunststoffe weitgehend unpolar sind und zumeist keine funktionellen Seitengruppen besitzen, mit Ausnahme der Polyamide und Polyurethane.

Bei den makromolekularen Naturstoffen sind die Verhältnisse etwas komplizierter. Auch hier werden die Eigenschaften durch eine gewisse Statistik in der Gestalt bestimmt, jedoch tragen die Naturpolymeren in der Regel sehr polare Seitengruppen, die ausgeprägte Wechselwirkungen eingehen können. Diese Wechselwirkungen sind mitunter so stark, daß sie eine definierte Molekülgestalt determinieren, wie z.B. bei den Proteinen und den Nukleinsäuren.

Die Polysaccharide als dritte große Klasse stehen zwischen den Extremen der determinierten Gestalt der Proteine und der statistischen Gestalt des Kautschuks. Dies erschwert die Untersuchung der Moleküleigenschaften bei dieser Klasse, und möglicherweise liegt hier der

Polysaccharide
Herausgegeben von W. Burchard

Grund, warum diese Polymeren sowohl von Bio- als auch von Kunststoffchemikern nur am Rande behandelt wurden.

Die Eigenschaften isolierter Einzelmoleküle können nur in hochverdünnter Lösung studiert werden. Der Begriff der verdünnten Lösung hängt dabei von der Konzentration c* ab, oberhalb der eine Überlappung oder eine gegenseitige Durchdringung der Molekülsegmente einsetzt. Entsprechend verringert sich c* mit wachsender Kettenlänge der Moleküle und ist bei gleichem Molekulargewicht für verschiedene Molekülgestalten unterschiedlich, z.B. für starre Stäbchen kleiner als für ideale Knäuel. Da die Überlappung der Molekülsegmente kontinuierlich einsetzt, ist c* experimentell nur ungenau zu bestimmen und hängt im allgemeinen von der Untersuchungsmethode ab. Deshalb kann die Überlappungskonzentration nicht ganz ohne Willkür definiert werden und neben anderen hat sich vor allem die Viskositätszahl $[\eta]$ als brauchbarer Parameter zur Bestimmung von c* erwiesen

$$c^* = 1/[\eta] \qquad (1)$$

Bei den folgenden Betrachtungen wird diese Schwierigkeit umgangen, indem nur sehr verdünnte Lösungen weit unterhalb von c* betrachtet werden. Aber selbst in diesem Bereich hat man es bei den Polysacchariden mit folgenden Schwierigkeiten zu tun:

1) Eine schlechte Löslichkeit, die oft zu einer Clusterbildung durch Assoziation oder Aggregation führt
2) Starke Heterogenitäten in der Kettenlänge und in der chemischen Zusammensetzung
3) Molekülverzweigungen jeglicher Statistik
4) Eine gewisse Kettensteifheit

Während die Probleme 2-4 mit analytischen Methoden prinzipiell zu beherrschen sind, ist die teilweise oder vollständige Unlöslichkeit der Polysaccharide nur chemisch durch eine polymeranaloge Umsetzung mit geeigneten Reagenzien zu beheben, die eine bessere Löslichkeit vermitteln. Extrem große Polydispersitäten und chemische Heterogenitäten lassen sich durch fraktionierte Fällung oder durch Gelpermeationschromatographie zumindest stark verringern, so daß Untersuchungen der Verzweigungsstruktur oder der Kettensteifheit an monodispersen oder nur schwach polydispersen ($M_w/M_n < 2$) Proben vorgenommen werden können. Die experimentellen Voraussetzungen und die theoretischen Hintergründe solcher Untersuchungen sollen im folgenden zusammengefaßt und an zwei Beispielen diskutiert werden.

METHODEN

Die moderne Polymeranalytik kennt eine Vielzahl von Methoden zur Strukturuntersuchung von Polymeren in Lösung, die nicht alle im Rahmen dieses Beitrages diskutiert werden können. Lediglich die verbreiteten Experimente sollen hier kurz beschrieben werden.

Osmose

Durch Messung des osmotischen Drucks bei verschiedenen Konzentrationen erhält man das Zahlenmittel des Molekulargewichts M_n, indem der reduzierte osmotische Druck π/c auf unendliche Verdünnung extrapoliert wird. Die Konzentrationsabhängigkeit von π/c läßt sich durch eine Virialentwicklung beschreiben. Für stark verdünnte Lösungen ergibt sich eine lineare Abhängigkeit, deren Steigung proportional dem zweiten Virialkoeffizienten A_2 ist

$$\pi/c = (RT/M_n)\ (1 + M_nA_2c + M_nA_3c + \ldots) \qquad (2)$$

Viskosität

Eine der ältesten Methoden zur Untersuchung von Polymeren in Lösung ist die Viskositätsmessung. Die Viskosität η einer Lösung der Konzentration c läßt sich beschreiben durch

$$\eta = \eta_o(1 + a_1c + a_2c^2 + \ldots) \qquad (3)$$

mit η_o der Lösungsmittelviskosität. Der Koeffizient a_1 beschreibt den relativen Anstieg der Viskosität pro gelöstem Makromolekül und wird üblicherweise als Viskositätszahl mit dem Symbol $[\eta]$ bezeichnet.

$$a_1 = [\eta] = [(\eta - \eta_o)/(c\eta_o)]_{c \to o} = [\eta_{sp}/c]_{c \to o} \qquad (4)$$

Die Konzentrationsabhängigkeit der spezifischen Viskosität η_{sp} läßt sich nach Huggins beschreiben

$$\eta_{sp}/c = [\eta](1 + [\eta]\,k_Hc) \qquad (5)$$

k_H ist bekannt als "Huggins Konstante" und hängt nur wenig von der Gestalt der Moleküle und von der Lösungsmittelqualität ab.

Lichtstreuung

Würde man die Intensität des gestreuten Lichts von einer polymeren Lösung in einem kleinen Volumen mit einem schnellen und empfindlichen Photomultiplier als Funktion der Zeit aufzeichnen, so ähnelt das Signal einem statistischen Rauschen um einen Mittelwert $\langle i \rangle$ (Abb. 1a). Man kann ein solches Signal auf verschiedene Art und Weise auswerten. Bestimmt man den Mittelwert der Streuintensität in Abhängigkeit vom Streuvektor $q = (4\pi/\lambda)\sin\theta/2$, so erhält man den statischen Strukturfaktor (Formfaktor), der Information über die statischen Eigenschaften der Polymere enthält. Diese Methode ist als statische Lichtstreuung (LS) bekannt.

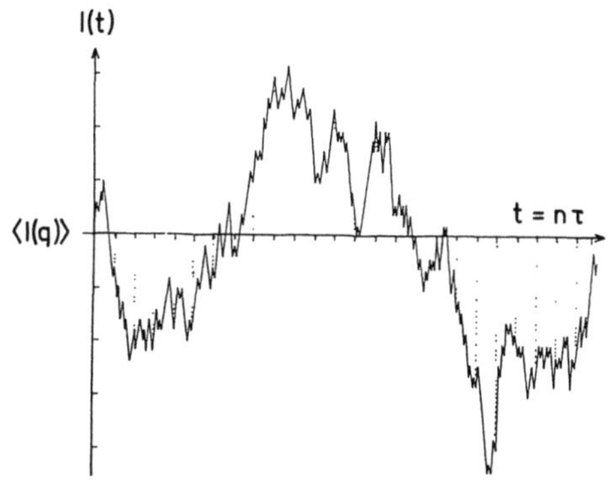

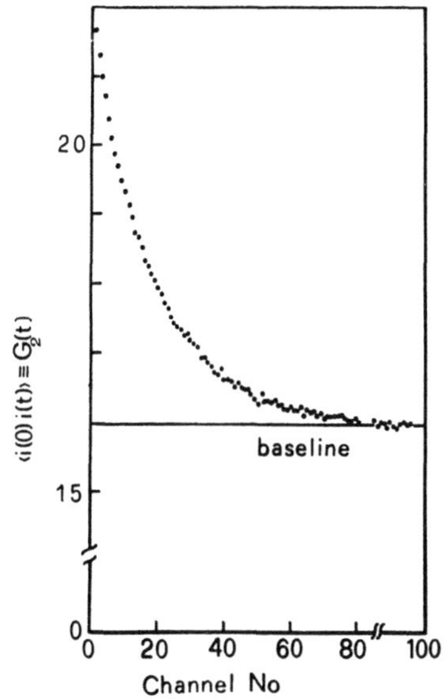

Abb. 1. Zeitliche Fluktuation der Lichtstreuintensität (a) und daraus abgeleitete Korrelationsfunktion (b).

Korreliert man jedoch die zeitlich fluktuierende Größe i(t), indem man das Produkt $\langle i(t)\ i(t+\Delta t)\rangle$ bildet und diesen Vorgang genügend oft (10^5 - 10^6 mal) wiederholt, so erhält man die Zeitkorrelationsfunktion $G_2(t)$, die exponentiell von $\langle i^2 \rangle$ auf $\langle i \rangle^2$ abfällt (Abb. 1b). Da die zeitliche Fluktuation der Streuintensität i(t) durch Konzentrationsschwankungen in der Lösung verursacht wird, beschreibt die Zeitkorrelationsfunktion jegliche Art der Bewegung von Polymeren in Lösung, in den einfachsten Fällen einen translatorischen Diffusionsprozeß. Diese Korrelationsspektroskopie mißt also die dynamischen Eigenschaften und wird daher als dynamische LS bezeichnet (Berne und Pecora 1976; Chu 1974).

Statische LS

Die Winkel- und Konzentrationsabhängigkeit der reduzierten Streuintensität Kc/R_Θ (K eine optische Kontrastkonstante, c die Konzentration und $R_\Theta = i_{Lsg.} - i_{Lsgm.}$) läßt sich theoretisch ableiten als

$$Kc/R_\Theta = M_w^{-1} \, P(q)^{-1} + 2A_2c + A_3c^2 + \ldots \qquad (6)$$

mit M_w dem Gewichtsmittel des Molekulargewichts und A_2 und A_3 den zweiten, bzw. dritten Virialkoeffizienten. P(q) ist der Formfaktor und läßt sich für kleine q in eine Reihe entwickeln

$$P(q)^{-1} = 1 + \langle s^2 \rangle_z \, q^2 / 3 + \ldots.. \qquad (7)$$

$\langle s^2 \rangle_z$ ist das z-Mittel des Trägheitsradienquadrats und beschreibt die geometrische Ausdehnung des Moleküls.

Entsprechend Gl. (6) lassen sich die gemessenen Streuintensitäten in einer Zimm-Auftragung graphisch darstellen (Abb. 2b). Die Extrapolationen für $q \rightarrow 0$ und $c \rightarrow 0$ schneiden sich auf der Ordinate bei M_w^{-1}. Die winkelabhängige Streufunktion auf unendliche Verdünnung extrapoliert ergibt den Formfaktor P(q), dessen lineare Anfangssteigung gegen q^2 nach Gl. (7) proportional zu $\langle s^2 \rangle_z$ ist. Die Konzentrationsabhängigkeit der auf den Winkel null extrapolierten Streuintensität läßt sich analog zum osmotischen Druck durch eine Virialentwicklung beschreiben und ergibt den zweiten Virialkoeffizienten A_2.

Dynamische LS

Wie schon erwähnt, wird in der dynamischen LS die Zeitkorrelationsfunktion $G_2(t)$ gemessen. Unter bestimmten Bedingungen läßt sich daraus die theoretisch ableitbare Korrelationsfunktion der elektrischen Feldvektoren E(O) und E*(t) errechnen (Siegert, 1943)

$$g_1(t) = \frac{|\langle E(0)E^*(t) \rangle|}{|\langle E(0)E^*(0) \rangle|} = \left[(G_2(t) - A)/A\right]^{1/2} \qquad (8)$$

mit A einer experimentell zu bestimmenden Basislinie.

In einfachen Fällen läßt sich $g_1(t)$ durch eine Exponentialfunktion beschreiben, deren Abklingkonstante proportional dem translatorischen Diffusionskoeffizienten D ist

$$g_1(t) = \exp(-q^2Dt) \qquad (9)$$

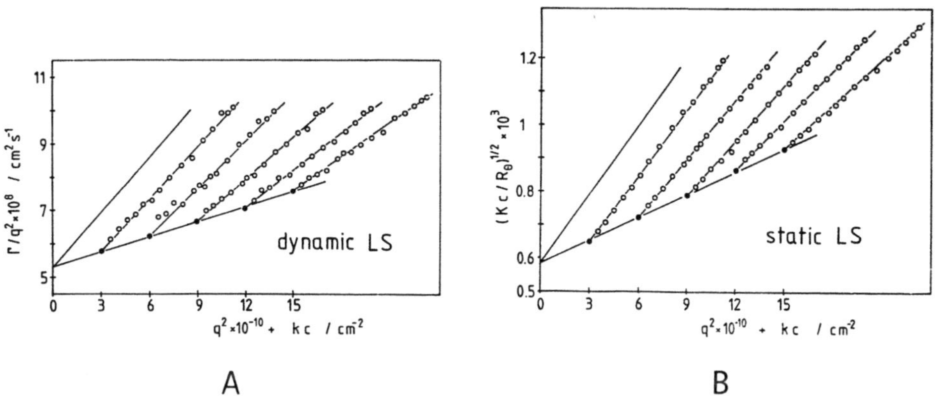

Abb.2. Dynamischer Zimm Plot (A) und die simultan gemessene Streuintensität in einer Auftragung nach Berry (B) für Polystyrol in Toluol (Bantle et al. 1982).

Im Normalfall hat man es gerade bei Polysacchariden mit polydispersen und mehr oder weniger flexiblen Strukturen zu tun, deren verschiedene Abklingkonstanten nicht mehr durch numerische Anpassungsmethoden bestimmt werden können. In erster Näherung kann eine solche Korrelationsfunktion durch eine Kumulantenreihe beschrieben werden (Koppel 1972)

$$\ln g_1(t) = -\Gamma t + \Gamma_2 t^2 - \Gamma_3 t^3 + \ldots \qquad (10)$$

mit $\Gamma \equiv -\,d \ln g_1(t)/dt|_{t \to 0}$, dem 1. Kumulanten. Die höheren Kumulanten beschreiben die Abweichung von einer einfachen Exponentialfunktion, auf deren Bedeutung hier nicht näher eingegangen werden soll.

Es zeigt sich, daß für große Polymere, deren Dimensionen in der Größenordnung der Wellenlänge des Primärlichts liegen, der reduzierte 1. Kumulant Γ/q^2 vom Streuvektor q abhängt und erst nach Extrapolation von $q \to 0$ das z-Mittel des translatorischen Diffusionskoeffizienten D_z ergibt

$$\Gamma/q^2 = D_z(1 + Cu^2 + \ldots) \qquad (11)$$

mit $u^2 = q^2 \langle S^2 \rangle_z$ und C, einer dimensionslosen Größe, die in charakteristischer Weise von der Struktur des Polymeren abhängt (Burchard et al. 1980). In der Regel ändert sich D_z mit der Konzentration

$$D_z(c) = D_z(0)\,(1 + k_d\, c + ...) \qquad (12)$$

$D_z(0) = D_z$ ist der Diffusionskoeffizient bei unendlicher Verdünnung, aus dem durch formale Anwendung des Stokes'schen Gesetzes ein hydrodynamischer Radius R_h definiert werden kann, der nicht identisch mit dem Trägheitsradius ist

$$R_h \equiv \langle 1/R_h \rangle_z^{-1} = kT/(6\pi\eta_o D_z) \qquad (13)$$

mit kT der thermischen Energie und η_o der Lösungsmittelviskosität.

Es fällt hier die Analogie in der Winkel- und Konzentrationsabhängigkeit zwischen dem reduzierten 1. Kumulanten Γ/q^2 und der reduzierten Streuintensität Kc/R_θ auf. Da beide Größen auch noch simultan in einem Experiment gemessen werden können, erwies es sich als anschaulich und informativ, dem klassischen "statischen" einen "dynamischen" Zimm Plot gegenüberzustellen, in dem die reduzierte Streuintensität durch Γ/q^2 ersetzt wird (Abb. 2a). Die Analogie in Achsenabschnitt und Steigungen ist leicht auszumachen: D_z entspricht M_w^{-1}, $C\langle S^2 \rangle_z$ entspricht $\langle S^2 \rangle_z/3$ und $k_d D_z$ entspricht $2A_2$. Simultane statische und dynamische LS Messungen ergeben somit eine Vielzahl voneinander unabhängiger Meßgrößen, die die statischen, dynamischen und thermodynamischen Eigenschaften eines Systems beschreiben.

Theoretische Beziehungen zwischen den Meßgrößen

Staudinger erkannte als erster, daß die Viskositätszahl eine molekülcharakteristische Größe ist und mit dem Molekulargewicht zunimmt (Staudinger et al. 1930). Meist wird empirisch die Kuhn-Mark-Houwink Beziehung gefunden

$$[\eta] = K_\eta\, M^{a_\eta} \qquad (14)$$

Der Exponent a_η hängt von der Gestalt und Struktur der Polymere, sowie von der Qualität des Lösungsmittels ab: $a_\eta = 0.5$ für ein ideales Knäuel, $a_\eta = 0.8$ für flexible Ketten in einem guten Lösungsmittel und $a_\eta = 2$ für starre Stäbchen. Für harte Kugeln ist die Viskositätszahl nach Einstein (1906) unabhängig von der Größe

$$\eta = 2.5/\rho^{+} \qquad (15)$$

mit ρ^{+} der Dichte des Teilchens. Verzweigte Strukturen weisen Exponenten zwischen 0 und 0.5 auf, je nach Polydispersität und Verzweigungsdichte. Häufig wird ein Exponent $a_\eta \simeq 0.3$ gefunden. Polydispersität hat nur deshalb Einfluß auf den Exponenten, weil sich bei verzweigten Systemen die Uneinheitlichkeit mit dem Molekulargewicht verändert. Ändert sich die Molekulargewichtsverteilung jedoch nicht mit dem Molekulargewicht, so wirkt sich Polydispersität nur auf den Frontfaktor K, nicht aber auf a_η aus.

Ein ähnliches "Scaling" Gesetz wie für $[\eta]$ findet man auch für die Molekulargewichtsabhängigkeit des Trägheitsradius

$$\langle s^2 \rangle = K_s \, M^{a_s} \qquad (16)$$

Die Exponenten a_η und a_s sind theoretisch durch die Beziehung

$$a_s = (a_\eta + 1)\, 2/3 \qquad (17)$$

verknüpft. Durch Kombination der Gl. (14), (16) und (17) ergibt sich die Fox-Flory Beziehung zwischen Viskositätszahl und Trägheitsradius

$$[\eta] = \Phi \, [\langle s^2 \rangle^{3/2}]_n / M_n \qquad (18)$$

wobei der Index n das Zahlenmittel bedeutet und Φ eine molekulargewichtsunabhängige Konstante.

Die experimentell bestimmbaren Exponenten a_s und a_η lassen in der Regel nur qualitative Aussagen über die Gestalt der Polymeren zu. Bestimmt man z.B. einen Exponenten $a_\eta = 0.7$, so läßt es sich nicht eindeutig sagen, ob es sich um ein flexibles Knäuel in einem guten Lösungsmittel handelt oder um ein semiflexibles Molekül in einem schlechten Lösungsmittel.

Quantitativere Aussagen über die Struktur der Polymeren in Lösung sind durch Vergleich des Trägheitsradius mit dem hydrodynamischen Radius möglich. Es hat sich dabei als vorteilhaft erwiesen, eine Größe

$$\rho \equiv \langle s^2 \rangle_z^{1/2} \, \langle 1/R_h \rangle_z \qquad (19)$$

einzuführen, die in charakteristischer Weise von der Polydispersität, der Kettensteifheit und der Verzweigung abhängt. In Abb. 2a ist ρ für verschiedene Verzweigungstypen dargestellt.

Beim A_f-Typ handelt es sich um ein statistisch verzweigtes Polymeres, welches durch Verknüpfung von f-funktionellen Monomeren entsteht und bei dem alle Funktionalitäten die gleiche Reaktionswahrscheinlichkeit α besitzen. Ein ABC-Typ Polymeres entsteht aus trifunktionellen Monomeren mit ungleichen Funktionalitäten A, B und C, deren Reaktionsmöglichkeiten wie folgt eingeschränkt sind: A kann mit der Wahrscheinlichkeit-α(p-1) und B mit der Wahrscheinlichkeit αp mit C reagieren. Alle anderen Reaktionen sind ausgeschlossen. Damit wird eine Gelierung verhindert, aber es kann trotzdem eine hohe Verzweigungsdichte entstehen.

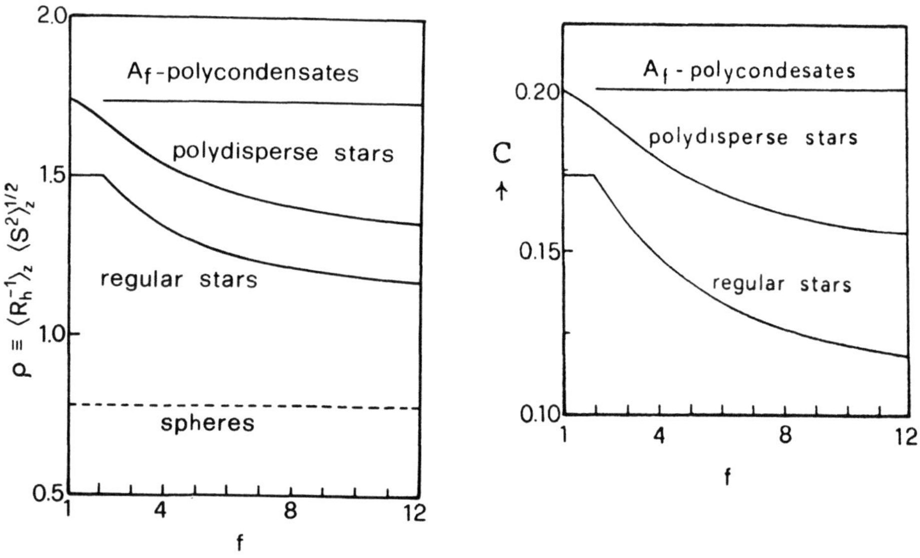

Abb. 3. Das Verhältnis ρ (a) und die Steigung C (b) für verschiedene Strukturen als Funktion der Verzweigungsdichte f. Die Kurve für das ABC-Modell verläuft deckungsgleich mit der Kurve für polydisperse Sterne.

Ähnliche Rechnungen sind für die dimensionslose Größe C (der Anfangssteigung von Γ/q^2 gegen u^2) durchgeführt worden (Abb. 3b). Man erkennt, daß sich Verzweigung immer in einer Erniedrigung von C und äußert, während Polydispersität diese Parameter erhöht. Beim ρ-Verhältnis von statistisch verzweigten Polymeren heben sich die Effekte der Polydispersität und der Verzweigung gerade auf.

Zusätzlich stehen zur Analyse der Verzweigung auch die klassischen g- und h-Faktoren zur Verfügung, die wie folgt definiert sind

$$g = \langle s^2 \rangle_{lin} / \langle s^2 \rangle_{z,br} \quad \text{bei gleichem } M_w \tag{20a}$$

und

$$h = D_{z,br} / D_{lin} \quad \text{bei gleichem } M_w \tag{20b}$$

Hier steht der Index lin für lineare, der Index br (branched) für verzweigte Strukturen. Der Verlauf der g- und h-Faktoren für oben diskutierte Modelle ist in der Literatur beschrieben (Stockmayer und Zimm 1949 ; Burchard et al.1980) und soll hier nicht diskutiert werden.

Der Effekt der Kettensteifheit auf ρ und C ist ebenfalls berechnet worden (Schmidt und Stockmayer 1984), auch für polydisperse, semiflexible Ketten (Schmidt 1984). Es zeigt sich, daß für semiflexible Polymere der reale Querschnitt der Kette nicht mehr vernachlässigt werden kann und als hydrodynamisch wirksamer Durchmesser in die Rechnungen des Diffusionskoeffizienten, und somit auch in ρ und C, eingeht. Ohne ins Detail zu gehen, soll kurz festgehalten werden, daß das Verhältnis ρ mit wachsender Kettensteifheit zunimmt, während die Steigung C bei mittleren Steifheitsgraden durch ein theoretisch noch nicht exakt berechenbares Maximum läuft.

Wertvolle Informationen erhält man natürlich auch aus dem Verlauf des Formfaktors bei höheren q-Werten, der schon länger für viele Modelle theoretisch bekannt ist (Burchard 1977).

Abb. 4 zeigt, wie sich der Verlauf von P(q) für sphärische, geknäuelte und gestreckte Strukturen ändert. Alle verzweigten Strukturen liegen in dem Bereich zwischen den Kurven sph und p-c. Die hier gezeigten typischen Kurven werden jedoch durch Polydispersitätseffekte stark beeinflußt (Polydispersität äußert sich in einer Abwärtsbiegung des Formfaktors), sodaß sie ihre typische Form verlieren.

Quantitative Rechnungen über den Effekt des ausgeschlossenen Volumens gibt es bis heute lediglich für flexible Knäuel nahe dem Gauß-Limit und für den Grenzwert von flexiblen Polymeren in einem sehr guten Lösungsmittel. Der Übergangsbereich kann lediglich durch semiempirische Ansätze beschrieben werden (Blob-Theorie). Deshalb kann der Einfluß der Lösungsmittelqualität auf R_h, $\langle S^2 \rangle_z$, und P(q) nur qualitativ abgeschätzt werden. Erste Rechnungen zeigen allerdings, daß die Größe C unabhängig vom Einfluß des ausgeschlossenen Volumens ist (Tanaka und Stockmayer 1982) und in dieser Hinsicht eine erhöhte Bedeutung erlangen könnte. Weiterhin soll angemerkt werden, daß der Einfluß von Kettensteifheit das ausgeschlossene Volumen stark verringert. Dies ist so zu verstehen, daß die intramolekulare Kontaktwahrscheinlichkeit (Ringbildung) zweier Kettensegmente mit wachsender Kettensteifheit abnimmt.

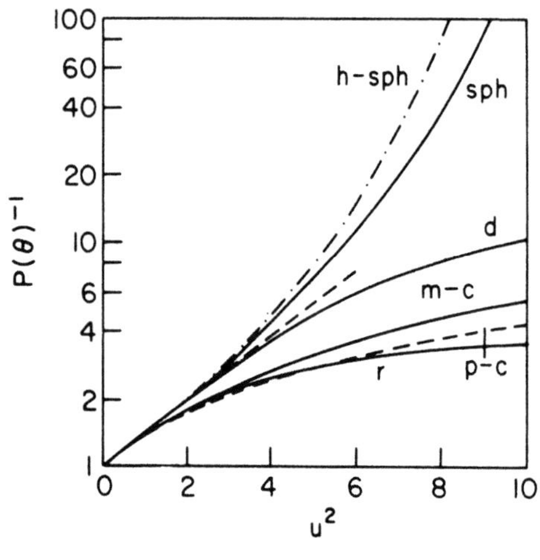

Abb. 4. Der Formfaktor $P(q)^{-1}$ für verschiedene Strukturen. h-sph = Hohlkugel, sph = harte Kugel, d = Scheibe, M-c = monodisperses Knäuel, p-c = Knäuel mit einer Schulz-Flory Verteilung der Kettenlänge, r = starres Stäbchen (Burchard 1978).

Durch Kombination der thermodynamischen Größen A_2 und k_d läßt sich prinzipiell die Güte des Lösungsmittels bestimmen. Die theoretischen Ergebnisse auf diesem Gebiet lassen jedoch nur eine qualitative Deutung der Meßergebnisse zu, so daß hier nur die grundlegenden Beziehungen wiedergegeben werden sollen. Nach der irreversiblen Thermodynamik sind die Größen A_2 und k_d über die Konzentrationsabhängigkeit k_f des Reibungskoeffizienten

$f_c = f_o\ (1 + k_f c)$ verknüpft

$$k_d + k_f = 2A_2M - v_2 \qquad (21)$$

mit v_2 dem partiellen spezifischen Volumen des Polymeren. Die Größe k_f wiederum läßt sich über das hydrodynamsiche Volumen

$$V_h = 4\pi R_h^3/3 \qquad (22)$$

ausdrücken als (Pyun und Fixman 1964; Imai 1969; Yamakawa, 1962)

$$k_f = k_{fo} N_L V_h / M \qquad (23)$$

mit N_L der Loschmidt Zahl und k_{fo} einem Durchdringungsparameter, der die intersegmentale Wechselwirkung eines Polymeren bestimmt. Setzt man die experimentell bestimmten Werte für R_h, M, k_d und A_2 in die Gl. (21) - (23) ein, so läßt sich k_{fo} ermitteln, wobei der Einfluß der Polydispersität noch unklar ist. Theoretisch findet man für Θ-Bedingungen k_{fo} = 2.23 und für Polymere in einem guten Lösungsmittel k_{fo} = 6-7.13 (je nach Literatur, zur Übersicht s. Akcasu und Benmouna, 1978), die qualitativ gut mit den experimentellen Daten übereinstimmen.

BEISPIELE ZUR STRUKTURBESTIMMUNG VON POLYSACCHARIDEN

Am Beispiel des Glykogens und von Amylosetricarbanilaten soll angedeutet werden, wie durch Kombination der oben diskutierten Meßmethoden auf die Verzweigungsstruktur, bzw. auf die Kettensteifheit geschlossen werden kann.

Glykogen

Glykogen ist wie Amylopektin und Dextran ein Speicherpolysaccharid, das verschiedenen Lebewesen als Glucosevorrat dient. Schon früh zeigten Viskositätsmessungen, daß sich die Struktur von Glykogen und von Dextran unterscheidet. Während die Messungen an säureabgebauten Dextranen eine molekulargewichtsabhängige Viskositätszahl ergaben (Senti et al. 1955).(Abb. 5), fanden Staudinger und Husemann (1937) , daß sich bei Glykogen die Viskositätszahl nur unwesentlich mit dem Molekulargewicht ändert, und sie erhielten die Beziehung $[\eta] \cong 6$. Vergleicht man diesen Zahlenwert mit Gl. (15), so ergibt sich eine scheinbare Dichte $\rho^{+}= 0.4$. Dieser Wert weicht erheblich von der Dichte der Trockensubstanz ab und deutet auf einen großen Anteil immobilisierten Lösungsmittels (ca. 75%) im Inneren des Glykogens hin. Die kugelförmige Gestalt des Glykogens wurde durch Licht- und Neutronenstreumessungen (Rinaudo und Burchard, unveröffentlicht) bestätigt; das Zimm Diagramm zeigt die für Kugeln typische Aufwärtsbiegung (Abb. 6a). Eine Analyse des Formfaktors bei hohen q-Werten (Abb. 6b) ergab eine gute Übereinstimmung mit dem ABC-Verzweigungsmodell, also mit einem homogen verzweigten Modell. Diese Interpretation steht im Widerspruch zu enzymatischen Abbauversuchen, die eindeutig für eine stark heterogene Verzweigung, d.h. für eine Änderung der Verzweigungsdichte innerhalb des Moleküls sprechen. Der scheinbare Widerspruch ließ sich dahingehend aufklären, daß beim Glykogen dicht verzweigte Untereinheiten (Makrodextrine) relativ regelmäßig über lineare oder schwach verzweigte Ketten miteinander verknüpft sind.

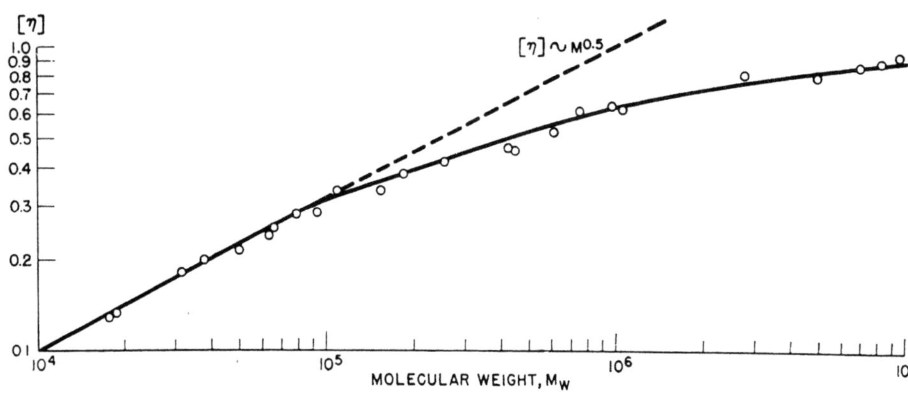

Abb. 5. Doppellogarithmische Auftragung von $[\eta]$ gegen M_w für Dextran in Wasser (Senti et al. 1955). Die Abnahme des Exponenten bei hohen M_w wird durch einen höheren Verzweigungsgrad verursacht.

Mit diesem Modell läßt sich sowohl der gemessene Formfaktor als auch die für verzweigte Strukturen ungewöhnlich niedrige Polydispersität von $M_w/M_n \simeq 5$-6 erklären. (Üblicherweise findet man z.B. für Amylopektin und Dextran $M_w/M_n > 100$.)

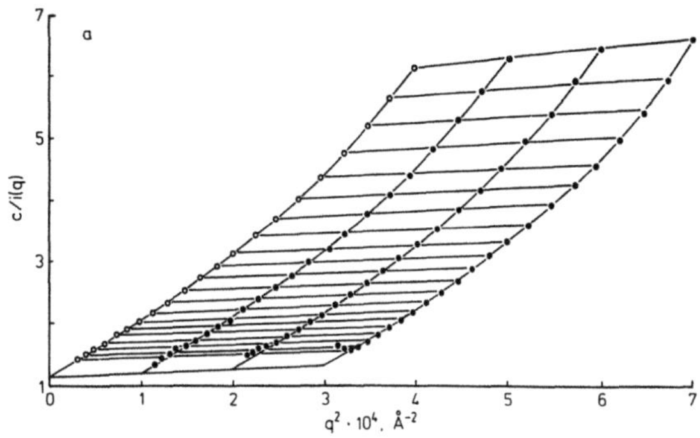

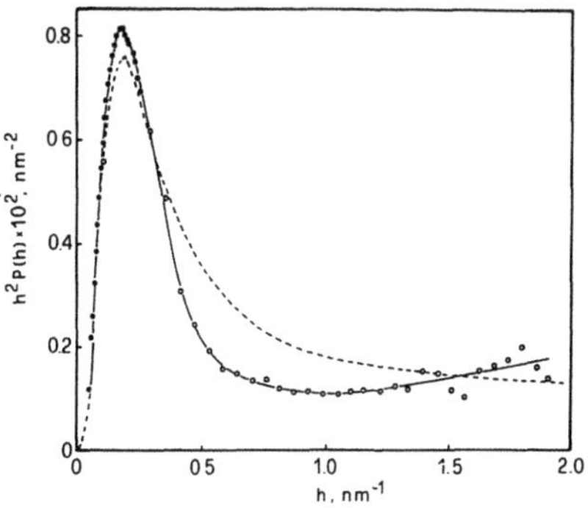

Abb. 6. Zimm-Plot (a) und Kratky-Plot (b) von Neutronenstreumessungen an Glykogen aus Miesmuscheln (Rinaudo und Burchard, unveröffentlicht).

Neuere Messungen des hydrodynamischen Radius (Reiner 1981) ergeben zusammen mit dem Trägheitsradius ein Verhältnis $\rho \simeq 1.0 - 1.1$, welches sich ebenfalls mit einer regulär verzweigten Struktur gut beschreiben läßt. Auch hier gleicht die regelmäßige Anordnung der dicht verzweigten Bereiche die offenkundige Heterogenität in der Verzweigung der Gesamtstruktur aus. Durch die Immobilisierung des Lösungsmittels im Inneren des Moleküls (Undurchspülbarkeit) wirkt sich diese Heterogenität hydrodynamisch nicht aus. Eine quantitativere Beschreibung der Struktur des Glykogens durch umfassende Messungen an Abbauprodukten ist in Vorbereitung (Reiner und Burchard, in Vorbereitung).

Amylosetricarbanilate

Bei Polysacchariden und insbesondere bei ihren Derivaten wird häufig eine beachtliche Kettensteifheit beobachtet. Von den verschiedenen Polysaccharidderivaten sind die Lösungseigenschaften von Cellulose- und Amylosetricarbanilaten (ATC) wohl am besten untersucht. Die Besonderheiten von steifen Ketten sollen am Beispiel der ATC diskutiert werden. Der Trägheitsradius für eine Kratky-Porod Kette (Kratky und Prodod 1949), (Modell des stetig gekrümmten Fadens) läßt sich nach Benoit und Doty (1953) berechnen als

$$\langle S^2 \rangle = L/6\lambda - 1/4\lambda^2 + 1/4L\lambda^3 + (1/8L^2\lambda^4)(1 - \exp(-2\lambda L)) \qquad (24)$$

mit L der Konturlänge des Polymeren und λ^{-1} der Kuhn'schen Segmentlänge. Im doppellogarithmischen Maßstab zeigt der Exponent a_s in Gl. (16) mit wachsendem Molekulargewicht keinen linearen Verlauf, sondern nimmt von $a_s = 2$ (unendlich dünnes Stäbchen) auf einen Wert von $a_s = 1$

(ideales Knäuel) ab. Solches Verhalten wurde qualitativ auch für ATC gefunden (Pfannemüller et al. 1984), wobei der Grenzwert des starren Stäbchens außerhalb des Meßbereichs liegt. Ein ähnliches Verhalten findet man auch für die Viskosität (Sutter und Burchard 1978) und für den hydrodynamischen Radius (Pfannemüller et al. 1984). Der hydrodynamische Radius kann mit der Theorie von Yamakawa und Fujii (1973) und die Viskosität mit der Theorie von Hearst, Beals und Harris (1968) beschrieben werden. Die Analyse der Kettensteifheit mit neuesten Meßdaten für R_h und $\langle S^2 \rangle_z$ ergaben für ATC λ^{-1} = 260 Å (s. Abb. 7), während aus Viskositätsmessungen nur λ^{-1} = 180 Å bestimmt wurde (Pfannemüller et al. 1984).

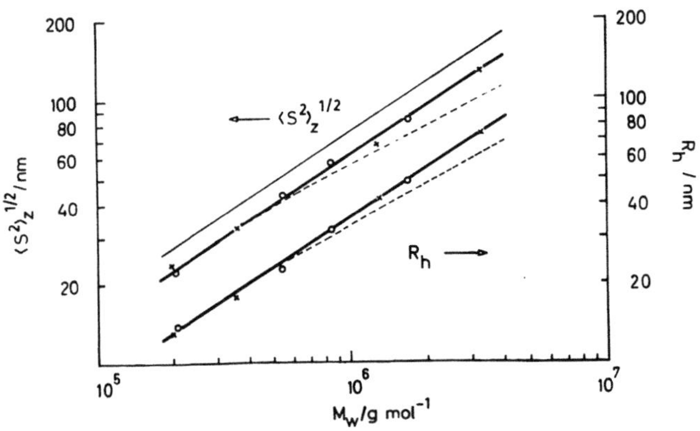

Abb. 7. $\langle S^2 \rangle_z^{1/2}$ und R_h als Funktion von M_w für ATC in Dioxan. Die gestrichelten Kurven sind gerechnet für λ^{-1} = 260 Å. Die scheinbare Linearität der Meßdaten wird durch das ausgeschlossene Volumen verursacht.

Die Differenz wird auf den approximativen Charakter der Viskositätstheorie zurückgeführt. Die Abweichungen von theoretischen (Abb. 7, gestrichelt) und experimentellen Werten bei großen Kettenlängen wird wahrscheinlich durch das ausgeschlossene Volumen verursacht. (Dioxan ist ein sehr gutes Lösungsmittel für ATC.)

Die Kettensteifheit läßt sich prinzipiell auch aus dem Verlauf des Formfaktors bei hohen q-Werten bestimmen (Müller und Burchard 1978). Die Analyse wird jedoch dadurch erschwert, daß Polydispersität eine höhere Kettensteifheit vortäuschen kann. Ähnlich schwer zu unterscheiden ist auch der Effekt des ausgeschlossenen Volumens.

Besonders interessant für den asymptotischen q-Bereich ist die Auftragung qR_θ/Kc gegen q; bei Vorliegen von starren Segmenten ergibt sich eine Gerade parallel zur x-Achse, deren Höhe den Wert $\pi(M/L)_n$ ergibt. Dieser Wert ist ein Zahlenmittel und erhält dadurch besondere Bedeutung, daß laterale Aggregation detektiert werden kann. Für Polysaccharide reicht der Wellenlängenbereich der Lichtstreuung nicht aus, um dem asymptotischen q-Bereich zu erreichen.

LITERATUR

Akcasu A.Z., Benmouna M., Macromolecules 11, 1193, (1978)

Bantle S., Schmidt M., Burchard W., Macromolecules 15, 1604, (1982)

Benoit H., Doty P., J. Chem. Phys. 57, 958 (1953)

Berne B., Pecora R., "Dynamic Light Scattering", Wiley, New York 1976

Burchard W., Macromolecules 10, 919 (1977)

Burchard W., Makromol. Chem. 88, 11, (1965)

Burchard W. in: "Light Scattering Techniques", (Her. F. Happey), Appl Fiber Sci., Acad. Press, New York 1978

Burchard W., Schmidt M., Stockmayer W.H., Macromolecules 13, 1265, (1980)

Chu B., "Laser Light Scattering", Wiley, New York 1974

Einstein A., Ann. Phys. 19, 289, 1906

Felderhoff B.U., J. Phys. A: Math. Gen. 11, 929, (1978)

Hearst J.E., Beals E., Harris R.A., J. Chem. Phys. 48, 537, (1968)

Imai S., J. Chem. Phys. 50, 2116, (1969)

Koppel D.E., J. Chem. Phys. 57, 4814, (1972)

Kratky O., Porod G., Rec. Trav. Chim. Pays-Bas. 68, 1106, (1949)

Müller M. Burchard W., Biophys. Biochem. Acta 537, 208, (1978)

Pfannemüller B. Schmidt M. Ziegast G., Matsuo K., Macromolecules 17, 710 (1984)

Pyun G.W., Fixman M., J. Chem Phys. 41, 937, (1964)

Reiner A., Dissertation 1981, Freiburg

Reiner A., Burchard W., in Vorbereitung

Rinaudo M., Burchard W., in Vorbereitung

Schmidt M., Macromolecules 17, 553 (1984)

Schmidt M., Stockmayer W.H., Macromolecules 17,509 (1984)

Senti F.R., Hellmann N.N., Ludwig N.H., Babcock G.E., Tobin R., Glass C.A., Lamberts B.L., J. Polym. Sci. 17, 533, (1955)

Siegert A.J.F., MIT Rad. Lab. Rep. No. 465, (1943)
Staudinger H., Heuer W., Ber. Dtsch. Chem. Ges. 63, 222, (1930)
Staudinger H., Husemann E., Liebigs Ann. Chem. 530, 1, (1937)
Sutter W., Burchard W., Makromol. Chem. 179, 1961, (1978)
Tanaka G., Stockmayer W.H., Proc. Nat. Acad. Sci. US 79, 6401, (1982)
Yamakawa H., J. Chem. Phys. 36, 3995, (1962)
Yamakawa H., Fujii M., Macromolecules 6, 407, (1973

Thermoreversible Gelierung: Carrageenan; Agarose; Alginate und Pektin

H.-U. ter Meer

EINLEITUNG

Das Phänomen der thermischen Gelierung von biologischen Polymeren ist schon seit langer Zeit bekannt und wird bereits seit Jahrhunderten bei der Zubereitung von Speisen angewendet. Über die Anwendung in Pharmazie und Lebensmittelchemie wurde bereits in zwei vorangegangenen Beiträgen berichtet. Trotz der Bedeutung dieser Anwendungen gibt es bis jetzt keine alle Phänomene beschreibende Theorie der thermischen Gelierung

In diesem Beitrag werden nach einer kurzen Beschreibung des Gelzustandes die bisher existierenden Theorien der thermischen Gelierung referiert, und anschließend die zum Teil kontroversen Modelle erläutert.

GELTHEORIE

Zur Definition des Gelzustandes sei T. Tanaka (1981) zitiert :

> "A gel is a form of matter intermediate between a solid and a liquid. It consists of polymers, or long-chain molecules, cross-linked to create a tangled network and immersed in a liquid medium. The properties of the gel depend strongly on the interaction of these two components. The liquid prevents the polymer network from collapsing into a compact mass; the network prevents the liquid from flowing away. Depending on chemical composition and other factors, gels vary in consistency from viscous fluids to rigid rods, but typically they are soft and resilient or, in a word jelly-like. ..."

Bei dieser Definition treten die Kernprobleme der Geltheorie klar zutage :

(1.) Welche Struktur besitzt das polymere Netzwerk ?

(2.) Welche Wechselwirkungen bestehen zwischen Netzwerk und Flüssigkeit ?

Polysaccharide
Herausgegeben von W. Burchard

Bei thermoreversiblen Gelen kommt noch ein weiteres hinzu

(3.) Wie hängt die Netzwerkstruktur mit der Thermodynamik der Polymerlösungen zusammen ?

Chemisch verknüpfte Gele

Wie Flory und Stockmayer in ihren grundlegenden Arbeiten zur Vernetzung zeigten (Flory 1941; Stockmayer 1943,1944), tritt Gelierung in einem System dann auf, wenn im Mittel zwei Verzweigungskomponenten je eingesetzes Molekül (Monomer oder Polymer) vorbunden sind. Unterhalb eines kritischen Umsatzes (α_c) liegen nur lineare und verzweigte, jedoch endlich große Moleküle vor. Oberhalb von α_c besteht das System aus einem unendlich ausgedehnten, d.h. die gesamte Lösung durchziehenden, Netzwerk und einer Vielzahl von endlichen, verzweigten Clustern. Am Gelpunkt (α_c) zeigen verschiedene physikalische Eigenschaften eine Singularität (z.B. die Viskosität oder das Gewichtsmittel des Molekulargewichts M_w). Damit handelt es sich bei der Gelierung um ein kritisches Phänomen.

Eine anschauliche Darstellung der Netzwerkbildung mit zunehmendem Umsatz ist in Abb.1 zu sehen.

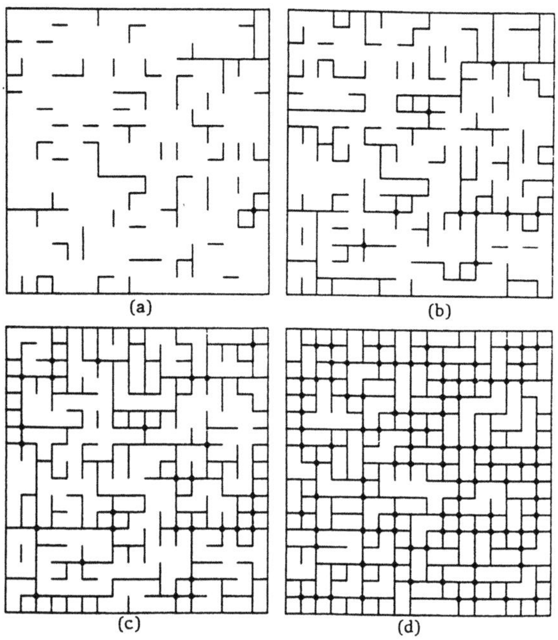

Abb. 1 . Bindungsperkolation auf einem quadratischen Gitter bei verschiedenen Werten der Bindungswahrscheinlichkeit (a) p_b = 0.2; (b) p_b = 0.4; (c) p_b =0.6; (d) p_b = 0.8. (Fig. 3 aus Coniglio et al. 1982)

Für die thermodynamische Wechselwirkung zwischen Netzwerk und Lösungsmittel im Gel leitete Flory (1953) in einem Gittermodell eine Beziehung in Form des osmotischen Druckes ab. Dabei ist neben der auch in Lösungen vorhandenen Wechselwirkungen von Polymer-Polymer, Polymer-Lösungsmittel und Lösungsmittel-Lösungsmittel noch ein Beitrag aus der entropie-elastischen Kraft des Netzwerks zu berücksichtigen. (Eine leichtverständliche Einführung findet sich bei Tanaka (1981)). Es handelt sich also um ein Quellungsgleichgewicht, und der osmotische Druck ist gegeben durch (Dusek 1973)

$$\pi v_1 = RT \ln(1-\Phi) + \Phi + \chi\Phi^2 + RT(v_1 N_e/V_o)(\Phi^{1/3} \times \Phi_o^{2/3} + B\Phi) \quad (1)$$

wobei Φ der Volumenbruch des Polymeren ist, χ der Flory-Huggins Wecheslwirkunsparameter, v_1 das molare Volumen des Lösungsmittels, Vo das Gesamtvolumen und N_e die Zahl der elastisch wirksamen Netzwerkketten. B = 2/f, wobei f die Funktionalität eines Netzpunktes ist.

Reversible Gele

Bisher wurde nur der Fall von homogenen, permanenten, d.h. chemisch verknüpften Gelen behandelt, bei denen die während der Reaktion gebildete Topologie unverändert bleibt. Bei reversiblen Gelen dagegen sind die Verknüpfungen thermisch wieder zu lösen und können neu gebildet werden. So können polymere Ketten beispielsweise durch H-Brücken, elektrostatische Wechselwirkungen oder Dipolkräfte, aber auch durch "hydrophobe" Wechselwirkungen miteinander verknüpft werden.

Zur Beschreibung der thermoreversiblen Gelierung gibt es bisher zwei theoretische Ansätze. Der Ansatz von Eldrige und Ferry (1958) modifiziert durch Takahishi (Takahishi et al. 1972) geht von einer Mikro-Kristallisation an den Netzpunkten aus. Der zweite von Coniglio und Mitarbeitern (Coniglio et al. 1982; 1979) ist eine statistisch mechanische Rechnung der Perkolation (De Gennes 1979; 1972; Stauffer 1981; 1982; Gordon 1981) auf einem sogenannten Bethe-Gitter.

Das Fransen-Micellen Modell

Im ersten Fall wird die thermoreversible Gelierung als ein Spezialfall der polymeren Kristallisation bzw. Assoziation aufgefaßt. Voraussetzung für diese Art der Kristallisation ist eine copolymere Struktur des Polymeren (Copolymerisation oder Heterogenität durch verschiedene

Taktizität). Da nur gleichartige Blöcke kristallisieren können, bestimmen die Länge und räumliche Verteilung der Blöcke das Dicken- und Längenwachstum der Kristalle. Die Polymerketten können durch mehrere kristalline Bereiche verlaufen, wodurch eine netzartige Strukur entsteht. Ein weiterer wichtiger, die Gelierung beeinflussender Faktor ist der Betrag und das Vorzeichen der freien Verdünnungsenthalpie relativ zur freien Schmelzenthalpie der Kristallite. Die Netzpunkte haben in diesem Modell die Struktur der "Fransen-Micelle" (Herrmann et al. 1930). Siehe Abb 2.

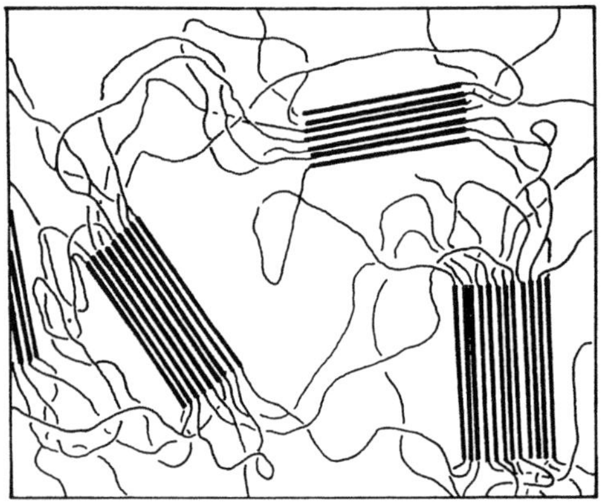

Abb. 2 . Modell der Netzwerkpunkte aus Fransen-Micellen

Im einzelnen gingen Ferry und Eldrige in ihrem Modell von drei Annahmen aus:

a) Die Konzentration an möglichen Bindungsstellen ist proportional der Polymerkonzentration.
b) Die Konzentration der Netzpunkte ist proportional der Konzentration der Polymermoleküle am Gelpunkt.
c) Das binäre Assoziationsgleichgewicht (freie Ketten ⟷ Kristallit) zwischen Netzpunkt und freier Bindungsstelle wird durch eine van't Hoffsche Isochore beschrieben.

Unter diesen Voraussetzungen ergaben sich für den Zusammenhang von Polymerkonzentration c_p und "Schmelztemperatur" des Gels, T_m^g

$$\ln(c_p) = \Delta H_m/RT_m + \text{konst.} \qquad (2)$$

wobei ΔH_m die Dissoziationsenergie des Netzpunktes ist. Der Zusammenhang zwischen Schmelzpunkt der Kristallite (Flory 1949) und Gelpunkt ist in der Theorie gegeben durch (Takahishi et al. 1972)

$$1/T_m^g - 1/T_m^k = R \ln(x)/(\Delta H_u - 2\sigma_{ec}) \qquad (3)$$

Die Endflächenenergie σ_{ec} ist immer kleiner als die Schmelzenthalpie ΔH_u. Daraus ergibt sich, daß der Schmelzpunkt T_m^g des Gels bei einem Fransenmicellen-Gel immer unterhalb des Schmelzpunktes der Kristallite T_m^k liegt.

Anschaulich ist dies unmittelbar einsichtig, wenn man bedenkt, daß der Schmelzpunkt als thermodynamische Eigenschaft durch das vollständige Verschwinden der kristallinen Phase, also durch den stabilsten Kristall, gekennzeichnet ist. Der Gelpunkt dagegen ist eine rein topologische Eigenschaft. Die Topologie wird nicht nur durch die langen und großen Kristallite bestimmt, sondern auch durch die große Anzahl der kleinen Assoziate, deren Schmelzpunkt tiefer liegt und die nur einen geringen Beitrag zur Schmelzwärme liefern.

Korrelierte Bindungs-Perkolation

Der essentielle Gedanke der Geltheorie von Coniglio (Coniglio et al. 1979; Daoud und Coniglio 1981) ist die Unabhängigkeit von thermodynamischen und topologischen Eigenschaften eines Gels. Bei diesem Modell wird die Gelbildung durch Perkolation auf einem Bethe-Gitter, siehe Abb. 3, beschrieben.

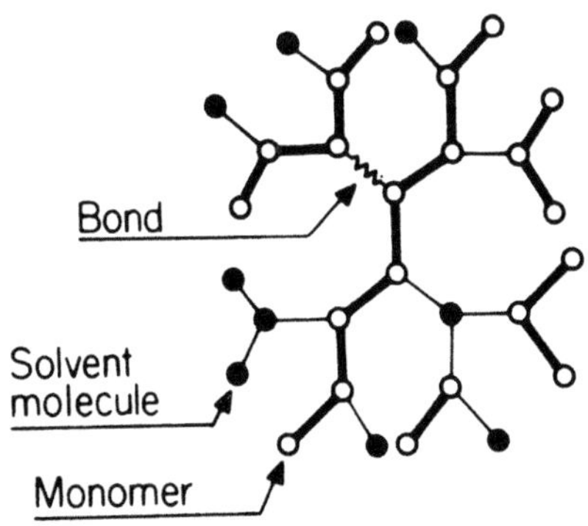

Abb. 3 . Ausschnitt aus einem Bethe-Gitter. Perkolation eines Polymeren (dicke Linie) auf einem trifunktionellen Gitter in Gegenwart eines Lösungsmittels. (Fig. 15 aus Daoud und Coniglio 1979)

Der Gelpunkt wird wieder durch die Wahrscheinlichkeit des Vorhandenseins von zwei Verzweigungsstellen je Polymerkette beschrieben und ist nach Flory (Flory 1941, 1953) gegeben durch

$$p_c = (1/(\hat{f} - 1) \qquad (4)$$

Dabei ist $\hat{f} = M(f-2) + 2$ die Funktionalität des Polymeren mit einem Polymerisationsgrad M. Andererseits ist die Wahrscheinlichkeit p_b der Bindung zwischen zwei Monomereinheiten nach der statistischen Thermodynamik gegeben

$$p_b = \frac{(1 - \zeta)\exp(-E/kT)}{\zeta\exp(-W/kT) + (1 - \zeta)\exp(-E/kT)} \qquad (5)$$

mit

E: Bindungsenergie zwischen Monomereinheiten

ζ: Wichtungsfaktor, der den entropischen Unterschied zwischen gerichteter Bindung zu ungerichteter van der Waals Wechselwirkung berücksichtigt

Ist im gelierenden System noch Lösungsmittel vorhanden, so muß die Bindungswahrscheinlichkeit p_b noch mit der Wahrscheinlichkeit a multipliziert werden, wobei a die Bindungswahrscheinlichkeit ist, daß zwei benachbarte Gitterplätze mit einem Monomersegment besetzt sind. Damit setzt a die effektive Funktionalität des Polymeren herab. Vorhandene Wechselwirkungen zwischen Lösungsmittel-Lösungsmittel und Lösungsmittel-Polymer werden in a berücksichtigt. Über diese Wechselwirkung ist a mit der Temperatur verbunden. Somit ergibt sich für den Gelpunkt eines Polymer-Lösungsmittel-Gemisches auf einem Bethe-Gitter die Bedingung

$$p_b = a\, p_b(T) \qquad (6)$$

das heißt, es gibt eine Temperatur T_{max}, oberhalb der es keine Gelierung mehr geben kann, egal welche Polymerkonzentration auch vorhanden ist, da immer $a \leqslant 1$ ist.

Je nach Wahl der einzelnen Wechselwirkungsparameter ergeben sich drei Möglichkeiten des Zustandsdiagramms, siehe Abb. 4

Aus diesem Modell der thermoreversiblen Gelierung ergeben sich drei Schlußfolgerungen

1.) Es gibt immer eine Temperatur T_{max}, oberhalb derer bei jeder beliebigen Polymerkonzentration keine Gelierung auftritt.
2.) Koexistenzkurve und Gelkurve schneiden sich immer; unter Umständen können so zwei verschiedene Gelphasen auftreten.
3.) Es gibt eine bestimmte Zusammensetzung von Lösungsmittel und Polymer und eine bestimmte Temperatur, bei der Gelpunkt (Divergenz der Konnektivitätslänge ξ_p) und kritischer Entmischungspunkt (Divergenz der Korrelationslänge ξ) zusammenfallen.

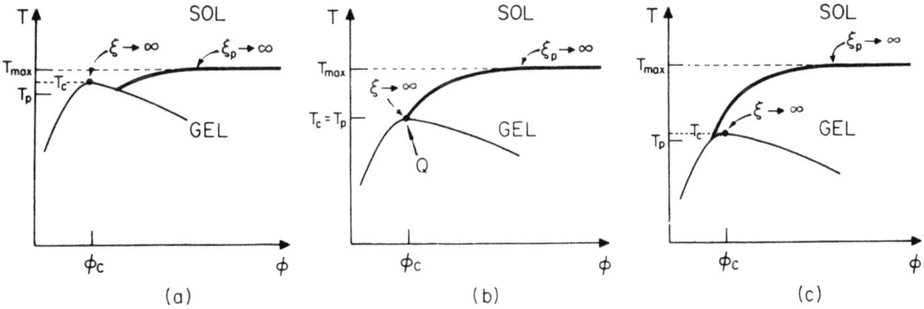

Abb. 4 . Verschiedene Wahl der Lösungsmittelparameter eines gelierenden Polymer-Lösungsmittel-Gemisches als Funktion des Volumenbruchs an Polymeren. Kritischer Entmischungspunkt (a) im Solbereich, (b) auf dem Schnittpunkt mit Gelkurve, (c) im Gel

Das wesentliche Merkmal von Coniglios Methode ist ihre Unabhängigkeit von der spezifischen Form der Netzpunkte, und sie sollte daher eine große Anzahl thermoreversibler, homogener Gele beschreiben.

BEISPIELE THERMOREVERSIBLER POLYSACCHARID-GELE

Als nächstes werden vier thermoreversibel gelierende Polysaccharide beschrieben. Dabei ergibt sich das Problem, daß die Gelierungsmodelle der einzelnen Polsaccharide noch immer umstritten sind, und daher noch keine endgültige Aussage gemacht werden kann. Es werden daher die verschiedenen Vorstellungen nebeneinander gestellt und diskutiert.

Carrageenane und Agarose

Beide Algenpolysaccharide werden hier gemeinsam behandelt, da sie sowohl in ihrer chemischen Struktur, als auch in den vorgeschlagenen Gelierungsmodellen sehr ähnlich sind. Beide bestehen aus einer alternierenden Sequenz von β (1-3) verknüpfter D-Galaktose und β(1-4) verknüpfter 3,6-Anhydrogalaktose (in der D-Konfiguration bei Carrageenan und in der L-Konfiguration bei Agarose). Diese Sequenzen sind unterschiedlich stark sulfatisiert und werden entsprechend dem Sulfatisierungsgrad mit λ-, ι-, und κ-Carrageenan bezeichnet (Anderson et al. 1968; Araki et al. 1967; Duckworth et al. 1971). Agarose enthält keine Sulfatgruppen, siehe Abb.5. Eine Folge dieser unterschiedlichen Sulfatisierung ist die zunehmende Löslichkeit durch zunehmende Solvatisierung mit dem Sulfatisierungsgrad. Dies wirkt sich auch auf die Gelstruktur aus. Weiterhin wird sowohl bei den Carrageenanen als auch bei der Agarose ein Teil der Anhydrogalaktosen durch Galaktose-6-Sulfat-Gruppen ersetzt, die somit die reguläre Struktur unterbrechen.

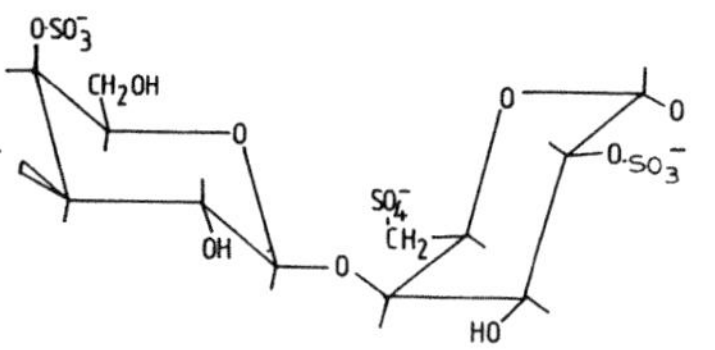

λ-carrageenan

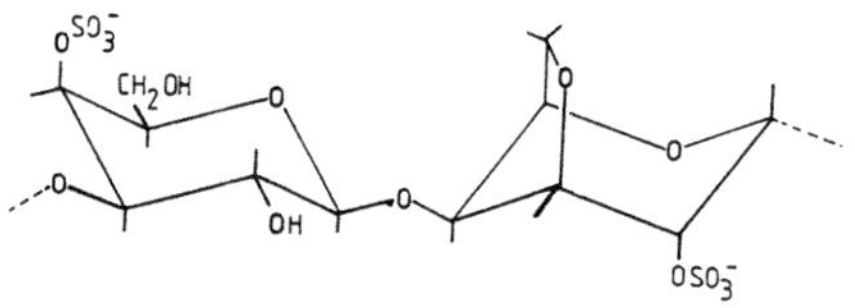

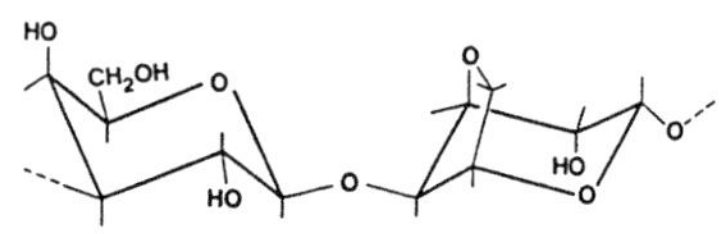

ι-carrageenan

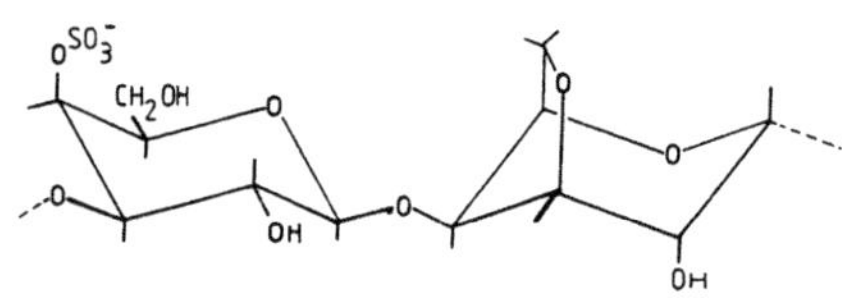

κ-carrageenan

Abb. 5 . Struktur von Carrageenan und Agarose

Die in beiden Polysacchariden vorkommenden (1-3),(1-4) Verknüpfungen führen zu einem 'twist' der Primärkette, welche somit zur Helicierung neigt. Sowohl für Carrageenan (Anderson et al. 1969; Arnott et al. !974) als auch für Agarose (Arnott et al.1974) konnte im festen Zustand eine Doppelhelix nachgewiesen werden. Die Frage, ob diese Helices auch in Lösung vorhanden sind, und welche Rolle sie beim Gelieren spielen, ist dagegen noch umstritten. Rees und Mitarbeiter postulieren das Modell der doppelhelikalen Verknüpfungsstellen und belegen es mit ORD-, NMR-, Lichtstreumessungen und Kompetitionsexperimenten mit kurzen Polymerketten.

Danach verläuft die Gelierung des Carrageenans in einem Zweistufenmechanismus (Robinson et al. 1980), siehe Abb. 6. Beim Abkühlen der Lösung findet eine Konformationsänderung vom Knäuel (hohe Temperatur) zum Helixzustand (tiefe Temperatur) statt. Unter entsprechenden ionischen Bedingungen (oder beim weiteren Abkühlen) assoziieren diese Helices und bilden Domänen aggregierter Stränge, welche die eigentlichen Netzpunkte des Gels ausmachen.

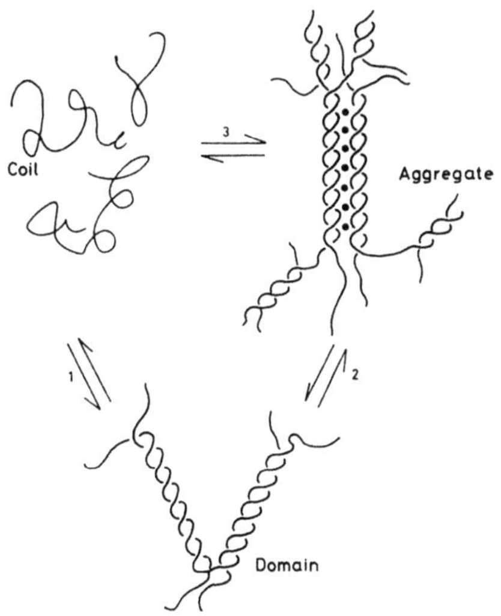

Abb. 6 . Der von Rees (Robinson et al. 1980) vorgeschlagene Gelierungsmechanismus für Carrageenan. (a) isolierte Einzelstränge bei hoher Temperatur; (b) doppelhelikale Domäne nach Abkühlen der Lösung; (c) ionenbedingte Aggregate. (Fig. 1 aus Robinson et al. 1980)

Dieses Modell läßt sich jedoch an zwei Punkten kritisieren. Als erstes ist dies das Postulat der doppelhelikalen Verbindung zwischen verschiedenen Strängen. Da nach Rees 80% der Kettensegmente in helikaler Konformation vorliegen und mehrere helikale Bereiche je Kette existieren, ergeben sich schwerwiegende topologische Probleme bei der Helicierung von mehr als zwei Ketten.

Der zweite zu kritisierende Punkt ist die Existenz von isolierten Einfachketten bei hoher Temperatur. Dies wird nicht durch ein Experiment bewiesen, sondern nur aus ORD Messungen geschlossen. Hierbei stützt sich die Aussage, daß der Übergang eine Helix-Knäuel Umwandlung ist, auf die Abnahme des optischen Drehwertes. Nach neueren theoretischen Untersuchungen ist die beobachtete Änderung der optischen Aktivität kein zwingender Beweis für einen Helix-Knäuel Übergang, sondern könnte auch durch Assoziation hervorgerufen sein.

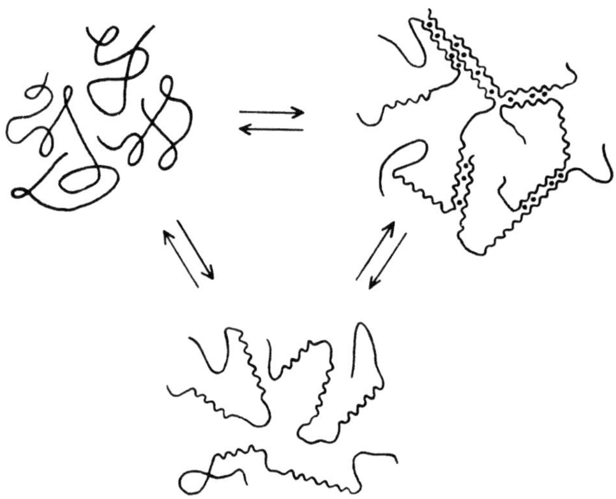

Abb. 7 . Das von Smidrød und Gransdalen (1982) vorgeschlagene Modell der Gelierung von Carrageenan.

Smidrød et al. (1982) postulieren ein Modell, welches die Gelierung von Carrageenan durch einen Knäuel-Einfachhelix Übergang beschreibt. (Siehe Abb. 7). Die so gebildeten Einfachhelices sollen dann über ionische Brücken miteinander assoziieren. Die ionenabhängige Assoziation wurde durch ^{133}Cs-NMR Relaxationsmessungen und durch Bestimmung der Gegenionenaktivität belegt. Dagegen wird die Evidenz für die Bildung von Einfachhelices nur sehr schwach durch die ionenabhängige Messung der Viskosität gestützt. Die von Smidrod angeführte Unabhängigkeit von M_n von der Temperatur, als Hinweis für einen intramolekularen Ordnungsübergang, wird von anderen Autoren (Jones et al. 1973) nicht bestätigt.

Weiterhin ergeben die durch Lichtstreumessungen (ter Meer 1984) gefundenen Massenbelegungen der Polymerstränge, selbst bei Temperaturen weit oberhalb des Gelpunkts, Werte, die weit über denen der Einfachstränge liegen. Der Übergang zu isolierten Einzelketten ist somit ausgeschlossen und die Gelbildung als eine kooperative Assoziation von Doppelhelices aufzufassen.

Eine ähnliche Kontroverse wie bei der Gelierung von Carrageenan ergibt sich auch bei Agarose, wobei die Erklärung des Gelierungsprozesses noch durch ausgeprägte thermische Hysterese der Gelumwandlung erschwert wird. Wiederum von Rees und Mitarbeitern (Arnott et al. 1974; Bryce et al. 1974; Rees 1969) wird ein Zweistufenmechanismus vorgeschlagen. Dieser besteht aus einer Doppelhelixbildung mit anschließender Assoziation zu dicken Polymerbündeln, welche im Laufe der Zeit durch Reorganisation kristallisieren. Diese Kristallisation (Phasentrennung) wird als Ursache der Hysterese angesehen. Demgegenüber schlägt Atkins (1981 , zitiert nach Letheby und Young) das Modell der fibrillären Kristallisation von Einfachhelices vor.

Pektine und Alginate

Eine zweite Gruppe gelbildender Polysaccharide stellen die Pektine und Alginate dar. Beide sind Polyelektrolyte, bestehend aus Uronsäuren. Alginate sind aus unterschiedlichen (1-4) verknüpften Sequenzen von α -L-Guluronat und β-D-Manuronat zusammengesetzt,(siehe Abb.8), wobei sowohl homopolymere Blöcke als auch alternierende Sequenzen von Monomereinheiten auftreten.

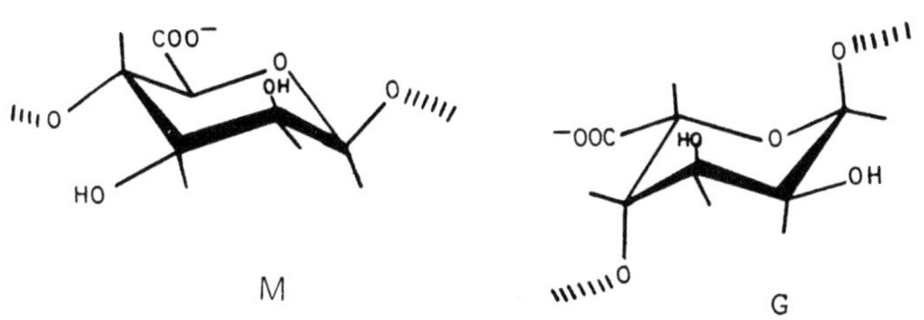

Abb. 8 . Bausteine der Alginate; Guluronat (G), Manuronat (M)

Gelierung tritt beim Austausch von monovalenten Ionen (vor allem Ca^{++}) auf. In einer Reihe von Untersuchunge (Bryce et al. 1974; Rees 1969; Morris et al. 1973: Kohn 1975) konnte nachgewiesen werden, daß die Gelierung über Blöcke von mindestens 20 Guluronsäureeinheiten erfolgt. Blöcke aus Manuronaten tragen dagegen nur zu einem kleinen Teil zur Gelierung bei. Die alternierenden Sequenzen zeigen keine Tendenz zur Assoziation und wirken daher als Lösunsvermittler innerhalb des Netzwerkes.

Durch Messung der Ionenaktivität von Ca^{++}-Alginatgelen, CD-Messungen an Gelen und segmentierten Alginaten, sowie Modellrechnungen der Konformation von Alginatketten, schlugen Rees et al. das von ihm "egg-box" genannte Modell als Mechanismus der Ca^{++}-induzierten Gelierung von Alginaten vor.

Durch die bi-axiale Verknüpfung der Guluronate entsteht eine stark gefaltete Kettenkonformation, die "Höhlen" enthält, deren Durchmesser dem Ionenradius von Ca^{++} entspricht. Innerhalb dieser Höhlen befinden sich O-Atome an geeigneter Stelle, so daß durch Einlagerung von Ca^{++} in diese Höhlen die gefaltete Konformation durch Komplexierung stabilisiert wird. Über solche Ca^{++}-Chelatbrücken werden je zwei Polymerketten parallel miteinander verknüpft, siehe Abb. 9.

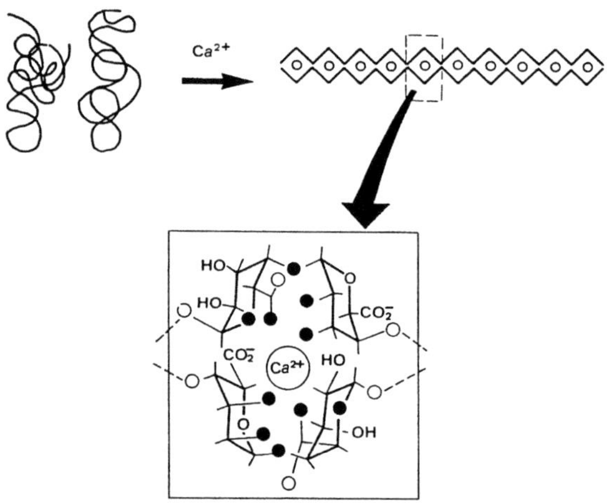

Ab. 9 . Das von Rees (Rees und Welsh 1977) vorgeschlagene "egg-box" Modell der Gelierung von Alginat. (Fig. 5 aus Rees und Welsh 1977)

Bei höheren Ca^{++}-Konzentrationen können mehrere solcher Doppelstränge assoziieren. Die Ca-Brücken zwischen ihnen sind aber wesentlich schwächer und können durch hohe Konzentrationen an einwertigen Ionen verdrängt werden. Die Manuronatblöcke und die alternierenden Sequenzen sind nicht an der Chelatbildung beteiligt und verhindern damit ein vollständiges Kristallisieren der Alginate.

Als letztes werden die Pektine behandelt. Ihre Struktur ist weitaus komplexer als die der Alginate und variiert stark mit der Art der Extraktion und dem verwendeten Pflanzenmaterial. Die grundlegenden Bausteine der Pektine sind α(1-4) verknüpfte D-Galakturonate, deren Methylreste und (1-2) verknüpfte Rhamnose. Der Rhamnosegehalt beträgt etwa 1/25 und teilt die Polymerkette in relativ einheitliche Blöcke; dagegen schwankt der Methylierungsgrad sehr. Man unterscheidet zwischen hochmethyliertem (HM) und schwachmethyliertem (LM) Pektin. Beide Formen unterscheiden sich auch in der Art des Gelierungsvorganges.

Beim Extrem des vollständig unmethylierten Polygalakturonats wurde, analog zu den Alginaten, eine Ca^{++}-induzierte Gelierung nachgewiesen, was wegen der großen Ähnlichkeit beider Moleküle (siehe Abb. 10) nicht verwundert.

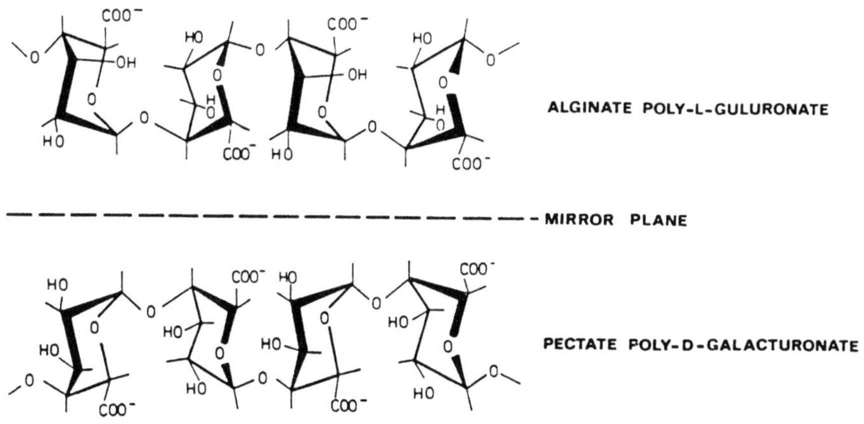

Abb. 10 . Strukturelle Verwandtschaft zwischen Alginat und Pektin. (Fig. 2 aus Morris und Rees 1982; Kohn 1975)

Beide Moleküle sind bis auf die Konformation an C3 spiegelbildlich. Durch CD-Messungen, Bestimmung der Gelstärke im Kompetitionsexperiment mit kurzen Polygalakturonsäuren, Bestimmung der Ca^{++}-Aktivität und Messung der Ca^{++}-Bindungsaffinität in Konkurrenz mit einwertigen Ionen konnten Kohn (1975) und Rees (Rees 1982; Gidley et al. 1979) einen Gelierungsprozess in der Art des "egg-box" Mechanismus nachweisen. Hierbei ergab sich eine für die Chelatbildung notwendige minimale Kettenlänge von 14 Galakturonateinheiten. Die Assoziation der dimeren Ketten ist wie beim Alginat vom Gehalt an überschüssigem Ca^{++} und dem Gehalt an einwertigen Kationen abhängig. Weiterhin zeigt sich, daß bis zu einem gewissen Grad freie Säuregruppen durch Estergruppen ersetzt werden können, ohne daß die Dimerisierung der Stränge verhindert wird. Mit zunehmendem Substitutionagrad nimmt aber die Assoziation zwischen dimeren Ketten zu.

Der zweite Gelierungsmechanismus der Pektine wurde am Beispiel des vollständig veresterten Polygalakturonat nachgewiesen (Morris et al. 1980). Hierbei liegen die Polymerstränge in einer 3_1-Helix vor, wobei sich die Methylgruppen an der Außenseite der Helix in regelmäßiger Anordnung befinden. Dies verändert die Wasserstruktur , und führt so zu einer Assoziation der Ketten durch "hydrophobe" Wechselwirkung. Hochmethylierte Pektine gelieren daher mit abnehmender Wasseraktivität, wie sie durch Zugabe von Zucker oder Glycerin erreicht wird. Ist noch ein geringer Anteil an freien Carboxylgruppen vorhanden, so tritt die Gelierung erst bei entsprechend niedrigem pH (Neutralisierung der anionischen Gruppen) ein.

ZUSAMMENFASSUNG

Thermoreversible Gelierung kann, wie die Gelierung durch chemische Bindungen, als ein topologisches Problem der Verknüpfung von einzelnen Ketten beschrieben werden. Der Gelpunkt wird dabei durch eine kritische Verzweigungsdichte oder Perkolationswahrscheinlichkeit beschrieben und hängt nur von statistischen Parametern ab. Im Gegensatz zu chemisch verknüpften Gelen wird bei thermoreversiblen Gelen die Bindung zwischen den Ketten durch thermodynamische Wechselwirkungen zwischen diesen bestimmt. Die Verknüpfungswahrscheinlichkeit ist also eine Funktion der Temperatur. Geltemperatur und Phasentrennungstemperatur sind nicht identisch. Topologische (Verzweigungswahrscheinlichkeit) und thermodynamische (Zustandssumme) Eigenschaften sind nicht miteinander korreliert.

In den vorgestellten Beispielen der thermoreversibel gelierenden Polysaccharide zeigt sich trotz unterschiedlicher Details eine gemeinsame Struktur des Gelierungsprozesses. Die Polymerketten besitzen zwei unterschiedliche Strukturelemente : Sequenzen, die zur Assoziation befähigt sind und andere, die nicht assoziieren können. Beim Abkühlen bilden die assoziationsfähigen Sequenzen die Verknüpfungsstellen zwischen den Ketten. Die unterbrechenden Einheiten verhindern eine vollständige Kristallisation des Polymeren. Je nach Substitutionsgrad und thermodynamischen Bedingungen der Lösung (Ionenstärke, Lösungsmittelaktivität etc.) ist die Assoziation der Ketten verschieden stark. Gelierung tritt dann auf, wenn im Mittel jede Polymerkette mit zwei anderen verknüpft ist.

LITERATUR

Anderson N.S., Dolan T.C.S., Penman A., Rees D.A., Mueller P.G., Stanioff D.J., Stanley N.F., (1968), J. Chem. Soc. C 602

Anderson N.S., Dolan T.C.S., Rees D.A., (1968), J. Chem. Soc. C 596

Anderson N.S., Campell J.W., Harching M.H., Rees D.A., Samuel J.W., (1969), J. Mol. Biol. 45, 85

Araki C., Arai K., (1967), Bull. Chem. Soc. Japan 40, 1452

Arnott S., Scott W.E., Rees D.A., McNab C.G.A., (1974), J. Mol. Biol. 90, 253

Arnott S., Fulmer A., Scott W.E., Dea I.C.M., Moorhouse R., Rees D.A., (1974), J. Mol. Biol. 90, 269

Bachmann E., Zbinden G., (1980), Lebensm. Wiss. Tech. 5, 239

Bryce T.A., McKinnon A.A., Morris E.R., Rees D.A., Thorn D., (1974), Faraday Diss Chem Soc. 57, 221

Coniglio A., Stanley H., Klein W., (1982), Phys. Rev. B 25, 6805

Coniglio A., (1982), J Phys. A Math. Gen. 15, 3829

Coniglio A., Stanley H.E., Klein W., (1979), Phys. Rev. Lett. 42, 518

Daoud M., Coniglio A., (1981), J. Phys. A., Math. Gen. 14, L301

Duckworth M., Yaphe W., (1971), Carbohyd. Res. 18, 1

Dusek K., (1973), J. Polym. Sci., Part C 42, 701

Eldrige S.E., Ferry J.D., (1958), J. Phys. Chem. 58, 992

Flory P.J., (1941), J. Am. Chem. Soc. 63, 3083, 3091, 3096

Flory P.J., (1953), "Principles in Polymer Chemistry", Cornell University Press (Ithaca)

Flory P.J., (1949), J. Chem. Phys. 17, 223

de Gennes P.G., (1979), "Scaling concepts in polymer physics", Cornell University Press (Ithaca)

de Gennes P.G., (1972), Riv. Nuovo Cimento 7, 363

Gidley M.J., Morris E.R., Murray E.J., Powell D.A., Rees D.A., (1979), J. Chem Soc. Chem. Comm. 990

Gordon M., (1981), Pure Appl. Chem. 53, 1461
Hermans J.J., (1947), Trans. Faraday Soc. 43, 591
Herrmann K., Gerngross O., Abitz W., (1930), Z. Phys. Chem. Abt. B 10, 371
Jones R.A., Staples E.J., Penman A., (1973), J. Chem. Soc. Perkin II 1608
Kohn R., (1975), Pure Appl. Chem. 30, 371
Mandelkern L., (1964), "Crystallisation in Polymers", McGraw-Hill (New York), p. 112
ter Meer H.-U., (1983), Dissertation Univ. Freiburg
Morris E.R., Rees D.A., Thorn D., (1973), Chem. Comm. 245
Morris E.R., Gidley M.J., Murray E.J., Powell D.A., Rees D.A., (1980), Int. J. Biol. Macromol. 2, 327
Raoult J.M., (1978), Sci. Tech. Pharmaceatiques 7, 407
Rees D.A., Welsh E.J., (1977), Angew. Chem. Int. Ed. 16, 214
Rees D.A., (1969), Adv. Carbohyd. Chem. 24, 267
Rees D.A., zitiert nach Letheby M.L., Young D.A., (1981), J. Chem. Soc. Faraday Trans.I 77, 1953
Rees D.A., (1972), Chem Ind. 630
Rees D.A., (1982), Carbohyd. Polymers 2, 254
Robinson G., Morris E.R., Rees D.A., (1980), J. Chem. Soc., Chem. Comm. 152
Simdrod O., Gransdalen H., (1982), Carbohyd. Res. 2, 270
Stauffer D., (1981), Pure Appl. Chem. 53, 1476
Stauffer D., (1982), Physica A 106a, 177
Takahishi A., Nakumura T., Kagaura I., (1972), Polym. J. 3, 207
Tanaka T., (1981), Sci. Am. 244, 110

Mesophasen und Phasentrennung

W. Burchard

EINLEITUNG

Polysaccharide und ihre Derivate zeigen im Vergleich zu synthetischen Polymeren, aber auch zu anderen natürlichen Makromolekülen wie z.B. den Proteinen, häufig ungewöhnliche Eigenschaften , die bisher noch keine vollständige theoretische Erklärung gefunden haben. Dies gilt in besonderem Maße auch für die Thermodynamik dieser Polymeren. Manches erscheint geradezu auf den Kopf gestellt. Das bekannteste und vielleicht auch älteste Beispiel ist hier die Methylcellulose (Sakar 1973).

Methylcellulose relativ niederen Substitutionsgrades ist in kaltem Wasser löslich. Beim Erwärmen tritt eine Phasentrennung auf, oder, wenn höhere Konzentrationen angewendet werden, eine Gelierung; diese ist rückgängig zu machen und verschwindet wieder beim Abkühlen, wenn auch häufig mit einer Hysteresis verbunden. Die meisten synthetischen Polymeren zeigen Phasentrennung beim Abkühlen (Flory 1953). Zum Teil kann das inverse Verhalten der Celluloselösungen in einer halbquantitativen Weise erklärt werden, und dies ist eines der Ziele dieses Beitrags. Für die Gründe der Gelbildung gibt es bisher nur vage Vorstellungen, obwohl sich auch hier allmählich eine quantitative Deutung anbahnt.

Die erstaunlichen Eigenschaften der Methylcellulose treten in vergleichbarer Weise auch bei der Hydroxypropylcellulose (HPC) auf (Hercules Inc. Bericht 1971; Klug 1971; Werbowji und Gray 1976), deren Lösungseigenschaften sehr viel genauer untersucht wurden (Werbowji und Gray 1976; Aspler und Gray 1979) als die der Methylcellulose. Das hat einen besonderen Grund. Stellt man nämlich Lösungen von HPC in Wasser her in Konzentrationen von 60% und mehr, so zeigen diese Lösungen ein erstaunliches Farbenspiel, je nach Konzentration von einer roten bis zu einer blauen Farbe (Werbowji und Gray 1976, 1980; Aspler und Gray

Polysaccharide
Herausgegeben von W. Burchard

1979). Genauere Untersuchungen der optischen Eigenschaften dieser Phasen ergaben, daß sie optisch anisotrop sind, also doppelbrechend, und eine außerordentlich überhöhte optische Aktivität zeigen (Werbowji und Gray 1976; Toriumi et al. 1979). Es handelt sich also um eine flüssig kristalline, eine sogenannte Mesophase, in dem vorliegenden Fall um eine cholesterische Phase. Die Moleküle liegen parallel zueinander in Schichten, und die übereinanderliegenden Schichten sind schraubenförmig zueinander verdreht. Der Unterschied zu einer nematischen Phase ist in Abb. 1 schematisch dargestellt. Genau genommen sollte man die hochkonzentrierten, optisch anisotropen Mesophasen als lyotrop bezeichnen, da es sich hier nicht um reine Flüssigkeiten, sondern um Lösungen handelt.

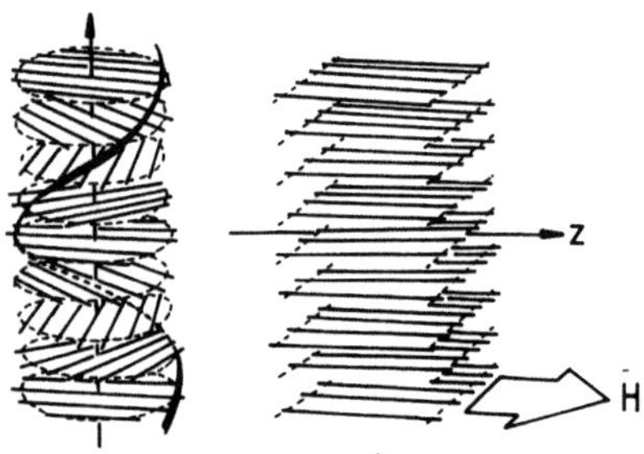

a b

Abb.1. Schematische Darstellung einer cholesterischen Phase (a) und einer nematischen Phase (b). In einigen Fällen läßt sich die cholesterische Phase durch ein Magnetfeld in die nematische Phase umwandeln (Duke und DuPre 1974)

Erst seit 1976, vor allem durch die Arbeiten von Gray (Werbowji und Gray 1976, 1980; Aspler und Gray 1979; Gray 1983), aus Canada begann sich eine Erklärung für die Ausbildung der Mesophasen anzubahnen. Diese Untersuchungen an HPC nehmen eine Schlüsselstellung für das Verständnis vieler Eigenschaften der Cellulosederivate aber auch anderer Polysaccharide ein.

Anfangs hat man die Ausbildung der cholesterischen Phase bei hohen Konzentrationen und die Phasentrennung beim Erwärmen der Lösungen im niedrigen Konzentrationsbereich als zwei miteinander gekoppelte Phänomene angesehen. Inzwischen sind Systeme bekannt geworden, die das normale Phasentrennungsverhalten bei niederen Konzentrationen zeigen und dennoch cholesterische Phasen bilden, so daß man die Bildung der Mesophasen von der Entmischung unabhängig behandeln können sollte.

Im folgenden werden die Phasentrennungsphänomene bei Polymerlösungen kurz allgemein besprochen. Dann werden die besonderen Verhältnisse der wässrigen Lösungen diskutiert. Daran anschließend werden die Gründe für die Ausbildung von Mesophasen abgeleitet, und einige Bemerkungen angeschlossen zu dem Zwischenbereich , in dem Gelbildung auftreten kann.

DIE FLORY - HUGGINS THEORIE

Sieht man von den hochverdünnten Lösungen ab, so läßt sich das thermodynamische Verhalten von Polymerlösungen mittlerer Konzentration häufig gut durch die Flory-Huggins Theorie beschreiben. Thermodynamische Eigenschaften von Lösungen lassen sich ableiten, wenn man über einen Ausdruck für die freie Enthalpie der Mischung zwischen Polymer- und Lösungsmittelmolekülen verfügt, bzw. über die entsprechenden chemischen Potentiale. Die von Huggins und Flory abgeleiteten Beziehungen für das chemische Potential lauten:

$$\mu_1/RT = \ln(1-1/x)\phi_2 + \chi\phi_2^2 \qquad (1)$$

$$\mu_2/RT = \ln(\phi_2/x) + (x-1)\phi_2 + \chi x(1-\phi_2)^2 \qquad (2)$$

wobei die Indices 1 und 2 sich auf das Lösungsmittel bzw. das Polymer beziehen, x ist der Polymerisationsgrad, $\phi_2 = cv_2$ der Volumenbruch des Polymeren, mit c der Gewichtskonzentration und v_2 dem partiellen spezifischen Volumen, und χ ist ein Wechselwirkungsparameter, der weiter unten ausführlicher besprochen wird.

Die beiden ersten Glieder in den beiden Gleichungen sind kombinatorischen Charakters und entsprechen der Verdünnungsentropie von rein athermischen Lösungen. Der kombinatorische Anteil wurde von den beiden Autoren aus der Vielzahl der Anordnungsmöglichkeiten von Polymymerketten auf einem Gitter berechnet, wobei vollständige Flexibilität der Ketten vorausgesetzt wird.

Der dritte Term berücksichtigt die spezifische Wechselwirkung zwischen den Polymersegmenten. Der Wechselwirkungsparameter war ursprünglich als eine rein enthalpische Größe angesetzt worden. Er setzt sich zusammen aus den Wechselwirkungsenergien w_{ij} von Lösungsmittelpaaren (w_{11}), Polymerpaaren (w_{22}) und Paaren mit einem Lösungsmittelmolekül und einem polymersegment als Partner (w_{12})

$$RT\chi = w_{21} - (w_{11} + w_{22})/2 \qquad (3)$$

Später stellte sich heraus, daß χ einer freien Enthalpie entspricht und einen Excessentropieanteil enthält.

Die Proportionalität des Wechselwirkungsterms zu Φ_2^2 erscheint auf den ersten Blick sofort einsichtig, da stets wenigstens zwei Makromoleküle miteinander in Kontakt treten müssen. Es war vor allem Tompa (1956) der frühzeitig darauf hinwies, daß diese Betrachtungsweise inkorrekt ist; statt des Volumenbruchs muß der entsprechende Oberflächenbruch eingesetzt werden, und dieser ist vom Volumenbruch verschieden, kann aber in Φ_2 umgerechnet werden mit dem Ergebnis (Konigsveld 1977)

$$\chi = \chi_o \frac{1-\gamma}{(1-\gamma\Phi_2)^2} \qquad (4)$$

wobei

$$\gamma = 1 - \tau_2/\tau_1 \qquad (5)$$

durch das Verhältnis der Oberflächen pro Einheitsvolumen τ_1/τ_2 der beiden Komponenten definiert ist. γ liegt häufig in der Größenordnung von 0.3. Der χ-Parameter ist demzufolge, entgegen Florys ursprüng- licher Approximation, relativ stark von der Polymerkonzentration abhängig. Genaue Messungen an dem System Polystyrol-Cyclohexan bestätigen diese Konzentrationsabhängigkeit (Konigsveld et al. 1970). Aber auch für HPC fanden Gray und Mitarbeiter eine Konzentrationsabhängigkeit (siehe Abb. 2) der folgenden Art (Aspler und Gray 1979)

$$\chi = \chi_1 + \chi_2\,\Phi_2 \qquad (6)$$

mit Werten von $\chi_2 = 0{,}3$. Gl. (6) folgt unmittelbar aus der allgemeineren Beziehung (4) für kleine Werte von $\gamma\Phi_2$.

Die Gleichungen für die chemischen Potentiale sagen voraus. daß Phasentrennung auftritt, wenn χ_1 einen Wert von 0.5 um einen bestimmten Betrag überschreitet. Phasentrennung heißt, daß zwei makroskpische Phasen unterschiedlicher Polymerkonzentration nebeneinander coexistieren können. Ausgedrückt in thermodynamischen Größen heißt dies, daß in beiden Phasen die chemischen Potentiale gleich groß sein müssen

$$\mu_1' = \mu_1'' \tag{7}$$

$$\mu_2' = \mu_2''$$

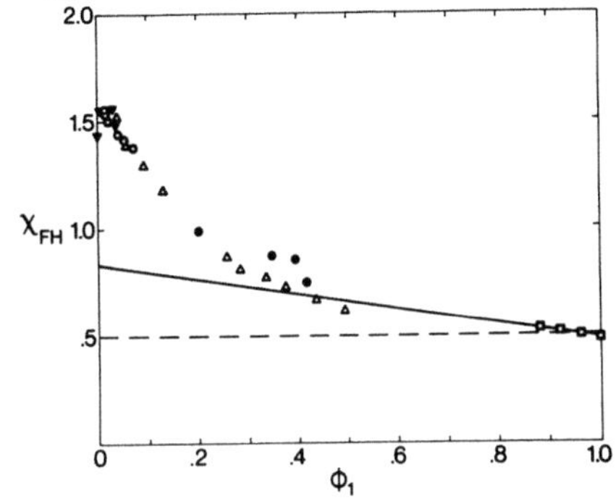

Abb.2. Werte des χ-Parameters bei verschiedenen Konzentrationen. Die ausgezogene Kurve entspricht der Beziehung (6) mit χ_1 = 0,482 und χ_2 = 0,371; $\Phi_1 = 1- \Phi_2$ (Aspler und Gray 1979)

WÄSSRIGE SYSTEME

Eine wirklich gute Übereinstimmung mit der Flory-Huggins Theorie wurde bisher allerdings nur für das System Polystyrol/Cyclohexan gefunden. In allen anderen Fällen und hier vor allem bei den wasserlöslichen Polymeren wurden zum Teil erhebliche Abweichungen selbst in qualitativer Hinsicht beobachtet. Das Versagen der Theorie hängt weitgehend mit der Deutung des χ-Parameters als einer Enthalpiegröße zusammen. Bei dieser Annahme sind die w_{ij} in Gl. (3) temperatur- unabhängige Konstanten, und χ kann die für eine Phasentrennung erforderliche kritische Größe nur erreichen, wenn endotherme Lösungen vorliegen, d.h. wenn $\chi_1 > 0$ ist und wenn die Temperatur abgesenkt wird. (Die Größen w_{ij} sind Potentiale und haben somit negatives Vorzeichen). Selbstverständlich gibt es auch Systeme, bei denen das Potential w_{12} tiefer liegt als der Mittelwert der beiden anderen Potentiale; dann wird jedoch χ_1 negativ und ein Wert von χ_1 = 0,5 kann niemals erreicht werden. Das steht im Gegensatz zu vielen Beobachtungen.

Nachdem jedoch erkannt wurde, daß χ_1 einen Entropieanteil enthält, muß empirisch angesetzt werden.

$$\chi_1 = \beta_o + \beta_1/RT \qquad (8)$$

wobei β_o dem entropischen und β_1 dem enthalpischen Anteil entspricht. Positive Werte von β_o entsprechen negativen Excessentropien während positive β_1 endothermen Lösungen entsprechen. Die üblichen Polymerlösungen sind endotherm und β_o ist negativ (Flory 1953; Tompa 1956; Konigsveld 1977; Burchard 1983). Bei wässrigen Systemen dagegen ist β_1 negativ; d.h. durch das Polymere wird ein höherer Ordnungszustand erreicht. Damit wird zumindest formal die Phasentrennung beim Erwärmen verständlich. Sie kann auftreten, wenn $\beta_o > 0,5$ ist, denn dann verliert der negative Term β_1/RT immer stärker an Einfluß, sodaß insgesamt χ_1 größer als 0,5 werden kann.

Es bleibt die Frage, woher die großen negativen Excessentropien kommen. Man könnte vermuten, daß durch die starke Solvatation ein hoher Ordnungszustand bei dem Lösungsmittel in unmittelbarer Nähe der Polymerkette induziert wird. Berechnungen verschiedener Fälle zeigten aber (Barker und Fock 1953), daß diese induzierte Ordnung nicht ausreicht, um einen genügend hohen Wert von β_o zu erzeugen, der experimentell bei den wässrigen Systemen mit Phasentrennnung bei höheren Temperaturen gefunden wurde (Malcolm und Rowlinson 1957). Nur bei sogenannten strukturierten Lösungsmitteln kann ein so hoher Wert von β_o qualitativ erklärt werden, wenn es auch noch immer an einer exakten Theorie fehlt (Nemethy et al. 1962, 1964).

Wasser ist das bekannteste strukturierte Lösungsmittel (Frank 1972), d.h. es liegt in der Form von schnell sich bildenden und wieder rasch zerfallenden größeren Clustern vor. Eine zusätzliche Strukturierung tritt ein, wenn <u>hydrophobe</u> Seitengruppen oder Kettenabschnitte in Wasser gelöst werden; sie ist eine Folge einer co-operativen Wechselwirkung zwischen den Wassermolekülen (Nemethy et al. 1962, 1964). Die exothermen Eigenschaften zeigen, daß diese hydrophoben Gruppen hydratisiert werden. Jedoch ist die Wechselwirkung mit dem Wassermolekül schwächer als zwischen den anderen Wassermolekülen in einem Cluster. Da Wasser vier funktionelle Ansatzpunkte für eine Assoziation hat, wirkt sich die schwächere Bindung zur hydrophoben Einheit so aus, daß die anderen drei Bindungsstellen verstärkt werden: es tritt eine zusätzliche Strukturierung des Wassers in der Umgebung der Polymerkette ein. Dieser so gewonnene höhere Ordnungszustand reicht nun aus, um β_o genügend positiv zu machen.

Bei der hydrophoben Wechselwirkung werden durch Erwärmung keine Bindungen aufgebrochen, wie dies in vielen Lehrbüchern fälschlicherweise dargestellt wird, sondern die Phasentrennung ist allein eine Folge der hohen negativen Excessentropie durch die Strukturierung des Lösungsmittels. Entropie und Entalpie bleiben praktisch unverändert.

MESOPHASEN

Abb. 3 zeigt schematisch das Phasendiagramm der HPC bei niedrigen und hohen Konzentrationen (Werbowji und Gray 1980). Der Übergang von einer isotropen Lösung zu einer anisotropen Mesophase tritt ziemlich scharf bei einem Volumenbruch von 0.37 oder einer Gewichtskonzentration von 41% ein.

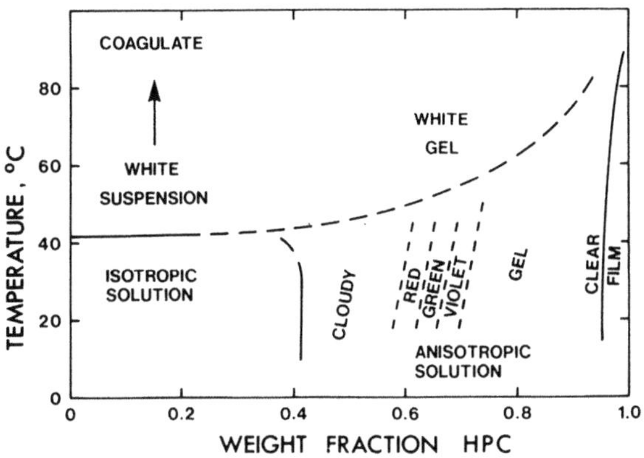

Abb. 3. Phasendiagramm der HPC in Wasser (Werbowji und Gray 1980)

Flüssig kristalline Zustände treten auf, wenn entweder spezielle anisotrope Wechselwirkungen zwischen den Molekülen bestehen, oder wenn starre Moleküle mit einem großen Achsenverhältnis vorliegen. Eine erste brauchbare thermodynamische Theorie der spontanen Orientierung stäbchenförmiger Moleküle in Lösung wurde wiederum von Flory 1956 ausgearbeitet und weiter ausgebaut (Flory et al. 1978). Wieder ging er von den Anordnungsmöglichkeiten aus, die ein starres Stäbchen des Achsenverhältnisses x auf einem Gitter hat. Als wichtigste zusätzliche Größe geht bei der Mischungsentropie der Ordnungsparameter y ein, der schematisch in Abb. 4 definiert ist.

Die gestrichelte Linie deutet die Vorzugsrichtung in einem teilorientierten Bereich an. Das Stäbchen möge einen Winkel ψ zu dieser Vorzugsrichtung bilden. Das Gitter wird so angenommen, daß die Stäbchendicke gerade einen Gitterplatz beansprucht. Dann läßt sich das wirkliche Stäbchen in diesem Gitter in y Untereinheiten mit der Ausrichtung in die Hauptorientierungsrichtunng unterteilen,wobei

$$y = x \sin\psi \tag{9}$$

ist und jedes Teilstäbchen in der lateralen Ausdehnung gerade einen Gitterplatz beansprucht. Bei $y = 0$ liegt vollständige Orientierung vor, und $y = x$ ist der höchste Wert, den der Ordnungsparameter bei vollständiger Disorientierung annehmen kann. Das chemische Potential für die geordnete Phase wird dann nach Flory (1956)

$$\Delta\mu_1/RT = \ln(1-\Phi_2) + ((y-1)/x)\Phi_2 + 2/y + \chi\Phi_2^2 \tag{10}$$

$$\Delta\mu_2/RT = \ln(\Phi_2/x) + (y-1)\Phi_2 + 2 - \ln y^2 + x(1-\Phi_2)^2 \tag{11}$$

und die chemischen Potentiale für die isotrope Phase folgen aus diesen Beziehungen, wenn $y = x$ gesetzt wird. (Vergl. auch Gl. (1) und (2)).

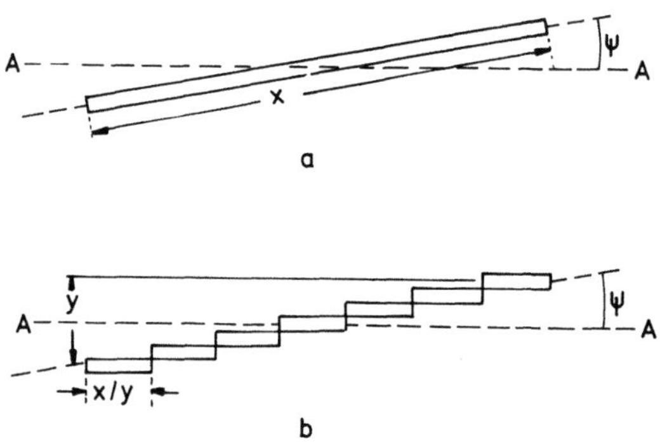

Abb. 4. (a) Lage eines Stäbchens im Gitter, wobei die gestrichelte Linie die Hauptorientierungsachse eines Domains ist. (b) Aufteilung des Stäbchens in y Untereinheiten, die in der lateralen Ausdehnung gerade einen Gitterplatz beanspruchen. x= Achsenverhältnis (Flory et al. 1978)

Der χ-Parameter wird von Flory als von y unabhängig angesehen. Aus dieser Annahme folgt unmittelbar, daß unabhängig von dem Wert des χ-Parameters, oberhalb einer bestimmten Konzentration Φ_2^* eine spontane Orientierung eintritt, und diese kritische Konzentration hängt allein vom Achsenverhältnis des Stäbchens ab. Flory (1956) findet innerhalb einer Genauigkeit von 2 % für diese Phasentrennungskonzentration

$$\Phi_2^* \simeq (8/x)\,(1-2/x) \qquad (12)$$

Im allgemeinen muß man für die Berechnung eines Phasendiagramms den χ-Parameter berücksichtigen. Flory findet für ein Stäbchen mit x = 100 das Phasendiagramm der Abb. 5.

Dieses Phasendiagramm setzt sich aus drei Bereichen zusammen. (1) dem isotropen Bereich der verdünnten Lösungen, in dem das zuvor besprochene Verhalten von flexiblen Kettenmolekülen gilt. (2) Der anisotropen Phase oberhalb der kritischen Konzentration und unterhalb eines bestimmten Wertes des χ-Parameters, der nahe dem Wert χ = 0 liegt. (3) Einem instabilen bzw. metastabilen Bereich bei höheren x Werten, in dem eine flüssig kristalline und eine isotrope Phase auftreten.

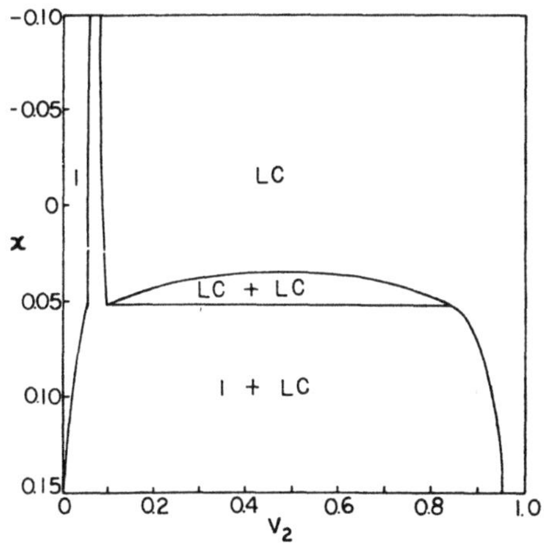

Abb. 5. Ein Phasendiagramm von Stäbchen mit dem Achsenverhältnis x. LC = liquid cristalline, I = isotrop. $v_2 = \Phi_2$ Volumenbruch des Polymeren (Flory 1956; Miller 1978)

Flory sah den weit ausgedehnten Bereich mit dem flachen Maximum als nicht relevant an, sondern glaubte ursprünglich, daß es sich hier um einen systematischen Fehler handelt, der aus den nicht ganz physikalischen Annahmen resultiert. Wie Abb. 6 jedoch zeigt, wird genau das vorausberechnete Verhalten qualitativ korrekt bei Polybenzylglutamat (PBLG) gefunden. Über diesen Zwischenbereich werden im letzten Abschnitt noch einige Bemerkungen gemacht.

Bei seinem Versuch, Florys Theorie auf die konzentrierten Lösungen von HPC anzuwenden, stieß Gray auf zwei Schwierigkeiten.

(1) Nach Gl. (12) sollte die kritische Phasentrennungstemperatur mit zunehmender Kettenlänge abnehmen; gefunden wurde jedoch praktisch eine Kettenlängenunabhängigkeit.

(2) Die Celluloseketten und die ihrer Derivate sind meist gar nicht so steif, und die Frage blieb, ob die Florytheorie überhaupt noch angewendet werden kann.

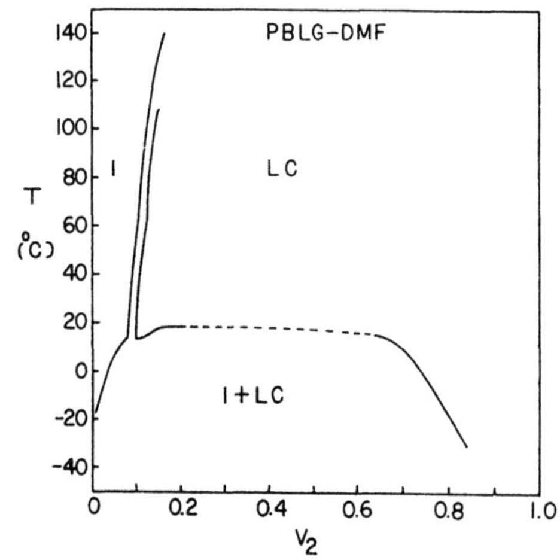

Abb. 6. Phasendiagramm des PBLG (M_w = $3.1x10^5$) in DMF (Miller 1978)

Flory selbst war sich von Anfang an über die Grenzen seiner 1956 aufgestellten Theorie im klaren. Er hat sich daher 1978 mit der Frage einer gewissen Flexibilität der Ketten beschäftigt und ein System durchgerechnet, das aus N frei beweglichen, starren Kuhn- Segmenten besteht. Er erhielt wieder im wesentlichen Gl. (12), wobei allerdings jetzt x das Achsenverhältnis der Kuhnlänge ist. Ferner wird in diesem Modell Φ_2^* von der Kettenlänge, d.h. von N unabhängig, wenn N genügend groß ist.

Dieses Ergebnis veranlaßte Gray, das Achsenverhältnis x aus der Persistenzlänge P = x/2, der Ketten in verdünnter Lösung und dem Packungsabstand der Ketten im Film abzuschätzen. Er fand eine gute qualitative Übereinstimmung mit Gl. (12), wenn auch Φ_{2exp} meist etwas kleiner ist als nach Gl. (12) berechnet. Eine vollständige Übereinstimmung mit der Theorie ist auch bei einem semiflexiblen Molekül nicht zu erwarten, da vermutet werden kann, daß sich die Persistenzlänge bei höheren Konzentrationen erhöht.

Das cholesterische Farbenspiel tritt bei HPC-Filmen nicht bei Raumtemperatur auf, sondern bildet sich erst bei Erwärmen über 40°C aus, wobei erst eine Blaufärbung eintritt, die sich allmählich zum roten hin verschiebt und schließlich bei weiterer Temperaturerhöhung vollständig verschwindet. Offensichtlich setzt entweder eine gewisse Beweglichkeit in der anisotropen Phase ein, oder aber die thermodynamische Wechselwirkung als Folge einer Abnahme von χ wird zwischen den verschiedenen Ketten geringer, und der Abstand zwischen den Ketten wird größer. Gray ließ sich von der Vorstellung einer Abnahme der Wechselwirkung leiten und hat durch Substitution der HPC eine systematische Vergrößerung der Kettendicke präpariert. Auf diese Weise gelang es ihm, die cholesterischen Farben bei Filmen schon bei Zimmertemperatur zu realisiern.

GELBILDUNG

Wie bereits erwähnt, konnte bei PBLG der weite Bereich zwischen der anisotropen Phasenausbildung und dem Erscheinen cholesterischer Farben bei hohen $_2$ experimentell gefunden werden. In diesem Bereich hat man beim PBLG oberhalb einer bestimmten Temperatur eine stabile lyotrope Phase; unterhalb dieser Temperatur tritt jedoch eine langsame Phasentrennung in eine hochkonzentrierte anisotrope und eine verdünnte isotrope Phase ein. Bei HPC liegen die Verhältnisse insofern etwas anders, als die Phasentrennung in verdünnter Lösung beim Erwärmen auftritt. Bei hohen Konzentrationen wird beim Erwärmen keine Phasentrennung in eine isotrope und anisotrope Phase beobachtet, sondern Gelbildung, (siehe Abb. 3). Diese ist thermoreversibel. Im Beitrag von H.-U. ter Meer wird deutlich gemacht, daß die Gelbildung eine topologische Frage ist und von der thermodynamischen Fragestellung unterschieden werden muß. Die Ausbildung eines Gels heißt nichts anderes, als daß es einen zusammenhängenden Bereich gibt, der sich durch das ganze Reaktionsgefäß hindurchzieht. Starre Stäbchen können sich bei einer Phasentrennung, wenn auch sehr langsam, durch den isotropen Phasenbereich hindurch bewegen; bei teilflexiblen Ketten ist ein solches Wandern dagegen nicht mehr zu erwarten. Eine Phasentrennung in isotrope und anisotrope Bereiche wird bedeuten, daß die Phasengrenze zum Teil durch die Kette verlaufen wird, d.h., es wird verknäulte Molekülbereiche geben und andererseits in demselben Molekül noch starre Segmente, die assoziativ mit anderen Ketten verbunden sind. Damit erhalten wir das typische Bild, das experimentell bei reveriblen Gelen gefunden wird: die assoziativ verbundenen Segmente bilden die Verknüpfungs- bzw. Vernetzungszonen.

LITERATUR

Aspler J.S., Gray D.G., (1979), Macromolecules 12, 562

Barker J.A., Fock W., (1953), Discuss. Farad. Soc. 15, 188

Burchard W., (1983), "Water Soluble Polymers" Ed. Finch, Plenum Press, New York

Duke R.W., DuPre D.B., (1974), 7, 372

Flory P.J., und Mitarbeiter (1978), Macromolecules 6, 1119, 1122, 11 26, 1134, 1138, 1141

Flory P.J. (1953), "Principles of Polymer Chemistry", Cornell university Press, Ithaca

Flory P.J., (1956), Proc. Roy. Soc. London A 234, 73

Frank H.S., (1972), "Water: A Comprehensive Treatise" (F. Franks, Ed.) Plenum Press. New York, Vol. 1 Chapt. 14

Gray D.G., (1983), J. Appl. Polymer Sci., Polymer Symp.

Hercules Inc. Walmington, Del. (1971), "Hydroxylpropyl Cellulose. Chemical and Physical Properties"

Klug E.D. (1971) "Encyclopedia of Polymer Science and Technology", Vol. 15, (n.M. Bikales, Ed.) Wiley, New York, p. 307

Klug E.D., (1971), J. Polymer Sci. Polymer Symp. 36, 491

Konigsveld R.,Kleintjens L.A., Schulz H.R., (1970), J. Polymer Sci. A-2, 8, 1261

Konigsveld R., (1977), Ber. Bunsengesellsch. 10, 959

Malcolm G.N., Rowlinson J.S., (1957), Trans. Fard. Soc. 53, 921

Miller W.G., (1978), Ann. Rev. Phys. Chem. 29, 519

Nemethy G., Scherage H.A., (1962), J. Chem. Phys. 36, 1733, 3382, 3409, 41, 680 (1964)

Sarkar N. (1973), J. Appl. Polymer Sci. 24, 1073

Sixou P. Dayan S., Gilli G.M., Fried F., Maissa P., Vellutini M.J., (1982), A. ten Bosch Carbhydr. Polymers 2, 238

Tompa H. (1956), "Polymer Solutions", Butterworths London Chapt. 3-8

Toriumi H., Miyasaka K., Uematsu I., (1979), Polymer Prepr. Japan 28, 363

Werbowji R.S., Gray D.G., (1980), Macromolecules 13, 69

Werbowji R.S., Gray D.G., (1976), Mol. Cryst. Liq. Cryt. 34, 97

Chemische Strukturaufklärung bakterieller Polysaccharide

K. Jann

Die vergleichende Betrachtung einiger Bakterien-Polysaccharide zeigt, daß jedes Polysaccharid ein eigenes analytisches Problem darstellt und daß es nicht möglich ist, ein generell anwendbares Verfahren zur Strukturaufklärung aufzustellen. Man kann jedoch die Informationen aufzählen, die der Naturstoffchemiker über das zu untersuchende Polysaccharid erhalten möchte. Dazu gehören Natur, Sequenz und Bindungen der Zuckerbausteine, sowie deren anomere Konformationen und Ringgrößen. Außerdem ist auch die Substitution des Polysaccharides (z.B. Acetylierung) interessant.

Zur Beantwortung dieser Fragen steht eine Anzahl von Methoden zur Verfügung. Diese sollten nicht nur am intakten Polysaccharid angewendet werden, sondern auch an Oligosacchariden, die in möglichst übersichtlicher Weise aus dem Polysaccharid erhalten wurden. Die wichtigsten Methoden, deren Anwendung auf spezielle Strukturprobleme adaptiert werden muß, sind die folgenden.

QUANTITATIVE BAUSTEINANALYSE

Die Zuckerbausteine werden i.a. durch saure Hydrolyse aus ihren Glycosidbindungen freigesetzt. Manche Zucker sind säurelabil, wie z.B. Neuraminsäure, 2-Keto-3-desoxy-mannosoctonsäure (KDO) oder bestimmte Desoxyaminozucker, und werden bei der Hydrolyse mehr oder weniger zerstört. Daher müssen zur quantitativen Freisetzung der Zuckerbausteine verschiedene Hydrolysebedingungen getestet werden. Die freigesetzten neutralen Zucker werden häufig nach Reduktion und Acetylierung gaschromatographisch charakterisiert und bestimmt. Durch Reduktion wird das anomere Zentrum (C1 bei Aldosen, C2 bei Ketosen) aufgehoben. Das gebildete Derivat ergibt bei der gaschromatographischen Analyse jeweils nur ein Signal. Saure Zuckerbausteine (z.B. Hexuronsäuren) können durch Papierelektrophorese abgetrennt und charakterisiert werden. Es ist möglich, die Carboxylgruppe, z.B. von Glucuronsäure, über ihren Ester mit Natriumborhydrid zu reduzieren. Dabei entsteht aus Glucuronsäure Glucose. Diese Reduktion (Carboxylreduktion) spielt bei Strukturaufklärungen saurer Polysaccharide eine wichtige Rolle, da sie am intakten Polysaccharid durchgeführt werden kann. Für viele Zuckerbausteine gibt es spezielle Farbreaktionen oder enzymatische Nachweismethoden. Typische Gruppierungen (-COOH, -NHAc, $-CH_3$) sind in Kernresonanzspektren zu erkennen und so zu quantitieren. Eine quantitative Bausteinanalyse ist oft erheblich komplizierter, als man das zunächst annehmen sollte [1-6a].

Polysaccharide
Herausgegeben von W. Burchard

BESTIMMUNG DER BINDUNGSSTELLEN DURCH METHYLIERUNGSANALYSE

Für die Bestimmung der Bindungspositionen der Zuckerbausteine eines Polysaccharides eignet sich die Methylierungsanalyse besonders gut. Das Prinzip dieser Methode ist in Abb. 1 gezeigt. Alle freien Hydroxylgruppen eines Polysaccharids werden in Methylether übergeführt. Nach Hydrolyse des permethylierten Polysaccharids sind in den monomeren Bausteinen nur diejenigen Hydroxylgruppen frei, die im Polymeren durch Glycosidbindungen blockiert und damit der Methylierung nicht zugänglich waren. Anschließende Reduktion der durch Hydrolyse freigesetzten glycosidischen Carbonylgruppen ergibt partiell methylierte Polyole, bei denen nun auch diejenigen C-Atome, die an der Zuckerring-Bildung beteiligt waren, Hydroxylgruppen tragen. Diese werden anschließend acetyliert. Die dabei entstehenden partiell methylierten Polyolacetate können gaschromatographisch und massenspektrometrisch charakterisiert werden. So entsteht z.B. aus einer im Polysaccharid an C4 gebundenen Glucose 1.4.5-Tri-O-acetyl-2.3.6-tri-O-methylglucitol, aus nicht reduzierend endständiger Glucose 1.5-Di-O-acetyl-2.3.4.6-tetra-O-methylglucitol und aus der an einer Verzweigungskette stehenden 4,6-gebundenen Glucose 1.4.5.6-tetra-O-acetyl-2.3-di-O-Methylglucitol. Durch Methylierung werden in eindeutiger Weise die Bindungsverhältnisse in einem Polysaccharid erfaßt.

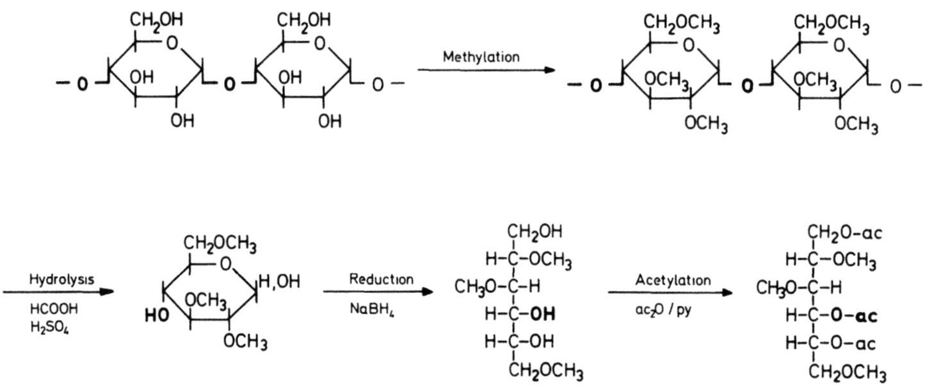

Abb. 1. Schema der Methylierung und Aufarbeitung

Die Methylierung wird in Dimethylsulfoxid durchgeführt, das nicht nur als Lösungsmittel dient, sondern aus dem, wie in Abb. 2 gezeigt, durch Zugabe von Natriumhydrid auch das deprotonisierende Reagens Dimethylsulfinylnatrium hergestellt wird. Anschließende Zugabe von Methyliodid führt zur Permethylierung des Polysaccharids. Dabei ist zu bedenken, daß alkali-labile Substituenten, wie z.B. O-Acetylgruppen, während der Methylierung abgespalten werden und daß alkali-stabile Substituenten, wie z.B. ketalartig gebundenes Pyruvat, Hydroxylgruppen blockieren, die nicht an Glycosidbindungen beteiligt sind. Nach kompletter Hydrolyse des methylierten Polysaccharids, die häufig zunächst in 80 % Ameisensäure und dann in 1N Schwefelsäure erfolgt, werden die so freigesetzten partiell methylierten Zuckerbausteine mit Natriumborhydrid (oder Natriumbordeuterid) reduziert und anschließend mit Acetanhydrid in Pyridin acetyliert. Die entstandenen partiell methylierten Polyolacetate können dann für die kombinierte gaschromatographische und

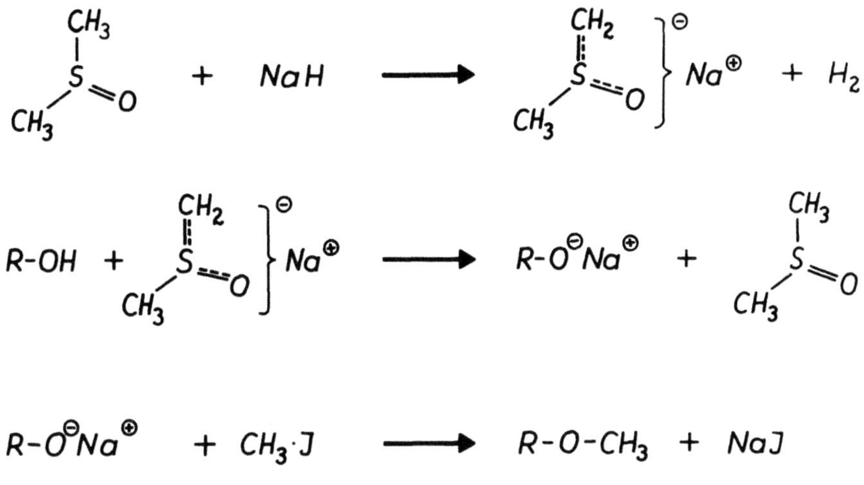

Abb. 2. Reaktionsfolge der Methylierung; R = Zuckerring

massenspektrometrische Analyse eingesetzt werden. Die Methylierungsanalyse läßt sich bei kleinen Oligosacchariden auch zur Sequenzbestimmung verwenden. Das ist in Abb. 3 mit der Bindungssequenz eines Mannose-Trisaccharids gezeigt. Für diese Bestimmung wird das Oligosaccharid zunächst mit Natriumbordeuterid reduziert. Dabei wird der reduzierend endständige Zuckerbaustein reduktiv geöffnet und sein Carbonyl-C-Atom gleichzeitig durch Deuterierung markiert. Bei anschließender massenspektrometrischer Analyse können alle Bruchstücke wie das Carbonyl-C-Atom (C1 der rechten Mannose in Abb. 3) durch eine um eine Einheit erhöhte Masse von denen der anderen Zuckerbausteine unterschieden werden. Mit diesem Verfahren entstehen aus einem wie in Abb. 3 gezeigten Trisaccharid als Endprodukte der Methylierung ein Mono-O-acetyl-penta-O-methylhexitol (vom reduzierenden Ende), ein Di-O-acetyl-tetra-O-methylhexitol (vom nicht-reduzierenden Ende) und ein Tri-O-acetyl-tri-O-methylhexitol (aus der mittleren Position) im Verhältnis 1 : 1 : 1. Die entsprechenden Substitutionsmuster, und damit die Bindungen, ergeben sich aus der massenspektrometrischen Analyse der Substanzen, die bei der gaschromatographischen Auftrennung weit voneinander getrennt erscheinen.

Bei der massenspektrometrischen Analyse wird ein Fragmentierungsmuster gefunden, das von den Substituenten an benachbarten C-Atomen der partiell methylierten Polyole abhängt. Die bevorzugte Fragmentierung findet zwischen benachbarten Methoxygruppen statt, gefolgt von derjenigen zwischen einer Methoxy- und einer Acetoxygruppe. Spaltungen zwischen zwei Acetoxygruppen sind in partiell methylierten Polyolen nicht sehr häufig. Es wird bei allen Fragmentierungen immer nur das geladene Spaltstück erfaßt. Entsprechend der oben angeführten relativen Spaltungsfrequenzen entstehen aus dem in Abb. 4 gezeigten 1.4-Di-O-acetyl-2.3.5.6-tetra-O-methylgalactitol bevorzugt die primären Spaltprodukte mit m/e 45, 117, 205 und 255. Aus den Primärprodukten bilden sich durch Abspaltung von Methanol und/oder Essigsäure und durch Umlagerungen sekundäre Spaltprodukte. Die massenspektrometrische Analyse, die auch an Oligosacchariden durchgeführt werden kann, ist oft kompliziert und erfordert Erfahrung. Vor allem von den Arbeitsgruppen um B. Lindberg (Stockholm) und N.K. Kochetkov (Moskau) sind Fragmentierungsschemata ausgearbeitet worden, welche die Analyse sehr erleichtern [4-6, 7-10].

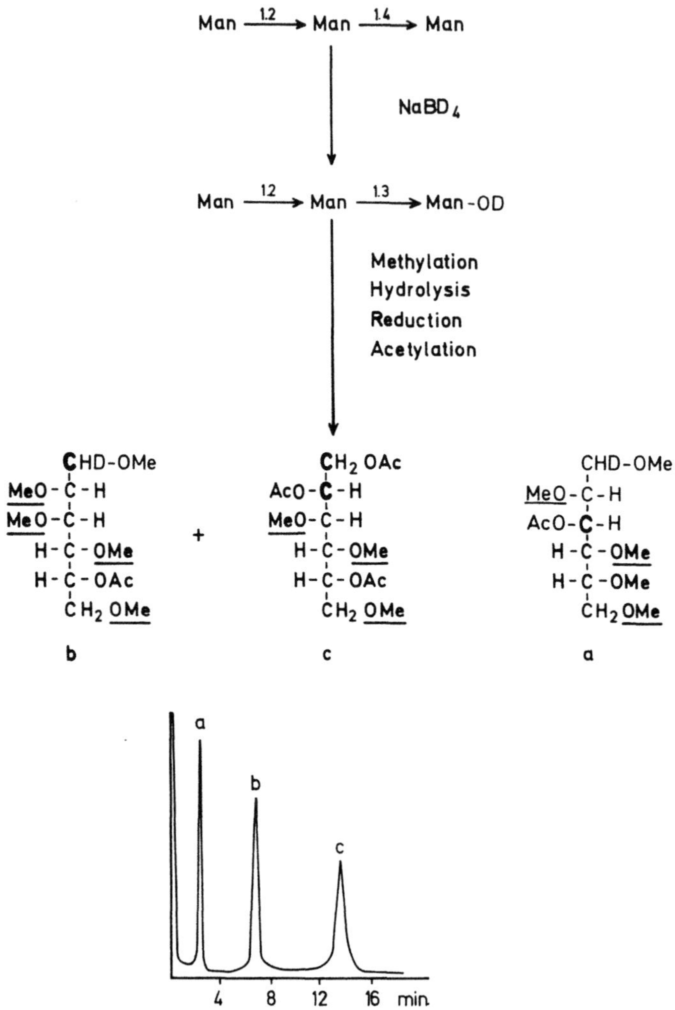

Abb. 3. Methylierungsanalyse eines Manno-Trisaccharids

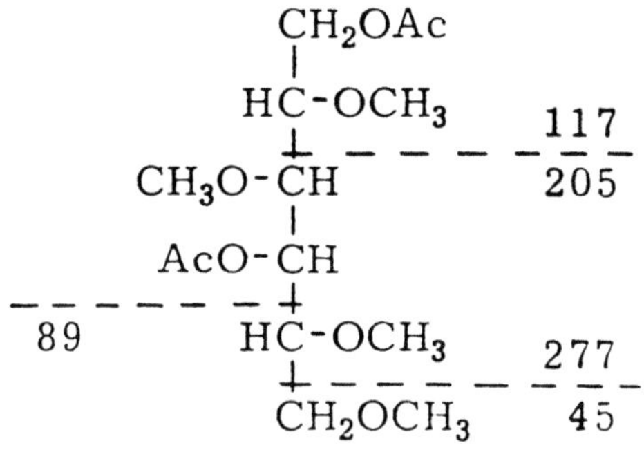

(14)

Abb. 4. Fragmentierungsschema von 1.4-Di-O-acetyl-2.3.5.6-tetra-O-methylgalactitol

SEQUENZBESTIMMUNGEN MIT HILFE VON FRAGMENTIERUNGSMETHODEN

Um die Sequenz der Zuckerbausteine in Polysacchariden zu erkennen, ist es üblich, die Polymere durch passende Fragmentierungsmethoden in Oligosaccharide zu spalten. Diese werden dann den gleichen Strukturanalysen wie die Polysaccharide selbst unterworfen. Aus den Strukturen der Oligosaccharide kann man dann in einer Art Puzzlespiel die Struktur der gesamten Polysaccharide zusammensetzen. Dieses Verfahren wird durch die Tatsache erleichtert, daß bakterielle Polysaccharide relativ einfach aus sich wiederholenden oligosaccharidischen Struktureinheiten aufgebaut sind [11]. Die gebräuchlichsten Fragmentierungsmethoden sind die chemische oder enzymatische Partialhydrolyse, der Smith-Abbau und bei Polysacchariden, welche 2-Desoxy-2-aminozucker enthalten, die desaminierende Fragmentierung.

Partialhydrolyse

Die am häufigsten verwendete Methode zur Gewinnung von Oligosacchariden ist die partielle saure Hydrolyse von Polysacchariden. Dabei wird die Tatsache ausgenützt, daß gewisse glycosidische Bindungen, wie z.B. die Rhamnosyl-, Fucosyl- oder KDO-Bindung, besonders säurelabil, andere, wie z.B. die Glucuronyl- oder 2-Desoxy-2-aminoglucosyl-Bindung, besonders säurestabil sind. Bei sauren Polysacchariden kann die Autohydrolyse verwendet werden, bei der das Polysaccharid zunächst durch Ionenaustausch in die saure (H^+) Form überführt und dann bei seinem Eigen-pH in Wasser erhitzt wird. Diese Methode ist sehr schonend und führt häufig zu größeren Oligosacchariden. Die Oligosaccharide werden mittels chromatographischer und elektrophoretischer Verfahren isoliert [3,5, 6,12].

Eine sehr elegante Methode der Oligosaccharide-Isolierung verwendet spezifische Bakteriophagen-Enzyme. Diese Enzyme sind integrale Bestandteile der Bakteriophagen und i.a. an den Enden der Schwanzfibrillen lokalisiert. Sie werden jedoch auch in löslicher Form gebildet und können so leicht durch einfache mikrobiologische Techniken erkannt werden. Die Polysaccharide werden mit gereinigten Bakteriophagen behandelt, und nach Abzentrifugation der Bakteriophagenpartikel wird der Überstand chromatographiert. Dabei werden die entstandenen Oligosaccharide aufgetrennt. Da die hier interessierenden Baktiophagen-Enzyme Endoglycosidasen sind und da normalerweise nur ein Enzym durch die Bakteriophagen gebildet wird, sind die Produkte der Inkubation durch Spaltung jeweils nur einer Art von Bindung leicht zu analysieren. Man erhält bei solchen Spaltungsverfahren meistens die oligosaccharidische Wiederholungseinheit und Multiple davon. Das ist in Abb. 5 an der chromatographischen Produktanalyse nach Einwirkung des Coliphagen Ω8 auf ein Mannan-haltiges Lipopolysaccharid (O8-Antigen) von *E. coli* gezeigt [13-16].

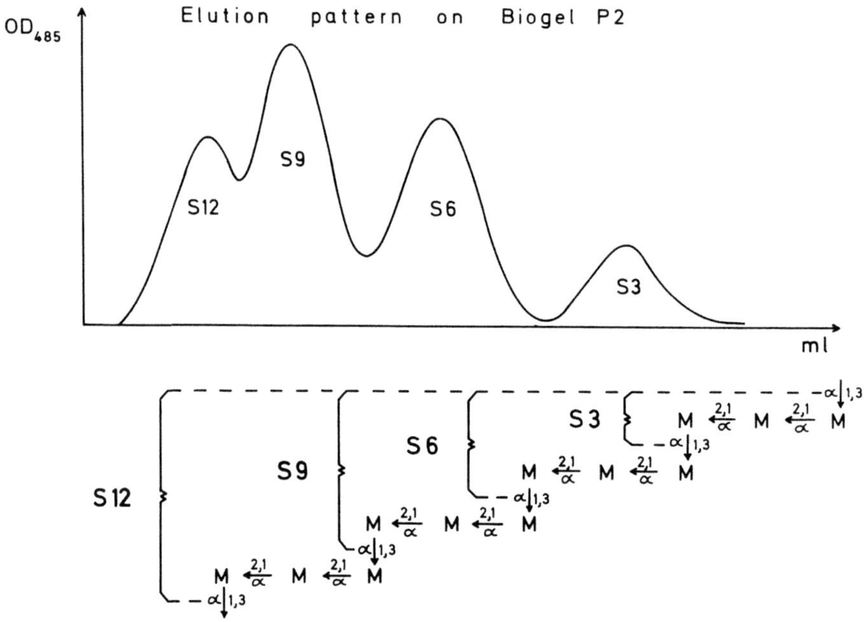

Abb. 5. Elutionsmuster der Oligosaccharide, die durch Spaltung des O8-Lipopolysaccharids mit dem Coliphagen Ω8 erhalten wurden (oben), und Schema der Spaltung (unten)

Smith-Abbau

Die von F. Smith eingeführte Fragmentierung von Polysacchariden besteht im ersten Schritt aus der Oxidation mit Natriummetaperiodat. Das Prinzip der Methode besteht darin, daß vicinale Hydroxylgruppen durch Natriummetaperiodat zu Carbonylgruppen oxidiert werden, unter gleichzeitiger Spaltung der Bindung zwischen den Hydroxyl-tragenden C-Atomen. Bei Zuckern erfolgt dabei Ringöffnung, wobei die Glycosidbindung in eine Acetalbindung überführt wird. Die entstandenen Carbonylgruppen werden anschließend mit Natriumborhydrid zu primären Alkoholen reduziert. Je nach Substitution des betreffenden Zuckers entstehen nach Reduktion und Totalhydrolyse charakteristische Produkte, die für analytische Interpretationen herangezogen werden können. Wie in Abb. 6 gezeigt, entstehen aus terminaler, 2- oder 6-substituierter

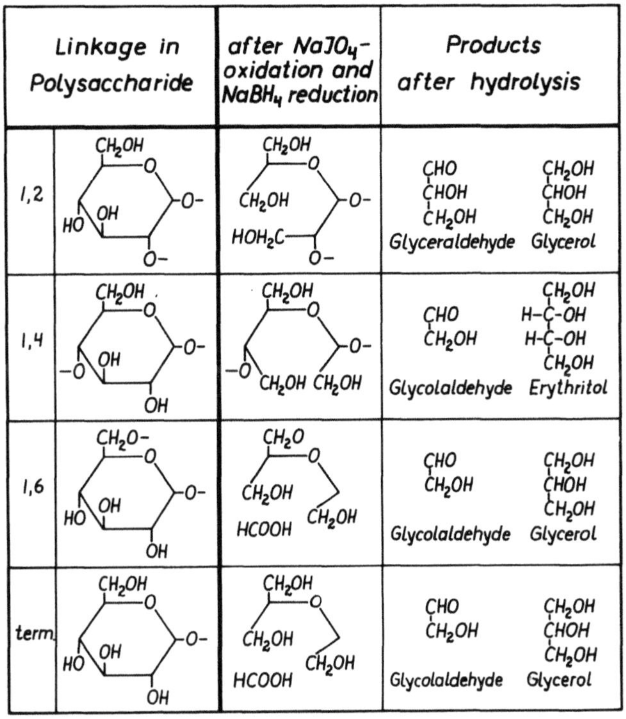

Abb. 6. Produkte der Periodatoxidation verschieden gebundener Zucker mit Glucose als Beispiel

Glucose Glycerin und aus 4-substituierter Glucose Erythrit. Periodatoxidation der entsprechend substituierten Galactosen ergibt ebenfalls Glycerin und im Falle der 4-Substitution Threit. An C3 substituierte Hexosen, 3- oder 4-substituierte 2-Desoxy-2-acetamidohexosen und in den Positionen 2, 3 oder 4 disubstituierte Hexosen werden durch Natriummetaperiodat nicht oxidiert [17].

Bei Ringöffnung durch Periodatoxidation und anschließender Reduktion der gebildeten Carbonylgruppen entsteht aus einem im Polysaccharid glycosidisch gebundenen Zucker eine acetalartig gebundene Polyhydroxycarbonylverbindung. Acetalbindungen sind in den meisten Fällen erheblich säurelabiler als Glycosidbindungen. Diese Tatsache wird, wie in Abb. 7 gezeigt, beim Smith-Abbau zur gezielten Hydrolyse unter sehr schonenden Bedingungen ausgenutzt. Die Spaltstellen des Smith-Abbaus sind also die periodat-oxidierbaren Stellen eines Polysaccharids. Polysaccharide, deren Kette nicht durch Natriummetaperiodat oxidierbar ist (die z.B. nur 1.3-Bindungen und 3- oder 4-gebundenes N-Acetyl-glucosamin enthalten), sind dem Smith-Abbau nicht zugänglich. Alle aus Smith-Abbau hervorgegangenen Oligosaccharide haben keinen reduzierenden Zucker, sondern enden in einem Polyol (Glycerin, Threit oder Erythrit), an den das Oligosaccharid glycosidisch gebunden ist [6,17,18].

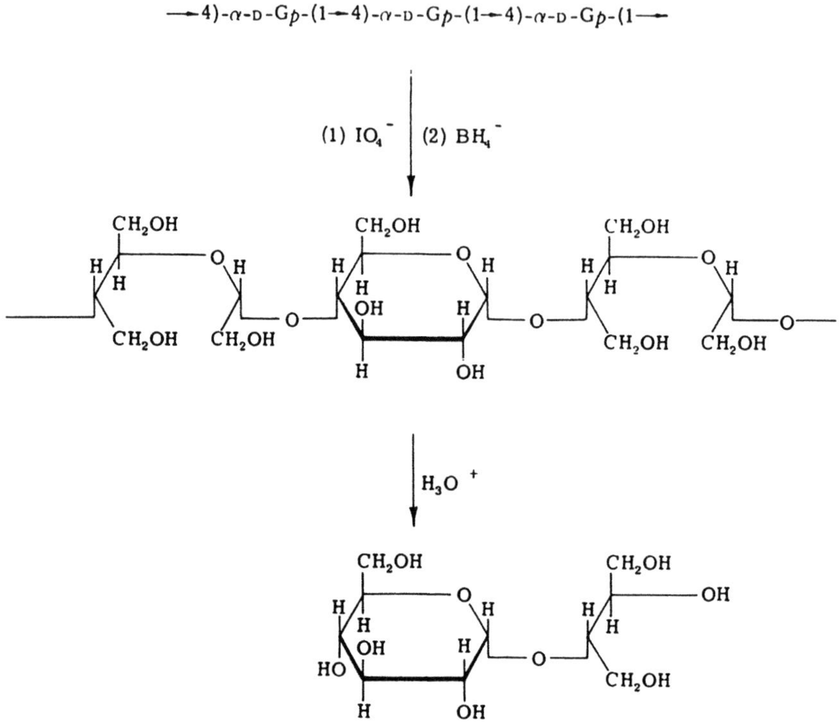

Abb. 7. Schema eines Smith-Abbaus

Desaminierende Fragmentierung

Für die desaminierende Fragmentierung von Polysacchariden, die 2-Desoxy-2-acetamido-Zucker wie z.B. N-Acetylglucosamin enthalten, wird die Tatsache ausgenützt, daß Glycosidbindungen von 2-Desoxy-2-aminozuckern durch die Einwirkung von Salpetriger Säure gespalten werden. Dabei tritt unter Stickstoff-Freisetzung Ringkontraktion zu 2.5-Anhydrozukkern ein. Auf diese Weise geht, wie in Abb. 8 gezeigt, ein N-Acetylglucosaminid in 2.5-Anhydromannose und das Aglykon über, das als entsprechender Alkohol freigesetzt wird.

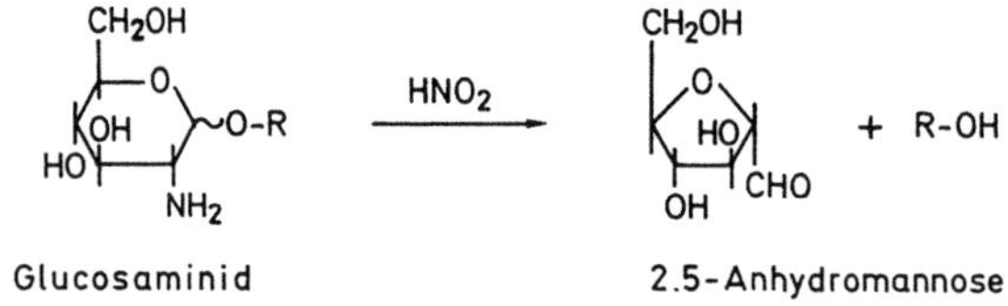

Abb. 8. Reaktionsschema einer desaminierenden Spaltung von Glucosaminiden

Da in Polysacchariden die Aminozucker immer als N-Acetylderivate vorliegen, müssen sie zunächst de-N-acetyliert werden. Das geschieht durch Erhitzen mit wasserfreiem Hydrazin und Hydrazinsulfat. Bei anschließender Behandlung mit Salpetriger Säure tritt desaminierende Spaltung ein. Die entstehenden Fragmente sind Oligosaccharide, die am reduzierenden Ende den neu entstandenen Anhydrozucker tragen. Für weitere Strukturaufklärungen, wie Methylierungsanalysen, wird die Carbonylgruppe der terminalen Anhydrozucker mit Natriumborhydrid reduziert [19]. Wenn in einem Polysaccharid zwei verschiedene Acetamidozucker vorhanden sind, kann die De-N-Acetylierung selektiv vorgenommen werden, und es können sich verschiedene Spaltungsstellen bilden. Das ist in Abb. 9 am Beispiel des O4-Antigens von *E. coli* [6] gezeigt.

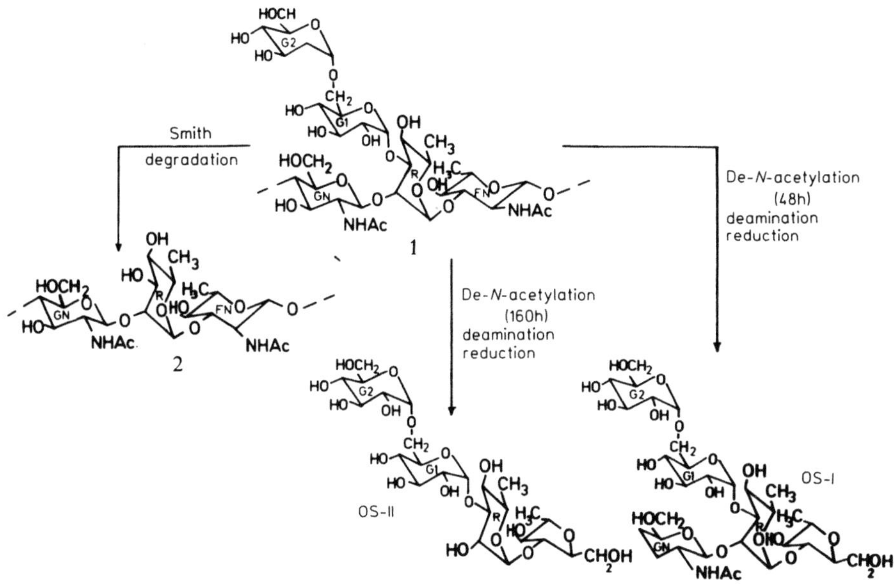

Abb. 9. Schema von desaminierenden Spaltungen unter verschiedenen Bedingungen und des Smith-Abbaus am O4-Polysaccharid von *E. coli*

Dieses Polysaccharid besteht aus zwei Glucosen (G1 und G2), Glucosamin (GN), Rhamnose (R) und Fucosamin (FN). Die De-N-Acetylierung kann so verlaufen (48 Std., 110°C), daß nur N-Acetylfucosamin deacetyliert wird und bei anschließender desaminierender Fragmentierung ein N-Acetylglucosamin-haltiges Oligosaccharid (OS-I) entsteht. De-N-Acetylierung unter drastischeren Bedingungen (160 Std., 110°C) ergibt freie Aminogruppen an beiden Aminozuckern. Bei anschließender desaminierender Fragmentierung entsteht ein Aminozucker-freies Oligosaccharid (OS-II). Abb. 9 zeigt außerdem, daß beim Smith-Abbau des Polysaccharids (Struktur 1) nur die beiden seitenständigen Glucosen (G1 und G2) abgespalten werden und die Hauptkette (-GN-R-FN-) intakt bleibt [6].

BESTIMMUNG VON ANOMERER KONFIGURATION UND RINGGRÖSSE DER ZUCKERBAUSTEINE

Anomere Konfiguration

Im allgemeinen lassen sich die anomeren Konfigurationen von Glycosidbindungen mit Hilfe spezifischer Exoglycosidasen bestimmen. Das ist bei Polysacchariden nicht möglich. Oligosaccharide sind hingegen Substrate für Exoglycosidasen. Daher können die anomeren Konfigurationen nicht-reduzierend terminaler Zucker in Oligosacchariden durch Inkubation mit den entsprechenden α- und β-Glycosidasen bestimmt werden. Bei bekannter Zuckerzusammensetzung des Oligosaccharids ist in günstigen Fällen eine sequentielle enzymatische Analyse möglich. Dabei sind dann nicht nur die anomeren Konfigurationen der Zuckerbausteine, sondern auch ihre Sequenz bestimmbar.

Wie weiter unten gezeigt, können die anomeren Konfigurationen der Zuckerbausteine eines Polysaccharids durch Kernresonanzspektroskopie bestimmt werden. Mit den modernen Techniken ist eine solche Bestimmung relativ einfach. Daher sollte die Kernresonanzspektroskopie auf alle Fälle verwendet werden.

Ringgröße

In den meisten Fällen gibt die Methylierungsanalyse guten Aufschluß über die Ringgröße eines Zuckerbausteins im Polysaccharid. So ergibt z.B. eine terminale Galactofuranose in der Methylierungsanalyse 1.4-Di-O-acetyl-2.3.5.6-tetra-O-methylgalactitol (Formel in Abb. 4), während aus terminaler Galactopyranose 1.5-Di-O-acetyl-2.3.4.6-tetra-O-methylgalactitol entsteht. Es gibt allerdings auch Fälle, in denen durch Methylierungsanalyse keine eindeutige Aussage gemacht werden kann. So kann mit dieser Methode nicht zwischen einer 4-substituierten Hexopyranose und ihrer 5-substituierten Furanose-Form unterschieden werden. In solchen Fällen ergibt sich die korrekte Aussage praktisch immer im Laufe der chemischen Reaktionen, denen ein Polysaccharid während einer Strukturanalyse unterworfen wird.

KERNRESONANZSPEKTROMETRIE

Bei der Polysaccharid-Analyse wird sowohl Protonen-(^1H)- als auch ^{13}C-Kernresonanz angewendet. Die magnetische Abschirmung von Protonen oder C-Atomen eines Moleküls durch ihre Umgebung, d.h. der Einfluß der Molekülstruktur, führt zu charakteristischen Signallagen im Kernresonanzspektrum, die als chemische Verschiebungen bezeichnet werden. Sie werden auf die Signale von Referenzsubstanzen wie z.B. Tetramethylsilan bezogen und in ppm (parts per million) ausgedrückt. Um Signale, die von Protonen aus Hydroxylgruppen stammen, auszuschalten, werden solche Protonen gegen Deuteriumisotope ausgetauscht. Die Messungen werden in D_2O durchgeführt. Auf diese Weise sind typische Gruppierungen wie anomere Protonen und C-Atome, Methylgruppen oder Carbonylgruppen an ihren charakteristischen chemischen Verschiebungen zu erkennen. Bei der ^1H-Kernresonanz beeinflussen Protonen an Nachbar-C-Atomen die Protonensignale. Durch Spinkopplungen entstehen dadurch Multipletts, wobei n benachbarte Protonen eine Signalaufspaltung in n+1 Untersignale ergeben. So ist z.B. das Methylsignal von Rhamnose wegen des Einflusses des Protons an C5 ein Dublett. Die Signale anomerer Protonen werden durch Protonen an C2 in gleicher Weise aufgelöst. Aus der Lage und Feinstruktur solcher anomerer Dubletts kann man die anomere (α- oder β-) Konfiguration der glycosidischen Bindungen erkennen [20].

Wegen der geringen Häufigkeit natürlicher ^{13}C-Isotope (ca. 1 %) spielt in der ^{13}C-Kernresonanzspektroskopie eine C-C-Kopplung keine Rolle. Daher sind ^{13}C-Resonanzspektren meist übersichtlicher als Protonenresonanzspektren, vor allem wenn durch Entkopplungstechniken der Einfluß von Protonen auf ^{13}C-Signale aufgehoben wird. In derartigen (breitband-entkoppelten) ^{13}C-Spektren ergibt jedes C-Atom nur ein Signal. Wie in Abb. 10 gezeigt, ergeben α- und β-Methylgalactosid Spektren mit jeweils 7 Signalen. Es sei bereits an dieser Stelle darauf hingewiesen, daß 1.) die Signale anomerer C-Atome an einer Stelle im Spektrum erscheinen, die sich von der anderer Signale deutlich unterscheidet, 2.) die Signale von α- bzw. β-glycosidischen C-Atomen an verschiedenen Stellen im Spektrum erscheinen. Um zu unterscheiden, ob ein Signal vom anomeren C-Atom einer Aldose oder einer Ketose stammt, verwendet man die Technik der "off-resonance"-Spektroskopie [21,22]. Dabei werden nur die Spin-Spin-Kopplungen zwischen den untersuchten C-Atomen und im Molekül entfernten Protonen, nicht aber die direkten C-H-Kopplungen ausgeschaltet. In so aufgenommenen Spektren ergeben anomere C-Atome von Ketosen nach wie vor Singulett-Signale, die von Aldosen jedoch Dublett-Signale. Das ist in Abb. 11 am K95-Kapselpolysaccharid von *E. coli* gezeigt, das aus der Aldose Ribose und der Ketose 2-Keto-3-desoxy-mannosoctonsäure (KDO) besteht. Die Substitution eines C-Atoms durch andere Zucker oder andere Substituenten wie O-Acetylgruppen führt zu einer Veränderung seiner chemischen Verschiebung, die als α-Shift bezeichnet wird; das Signal erscheint bei höherem Feld als das des unsubstituierten C-Atoms. Mittels Vergleichssubstanzen kann also die Substitutionsstelle an einem Zuckerbaustein erkannt werden [4-6, 23-25].

Nachweis typischer Gruppierungen

Aus Kernresonanzspektren können charakteristische Signallagen (chemische Verschiebungen) bestimmter Partialstrukturen leicht erkannt werden. Dabei gilt sowohl für die ^{1}H- als auch für die ^{13}C-Kernresonanzspektrometrie, daß die Signale von Methylgruppen bei den größten Feldstärken (kleinsten ppm-Werten) liegen. Die Signale von Methylengruppen liegen bei etwas tieferem Feld, und die von Carbonylgruppen sind bei den kleinsten Feldstärken (größten ppm-Werten) zu finden. In Abb. 12A und 13 sind die ^{13}C- und ^{1}H-Kernresonanzspektren des O4-spezifischen Polysaccharids aus *E. coli* gezeigt [6]. Dieses Polysaccharid enthält N-Acetylglucosamin, N-Acetylfucosamin, Rhamnose und zwei Glucosen. Im ^{13}C-Kernresonanzspektrum (Abb. 12) sind die Methylgruppen zweier verschiedener 6-Desoxyzucker (C6 von N-Acetylfucosamin und N-Acetylglucosamin) bei 16 - 18 ppm zu erkennen. Außerdem enthält das Spektrum leicht identifizierbare Signale von Methyl-C-Atomen zweier N-Acetylgruppen von N-Acetylglucosamin und N-Acetylfucosamin bei ca. 24 ppm, sowie die Signale der entsprechenden Carbonyl-C-Atome bei 175 - 180 ppm. Signale zwischen 95 ppm und 110 ppm sind charakteristisch für anomere C-Atome. Im vorliegenden Fall enthält dieser Spektralbereich 5 Signale. Das zeigt, daß die Struktureinheit (repeating unit) des O4-Polysaccharids von *E. coli* ein Pentasaccharid ist. Die C2-Atome von N-Acetylaminozuckern rufen Signale zwischen 50 - 60 ppm hervor. Zwei Signale in diesem Bereich in Abb. 12 zeigen die Anwesenheit von zwei N-Acetylaminozuckern im O4-Polysaccharid an. Abb. 12B zeigt das ^{13}C-Kernresonanzspektrum des O4-Polysaccharids nach Smith-Abbau. In Übereinstimmung damit, daß in diesem Produkt die beiden seitenständigen Glucosen abgespalten sind (vgl. Abb. 9, Struktur 2), enthält das in Abb. 12B

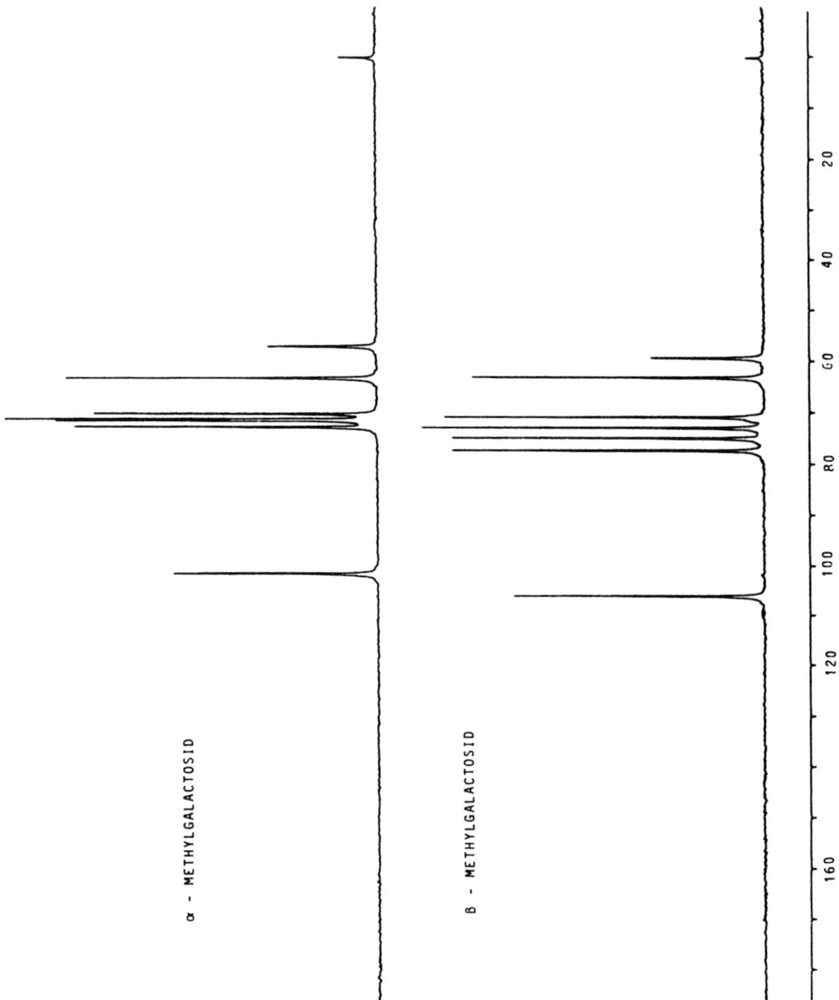

Abb. 10. ^{13}C-NMR-Spektren von α- und β-Methylgalactosid

gezeigte Spektrum die Signale von nur drei anomeren C-Atomen. Das ^{1}H-Kernresonanzspektrum des O4-Polysaccharids (Abb. 13) zeigt ebenfalls die Anwesenheit von zwei Methylgruppen von 6-Desoxyzuckern durch Signale bei 17 ppm und 18 ppm an, wobei die Aufspaltung in Dubletts durch Kupplung mit den Protonen der C5-Ringatome bewirkt wird. Außerdem können Signale der Protonen zweier N-Acetylgruppen bei 23 - 24 ppm und die von 5 anomeren Protonen zwischen 4,8 ppm und 5,2 ppm erkannt werden. Zwei der anomeren Signale überlagern bei 5,04 ppm. Die Interpretation der Kernresonanzspektren läßt also bereits weitreichende Schlüsse auf die Struktur eines Polysaccharids zu.

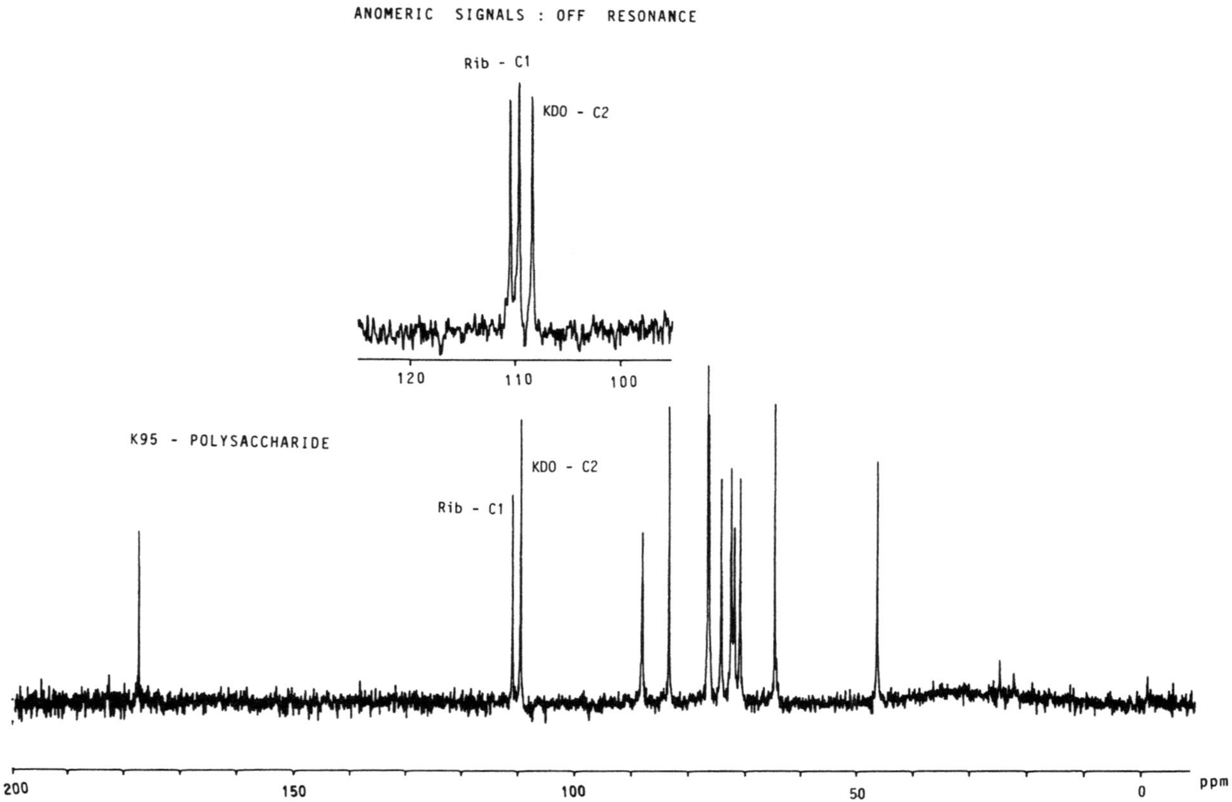

Abb. 11. ^{13}C-NMR-Spektrum des K95-Polysaccharids von *E. coli* (aus KDO und Ribose bestehend). Die Signale der anomeren C-Atome in der off-resonance-Messung sind im Inset gezeigt

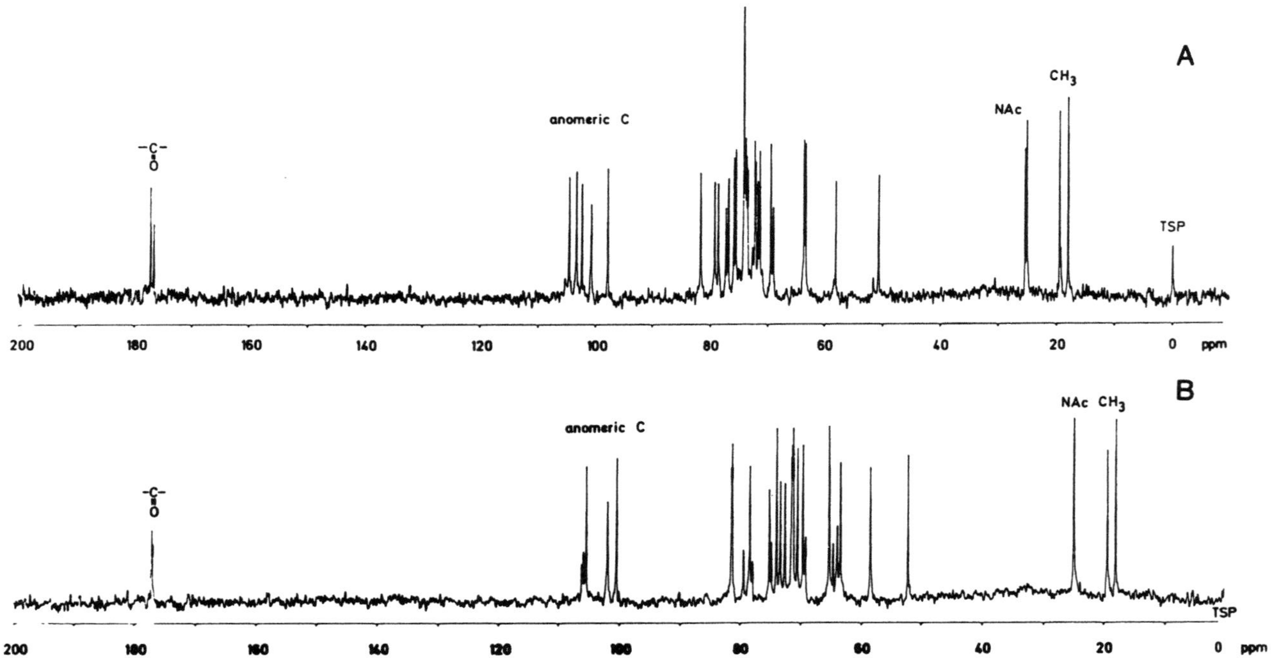

Abb. 12. ^{13}C-NMR-Spektren des O4-Polysaccharids von *E. coli* vor (A) und nach Smith-Abbau (B) (vgl. dazu die Strukturen in Abb. 9)

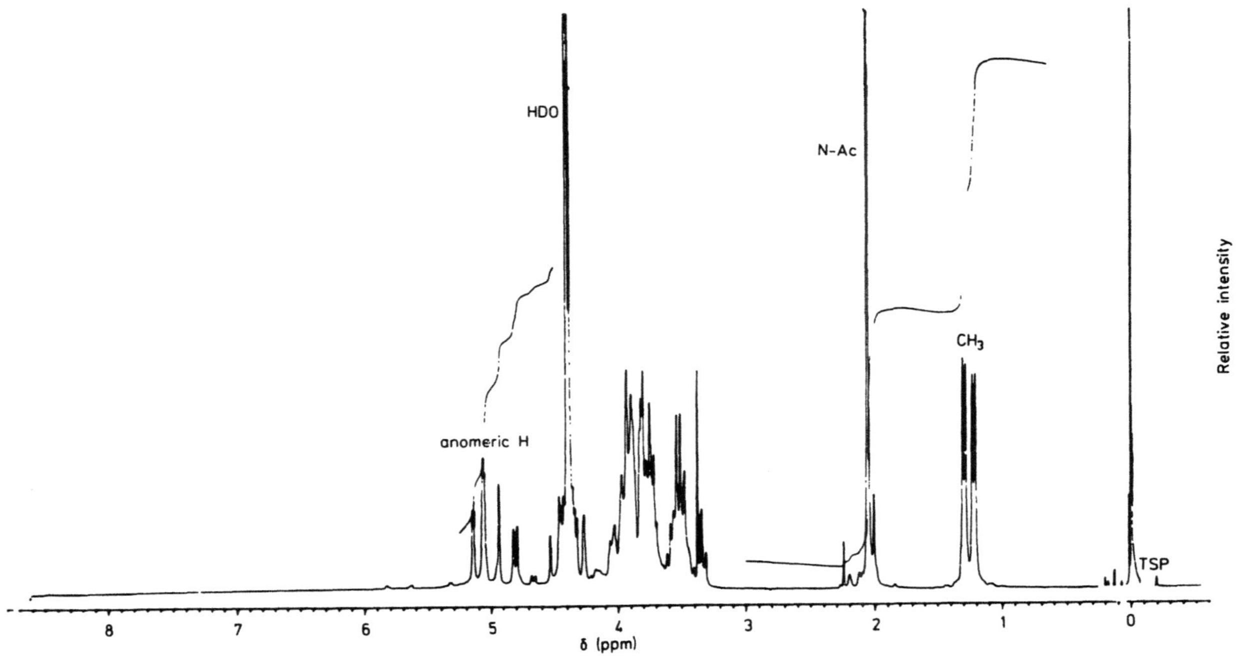

Abb. 13. ^{1}H-NMR-Spektrum des O4-Polysaccharids von *E. coli*

Nachweis anomerer Konfigurationen

Die anomeren Konfigurationen glycosidischer Bindungen von Aldosen lassen sich in vielen Fällen relativ gut mit der ^{1}H-Kernresonanzspektroskopie bestimmen. Die Basis dafür ist die winkelabhängige Kopplungsstärke anomerer Protonen an C1 mit den Protonen an C2. Bei axialem Proton an C2 (Gluco-Konfiguration) sind die Kopplungen derart, daß α-Anomere Singulett-Signale oder sehr schwach aufgelöste Dublett-Signale (Kopplungskonstanten $J_{1,2}$ = 1 - 4 Hz) und β-Anomere ausgeprägte Dublett-Signale (Kopplungskonstanten $J_{1,2}$ = 7 - 12 Hz) ergeben. Das ist in Abb. 14 mit den Spektren von α- und β-Methylgalactosiden gezeigt. Wenn ein Polysaccharid, wie z.B. das O4-Polysaccharid von *E. coli* (Abb. 13), mehrere Zuckerbausteine enthält, kann man zwar aus der Feinstruktur der Signale auf die Zahl der α- bzw. β-Anomeren im Polymeren schließen, aber ihre Zuordnung ist häufig nicht direkt durchführbar. So kann man in Abb. 13 nur ablesen, daß das O4-Polysaccharid vier α-Bindungen und eine β-Bindung enthält. Eine genaue Zuordnung der Bindungen in einem Polysaccharid ergibt sich jedoch praktisch immer aus der Kombination chemischer Reaktionen (Periodatoxidation,

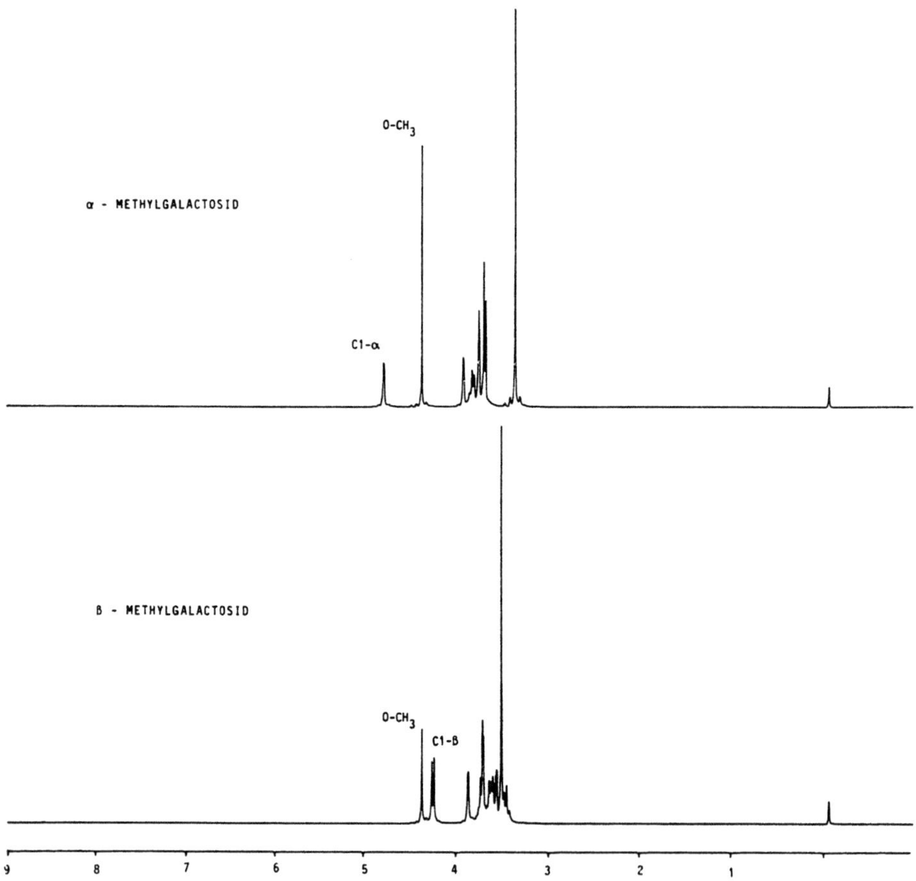

Abb. 14. ^{1}H-NMR-Spektren von α- und β-Methylgalactosiden

Smith-Abbau, Fragmentierungen, Oligosaccharidanalyse) mit der Kernresonanzspektrometrie. So konnte beim O-Polysaccharid von *E. coli* gezeigt werden, daß die β-Bindung dem N-Acetylglucosamin zugeordnet werden kann [6]. Die Zuordnungen der einzelnen Signale des in Abb. 12 gezeigten Spektrums sind in Abb. 15 dargestellt.

Für die Bestimmung anomerer Konfigurationen eignet sich auch die ^{13}C-Kernresonanzspektroskopie, wobei verschiedene Entkopplungstechniken verwendet werden. In einfachen Fällen ist eine Charakterisierung durch Bestimmung der chemischen Verschiebung, im Vergleich mit Referenzsubstanzen oder mit Literaturwerten, möglich. Abb. 10 zeigt, daß das Signal des C1-Atoms von α-Galactose bei höherem Feld (100,2 ppm) liegt als das von β-Galactose (104 ppm). Eine elegante Technik zur Bestimmung von anomeren Konfigurationen der Zuckerbausteine eines Polysaccharids besteht in einer als "Gated Decoupling" bezeichneten Methode [21,22]. Hier werden durch Kopplung von anomeren C1-Atomen mit den anomeren H1-Protonen charakteristische Werte zusammengehöriger Signale für α-Anomere (ca. 170 Hz) und für β-Anomere (ca. 160 Hz) erhalten. Diese Technik ist vor allem von Interesse bei der Analyse von Polysacchariden, die Zucker der manno-Konfiguration (z.B. Mannose oder Rhamnose) enthalten, deren äquatoriale Position des Protons an C2 eine Charakterisierung über Kopplungskonstanten im ^{1}H-Spektrum nicht gestattet; sowohl α- als auch β-Anomere zeigen in diesen Fällen Singulett- oder sehr schwach aufgelöste Dublett-Signale.

Für die Bestimmung anomerer Konformationen von Ketosen kann i.a. wegen des Fehlens anomerer Protonen die ^{1}H-Kernresonanzspektroskopie nicht verwendet werden. Es gibt jedoch spezielle Fälle, in denen andere Protonen des Moleküls für die anomere Analyse herangezogen werden können. Das gilt vor allem für N-Acetylneuraminsäure (NeuNAc) und 2-Keto-3-desoxy-mannosoctonsäure (KDO), zwei biologisch interessante Verbindungen. Wie in Abb. 16 an KDO gezeigt, geben hier die Protonen der Methylengruppe von C3 für die α- bzw. β-Form charakteristische Signale. Die Komplexität dieser Signale entsteht durch Kopplung beider Protonen und ihre Beeinflussung durch die Carbonylgruppe (C1). Da in α- bzw. β-Anomeren von NeuNAc und KDO die Carboxylgruppe unterschiedliche Positionen relativ zum äquatorialen Proton an C3 (H3-e in Abb. 16) einnimmt, sind die entsprechenden Signale deutlich verschieden. Der für β-KDO typische Abstand der Signale H3-e und H3-a wird in den meisten KDO-haltigen Polysacchariden (aus Kapseln von *E. coli* und *Neisseria meningitidis*) gefunden. Das ist in Abb. 16 am *E. coli*-K12-Polysaccharid (Rhamnose und KDO enthaltend) und am *E. coli*-K14-Polysaccharid (N-Acetylgalactosamin und KDO enthaltend) ebenfalls gezeigt. Die beiden Signale zwischen 1 - 1,5 ppm im K12-Polysaccharid-Spektrum stammen von Methylgruppen (C6) von Rhamnose, und das Signal bei 2 - 2,4 ppm im K14-Polysaccharid-Spektrum stammt von den Methylprotonen des N-Acetylglucosamins.

Nachweis von Bindungsstellen in Zuckerbausteinen

Bei Substitution der Hydroxylgruppe an ein C-Atom wird dessen ^{13}C-Kernresonanzsignal nach niedrigerem Feld (höheren ppm-Werten) verschoben. Gleichzeitig verschiebt sich das Signal eines benachbarten C-Atoms nach höherem Feld (niedrigeren ppm-Werten). Es ist daher möglich, durch Vergleich der Signale von Zuckern in Polysacchariden mit denen der ententsprechenden freien Zucker (oder ihrer Glycoside) diejenigen C-Atome zu erkennen, die in Polysaccharid-gebundenen Zuckern substituiert sind. Diese Methode setzt allerdings eine genaue Zuordnung aller C-Atome in den Zuckerbausteinen eines Polysaccharids voraus. Daher ist das Verfahren nicht sehr zuverlässig und sollte allenfalls in Ergänzung zu anderen Strukturinformationen angewendet werden.

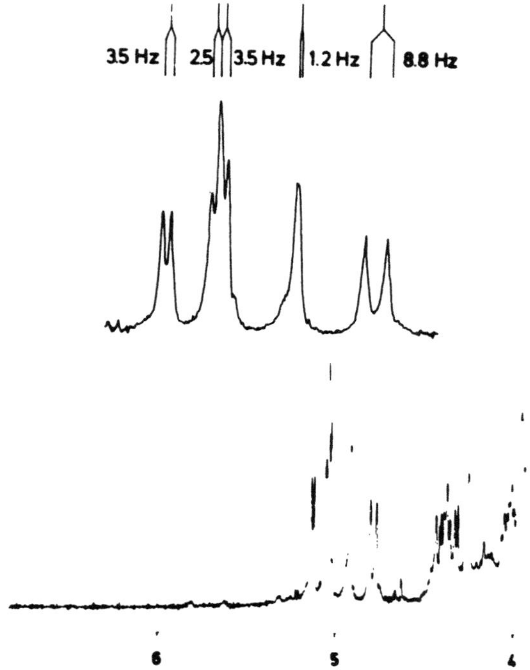

SIGNAL	$J_{1,2}$	ASSIGNMENT	ANOMERIC KONFIG.
5.14	3.5	GLC $\xrightarrow{1}$	α
5.06	2.5	$\xrightarrow{3}$ FUCNAC $\xrightarrow{1}$	α
5.05	3.5	$\xrightarrow{6}$ GLC $\xrightarrow{1}$	α
4.91	1.2	$\xrightarrow{3}$ RHA $\xrightarrow{1}$	α
4.79	8.8	$\xrightarrow{4}$ GLCNAC $\xrightarrow{1}$	β

THE ASSIGNMENTS WERE MADE BY COMPARISON WITH THE ^{1}H-NMR SPECTRA OF THE OLIGO - SACCHARIDES (OS I AND OS II) AND OF THE PRODUCT OF PERIODATE OXIDATION AND SMITH DEGRADATION .

Abb. 15. Zuordnungen der Signale aus den in Abb. 13 gezeigten ^{1}H-NMR-Spektren des O4-Polysaccharids von *E. coli*. Die Oligosaccharide OS-I und OS-II sind in Abb. 9 gezeigt

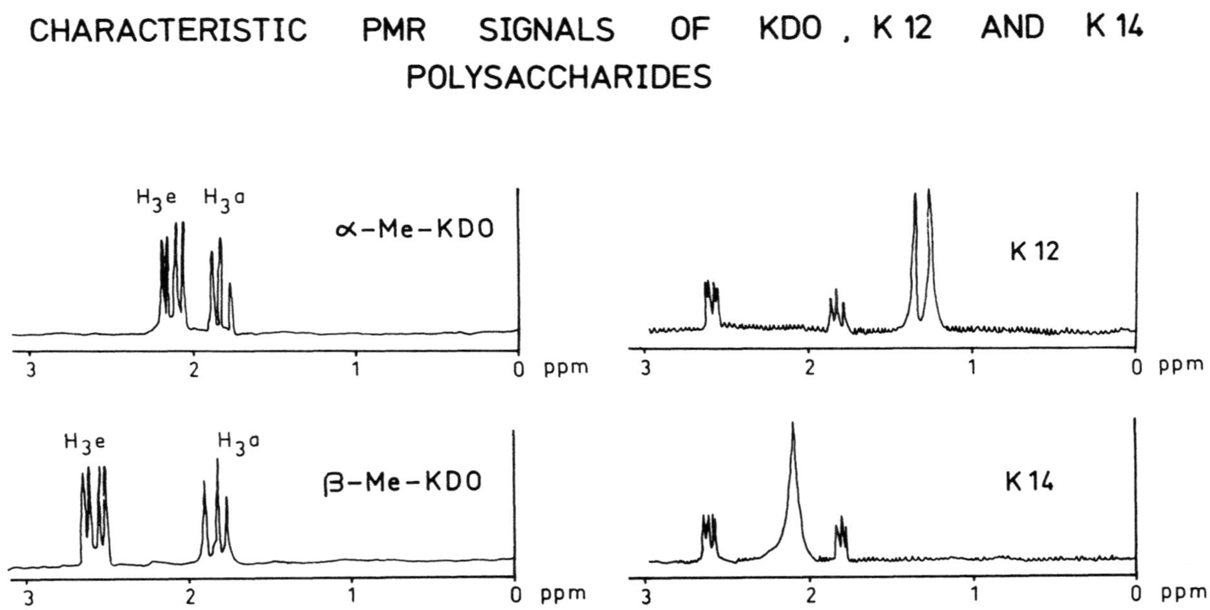

<u>Abb. 16.</u> Signale der H3-Protonen von KDO in α- und β-Anomeren (links) und entsprechenden Spektralausschnitten von K12- und K14-Polysacchariden von *E. coli* (rechts)

ANMERKUNG

Man kann heute die Struktur eines Polysaccharids in erheblich kürzerer Zeit aufklären, als das noch vor einigen Jahren möglich war. Das beruht vor allem auf den in der letzten Zeit entwickelten physikalischen Methoden, wie z.B. der Massenspektrometrie und Kernresonanzspektroskopie. Die Eleganz, mit der vor allem die Kernresonanzspektroskopie in ihren vielen Variationen eingesetzt werden kann, hat diese Methode zu einem unentbehrlichen Mittel im Arsenal der Polysaccharid-Analytik gemacht. Ein weiterer Vorteil der Kernresonanzspektroskopie besteht darin, daß sie nicht degradativ ist, d.h. daß die Substanz nach der Messung für andere Untersuchungen verwendet werden kann. Dennoch soll darauf hingewiesen werden, daß für eine zuverlässige Strukturanalyse chemische Methoden unerläßlich sind. Daher ist das sicherste Verfahren zur Strukturaufklärung von Polysacchariden die Kombination von chemischen Methoden mit den oben erwähnten physikalischen Verfahren.

Bakterielle Polysaccharide sind aus oligosaccharidischen Struktureinheiten aufgebaut und haben daher eine monotone Struktur. Das erleichtert die Strukturanalyse beträchtlich und vereinfacht auch die Formulierung der Struktur. Wie Abb. 17 zeigt, kann man aus einem Oligosaccharid durch verschiedenartiges Zusammensetzen mehr als eine Struktur formulieren. Es ist daher für die vollständige Strukturformulierung notwendig, auch die Bindung zwischen den Struktureinheiten anzugeben.

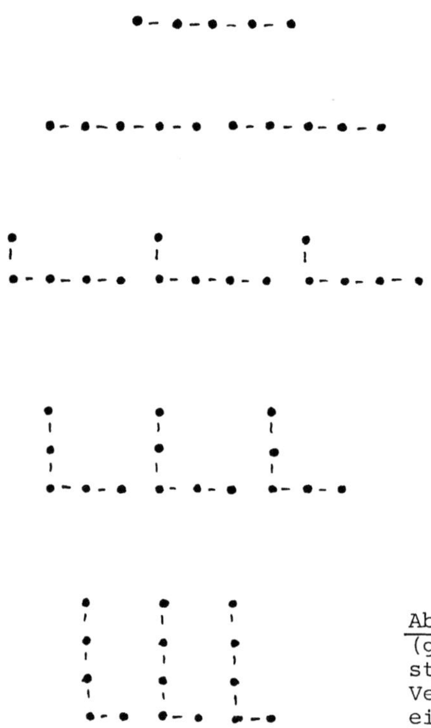

Abb. 17. Schema eines Pentasaccharids (ganz oben) und mögliche Polysaccharidstrukturen, die durch verschiedenartige Verknüpfungen einer solchen Struktureinheit entstehen

LITERATUR

1. Schauer R (1978) Characterization of sialic acid. In: Colowick SP, Kaplan NO (eds) Methods Enzymol., vol L, part C, Complex Carbohydrates, pp 64-89

2. Unger FM (1981) The chemistry and biological significance of 3-deoxy-D-manno-2-octulosonic acid (KDO). Adv Carbohydr Chem Biochem 38:324-388

3. Tarcsay L, Jann B, Jann K (1971) Immunochemistry of the K antigens of *Escherichia coli*. The K87 antigen from *Escherichia coli* O8:K87(B?):H19. Eur J Biochem 23:505-514

3a. Ashwell G (1966) New colorimetric methods of sugar analysis. In: Colowick SP, Kaplan NO (eds) Methods Enzymol., vol VIII, Complex Carbohydrates. Academic Press, New York, pp. 85-95

4. Vann WF, Schmidt MA, Jann B, Jann K (1981) The structure of the capsular polysaccharide (K5 antigen) of urinary-tract-infective *Escherichia coli* O10:K5:H4. A polymer similar to desulfo-heparin. Eur J Biochem 116:359-364

4a. Laine RA, Esselman WJ, Sweeley CC (1972) Gas-liquid chromatography of carbohydrates. In: Colowick SP, Kaplan NO (eds) Methods Enzymol., vol XXVIII, part B, Complex Carbohydrates. Academic Press, New York, pp. 159-178

5. Schmidt MA, Jann K (1983) Structure of the 2-keto-3-deoxy-D-manno-octonic-acid containing capsular polysaccharide (K12 antigen) of the urinary-tract-infective *Escherichia coli* O4:K12:H$^-$. Eur J Biochem 131:509-517

6. Schmidt MA, Jann B, Jann K (1983) Cell wall lipopolysaccharide of the urinary-tract-infective *Escherichia coli* O4:K12:H$^-$. Structure of the polysaccharide chain. Eur J Biochem 137:163-171

6a. Aspinall GO (1965) Reduction of uronic acids in polysaccharides. In: Whistler RL, DeMiller JN (eds) Methods Carbohydr. Chem., vol V. Academic Press, New York, pp 397-400

7. Björndal H, Hellerqvist CG, Lindberg B, Svensson S (1970) Gas-Flüssigkeits-Chromatographie und Massenspektrometrie bei der Methylierungsanalyse von Polysacchariden. Angew Chem 82:643-674

8. Lindberg B, Lönngren J (1978) Methylation analysis of complex carbohydrates: general procedure and application of sequence analysis. Methods Enzymol L:3-32

9. Kochetkov NK, Chizhov OS (1966) Mass spectrometry of carbohydrate derivatives. Adv Carbohydr Chem 21:39-93

10. Lindberg B, Lönngren J, Svensson S (1978) Specific degradation of polysaccharides. Adv Carbohydr Chem 31:185-240

11. Jann K, Westphal O (1975) Microbial polysaccharides. In: Sela M (ed) The Antigens, vol 3. Academic Press, New York, pp 1-125

12. Jann B, Prehm P, Jann K (1978) *Citrobacter* O-antigens: structure of the O-antigenic polysaccharide from *Citrobacter* sp. 396. J Bacteriol 134:462-469

13. Thurow H, Niemann H, Stirm S (1975) Bacteriophage-borne enzymes in carbohydrate chemistry. I. On the glycanase activity associated with particles of *Klebsiella* bacteriophage No. 11. Carbohydr Res 41:257-271

14. Reske K, Wallenfels B, Jann K (1973) Enzymatic degradation of O-antigenic lipopolysaccharides by coliphage Ω8. Eur J Biochem 36:167-171

15. Prehm P, Jann K (1976) Enzymatic action of coliphage Ω8 and its possible role in infection. J Virol 19:940-949

16. Gupta DS, Jann B, Jann K (1983) Enzymatic degradation of the capsular K5-antigen of *E. coli* by coliphage K5. FEMS Microbiol Lett 16:13-17

17. Hay GW, Lewis BA, Smith F (1965) Periodate oxidation of polysaccharides: general procedures. In: Whistler RL, DeMiller JN (eds) Methods Carbohydr. Chem., vol V. Academic Press, New York, pp 357-361

18. Goldstein IJ, Hay GW, Lewis BA, Smith F (1965) Controlled degradation of polysaccharides by periodate oxidation, reduction and hydrolysis. In: Whistler RL, DeMiller JN (eds) Methods Carbohydr. Chem., vol V. Academic Press, New York, pp 361-370

19. Dmitriev BA, Knirel YA, Kochetkov NK, Hofman IL (1975) Selection cleavage of glycosidic linkages: studies with the polysaccharide component of *Shigella dysentiae* type 6 lipopolysaccharide. Carbohydr Res 44:77-85

20. Lemieux RU, Stevens JD (1966) The proton magnetic resonance spectra and tautomeric equilibria of aldoses in deuterium oxide. Canad J Chem 44:249-262

21. Bock K, Pederson Ch (1983) Carbon-13 nuclear magnetic resonance spectroscopy of monosaccharides. Adv Carbohydr Chem Biochem 41: 27-67

22. Benn R, Günther H (1983) Moderne Pulsfolgen in der hochauflösenden NMR-Spektroskopie. Angew Chem 95:381-411

23. Hall LD (1964) Nuclear magnetic resonance. Adv Carbohydr Chem 19: 51-93

24. Jennings H, Smith ICP (1978) Polysaccharide structures using carbon-13-nuclear magnetic resonance. Methods Enzymol L:39-49

25. Gorin PA (1981) Carbon-13 nuclear magnetic resonance spectroscopy of polysaccharides. Adv Carbohydr Chem Biochem 38:13-104

Polysaccharide als Trägermaterial für chemische und biochemische Reaktionen; Trennmaterial für Säulenchromatographie

J. Klein

ÜBERSICHT

In diesem Kapitel wird über Anwendungsbereiche berichtet, bei denen die Polysaccharide als poröse, hydrophile Netzwerke zum Einsatz gelangen. Derartige Netzwerke werden aus linearen, löslichen Polysacchariden (neutral oder ionisch) durch Umfällung, Gelierung, ionotrope Gelierung oder kovalente Vernetzung aufgebaut. Anforderungen an eine solche Matrix bestehen hinsichtlich

- Formgebung (Perlen, Fasern, Folien, Blöcke)
- Festigkeit
- Porosität/Permeabilität
- Funktionalisierung

Typische Polysaccharide, die hier zur Anwendung gelangen, sind: Zellulose, Dextran, Agarose, Alginat, Carrageenan, Furcellaran, Pektin, Chitosan, Curdlan, Guar Gums und deren Derivate.

Als Anwendungsbereiche werden diskutiert

A Immobilisierung von ganzen Zellen (Mikroorganismen, Pflanzenzellen, tier. Zellen)

B Immobilisierung von Enzymen

C Chromatographie (Ausschlußchr., Ionenaustauschchr., Affinitätschr.)

IMMOBILISIERUNG VON GANZEN ZELLEN

Zweck der Immobilisierung von ganzen Zellen ist a) die Verdichtung der Biomasse (im Vergleich zur Zellsuspension), b) die Fixierung der Zellen in einem bestimmten Reaktionsraum und c) die Erhöhung der Stabilität der Zellfunktion. Über Methoden (Jack und Zajic 1977; Klein und Wagner 1983) und Anwendung (Chibata et al. 1983) immobilisierter Zellen existieren mehrere Review-Artikel (Klein 1980).

Methoden der Immobilisierung sind

1) Adsorption, 2) Kovalente Bindung, 3) Vernetzung,
4) Einschluß und 5) Mikroverkapselung.

Polysaccharide finden schwerpunktmäßig bei 4), in gewissem Umfang auch bei 1) und 5) Anwendung.

Polysaccharide
Herausgegeben von W. Burchard

Methoden der Immobilisierung von Zellen

Gelierung: Polysaccharide können durch Temperaturwechsel zur Gelierung gebracht werden. Dazu gehören bei

- Temperaturerniedrigung: Agar, Carrageenan, Furcellaran
- Temperaturerhöhung: Curdlan

Die Gelierung kann in Blockform erfolgen, aber auch in Perlform, wenn die Härtung aus einer Emulsion erfolgt (Berger 1981). Die Gele sind hochgequollen und mechanisch nicht sehr stabil, sie werden - da sehr untoxisch - vorwiegend zur Immobilisierung lebender Zellen aus dem Bereich der Pflanzen- und Tier-Zellen verwendet (Brodelius et al. 1979).

Umfällung: Durch Lösungsmittelwechsel, durch Salzzugabe oder durch Wechsel des pH-Wertes können lösliche Polysaccharide ausgefällt werden. Ein typisches Beispiel ist die Fällung von Zellulosetriacetat aus DMSO-Lösung in Wasser (Linko et al. 1980). Aufgrund der Anwendung organischer Lösungsmittel kann nicht damit gerechnet werden, daß die Lebensfähigkeit der Zellen erhalten bleibt.

Ionotrope Gelierung (Vorlop und Klein 1983): Die ionotrope Gelierung erfolgt durch Wechselwirkung eines Polyelektrolyten mit - in der Regel - niedermolekularen Gegenionen. Kennzeichen der ionotropen Gelierung (im Gegensatz zur einfachen Fällung durch Bildung eines unlöslichen Salzes) ist die Strukturierung des Gels, ausgehend von einer Grenzflächenhaut, sowie die Bindung von Quellwasser. Dieses Gebiet der Kolloid-Chemie ist von Thiele (Vorlop und Klein 1983) eingehend bearbeitet worden.

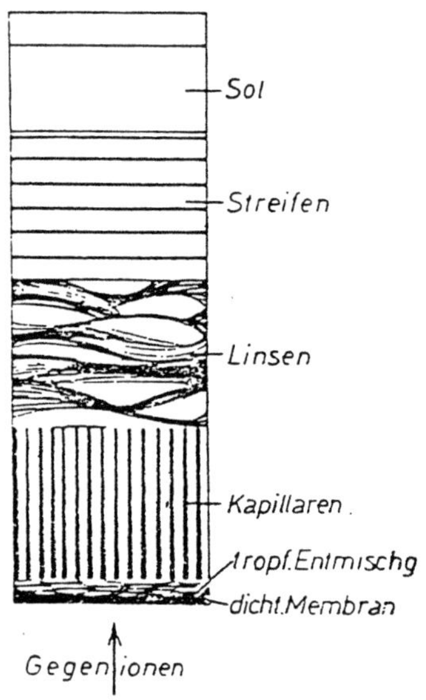

Abb. 1. Strukturbereiche bei der ionotropen Gelbildung

Die für die Immobilisierung von ganzen Zellen geeigneten Polymer/Gegenion-Systeme sind in Tabelle 1 zusammengestellt.

Die wichtigsten Polysaccharide sind

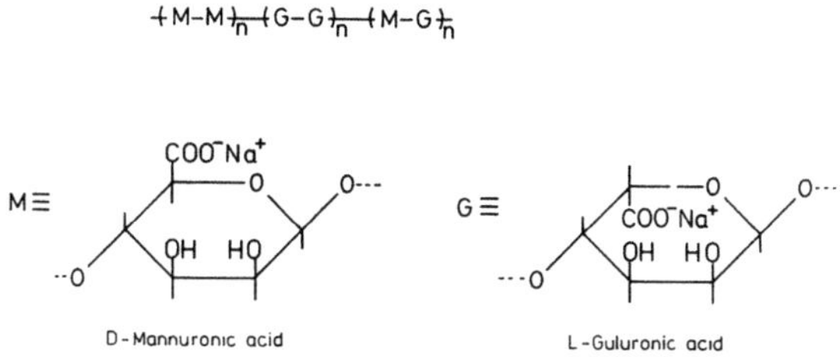

a) Alginate

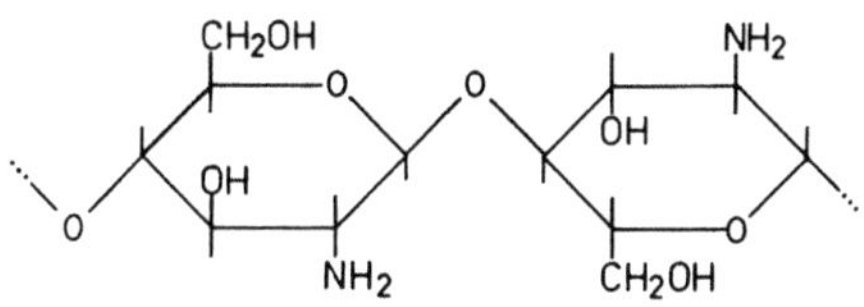

b) Chitosan

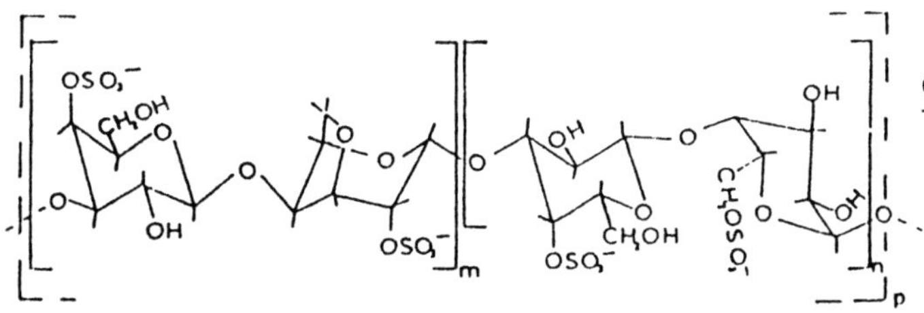

c) Carrageenan

a) Die Alginat-Methode (Klein et al. 1983) ist sehr flexibel hinsichtlich der Gelierungsbedingungen und auch einfach im kleinen und grossen Maßstab durchführbar:

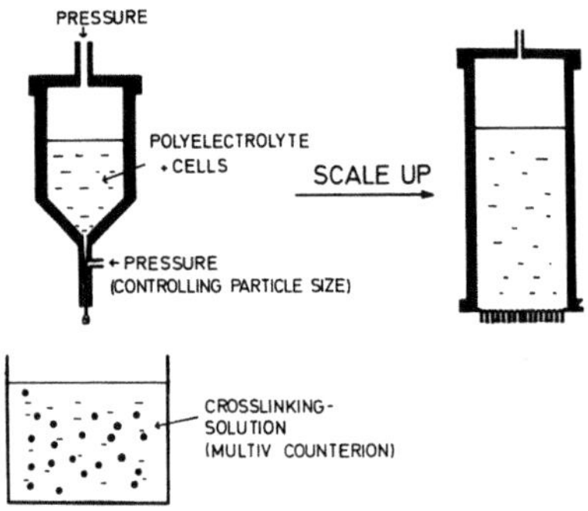

Abb. 2. Herstellung von Alginat-Gel-Perlen

Die Na-Alginatkonzentration kann im Bereich von 0,5% bis 8%, die $CaCl_2$-Konzentration zwischen 0,05% und 2%, der Perldurchmesser von 0,05 bis 5 mm und die Zellbeladung zwischen beliebig kleineren Werten und 0,3 g BTM/g.kat. Feuchtmasse variiert werden. Wichtig ist auch die Möglichkeit der partiellen Trocknung (Verkleinerung des Partikeldurchmessers und Erhöhung der Zellbeladung) ohne Rückquellung.

Wichtig im Hinblick auf die Stabilität der ionotropen Netzwerke (als reversible, ionische Gele) ist die Auswahl des Polymertyps und der Medienzusammensetzung.

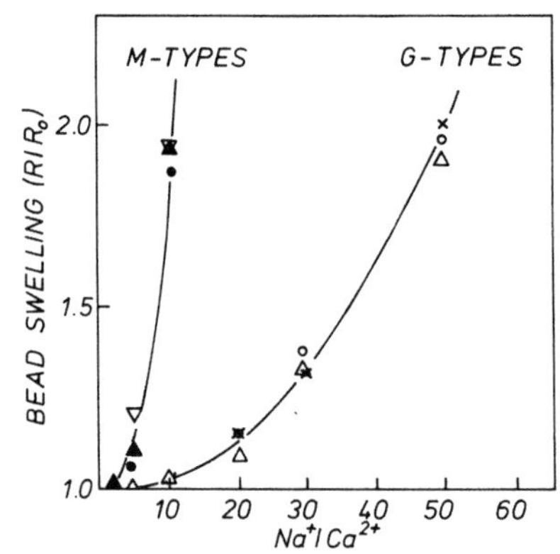

Abb. 3. Quellverhalten von Ca-Alginatgelen bei Variation der Na^+/Ca^{2+}-Verhältnissen

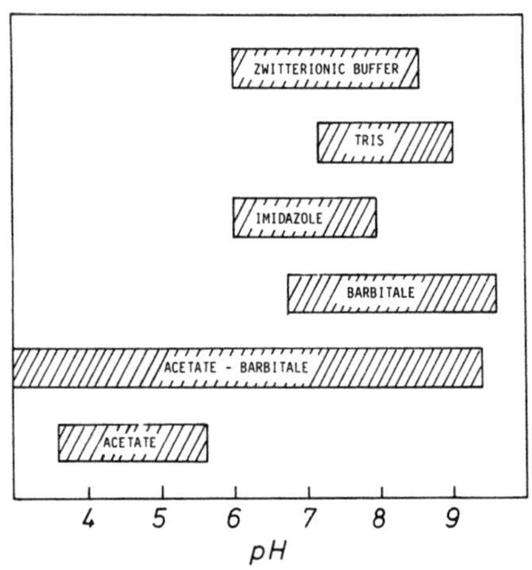

Abb. 4. Stabilitätsgrenzen von Ca-Alginatgelen in unterschiedlichen Puffern

Tabelle 1. Polymer-Gegenion-Systeme zur Immobilisierung von ganzen Zellen durch ionotrope Gelbildung.

POLYANIONS		COUNTERIONS
$-COO^-$	ALGINATE	Ca^{2+}, Al^{3+}, Zn^{2+}, Co^{2+}, Ba^{2+}, Fe^{2+}, Fe^{3+}........
	PECTIN	Ca^{2+}, Al^{3+}, Zn^{2+}, Co^{2+},... and Mg^{2+}
	CARBOXYMETHYL-CELLULOSE	Ca^{2+}, Al^{3+}......
	CARBOXY-GUAR-GUM	Ca^{2+}, Al^{3+}......
	COPOLY-STYRENE-MALEIC ACID	Al^{3+}......
$-PO_3^{2-}$	PHOSPHO-GUAR-GUM	Ca^{2+}, Al^{3+}......
$-SO_3^{2-}$	CARRAGEENAN	K^+, Ca^{2+}......
	FURCELLARAN	K^+, Ca^{2+}......
	CELLULOSE-SULFATE	K^+

POLYCATION	COUNTERIONS
CHITOSAN $-NH_3^+$	- TANNIN
	- TRIPOLYPHOSPHATE
	- PYROPHOSPHATE
	- TETRAPOLYPHOSPHATE
	- OCTAPOLYPHOSPHATE
	- HEXAMETAPHOSPHATE
	- $[Fe(CN)_6]^{4-}$, $[Fe(CN)_6]^{3-}$
	- POLY-ALDEHYDO-CARBONIC ACID
	- POLY-1-HYDROXY-1-SULFONATE-PROPENE-2
	- ATP

b) Die Chitosan-Methode (Vorlop und Klein 1981) stellt aufgrund der differierenden Stabilitätsgrenzen in der pH-Skala eine ideale Ergänzung zur Alginat-Methode dar. Ausgehend von einer Chitosanlösung (2-3%) in verdünnter Essigsäure bei pH 5,5 erfolgt die Gelbildung, z.B. mit Polyphosphat, bei pH $>$ 7 zu den verschiedenen Gegenionen, die je nach Anwendungsfall auszuwählen sind, s. Tab.1.

c) Die Carrageenan-Methode, die von Chibata et al. (1979) entwickelt wurde, setzt im Gegensatz zu a) und b) einen Temperaturwechsel voraus, da Carrageenan erst oberhalb 35°C in Lösung geht. Neben der Gelbildung durch einfache Abkühlung, die aber nur zu mechanisch weichen Gelen führt, ist eine Gelierung durch ein- und mehrwertige Kationen von Interesse; besonders hat sich K^+ als geeignet erwiesen.

Zur Struktur der hier diskutierten ionotropen Gele können folgende Aussagen gemacht werden:

Es handelt sich um im Inneren makropöse Netzwerke, die an der Oberfläche eine dichtere Grenzhaut besitzen. Die Porendurchmesser der Grenzhaut bei Alginat-Gelen liegen unterhalb 16 nm (Klein et al. 1983), die Makroporen haben Durchmesser unterhalb 10 µm und lassen die Immobilisierung von Zellaggregaten zu (Vorlop und Klein 1983). Die Makroporosität der Alginatgele wird auch durch die mit einer Trocknung verbundene irreversible Schrumpfung nicht zerstört.

Diffusionskoeffizienten von niedermolekularen Substanzen werden durch das Gel - im Vergleich zur freien Lösung - etwa um den Faktor 2 reduziert, aber auch stärkere Diffusionshemmungen sind möglich.

Die Druckfestigkeit der Gele liegt im Bereich der Belastungsgrenze von Polyacrylamidgelen, durch die Trocknung wird - aufgrund der höheren Polymermasse, wohl aber auch struktureller Umlagerungen - die Festigkeit sehr wesentlich erhöht und erreicht Werte, wie sie mit PS-Ionenaustausch-Harzen vergleichbar sind. Bei geringen Deformationen ist die Verformung elastisch (reversibel), bei hohen Deformationen tritt zunehmend plastische Verformung (irreversibel) in Erscheinung (Klein und Wagner 1979).

Kovalente Vernetzung: Ist man an der Wiedergewinnung der immobilisierten Zellen interessiert, so stellt die Reversibilität der bisher beschriebenen Einschlußverfahren zwar einen Vorteil dar, in der überwiegenden Zahl der Fälle wird man jedoch einer Stabilisierung den Vorzug geben, welche eine Anwendung unabhängig von pH, Temperatur oder Ionenmilieu erlaubt.

Einen derartigen Weg stellt die vernetzende Polymerisation von modifizierten Polysacchariden dar. Durch Umsetzung von Chitosan mit Allylbromid werden Doppelbindungen aufgepfropft, welche durch radikalische Polymerisation - im Anschluß an die Formgebung durch ionotrope Gelierung - zur kovalenten Vernetzung führen.

Adsorption an Mikrocarrier: Bestimmte Zellkulturen erfordern eine feste Oberfläche zum Wachstum. Um eine genügend große Oberfläche bereitzustellen, sind gelförmige Mikroperlen auf Basis Agar (Mosbach 1982) oder Chitosan hergestellt worden.

Anwendung von Polysacchariden als Hilfsstoffe: Es sind weiterhin Verfahren zur Immobilisierung von ganzen Zellen entwickelt worden, bei denen die ionotrope Gelbildung als Verfahrensschritt zur Formgebung genutzt wird, ohne daß die fertige Matrix noch Polysaccharide enthalten muß. Beispiele dafür sind die Herstellung von Epoxid-Perlen (Klein und Kreßdorf 1982) und die Bildung von Mikrokapseln mit Polyethylemin (Lim und Sun 1980).

Anwendung immobilisierter Zellen

Immobilisierte Zellen werden eingesetzt

a) als Biokatalysatoren zur Durchführung von Biotransformationen (Chibata et al. 1983; Berger 1981)
b) in der Analytik, als mikrobielle Sensoren (Karube et al. 1977)
c) zur Kultivierung von Zellen (Sharma et al. 1982)

Der Bereich a) bezieht sich hauptsächlich auf den Einsatz von Mikroorganismen (aerob und anaerob) zur Synthese von chemischen Wertstoffen oder zum Abbau toxischer Substanzen. Für die Leistungsfähigkeit eines Biokatalysators sind neben der Erhaltung der Enzymaktivität auch das Transportverhalten und der Verteilungskoeffizient des Substrats von Bedeutung.

Immobilisierte Mikroorganismen, die in Sensoren zum Einsatz kommen, müssen eine gute Stabilität besitzen. Immobilisierungsverfahren zur Kultivierung von Zellen werden vor allem im Bereich der pflanzlichen und tierischen Zellkulturen erprobt.

Bewertung

Im Gesamtspektrum der Verfahren zur Immobilisierung von ganzen Zellen nehmen die Polysaccharide eine dominierende, in ihrer Bedeutung noch zunehmende Rolle ein. Zellen sehr unterschiedlicher Struktur und Physiologie können unter Erhaltung der Enzymaktivität und der Lebensfähigkeit erfolgreich immobilisiert werden. Auch die mechanischen und kinetischen Eigenschaften der Polysaccharid-Netzwerke entsprechen hohen Anforderungen, sie sind einfach zu handhaben und flexibel in der Gestaltung des Matrixaufbaus aus chemischer und struktureller Sicht.

IMMOBILISIERUNG VON ENZYMEN

Vorrangige Zielsetzung der Immobilisierung von Enzymen ist die Fixierung in einem Reaktionsraum, um den in der Regel teuren Katalysator bei einfacher Abtrennung von Substrat- und Produktlösung vielfach wiederverwenden zu können. In zweiter Linie wird auch eine Stabilisierung der Enzyme angestrebt. Zur Übersicht über Methoden und Anwendungen siehe Sharma et al. (1982).

Aus dem Methodenspektrum ist für die Immobilisierung von Enzymen die kovalente Anbindung von herausragender Bedeutung; Adsorptions- und Einschlußverfahren besitzen allenfalls ergänzenden Charakter.

Kovalente Immobilisierung von Enzymen

Während beim Einschluß ganzer Zellen in eine polymere Matrix das Polymernetzwerk in Gegenwart der Zellen aufgebaut werden muß, erfolgt die Immobilisierung der Enzyme in einem mehrstufigen Verfahren:

a) Herstellung einer porösen Matrix
b) Funktionalisierung der Matrix
c) Kupplung des Enzyms über eine chemische Reaktion.

Die Reaktionsbedingungen für a) und b) sind beliebig wählbar und unabhängig von den Stabilitätsgrenzen des Enzyms. Eine Vielzahl anorganischer Materialien kann daher als Matrix dienen, um Forgebung, Festigkeit, Porosität den Forderungen der Anwendung anzupassen.

Enzymträger auf Polysaccharid-Basis können aus Dextran, Agarose oder Zellulose hergestellt werden.

Da die Dextran- und Agarose-Gele in der Chromatographie von weit höherer Bedeutung sind, sollen sie im Abschnitt Gelchromatographie näher beschrieben werden. Umfangreichere Untersuchungen zur Immobilisierung von Enzymen liegen an Zellulose-Trägern vor. Zellulose-Perlen können wie folgt hergestellt werden: Dispersion von Viskose in einem organischen Lösungsmittel, Verfestigung der Tropfen durch thermische Sol-Gel-Transformation, Abspaltung der Xanthogenatgruppen und Ausbildung von Regeneratcellulose. Nach Funktionalisierung der Matrix mit -CHO- oder CNBr-Gruppen wird das Enzym über eine seiner NH_2-Gruppen angebunden (Li Fu Chen und Tsao 1976; Tsao et al. 1977).

Bewertung

Träger auf Polysaccharid-Basis sind für die kovalente Anbindung von Enzymen zwar verwendbar, sie haben sich jedoch, trotz erster Hoffnungen (Li Fu Chen und Tsao 1976), nicht wirklich durchsetzen können. Auch in absehbarer Zukunft ist eine Änderung dieser Situation nicht zu erwarten.

CHROMATOGRAPHIE

Unter dem Gesichtspunkt des Einsatzes von Polysacchariden heben sich aus der Vielzahl der chromatographischen Methoden die

a) Gelchromatographie
b) Ionenaustauschchromatographie
c) Affinitätschromatographie

besonders hervor. Diese drei Verfahren seien im folgenden kurz skizziert.

Gelchromatographie

Stationäre Phasen für die Gelchromatographie müssen eine definierte Partikelgröße und eine definierte Porenradienverteilung besitzen. Die Partikelgröße ist mit entscheidend für die Effizienz eines chromatographischen Verfahrens (Packungsdichte und Druckverlust in der Chromatographie-Säule), die Porenradien bestimmen die Permeabilität oder den Ausschluß der Moleküle in der mobilen Phase und damit die Trenngrenzen nach den Prinzipien des sterischen Ausschlusses. Die Bezeichnung "Ausschlußchromatographie" oder "Size Exclusion Chromatography" - SEC- ist daher für den Prozeß weit treffender als die historischen Bezeichnungen "Gelfiltration" oder "GPC".

SEC-Gele werden vorzugsweise aus Dextran, daneben auch aus Agarose hergestellt. Die linearen, wasserlöslichen Polymere werden durch Umsetzung mit Epichlorhydrin zu wassergequollenen Polymernetzwerken verknüpft. Aufgrund der Vernetzungsdichte und des Quellvermögens liegen die Trenngrenzen der Dextran-Gele ("Sephadex"^{R}) zwischen 700 und 200.000 (für lineare Dextrane); Agarose-Gele (Sepharose") erweitern den Trennbereich bis zu 4×10^6, sind aber mechanisch bereits weit weniger belastbar (Pharmacia Firmenschriften).

Dextran-Gele finden sehr verbreitet Anwendung für analytische und präparative Trennungen innerhalb der Stoffgruppen der Proteine, Polysaccharide, Polynucleotide, Peptide, Hormone und Aminosäuren; die Agarose-Gele ermöglichen die Trennung von DNA, RNA, Viren und sehr hochmolekularer Proteine und Polysaccharide.

Durch Hydrophobierung über die Einführung von Hydroxypropylgruppen werden die Polysaccharid-Gele auch in organischen Lösungsmitteln einsetzbar (DMSO, Ethanol, Aceton etc.).

Auch durch die Methode der ionotropen Gelierung lassen sich im Prinzip aus Alginaten stationäre Phasen für die SEC herstellen (Klein et al. 1983)

Ionenaustauschchromatographie

Die polyfunktionellen Polysaccharide lassen sich durch chemische Modifikation (polymeranaloge Umsetzungen) in Polymere mit ionischen Gruppen und damit zu Polymeren mit Ionenaustauscheigenschaften umsetzen. Entscheidend für den Einsatz in der Chromatographie ist die Morphologie (Porosität, Vernetzungsdichte, Partikelgröße) der Grundmatrix sowie der Typ und die Besetzungsdichte der Ionenaustauschgruppe.

Als Polysaccharid-Matrix finden Zellulose und Dextran Verwendung, die zusammenfassend - unter Angabe weiterer Originalliteratur - bei Dorfner (1970) beschrieben sind.

Die chemische Reaktion der Modifizierung von Zellulose verläuft in der Regel durch Umsetzung einer Alkali-Zellulose mit einer Chlorverbindung; wesentlich ist dabei, daß Reaktionsbedingungen vermieden werden, die das Zellulose-Material lösen oder dispergieren. Umsetzungen mit Divinylsulfon, 1,4-Disulfatobutan oder Formaldehyd führen zu verringerter Quellung. Eine Übersicht über die typischerweise herstellbaren Zellulose-Ionenaustauscher gibt Tabelle 2.

In ähnlicher Weise lassen sich durch Verätherungsreaktionen aus neutralen Dextran-Gelen Ionenaustauscher herstellen. Dabei liegt die in mequ/g gemessene Austauschkapazität der Dextrangele mit 2,5 bis 5 wesentlich oberhalb der bei Zellulose erreichbaren Werte.

Tabelle 2: Ionenaustauscher auf Zellulosebasis

Name	Ionenaustauschende Gruppe	Eigenschaften	Kapazität [mäqu/g]	Vorherrschende Teilchengröße [μ]
CM-Cellulose	$-OCH_2COOH$	KA, schwach sauer	0,62 ± 0,1	30—200
P-Cellulose	$-OPO_3H_2$	KA, mittel sauer	0,8 —0,9	50—200
SE-Cellulose	$-OC_2H_4SO_3H$	KA, stark sauer	0,2 —0,3	50—200
DEAE-Cellulose	$-OC_2H_4N(C_2H_5)_2$	AA, stark basisch	0,4 —0,55	50—200
TEAE-Cellulose	$-OC_2H_5N \cdot Br^-$	AA, mittel basisch	0,55—0,75	50—200
PAB-Cellulose	$-OCH_2C_6H_4NH_2$	AA, schwach basisch	0,15—0,2	50—200
ECTEOLA-Cellulose	unbekannt	AA, schwach basisch	0,3 —0,4	50—200
AE-Cellulose	$-OC_2H_4NH_2$	AA, schwach basisch	0,33 ± 0,1	50—200
BD-Cellulose	$-OC_2H_4N(C_2H_5)_2$	AA, mittel basisch	0,8 ± 0,05	50—200
GE-Cellulose	$-OC_2H_4NH \cdot C = NH_2NH_2^+Cl^-$	AA, mittel basisch	0,2 —0,3	50—200
BND-Cellulose	$-OC_2H_4N(C_2H_5)_2$	AA, mittel basisch	0,8 ± 0,05	50—200

Dies ist mit der wesentlich besseren Zugänglichkeit der Hydroxylgruppen im homogen gequollenen Dextran-Polymerisat im Vergleich zur partiell kristallinen Zellulose verbunden. Durch die bei den Dextran-Gelen definierte Porosität lassen sich auch SEC-Effekte mit Ionenaustausch-Effekten in der Chromatographie verbinden. Zellulose- und Dextran-Ionenaustauscher sind beständig gegenüber Alkalien. Im sauren Bereich sollten bei den Zellulosen pH-Werte 4 und bei den Dextranen pH-Werte 2 vermieden werden.

Chromatographische Anwendungen finden sich schwerpunktmäßig bei der Trennung und Reinigung von Proteinen, Nucleinsäuren, Polysacchariden und Lipiden.

Affinitätschromatographie

Der heutige Entwicklungsstand der Biochemie und Molekularbiologie ist ohne die Affinitätschromatographie nicht vorstellbar. Analog zur Anbindung katalytisch wirkender Gruppen an polymere Träger (immobilisierte Enzyme oder Zellen, immobilisierte Säuren oder Basen) lassen auch Moleküle fixieren, die sich durch eine hohe Spezifität und Affinität bei der Bindung von Partnermolekülen aus z.T. hochverdünnten Lösungen auszeichnen. Neben synthetischen Polymerträgern (PAAm, PS) sind naturgemäß die hydrophilen und biokompatiblen Polysaccharidgele von besonderer Bedeutung. Basis des Affinitätsgels ist wiederum ein aktiviertes Agarose-Gel; typische Kupplungsgruppen sind CNBr sowie terminale Carboxyl- oder Amino-Gruppen, die auch über einen Spacer (1.6-Diaminohexan) an die Zuckereinheit gebunden sind. Ein Bespiel aus dem Pharmacia-Programm sind die Gele mit CNBr-fixiertem Concanavalin A (Affinitätschromatographie von Glycoproteinen und Polysacchariden). Seitens der verschiedenen Firmen (s. auch Bio-Rad, Serva etc.) wird ein sich ständig erweiterndes Spektrum von Gelen für die Affinitätschromatographie angeboten. Die Firmenschriften geben auch zahlreiche Hinweise auf die Originalliteratur (Dean und Harvey 1975; Cuatrecasas 1970; Yang und Tsao 1982) zur Synthese und Anwendung der Gele (Bio-Rad Laboratories, Firmenschriften).

Bewertung

Speziell unter dem Gesichtspunkt der Anwendung in der Biochemie, der Molekularbiologie und der sich daraus ableitenden Biotechnologie sind Gele auf Polysaccharid-Basis von großer Bedeutung. In erster Linie bezieht sich diese Aussage auf die Polysaccharide Dextran und Agarose, aus welchen Netzwerke mit sehr definierter Morphologie und Quellungscharakteristik hergestellt werden können. Zellulose-Materialien konnten sich nicht im vergleichbaren Maße durchsetzen.

LITERATUR

Berger R (1981) Acta Biotechnologica 1: 73-102

Bio-Rad Laboratories, Firmenschriften

Brodelius P, Deus B, Mosbach K, Zenk, M H (1979) FEBS Letters 103/1: 93-97

Chibata I, Tosa T, Fujimura M (1983) Ann Rev Ferment Proc 6: 1-22

Cuatrecasas J (1970) J Biol Chem 245 No 12: 3059-3065

Dean P D G, Harvey M J (1975) Proc Biochem, 5-10

Dorfner K (1970) Ionenaustauscher, W de Gruyter & Co, Berlin, 88-98

Jack T R, Zajic J E (1977) Adv Biochem Eng 5: 126-145

Karube I, Matsunaga T, Mitsuda S, Suzuki S (1977) Biotechnol Bioeng 19: 1535-1547

Klein J (1980) Kontakte (Merck) 3: 29-36
Klein J, Kreßdorf B (1982) Biotechnol Letters 4/6: 375-380
Klein J, Stock J, Vorlop K-D (1983) Europ J Appl Microbiol Biotechnol
Klein J, Wagner F (1983) Appl Biochem and Bioeng 4: "Immobilized Cells", L B Wingard jr and I Chibata, eds
Klein J, Wagner F (1979) Dechema Monographie: "Biocatalysts", K Buchholz ed: 265-335
Li Fu Chen, Tsao G T (1976) Biotechnol Bioeng 18: 1507
Lim F, Sun A M (1980) Science 210: 908-910
Linko P, Poutanen, Weckstrom L, Linko Y Y (1980) Biochemie 62: 387-394
Mosbach K (1982) J Chem Techn Biotechnol 32: 179-188
Nilsson K, Mosbach K (1980) FEBS Letters 118: 145-150
Pharmacia A B, Firmenschriften
Sharma B S, Bailey L F, Messing R A (1982) Angew Chemie 94: 836-852
Tosa T, Sato T, Mori T, Yamamoto K, Takata I, Nishida Y, Chibata I (1979) Biotechnol Bioeng 21: 1697-1709
Tsao G T, Li Fu Chen, Dickensheets P A (1977) Biotechnol Bioeng 19: 365
Yang C Y, Tsao G T (1982) Adv Biochem Eng, A Fiechter ed 25: 19-42

Kompatibilität

W. Burchard

EINLEITUNG

Setzt man zwei getrennte Lösungen an von (a) Polystyrol (PS) in Dioxan und (b) Polymethylmethacrylat (PMMA) in Dioxan, so erhält man eine gute Auflösung der Polymeren, da Dioxan für beide Makromoleküle ein gutes Lösungsmittel ist. Schüttet man nun die beiden Lösungen zusammen, so tritt spontan eine Phasentrennung ein. Man nennt diese Erscheinung der gegenseitigen Ausfällung bei Polymeren ihre Unverträglichkeit oder Inkompatibilität (Dobry et al. 1947). Die polymere Unverträglichkeit ist keine Besonderheit der beiden bekanntesten synthetischen Polymeren PS und PMMA, sondern sie ist ein so allgemeines Phänomen, daß eher die relativ seltenen Fälle einer Kompatibilität als Ausnahmen bezeichnet werden müssen. Inkompatibilität tritt auch bei Mischungen polymerer Schmelzen auf und ist dort meist stärker ausgeprägt als in Lösungen, da das Lösungsmittel die Wechselwirkungen zwischen den Polymeren abschirmt.

Vom Standpunkt der technischen Anwendung ist die polymere Unverträglichkeit bedauerlich, weil dadurch die Hoffnung zunichte gemacht wird, daß eine kontinuierliche Änderung von Polymereigenschaften durch einfaches Mischen zweier Makromoleküle zu erreichen wäre. Allerdings ist die Inkompatibilität nicht immer unerwünscht und wird technisch sinnvoll genutzt. In Schmelzen ist die Viskosität meist sehr hoch, so daß im Erdschwerefeld keine nennenswerte Trennung in zwei makroskopische Phasen möglich wird. Man erhält in solchen Fällen dann eine Dispersion von sphärischen Mikrophasen in einer kontinuierlichen Matrix, wobei es von dem Massenverhältnis der beiden Komponenten abhängt, welche der beiden Phasen die kontinuierliche Matrix bildet. Von besonderer technischer Bedeutung sind Systeme, bei denen eine Weichkomponente in eine kontinuierliche, glasartige Matrix eingebettet ist. Die Produkte zeichnen sich durch eine erhöhte Zähigkeit aus und werden als schlagfeste Polymere bezeichnet.

Polysaccharide
Herausgegeben von W. Burchard

Will man die in der Natur reichlich vorkommenden Polysaccharide technisch nutzen und mit den üblichen synthetischen Polymeren kombinieren, so wird die Unverträglichkeit zu einem der Hauptprobleme. Meist ist es nicht möglich, aus den wenigen bekanntgewordenen Fällen von Kompatibilität Rückschlüsse auf die Polysaccharide zu ziehen. Dszu unterscheiden sich die polaren Polysaccharide zu sehr von den üblichen Makromolekülen.Außerdem werden die Gründe für eine Teilverträglichkeut zweier Polymerer noch zu wenig verstanden.

Polysaccharide werden andererseits in biologischen Organismen in manigfacher Weise miteinander kombiniert und zeigen auch gegenüber den Proteinen Kompatibilität. So erscheint es sinnvoll, sich diese natürlichen Systeme einmal genauer anzusehen, um bestimmte Prinzipien ausfindig zu machen. Dies soll in diesem Beitrag geschehen. Die Betrachtung ist hier stark spekulativ, und erst zukünftige Arbeiten werden zeigen müssen, welche der Hypothesen richtig und brauchbar sind.

Im folgenden werden zunächst die Folgerungen der Mischungsthermodynamik von zwei Polymeren in einem Lösungsmittel kurz dargestellt. Hieraus wird deutlich werden, warum die Unverträglichkeit ein so allgemeines Phänomen ist. Danach werden einige Gründe für Kompatibilität bei verschiedenen Polysacchariden, vor allem der im Bindegewebe, diskutiert. In einem weiteren Abschnitt wird der Begriff der Kompatibilität erweitert, um auch die Blutverträglichkeit verschiedener Polysaccharide miteinbeziehen zu können. Schließlich wird am Beispiel des Chitins und der Hemicellulosen erläutert, welche Prinzipien von der Natur genutzt werden, um hochkristalline Hartsysteme zu letztlich flexiblen Gesamteinheiten zu kombinieren.

MISCHUNGSTHERMODYNAMIK

Grundlage aller Erklärungsversuche ist,wie bei den Polymerlösungen,die Gittertheorie von Flory und Huggins (Flory 1953; Tompa 1956). Für zwei Polymere (Komponenten 2 und 3) ohne Lösungsmittel erhält man nach dieser Theorie, wenn beide Polymere den gleichen Polymerisationsgrad x haben, für die chemischen Potentiale

$$\mu_2/RT = \ln\Phi_2 + \chi_{23}\Phi_3 \qquad (1)$$

$$\mu_3/RT = \ln\Phi_3 + \chi_{23}\Phi_2$$

wobei

$$\chi_{23} = \chi/x \qquad (2)$$

und

$$\chi = z\Delta w_{23}/RT \qquad (3)$$

ist. ϕ_2 und ϕ_3 sind die Volumenbrüche der beiden Polymeren, x ist der Polymerisationsgrad, z die Koordinationszahl des Gitters und

$$\Delta w_{23} = w_{23} - (w_{22} + w_{33})/2 \qquad (4)$$

ist die Differenz der Wechselwirkungsenergien (Potentiale) zwischen gleichartigen und ungleichartigen Polymersegmenten. Aus den Stabilitätsbedingungen der Mischungsthermodynamik kann dann aus Gl. (1) abgeleitet werden, daß Phasentrennung auftritt, wenn $\chi_{23} > 0.5$ wird. Bei kleineren Werten des χ-Parameters sind die beiden Polymerkomponenten in allen Verhältnissen miteinander mischbar. Gl. (2) zeigt, daß χ für Polymere sehr klein sein muß, um $\chi_{23} < 0.5$ realisieren zu können, oder anders ausgedrückt, die Wechselwirkung zwischen gleichartigen und ungleichartigen Segmenten darf nur sehr wenig voneinander verschieden sein. Dies ist selbst bei den sehr ähnlichen Ketten des Polystyrols und des α-Methylstyrols nicht mehr der Fall. So macht die Flory-Huggins Theorie jedenfalls qualitativ verständlich, warum die Unverträglichkeit bei Mischungen zweier Polymerer so verbreitet ist.

Bei den ternären Systemen Lösungsmittel (1), Polymer (2) Polymer (3) treten im Prinzip sechs χ_{ij} Wechselwirkungsparameter auf. Diese erweisen sich jedoch als miteinander gekoppelt durch die Beziehung

$$x_i\chi_{ij} = x_j\chi_{ji} \qquad (5)$$

mit i,j = 1, 2, 3, so daß sich die Zahl der -Parameter auf drei reduziert. Nimmt man wieder an, daß $x_2=x_3=x$ ist und der Polymerisationsgrad des Lösungsmittels $x_1=1$, so erhält man mit Gl. (5) die Beziehungen

$$\chi_{12} = \chi_{13} = \chi_{21}/x = \chi_{32}/x$$

und

$$\chi_{32} = \chi_{23} \tag{6}$$

wobei χ_{23} wieder durch Gl. (2) gegeben ist. χ_{12} bzw. χ_{13} sind die entsprechenden χ-Parameter der Polymerkomponente 2 im Lösungsmittel 1 bzw. der Polymerkomponente 3 im Lösungsmittel. Diese beiden Wechselwirkungsparameter liegen damit in der Größenordnung von 0-0.5, sofern die Polymeren im Lösungsmittel gut löslich sind. χ_{23} ist aber nach Gl. (2) normalerweise sehr groß. Die Anwendung der Stabilitätsbedingungen ergibt das erstaunliche Resultat, daß die Phasentrennung praktisch unabhängig von den χ_{12} und χ_{13} ist und in guter Näherung durch die Beziehung

$$\chi_{23} = 2/(1-\phi_1) \tag{7}$$

oder

$$\chi = 2/x(1-\Phi_1) \tag{8}$$

gegeben ist. Dies bedeutet, daß χ in Gl. (3) sehr klein sein muß oder das System hochverdünnt, d.h., Φ_1 ca. 1, wenn eine Phasentrennung vermieden werden soll.

Abb.1 zeigt den Vergleich zwischen dem theoretisch vorhergesagten Phasendiagramm und dem experimentellen Ergebnis von Dobry und Boyer-Kawenoki (1947) für das System Benzol-Kautschuk-Polystyrol.

BINDEGEWEBSPOLYMERE

Leider wurde bisher nur der Fall $\chi > 0$ mathematisch behandelt. Nach der Definition von χ in Gl. (4) bedeutet dies, daß stets angenommen wurde, daß sich artfremde Polymere abstoßen. Bei polaren Polymeren mit funktionellen Seitengruppen ist jedoch sehr wohl der Fall denkbar, daß die Potentialtiefe w_{23} größer ist als der Mittelwert der beiden anderen Potentialtiefen $(w_{22} + w_{33})/2$. Ein klarer Fall liegt vor, wenn Polyelektrolyte entgegengesetzter Ladung zusammengebracht werden. Es bilden sich dann je nach dem Mischungsverhältnis Assoziate oder Komplexe aus oder eine durchgehende Phase, die als Coarcervat bezeichnet wird (Voorn 1959). Aber auch bei Nichtelektrolyten sind spezifische Wechselwirkungen möglich, vor allem über H-Brücken- bindungen. Diese Art der Wechselwirkung spielt bei den Polysacchariden sicher eine große Rolle; es gibt kaum ein unsubstituiertes Polysaccharid, das in Wasser nicht assoziiert vorliegt. Will man eine Komplexierung mit Protein erreichen, so muß das Polysaccharid Substituenten enthalten, die spezifische Wechselwirkungen mit dem Protein eingehen können. Teilsubstituierte Polysaccharide treten in reichlichen Mengen im Bindegewebe von höheren Tieren auf und in dem extrazellulären Gewebe von vielen niederen Pflanzenorganismen, wie z.B. den Algen. Ferner findet man diese teilsubstituierten Polysaccharide auch als Komponenten in den sogenannten Mucopolysacchariden, z.B. im Schleimstoff der Magenwand (Scott 1949; Leninger 1979).

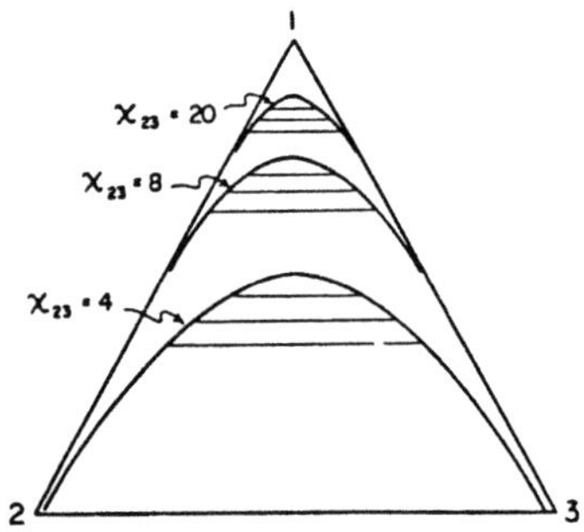

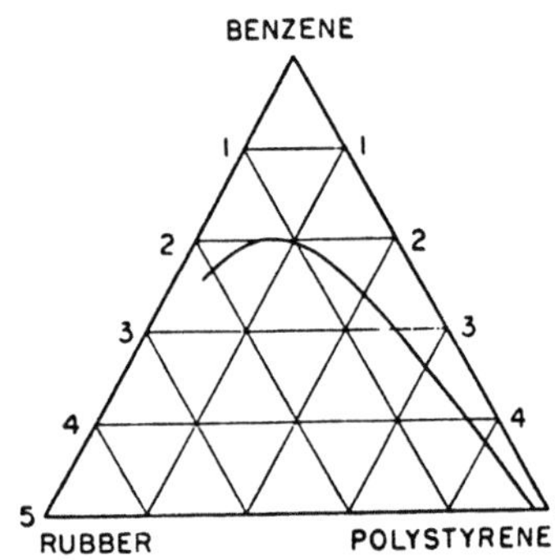

Abb. 1. (links: Berechnete Phasendiagramme für zwei Polymere mit dem Polymerisationsgrad x = 1000 bei verschiedenen χ_{23} Parametern (Scott 1949); (rechts): Experimentelles Phasendiagramm von Dobry und Boyer-Kawenoki (1947)

Sieht man sich diese Stoffe einmal genauer auf die chemische Zusammensetzung an, so fallen drei Eigentümlichkeiten auf.

(1) Im Tierreich treten diese Polysaccharide mit nur wenigen Ausnahmen als Kammpolymere auf, in denen das Rückgrat von einer Proteinkette gebildet wird, auf das die Polysaccharidketten aufgepfropft sind.
(2) Die Polysaccharide haben fast immer eine alternierende Copolysaccharidstruktur.
(3) Im animalischen Gewebe enthält die eine Saccharidkomponente eine N-Acetylgruppe. Im pflanzlichen Gewebe sind N-Acetylgruppen weniger häufig, statt dessen besitzen die Polysaccharide hier einen relativ hohen Sulfatisierungsgrad.

Abb. 2 zeigt ein schematisches Bild eines Proteoglycans aus Knorpel und Abb. 3 gibt mit dem Beispiel der Hyaluronsäure, die nicht als Proteoglycan vorkommt, sondern als freies Polysaccharid, die Struktur eines alternierenden Polysaccharids wieder.

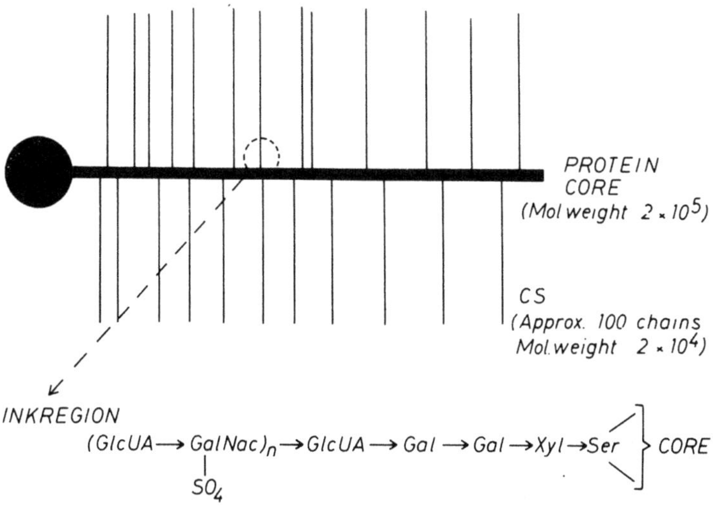

Abb.2. Schematische Struktur eines Knorpel Proteoglycans. Die Polysaccharide (Chondroitinsulfate) sind über eine spezielle Saccharidsequenz mit dem Protein des Rückgrats verknüpft (Laurent 1975)

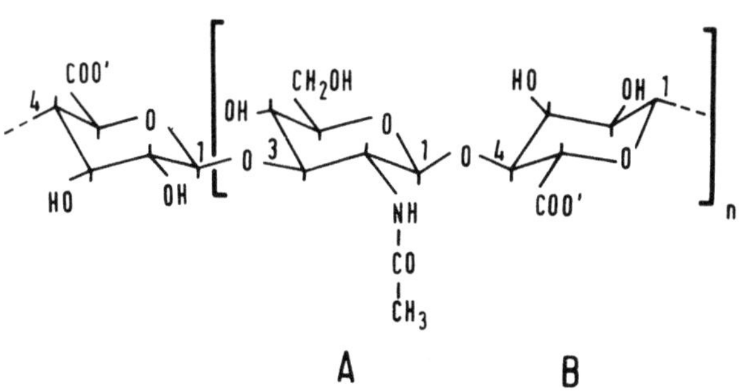

Abb. 3. Wiederholungseinheit bei der Hyaluronsäure

Eine Liste vergleichbarer Strukturen anderer Bindegewebspolysaccharide ist in Tabelle 1 gegeben.

Zu den drei oben angeführten Punkten nur einige Bemerkungen:

(1) Block-,Kamm- und Sternpolymere werden bei den synthetischen Polymeren in zunehmendem Maße als Lösungs- und Mischungsvermittler verwen-

det (Noshay und McGrath 1977). Da die eine Komponente im Copolymeren der einen Mischungskomponente entspricht und die andere Copolymerkomponente der zweiten Mischungskomponente, wird eine Trennung der beiden Mischphasen in makroskopische Bereiche weitgehend vermieden. Diese Copolymeren stellen sozusagen einen Kitt zwischen den beiden unverträglichen Polymeren dar. Die Proteoglycane des Bindegewebes ähneln weitgehend einer Flaschenbürste; das Proteinrückgrat vermittelt die Verträglichkeit zum Collagen, und die gepforpften alternierenden Polysaccharide übernehmen Funktionen, die u.a. eine Stabilisierung der Wasseraufnahme bewirken, aber auch für die Elastizität des Bindegewebes sorgen. Diese Elastizität ist übrigens nicht mehr vorwiegend entropisch wie bei den üblichen kautschukelastischen Netzwerken, sondern sie beruht auf der Arbeit, die beim Zusammendrücken des Bindegewebes gegen die elektrostatischen Abstoßungskräfte der teilweise negativ geladenen Polysaccharidketten aufgebracht werden muß. Die Collagenfibrillen sind nicht nennenswert dehnbar und sind verantwortlich für die Endfestigkeit z.B. der Haut.

Tabelle 1. Bindegewebspolysaccharide

	Sugars	SO_4/Disacch.	Mol. weight
Hyaluronate	GlcNac, GlcUA	0	10^6–10^7
Chondroitin 4-sulphate	GalNac, GlcUA	1	$1–5\times10^4$
Chondroitin 6-sulphate	GalNac, GlcUA	1	$1–5\times10^4$
Dermatan sulphate	GalNac, IdUA, GlcUA	1	$1–5\times10^4$
Heparan sulphate	GlcNac, $GlcNSO_4$, IdUA, GlcUA	0·5	$1–5\times10^4$
Keratan sulphate	GlcNac, Gal	1	$5–20\times10^3$
Heparin*	GlcNac, $GlcNSO_4$, GlcUA, IdUA	2·5	$5–15\times10^3$

(2) Der alternierende Aufbau der Polysaccharide hat offenbar etwas mit einer Aufgabenteilung zu tun. Dies wurde vor allem durch Arbeiten von Atkins geklärt (Atkins 1975), der anhand von Röntgenfaserdiagrammen zeigen konnte, daß wegen der ß-1,3 Bindung die Uronsäuregruppen an der Peripherie einer Helix zu liegen kommen. Die Uronsäure, vor allem die Hyaluronsäure, ist aber hauptverantwortlich für die Bindung des Wassers. Die zweite Saccharidkomponente übernimmt demgegenüber die Rolle der Kompatibilisierung. Eine Phasentrennung in eine reine Polysaccharidkomponente wird z.B. durch die vielen gleichartigen negativen Ladungen verhindert, die durch die N-Acetylgruppen mit dem Protein und den anderen Polysacchariden, vor allem der Hyaluronsäure, verursacht wird.

(3) Die N-Acetylgruppe enthält die $R_1-\overset{H}{\underset{|}{N}}-\overset{O}{\overset{\|}{C}}-R_2$ Anordnung, die auch bei den Proteinen auftritt, und sie dürfte weitgehend verantwortlich sein für die starke H-Brückenbindungen zwischen dem Protein und den Aminozuckern. Insgesamt bildet sich durch die spezifischen Wechselwirkungen ein Netzwerk aus, und dieses Netzwerk ist nach außen hin durch das Stützgerüst der Collagenfasern begrenzt, an die es auch gebunden ist.

Die Wechselwirkung zwischen den Proteoglycanen und Collagen wurde von Öbrink (Öbrink 1975) in einer Übersicht diskutiert. Danach ist die Komplexbildung elektrostatischer Art und wird bestimmt einerseits durch dissoziierte Sulfat- bzw. Uronsäuregruppen, andererseits durch eine Protein-Protein Wechselwirkung des Rückgrats mit dem Collagen. Die elektrostatische Wechselwirkung hat auch Einfluß auf die Dicke der Collagenfibrillen, die in verschiedenen Bindegewebsarten unterschiedlich ausgeprägt ist. Collagen allein würde durch laterale Aggregation und nachfolgende Vernetzung der Stränge zu dicken Fasern, wie z.B. bei den Sehnen, aggregieren. Die elektrostatische Komplexbildung mit den Polysacchariden behindert ein zu starkes Dickenwachstum, verhindert also eine makroskopische Trennung der beiden Komponenten im Bindegewebe

Bei den Algenpolysacchariden liegen keine Proteoglycane vor, also kein Proteinrückgrat, und es fällt auf, daß hier die Aminozucker meist fehlen. Dennoch bilden die Polysaccharide schon bei relativ kleiner Konzentration ein Netzwerk. Die Komplexbildung ist aller Wahrscheinlichkeit nach nicht elektrostatischer Art, sondern die Assoziation kommt hier durch hydrophobe Wechselwirkungen zustande. Man kann beobachten, daß die Gelbildung um so leichter eintritt, je geringer der Sulfatisierungsgrad ist. Die elektrostatische Wechselwirkung wirkt einer unbegrenzten lateralen Assoziation entgegen und steuert somit die Dicke der Assoziationszonen.

BLUTVERTRÄGLICHKEIT

Polymere werden seit dem zweiten Weltkrieg auch als Blutplasmaersatz verwendet. Sie müssen drei wichtige Eigenschaften erfüllen.

(1) Sie müssen einen osmotischen Druck garantieren, der dem des natür

lichen Plasmas entspricht, und die Polymeren müssen über die Niere letztlich ausscheidbar sein.

(2) Sie dürfen keine Hämolyse verursachen, etwa durch spezifische Wechselwirkung mit den Blutgruppen-Oligomeren der roten Blutzellen. Die Oligosaccharide der Blutgruppen enthalten übrigens als determinierende Gruppen wiederum N-Acetylzucker.

(3) Die Polymeren dürfen keine Blutgerinnung auslösen, die meist durch eine Wechselwirkung mit den Blutplättchen verursacht wird. Die Blutplättchen enthalten eine Reihe von Faktoren, welche die Aktivierung des Fibrinogens im Serum regulieren.

Das erste Makromolekül, das mit Erfolg als Plasmaersatz eingesetzt wurde, ist das Polyvinylpyrrolidon

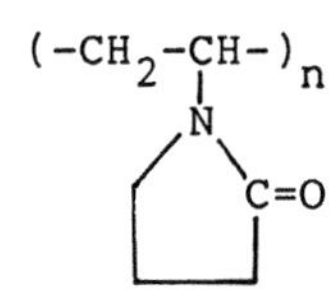

Polyvinylpyrrolidon

wobei wieder die $-N-\overset{O}{\overset{\|}{C}}-$ Gruppe auffällt. In diesem Zusammenhang sei erwähnt, daß die bisher besten synthetischen Blutgefäße aus Polyurethan bestehen (Egbers 1983). Sie bewirken praktisch keine Thrombose in den künstlichen Blutgefäßen durch den direkten Kontakt mit deren Oberfläche. Eine mechanisch bedingte Hämolyse an der Übergangsstelle von der natürlichen zu der synthetischen Ader konnte in jüngster Zeit vermieden werden, indem die Weichkomponente des Polyurethans der Flexibilität der natürlichen Ader angepaßt wurde (Matsuda und Akutsu 1983).

$$(-R_{weich}-O-\overset{O}{\overset{\|}{C}}-\underset{H}{\underset{|}{N}}-R_{hart}-\underset{H}{\underset{|}{N}}-\overset{O}{\overset{\|}{C}}-O-)_n$$

Polyurethan

Als blutverträgliche Plasmaersatzstoffe haben sich dann aber vor allem einige nichtelektrolytische Polysaccharide wie Dextran, Pullulan und Hydroxiethylstärke erwiesen.

Eine wichtige Rolle im Blutplasma und vermutlich auch bei der Auskleidung der Blutgefäße spielt das Heparin.

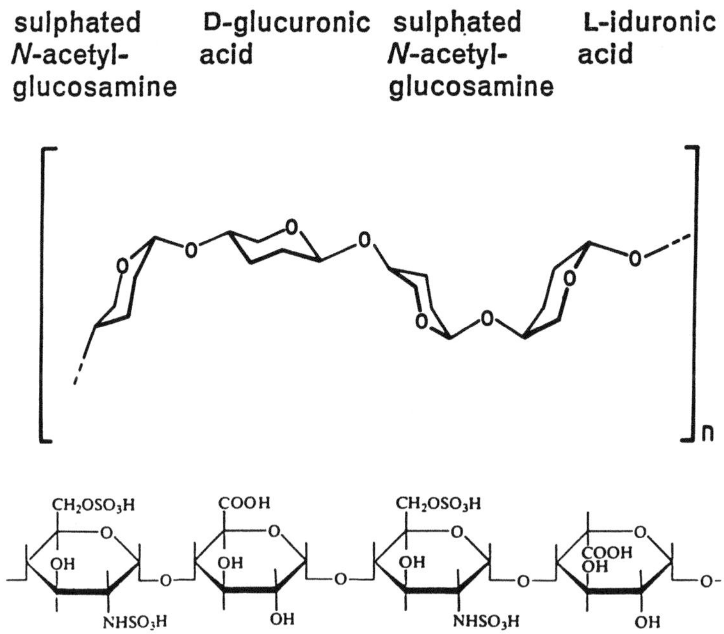

Abb 4 . Struktur der spezifischen Tetrasaccharideinheit beim Heparin. Rechts die räumliche Anordnung

Heparin ist ein Aminoglycan, das aus vier Zuckereinheiten besteht, die zum Teil in einer spezifischen Tetrasaccharidsequenz auftreten. Diese spezifischen Segmente können mit dem Antithrombin des Serums einen aktiven Komplex bilden, und dieses so aktivierte Protein inhibiert die Bildung des Thrombins, das die eigentliche Fibrinbildung katalysiert. Die spezifischen und unspezifischen Zuckersequenzen im Heparin haben eine ungewöhnlich hohe Ladungsdichte, und es hat den Anschein, daß diese Ladungsdichte eine Freisetzung der verschiedenen Gerinnungsfaktoren aus den Blutplättchen verhindert. Eine antithrombische Wirkung haben auch die unspezifischen Sequenzen im Heparin. Die hohe Ladungsdichte allein reicht allerdings nicht aus, um die beobachtete antithrombische Wirkung zu garantieren, sondern diese Wirkung hängt entscheidend auch von der N-Sulfatyl-Gruppe ab.

STÜTZGERÜSTE

Als letztes sei nun noch die Verkittung von Hartkomponenten mit weicheren Elementen zu biegsameren Einheiten diskutiert. Ein erstes Beispiel war bereits bei den Bindegewebspolysacchariden behandelt worden. Dort bildeten die Collagenfasern zusammen mit den Proteoglycanen und der Hyaluronsäure ein flexibles Ganzes. Die Hyaluronsäure ist ein äußerst langes lineares Makromolekül das sehr viel Raum beansprucht. Hierdurch werden die Collagenfasern weit voneinander getrennt gehalten. Ferner erhält man bei dem verfügbaren Raum eine 80-90%ige Überlappung der Segmente von verschiedenen Hyaluronsäuremolekülen, und diese Überlappung bedingt, allein durch das Entanglement, eine Gel-Struktur (de Gennes 1975). Weitere Stützgerüste sind bei Bakterien das Murein, bei den Arthropoden das Chitin und im Pflanzenreich die Cellulose. In allen drei Fällen liegt eine ß-1,4 verknüpfte Polyglucankette vor. Im Chitin (siehe Abb. 5) befindet sich in C2 Stellung bei jeder Glucoseeinheit eine N-Acetylgruppe, beim Murein (Abb. 6) trägt jede zweite Einheit zusätzlich in C3 noch einen Milchsäurerest und bei der Cellulose ist die Kette überhaupt nicht substituiert.

Die ß-1,4 Bindung sorgt für eine gestreckte Polysaccharidkonformation, die leicht kristallisieren kann. Beim Chitin gibt es die drei Modifikationen des α-,ß- und γ-Chintins, in denen die Ketten entweder parallel oder antiparallel angeordnet sind (Walton und Blackwell, 1973).

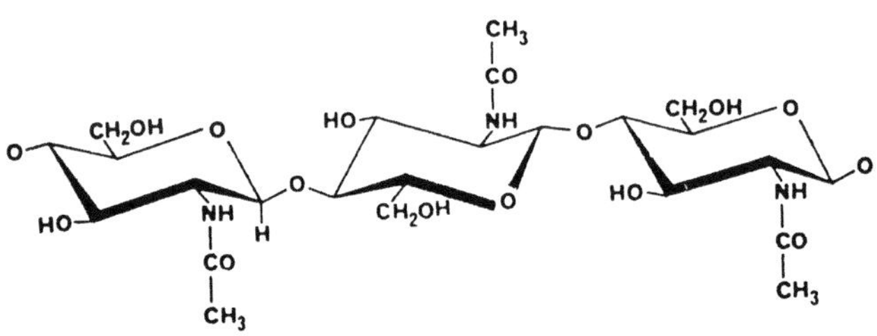

Abb. 5. Wiederholungseinheit im Chitin

Bei der Cellulose ist die Frage der parallelen oder antiparallelen Anordnung immer noch nicht vollständig geklärt. Das Murein schließlich wird durch Quervernetzung über kurze Peptidketten an der Kristallisation gehindert.

Dicke Bündel von hochkristallinen Fasern würden dem Stützgerüst eine gar zu große Starrheit verschaffen. Um diese zu vermindern, werden bei der Cuticula die Chitinfibrillen in eine Proteinmatrix eingebettet, die amorph ist. Wahrscheinlich ist es hier wieder die N-Acetylgruppe, die eine spezifische Wechselwirkung mit dem Protein ermöglicht, was allerdings nur dann zu einem Komplex führt, wenn auch bei dem Protein an der Grenzfläche eine ganz bestimmte Ordnung besteht.

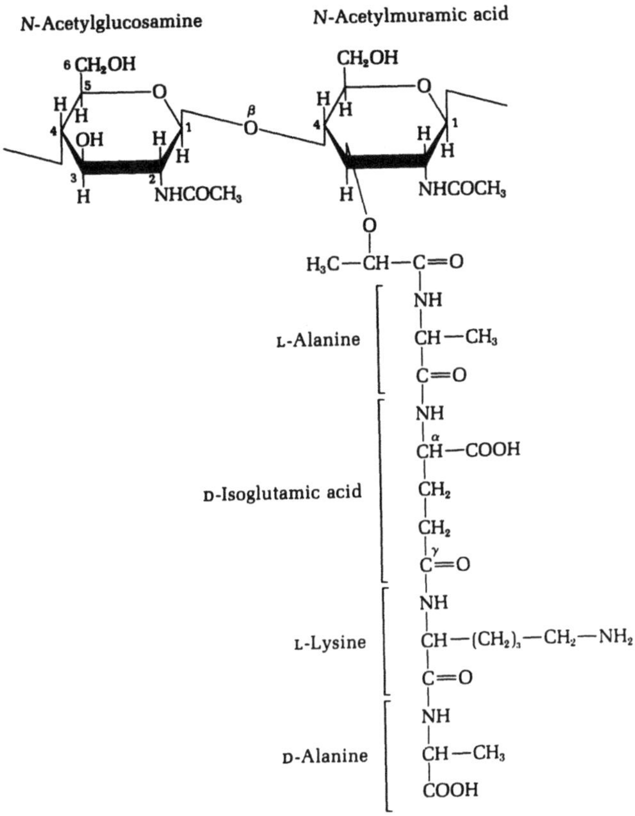

Abb. 6. Wiederholungseinheit im Murein. Die Polysaccharidketten werden über das in C3 gebundene Oligopeptid in der D-Alanin- und Lysin-Stellung durch pentamere Glycinketten vernetzt

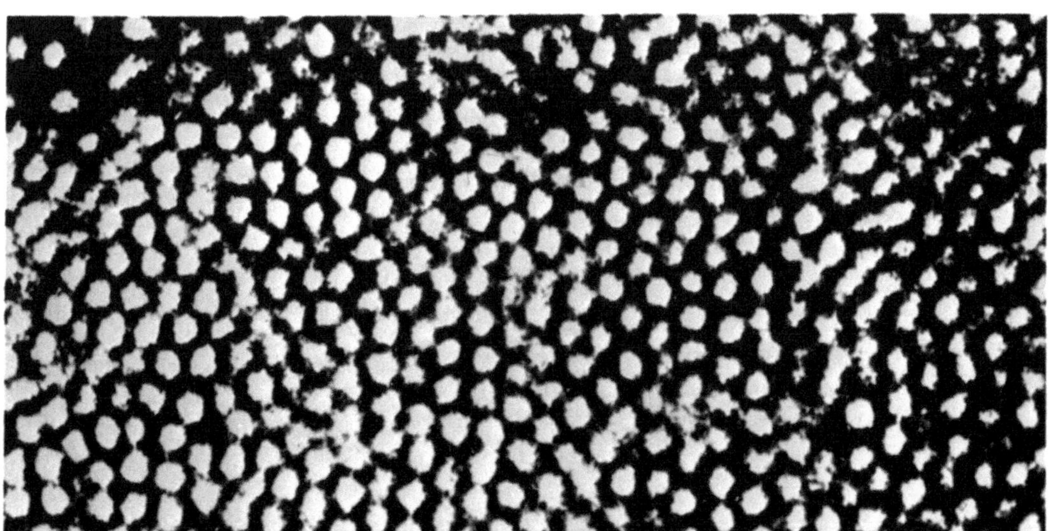

Abb.7. Elektronenmikroskopische Aufnahme eines Chitin-Protein Komplexes. Die nichtgefärbten Bereiche stellen die Chitinfibrillen dar, die einen Durchmesser von ca. 50 Å haben (Walton und Blackwell 1973)

Abb. 7 zeigt einen Schnitt durch ein solches Stützgerüst, wobei die Chitinfasern senkrecht zu der Schnittebene angeordnet sind. Die Insektencuticula wird durch die Einbetttung der weichere Proteinmatrix zum zähen Material. Die häufig zu beobachtende schillernde Farbe bei einigen Käfern und Fliegen ist durch die cholesterische Anordnung der Mikrofibrillen bedingt.

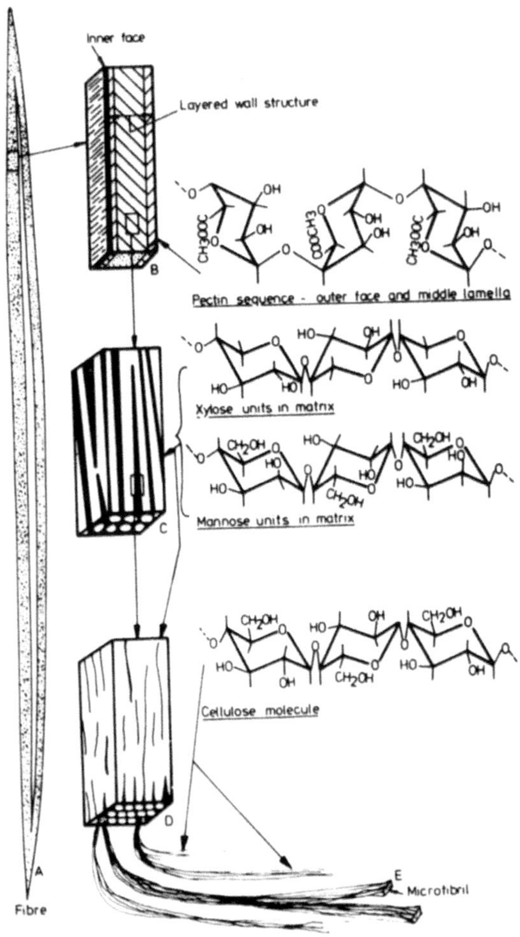

Abb. 8. Zellwandstruktur in einer Holzfaserzelle. A: Die Faser hat eine Schichtstruktur. Die Hauptzusammensetzung an Polysacchariden in den verschiedenen Schichten sind in den Teilausschnitten B bis D dargestellt (Rees 1977)

Bei den Cellulosefasern tritt im Gewebe fast immer eine Komplexbildung mit verschiedenen Polyosen ein, die aus verschiedenen Gründen nicht kristallisieren. Hierdurch wird ein Übergangsbereich zu dem weiteren Gewebe gebildet. Die Komplexbildung und weitere Wechselwirkungen mit dem Lignin wurde bereits in dem Beitrag von D. Fengel und G. Wegener eingehend behandelt. Hier soll zum Abschluß nur noch eine Abbildung gebract werden, aus der dieser Übergang zu einem zunehmend aufgelockerten Gewebe deutlich wird.

LITERATUR

Atkins E.D.T. (1975), "Structure of Fibrous Biopolymers", Butterworths London, p. 35

Banks W., Greenwood C.T., (1975), "Starch and its Compounds", University Press Edinburgh

Dobry A., Boyer-Kawnoki F., 81947), J. Polymer Sci. 2, 90

Egbers G., (1983), Internationales Kolloquium "Polyurethane in der Medizintechnik", Fellbach/Stuttgart

Flory P.J. (1953), "Principles of Polymer Chemistry", Cornell University Press, Ithaca

Gennes de P.-G. (1979), "Scaling Concepts in Polymer Physics", Cornell University Press, Ithaca

Kennedy J.F., White C.A. (1979), "Comprehensive Organic Chemistry (Ed. D. Barton, W.D. Ollis) Vol. 5, Biological Compounds, Pergamon

Laurent T.C. (1975), "Structure of Fibrous Biopolymers", Butterworths London, p. 27

Leninger A.L. (1979), "Biochemistry" Worth Publ.

Matsuda T., Akutsu T., (1983), 185th ACS Meeting, Seattle, Preprint 48 647

Noshay A., McGrath J. E. (1977), "Block Copolymers", Academic Press, New York

Noshay A., McGrath J.E., (1977) "Block Copolymers", Academic

Öbrink B (1975), "Structure of Fibrous Biopolymers", Butterworths London, p. 81

Rees D.A., (1977), "Polysaccharide Shapes", Chapman & Hall

Scott R.L. (1949), J. Chem. Phys. 17, 279

Tompa H. (1956), "Polymer Solutions", Butterworths London

Voorn M.J., (1959), Adv. Polymer Sci. 1, 192

Walton G., Blackwell J. (1973), "Biopolymers" Academic, New York

Optische Transformation zur Veranschaulichung einiger Methoden der Röntgen- und Elektronenbeugung an Polymeren

G. Lieser

EINLEITUNG

Bei der Charakterisierung des festen Zustands der Materie sind Streumethoden ein außerordentlich hilfreiches Werkzeug, um die Anordnung von Strukturelementen zu ermitteln. Das trifft insbesondere dann zu, wenn sich Bausteine (hier speziell die Segmente von Makromolekülen) mehr oder weniger periodisch als Folge einer Kristallisation in einem Festkörper angeordnet haben. Innerhalb einer Elementarzelle interessiert dabei die relative Lage der Atome sowohl einer einzelnen Kette (Konformation), als auch die Position einzelner Atome verschiedener Ketten (z. B. bei intermolekularen Wasserstoff - Brückenbindungen). Typische Abstände, die bei Untersuchungen zu diesem Problemkreis vorkommen, können wir im Bereich von 0,1 bis 2 nm erwarten. Das ist auch heute noch unterhalb der bei Polymeren erreichbaren Auflösung abbildender Instrumente (Elektronenmikroskop). Eine weitere Domäne der Streumethoden an Polymeren hat sich bei der Erforschung fastperiodischer Änderungen der Morphologie herausgebildet. Diese sind entweder eine Folge der Kristallisationskinetik (lamellarer Aufbau eines teilkristallinen Polymeren) oder werden durch Inkompatibilität zweier Komponenten verursacht (z. B. Blockcopolymere). Hierbei auftretende typische Abstände liegen zwischen etwa 10 und 100 nm. Dieser Bereich ist auch durch die (abbildende) Elektronenmikroskopie zugänglich, nachdem sehr dünne Schichten des Materials hergestellt und zur Steigerung des Bildkontrasts präpariert worden sind. Abgesehen davon, daß es gerade für die Kontrastierung im Einzelfall nicht immer eine Lösung gibt, sollte man berücksichtigen, daß die Elektronenmikroskopie immer Selektion unter vielen Objektstellen bedeutet, so daß die Anwendung einer Streumethode, die über ein wesentlich größeres Volumen mittelt, wünschenswert ist, wenn Zweifel an der Repräsentativität einer elektronenmikroskopischen Abbildung auftauchen.

Während allerdings die direkte Abbildung eines Objektbereichs bei Berücksichtigung des Präparationswegs häufig leicht zu interpretieren ist, stellt das Ergebnis eines Streuexperiments, das entweder in Form einer Streukurve oder als photographisches Diagramm anfällt, eine sehr verschlüsselte Information dar. Zwar liefert die Streutheorie eineindeutige Zusammenhänge zwischen der Objektstruktur und der Streuamplitude, bei der Aufzeichnung eines Streudiagramms geht allerdings die Phasenlage der gestreuten Welle am Registrierungsort verloren. Gemessen wird somit nur das Betragsquadrat der Streuamplitude, die Streuintensität. Die nachteilige Folge dieses Umstands besteht darin, daß der Zusammenhang zwischen Streudiagramm und Struktur nicht mehr eineindeutig ist. Es ist also unmöglich, aus den Daten eines Streuexperiments direkt auf die Objektstruktur zu schließen. Lediglich der umgekehrte Weg ist gangbar: man rechnet für Modelle des Objekts das zu erwartende Streudiagramm aus und vergleicht es mit dem beim Experiment aufgezeichneten Beugungsbild. Dabei ist lediglich die Negativ - Aus-

Polysaccharide
Herausgegeben von W. Burchard

sage scharf, daß nämlich das verwendete Modell die Objektstruktur nicht richtig wiedergibt. Der rechnerische Aufwand, der getrieben werden muß, bis berechnetes und gemessenes Streudiagramm übereinstimmen, besteht in der wiederholten Berechnung von Streudiagrammen nach vorhergehender Modifikation des Modells. Bei Röntgenstrukturanalysen, für die Einkristalle zur Verfügung stehen, ist das Rechenverfahren allerdings heute schon so standardisiert, daß die Beschaffung von Streudaten und deren Auswertung routinemäßig durchgeführt werden können.

Dieser Fall tritt bei der Strukturanalyse von teilkristallinen Polymeren allerdings nicht ein, da hierbei nicht auf Einkristalle zurückgegriffen werden kann. Hier ist das Ziel die Präparation einer Faser, in der viele Kristallite möglichst gut uniaxial orientiert sind. Streudaten erhält man dann in Form einer sog. Faseraufnahme. Nicht ideale Ausrichtung der Kristallite entlang der Faserachse, Effekte der Kristallitgröße, Fehlordnungen (deren Ursache häufig in gelegentlicher Abweichung von der Linearität eines Makromoleküls oder bei in die Kristallite eingebauten Endgruppen zu suchen sind), Mesomorphieeffekte oder gar Polymorphie innerhalb einer Faser machen Streudiagramme von Polymeren kompliziert und erschweren die Aufgabe, berechnete und beobachtete Streudaten in Einklang zu bringen.

In solchen Fällen können optische Transformationen bei der Auswahl aussichtsreicher Modelle für eine spätere numerische Analyse, die sich dabei nicht mehr auf den getretenen Pfaden der Einkristall - Strukturanalyse bewegt, sehr hilfreich sein. Da die optische Transformation auch ein Beugungsexperiment ist, das mit sichtbarem Licht durchgeführt wird, sind zu ihrem Verständnis einige Grundkenntnisse der Streutheorie nützlich, die im folgenden zusammengestellt sind.

BEUGUNG AN PERIODISCHEN STRUKTUREN

a) Das eindimensionale Gitter

Eine ebene Welle der Wellenlänge λ treffe unter dem Winkel α_0 eine lineare Anordnung von Streuzentren, die im Abstand a periodisch angeordnet sind. Dann kommt es zu Interferenzen der von den einzelnen Streuzentren ausgehenden Teilwellen (Huygenssches Prinzip). Die Interferenz ist i. a. destruktiv, weil sich an einem beliebigen Aufpunkt Teilwellen mit verschiedenen Phasenlagen überlagern. Konstruktiv ist die Interferenz nur in solchen Richtungen α, bei denen sich die einzelnen Teilwellen phasenrichtig überlagern. Dies gilt natürlich immer in Vorwärtsrichtung ($\alpha = \alpha_0$); sonst ist konstruktive Interferenz nur dann möglich, wenn der Gangunterschied der Teilwellen zweier benachbarter Streuzentren ein ganzzahliges Vielfaches der Wellenlänge λ beträgt. Diese Bedingung läßt sich folgendermaßen formulieren:

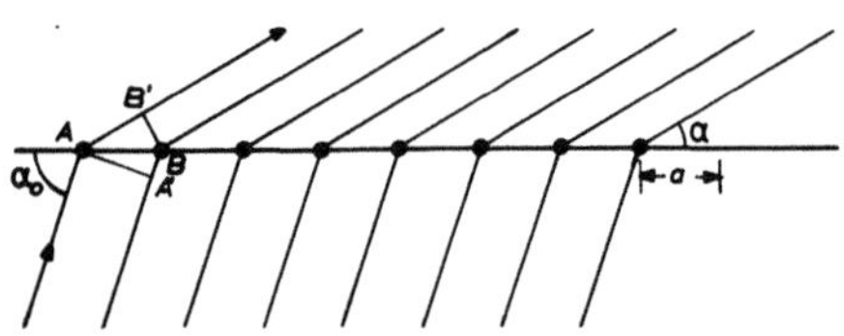

Abb. 1. Beugung am eindimensionalen Gitter (ebene Darstellung)

Der Gangunterschied der Teilwellen, die von den Zentren A und B (Abb. 1) ausgehen, ist die Differenz zwischen den Strecken $\overline{AB'}$ und $\overline{A'B}$, also

$$a \cdot \cos\alpha - a \cdot \cos\alpha_0 = h \cdot \lambda$$ (h ganze Zahl, Ordnung der Interferenz)

oder umgeordnet

$$\cos\alpha = h \cdot \frac{\lambda}{a} + \cos\alpha_0 \ .$$

Da $\cos\alpha$ und $\cos\alpha_0$ dem Betrage nach $\leqq 1$ sein müssen, ergibt sich je nach der Größe des Verhältnisses λ/a eine endliche Anzahl von Ordnungen, in denen eine bestimmte Interferenz zu beobachten ist. Außerdem zeigt sich, daß Strukturen (Gitterkonstante a) durch Beugung nur erkennbar werden, wenn die Wellenlänge $\lambda \leqq a$ gewählt wird. Es bleibt aber festzustellen, daß es innerhalb dieses Rahmens zu jedem Satz von Parametern a, λ, α_0 eine Lösung für α gibt.

Abbildung 1 ist vereinfachend in einer Ebene gezeichnet. In Wirklichkeit ist der geometrische Ort, auf dem eine Ordnung einer Interferenz beobachtet werden kann, ein Kegel mit dem Öffnungswinkel 2α.

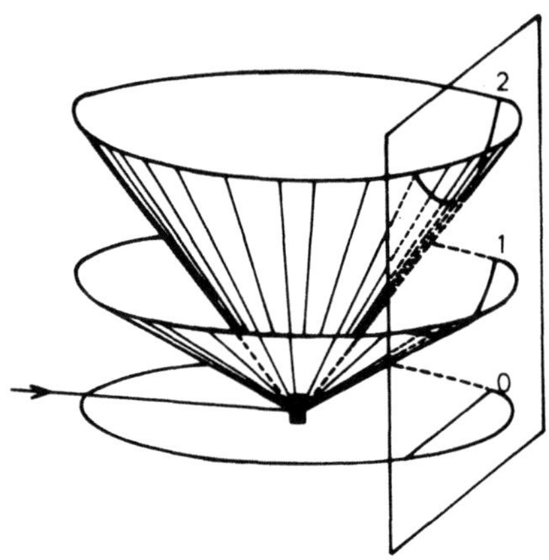

Abb. 2. Beugung am eindimensionalen Gitter (räumliche Darstellung)

In Abb. 2 ist das dargestellt für einen Strahl, der senkrecht auf ein Liniengitter trifft. Auf einem in einiger Entfernung senkrecht zum Strahl angeordneten Schirm zeichnet sich für jede Ordnung der Interferenz eine Hyperbel als Schnittlinie ab. Für die nullte Ordnung entartet die Hyperbel zu einer Geraden.

b) Das ebene Gitter

Analog zu der Bedingung, unter der am linearen Gitter konstruktive Interferenz auftritt, erhält man hier 2 Gleichungen

$$a \cdot (\cos\alpha - \cos\alpha_0) = h \cdot \lambda \quad \text{und} \quad b \cdot (\cos\beta - \cos\beta_0) = k \cdot \lambda \ ,$$

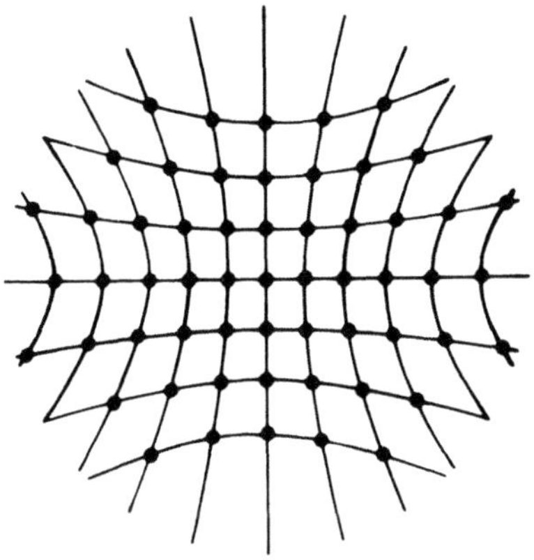

Abb. 3. Hyperbelscharen bei der Beugung am ebenen Gitter

wenn a und b die Gitterkonstanten in beiden Richtungen sind. Auf einem ebenen Schirm sind an den Überschneidungspunkten beider Hyperbelsysteme helle Punkte zu beobachten, denn nur in den Schnittpunkten sind beide Gleichungen gleichzeitig erfüllt (Abb. 3). Trotzdem gibt es bei gegebenen Parametern a, b, α_0, β_0, λ Lösungen α und β.

c) Das Raumgitter

In dreidimensionalen Gittern, wie sie von Kristallen gebildet werden, ergeben sich 3 Gleichungen, die sog. L a u e - Bedingungen.

$$a \cdot (\cos\alpha - \cos\alpha_0) = h \cdot \lambda$$
$$b \cdot (\cos\beta - \cos\beta_0) = k \cdot \lambda$$
$$c \cdot (\cos\gamma - \cos\gamma_0) = \ell \cdot \lambda$$

Man darf allerdings nicht in Fortsetzung der Argumentation der beiden vorausgegangenen Abschnitte in den Laue - Bedingungen 3 Gleichungen für die drei Unbekannten α, β, γ sehen. Vielmehr sind davon nur noch 2 Gleichungen unabhängig, denn es gelten (für orthogonale Koordinatensysteme) die Nebenbedingungen für die Richtungscosinus

$$\cos^2\alpha + \cos^2\beta + \cos^2\gamma = 1 \quad \text{und} \quad \cos^2\alpha_0 + \cos^2\beta_0 + \cos^2\gamma_0 = 1 .$$

Im schiefwinkligen Koordinatensystem sind die entsprechenden Beziehungen komplizierter. Geometrisch können wir uns das durch die Forderung veranschaulichen, daß wir nur dann konstruktive Interferenz erwarten können, wenn zusätzlich durch die Schnittpunkte der Hyperbelsysteme des ebenen Gitters ein System von Kreisen verläuft (die Konusöffnungen). Das ist in Abb. 4 dargestellt.

Quadrieren und Addieren der 3 Gleichungen der Laue - Bedingungen ergibt

$$2 \cdot (1 - \{\cos\alpha \cdot \cos\alpha_0 + \cos\beta \cdot \cos\beta_0 + \cos\gamma \cdot \cos\gamma_0 \}) = \lambda^2 \cdot (\frac{h^2}{a^2} + \frac{k^2}{b^2} + \frac{\ell^2}{c^2}) .$$

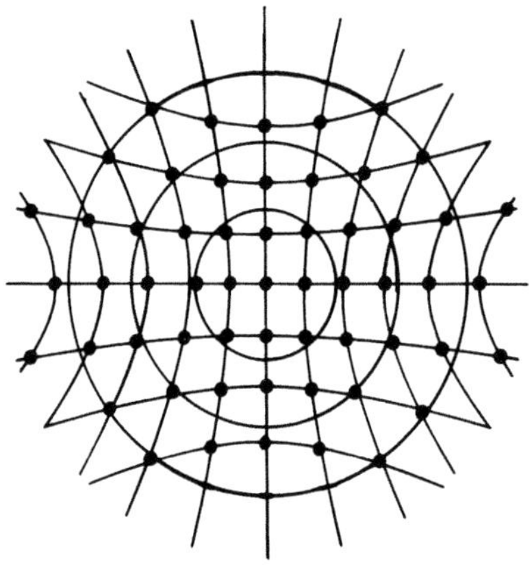

Abb. 4. Schnittpunkte zwischen Hyperbelscharen und einem Kreissystem bei der Beugung am Raumgitter

Der Klammerausdruck mit den Cosinus - Produkten stellt das Skalarprodukt zweier Vektoren der Länge 1 dar, die durch ihre Richtungscosinus gegeben sind. Definieren wir den Winkel zwischen beiden Vektoren (Winkel zwischen einfallendem und abgebeugtem Strahl, Beugungswinkel) als 2θ, so folgt

$$2\cdot(1 - \cos 2\theta) = \lambda^2 \cdot (\frac{h^2}{a^2} + \frac{k^2}{b^2} + \frac{\ell^2}{c^2}).$$

Der Klammerausdruck auf der rechten Seite ist aber nichts weiter als der Kehrwert des Abstandsquadrats $d^2_{hk\ell}$ einer Ebene, die in einem Koordinatensystem die Achsenabschnitte a/h, b/k und c/ℓ hat. Damit folgt

$$2\cdot(1 - \cos 2\theta) = 4\cdot\sin^2\theta = \lambda^2/d^2_{hk\ell}.$$

Das ist die vertraute B r a g g sche Gleichung:

$$2\cdot d_{hk\ell}\cdot\sin\theta = \lambda.$$

Im Falle der Röntgen- und Elektronenbeugung heißt θ Glanzwinkel und bezeichnet den Winkel zwischen dem einfallenden Strahl und den Netzebenen. Davon abweichend ist es in der Lichtstreuung üblich, mit θ den Streuwinkel (Winkel zwischen einfallendem und ausfallenden Strahl) zu bezeichnen. $d_{hk\ell}$ ist der Abstand zweier Netzebenen innerhalb der Netzebenenschar (hkℓ).

Aus der Braggschen Gleichung wird eine praktische Konsequenz sofort verständlich: in einem Beugungsdiagramm liegen die Reflexe, die zu großen Netzebenenabständen $d_{hk\ell}$ gehören, innen; sie treten bei kleinen Streuwinkeln 2θ auf.

Laue - Bedingungen und Braggsche Gleichung sind äquivalent; ihnen liegen lediglich verschiedene Bilder des Streuprozesses zugrunde. Es sei darauf hingewiesen, daß die Braggsche Gleichung ebenso wie die Laue -

Bedingung auch im schiefwinkligen Koordinatensystem gilt; lediglich der hier vollzogene Übergang beschränkte sich auf ein orthogonales Gitter.

Die Braggsche Gleichung und damit die Bedingung für das Auftreten eines Reflexes läßt sich leicht geometrisch veranschaulichen:

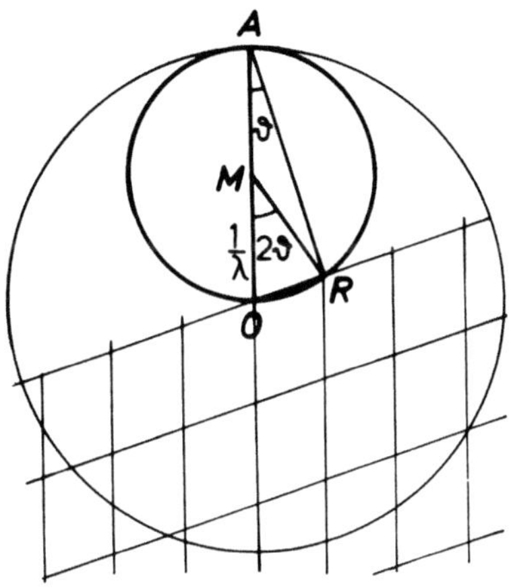

Abb. 5. Die Ewaldsche Konstruktion

Ziehen wir von einem Ursprung M ausgehend einen Vektor der Länge $1/\lambda$ nach O parallel zur Richtung des einfallenden Strahls und interessieren uns für den geometrischen Ort der Endpunkte aller von M ausgehenden Vektoren, die zu den Richtungen der abgebeugten Strahlen parallel sind, so folgt zwangsläufig, daß alle diese Vektoren auf der Oberfläche einer Kugel des Radius $1/\lambda$ enden müssen, da λ sich bei der elastischen Streuung nicht ändert. Diese Kugel heißt Reflexions oder E w a l d - Kugel. Wenn die Bragg - Bedingung erfüllt ist, d. h. einem bestimmten $d_{hk\ell}$ der Streuwinkel 2θ zugeordnet ist, hat die Strecke $\overline{OR}$ die Länge $1/d_{hk\ell}$. Man sieht das sofort am Dreieck AOR, das bei R einen rechten Winkel hat (Satz des Thales). Die Hypothenuse $\overline{AO} = 2/\lambda$. Da der Umfangswinkel bei A die Hälfte des Mittelpunktswinkels beträgt, also θ, folgt

$$\sin\theta = \frac{1/d_{hk\ell}}{2/\lambda} \text{ , bzw. } \quad 2\cdot d_{hk\ell}\cdot\sin\theta = \lambda \quad \text{q. e. d.}$$

Alle hier gebrauchten Größen sind entweder Winkel oder aber reziproke Längen ($1/\lambda$, $1/d_{hk\ell}$). Spannt man für alle Tripel $hk\ell$ mit Basisvektoren, die in rechtwinkligen Gittern die Beträge $1/a$, $1/b$, $1/c$ haben, um den Punkt O einen Raum auf, den sog. r e z i p r o k e n Raum, so ergibt sich zusammen mit der Ewald - Kugel eine sehr hilfreiche Veranschaulichung zur Erfüllung der Bragg - Bedingung: das Auftreten eines Reflexes $hk\ell$ erfordert, daß die Oberfläche der Ewald - Kugel den Punkt mit den Koordinaten $hk\ell$ schneiden muß. Bei beliebiger Orientierung des Kristalls zur Einfallsrichtung der Röntgenstrahlen ($\lambda \leqq d$, $1/\lambda \geqq 1/d$) wird das i. a. nicht der Fall sein; man muß entweder den Kristall mit einem Spektrum von Wellenlängen beleuchten (für quantitative Auswertung ungeeignet) oder ihn aber relativ zur Einstrahlrichtung monochromatischen Röntgenlichts bewegen, was einer Drehung des reziproken

Raumes um den Ursprung O gleichkommt. Für die Vorstellung kann ebenso gut die Ewald - Kugel um O gedreht werden. Man sieht sofort, daß für ein gegebenes λ immer nur ein Teil des reziproken Raumes erreicht wird, nämlich derjenige, der innerhalb der Kugel mit Radius $2/\lambda$ liegt.

In Abb. 5 ist bereits im reziproken Raum ein realistisches Größenverhältnis zwischen den Dimensionen der Elementarzelle eines Einkristalls und der Wellenlänge von Röntgenstrahlen hergestellt. Üblicherweise verwendet man Kupfer K_α - Strahlung. Sie hat die Wellenlänge 0.154 nm und ermöglicht wegen der Bedingung $2/\lambda$ die Registrierung von Netzebenenabständen bis herunter zu 0.077 nm. Man kann damit aus prinzipiellen Gründen, um ein Beispiel anzugeben, den 004 Reflex von Polyethylen, dessen d - Wert bei 0.064 nm liegt, nicht erfassen.

Ganz anders stellt sich die Situation bei der Elektronenbeugung dar. Hier benutzt man Elektronen, die eine Wellenlänge von nur etwa 4 pm haben und damit etwa um den Faktor 100 kleiner sind als die in Kristallgittern vorkommenden Parameter. Die Ewald - Kugel wird dadurch, bezogen auf die Einheiten des reziproken Gitters, so groß, daß ihre Oberfläche in guter Näherung in der Nähe des Ursprungs als eine Ebene betrachtet werden kann.

RÖNTGEN- UND ELEKTRONENBEUGUNGSDIAGRAMME

Typische Morphologien teilkristalliner Polymerer sind lamellare Kristalle, in denen die Ketten meist senkrecht zur Unterlage stehen, und Fasern, bei denen die Ketten mehrere Kristallite in bevorzugter Orientierung durchlaufen. Isolierte Einkristalle entstehen häufig bei der Kristallisation aus Lösung, Fasern erhält man z. B. durch Verstreckung unterhalb des Schmelzpunkts.

Das Zustandekommen einiger typischer Beugungsmuster läßt sich am Beispiel der Elektronenbeugung der kürzeren Wellenlängen wegen einfacher darstellen als für die Röntgenbeugung.

Elektronenbeugung an einem einzelnen Einkristall ergibt ein Punktdiagramm (Abb. 6b). Die nur wenig gekrümmte Oberfläche der Ewald - Kugel berührt auch dann gleichzeitig viele Gitterpunkte des reziproken Raumes, wenn der Kristall eine feste Orientierung zum Elektronenstrahl hat. Bei lösungskristallisierten Polymeren wird ein solches Beugungsdiagramm häufig das hk0 - Diagramm sein. Dabei ist für alle Reflexe der Index $\ell = 0$; h und k sind dann aus der Position des Reflexes innerhalb des Diagramms offensichtlich.

Werden viele gleichartige Einkristalle, die um eine Vorzugsrichtung isotrop verteilt sind, vom Elektronenstrahl getroffen (Abb. 6c), so erhält man ein Diagramm, das aus Ringen besteht. Wegen der Vielzahl der Kristallite in verschiedener Orientierung bildet sich ein Ring anstelle des Punktepaares, das für jede Netzebenenschar eines einzelnen Kristalls auftritt.

Bei der Aggregation vieler Einkristalle in der Art der Abb. 6c kann die Elektronenbeugung die allen Kristallen gemeinsame Achse nicht sichtbar machen. Anders ist das, wenn eine Fasertextur vorliegt wie in Abb. 6a. Hier sind die Ketten mehr oder weniger senkrecht zum einfallenden Elektronenstrahl orientiert, und die Orientierung der Kristallite um die Faserachse ist isotrop. Hier treten alle Reflexe auf. Das Faserdiagramm liefert durch die Anordnung der Reflexe auf Schicht-

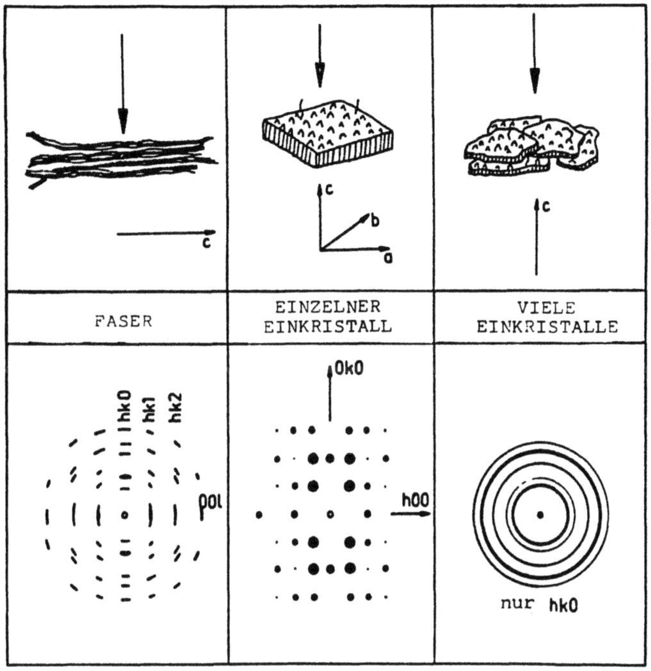

a b c

Abb. 6. Schematische Darstellung typischer Texturen teilkristalliner Polymerer und ihrer Elektronenbeugungsbilder

linien Werte für den Index ℓ der hkℓ - Tripel. Besitzt man zusätzlich zur Faseraufnahme noch das hk0 - Diagramm eines lamellaren Einkristalls (und hat dieser Kristall dasselbe Kristallgitter wie die Kristallite der Faser), so läßt sich die nullte Schichtlinie (Äquator) vollständig indizieren. Die Reflexe liegen auf dem Äquator an den Stellen, an denen eine durch den Mittelpunkt des Beugungsbildes der Abb. 6c senkrecht verlaufende Ebene das Ringsystem schneidet.Man hat so in vielen Fällen genügend Information, um die Elementarzelle aufzustellen.

Beugungsbilder, auf denen die Reflexe in Form von Ringen auftreten, sind besser von Röntgendiagrammen an kristallinen Pulvern her bekannt. Zwischen diesen Pulverdiagrammen und dem in Abb. 6c dargestellten Fall eines Elektronenbeugungsdiagramms von sedimentierten Einkristallen besteht jedoch ein wesentlicher Unterschied. Das Beugungsdiagramm der Abb. 6c enthält nur die hk0 - Reflexe. Da es in einem Pulver keine Vorzugsorientierung gibt, enthält eine Röntgen - Pulveraufnahme immer alle hkℓ - Reflexe.

EINFLUSS VON KRISTALLITGRÖSSE UND FEHLORDNUNG AUF DIE BEUGUNGSBILDER

Beugungsbilder von Polymeren, gleich nach welchem Aufnahmeverfahren, werden i. a. Reflexe zeigen, die wesentlich breiter sind als z. B. diejenigen von Quarz. Der Grund dafür liegt einerseits in der Größe der Kristallite, anderseits in Fehlordnungen, die unter anderem deswegen häufiger vorkommen, weil die Verbesserung einer einmal zustande gekommenen Kettenpackung immer die Beteiligung ganzer Kettensegmente erfordert - ein gegenüber niedermolekularen Verbindungen prinzipieller Unterschied.

Der Kristallitgrößeneffekt kann sehr gut in Analogie zur Optik verstanden werden, wenn man z. B. die Beugung am Doppelspalt mit der Beugung am Gitter vergleicht. Wenn der Abstand der beiden Spalte mit der Gitterkonstanten eines (völlig ausgeleuchteten) Gitters übereinstimmt, werden wir in beiden Fällen Beugungsmaxima an den gleichen Stellen finden. Im ersteren Falle sind die Maxima sehr breit und verlieren in höheren Ordnungen schnell an Intensität, während beim Gitter, das aus einer Vielzahl von "Spalten" besteht, das Beugungsbild scharfe Maxima in vielen Ordnungen zeigt. Ebenso ergeben kleine Kristallite (typisch für Polymere sind Dimensionen von einigen 10 nm), in denen nur wenige Netzebenen periodisch angeordnet sein können, breitere Reflexe als z. B. die Kristallite in einem Pulver kristallinen Quarzes mit einer typischen Korngröße von 1 µm.

Fehlordnungen stören die Periodizität der Anordnung der Streuzentren. Dabei kann hier die Vielfalt der Auswirkungen - je nach der Art der Fehlordnungen - nicht diskutiert werden. Als Stichworte seien genannt: thermische Bewegung, parakristalline Störung (Störung der Fernordnung nach bestimmter Gesetzmäßigkeit), longitudinale Verschiebung ganzer Kettensegmente gegeneinander. Sie alle wirken sich in gut verstandener Weise als Reflexverbreiterung und/oder als diffuse Streuung außerhalb der Gitterpunkte des reziproken Raumes aus.

Gerade das Studium des Einflusses von Fehlordnungen auf Beugungsbilder ist eine häufige Anwendung der optischen Transformation. Hierzu gibt es seit einiger Zeit regelrechte Atlanten.

PRINZIP DER OPTISCHEN TRANSFORMATION

Optische Transformation ist Beugung sichtbaren Lichts an ebenen Modellen, die dazu auf einen transparenten Träger gebracht werden müssen. Das können gezeichnete Modelle sein oder z. B. elektronenmikroskopische Aufnahmen. Im letzteren Fall will man z. B. überprüfen, ob eine im Elektronenmikroskop sichtbare Struktur die Ursache für einen im Röntgenkleinwinkeldiagramm auftretenden Reflex sein kann.

Beim Zeichnen der Modelle besteht die Hauptschwierigkeit darin, außer den beabsichtigten nicht unwillentlich weitere Fehlordnungen durch Zeichenungenauigkeiten zu erzeugen. Letztere geben im Beugungsbild der optischen Transformation Anlaß zum Auftreten von sog. "Geistern". Ursprünglich wurden sie bei der Beugung an optischen Gittern beobachtet. Deren Güte ist sehr von der mechanischen Präzision der Teilmaschinen abhängig, mit denen die Gitterstriche in Glas geritzt werden. Greift z. B. jeder 100. Zahn eines Zahnrades im Getriebe einer solchen Teilmaschine nicht richtig ein, so liegt jeder 100. Gitterstrich falsch. Das ergibt ebenfalls eine Periodizität, die der beabsichtigten überlagert ist und im Beugungsbild als Satellit jedes Reflexes sichtbar wird. Das Problem kann z. T. dadurch umgangen werden, daß man die Modelle berechnet und von rechnergesteuerten Plottern zeichnen läßt. Die gezeichneten Modelle müssen dann photographisch so weit verkleinert werden, daß genügend Streuzentren vom Strahl der Beugungsapparatur erfaßt werden. Dabei ist es unerheblich, ob man photographische Positive oder Negative verwendet (Babinetsches Prinzip).

Der Aufbau zur Durchführung optischer Transformationen entspricht seinem Wesen nach demjenigen zur Lichtstreuung mit der Einschränkung, daß keine Detektoren zur quantitativen Erfassung der gestreuten Intensität vorgesehen sind. Der Aufbau einer Apparatur, mit der optische Transformation einem größeren Kreis von Zuschauern vorgeführt werden kann, ist in Abb. 7 skizziert.

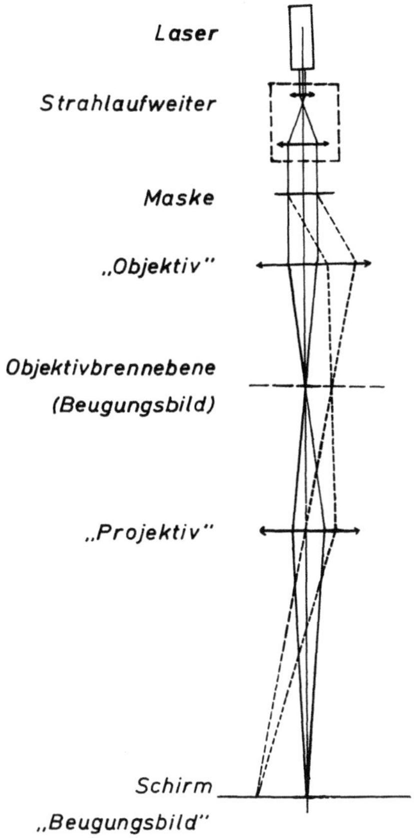

Abb. 7. Schema des Aufbaus einer Apparatur zur Durchführung optischer Transformation

Ein Beleuchtungssystem erzeugt paralleles Licht, dieses fällt auf eine Maske und wird dort gebeugt. Man interessiert sich (qualitativ) für die Interferenzen, die von der Maske erzeugt werden. Zum Zwecke besserer Winkeltrennung macht man die abgebeugten Strahlen mittels einer Linse konvergent. Diese Linse ist einem Mikroskopobjektiv vergleichbar. Die Interferenzfigur entsteht in dessen hinterer Brennebene. Sie kann zur besseren Sichtbarmachung mittels weiterer Linsen nachvergrößert oder direkt auf photographischem Film registriert werden. Die Interferenzen werden um so deutlicher sein, je besser die Kohärenz des einfallenden Lichts ist. Deswegen benutzt man heute als Lichtquelle kleine Laser. Um aber eine möglichst große Zahl von Streuzentren zu erfassen, muß man den feinen Laserstrahl auf einen größeren Querschnitt von ca. 1 cm^2 aufweiten.

Es sei hier noch einmal darauf hingewiesen, daß optische Transformation an einem ebenen Modell stattfindet. Es gelten also nur 2 Laue - Bedingungen und damit gibt es zu allen Gitterkonstanten ≧ λ ein Beugungsbild.

Beispiele optischer Transformationen*

1. Das regelmäßige Gitter

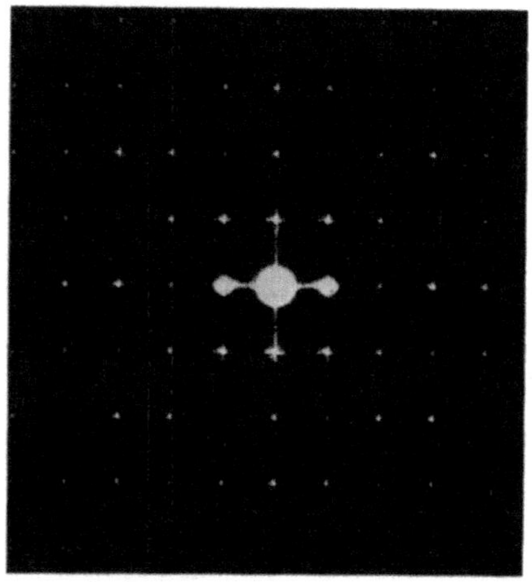

Abb. 8. Modell Optische Transformation

2. Die diskontinuierliche Einzelhelix

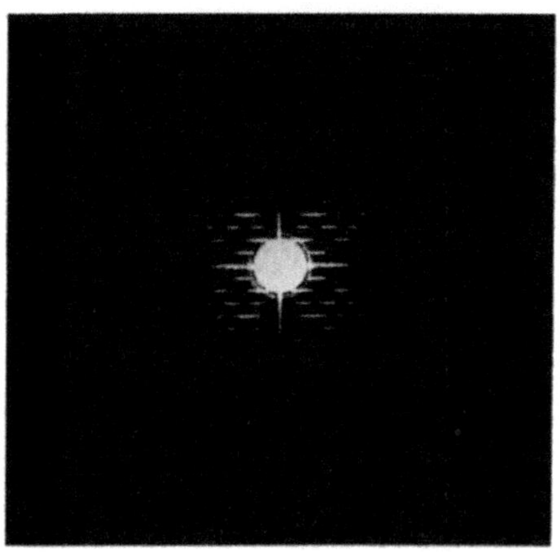

Abb. 9. Modell (links) und optische Transformation

* Für die Anfertigung der Vorlagen zu den Abbn. 8 bis 12 danke ich Herrn Dipl. Chem. H.-G. Braun

Charakteristisch für das Beugungsbild der diskontinuierlichen Einzelhelix ist das Intensitätsmuster außerhalb des Meridians (Richtung senkrecht zum Äquator und den Schichtlinien). Die Intensitätsverteilung entlang der Schichtlinien gehorcht Besselfunktionen zum Index ℓ der Schichtlinien.

3. Helices in kristalliner Packung

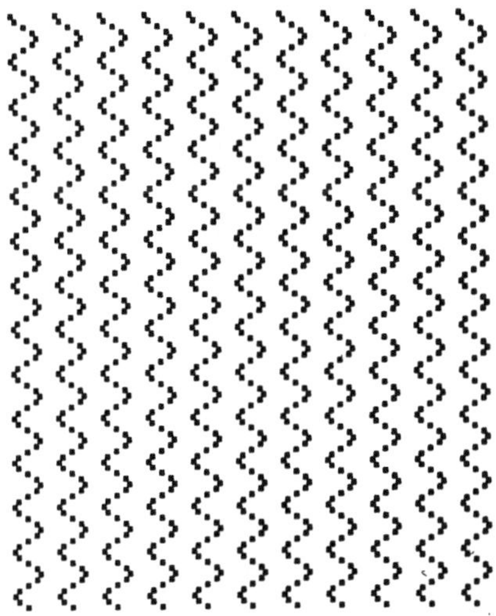

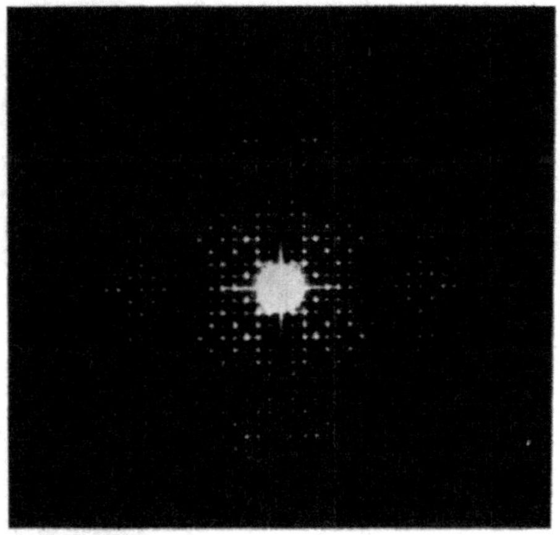

Abb. 10. Modell Optische Transformation

Starke Reflexe treten hier nur außerhalb des Meridians auf. Da die Helixperiode aus 8 Elementen besteht, treten meridionale Reflexe nur in Vielfachen der 8. Ordnung auf; nur auf der 8., 16. usw. Schichtlinie kommt ein meridionaler Reflex vor.

4. Longitudinale Verschiebung von Ketten gegeneinander: Entlang einer Einzelkette sind die Bausteine streng periodisch angeordnet, die Ketten sind jedoch entlang ihrer Achse statistisch verschoben. Diese Textur spielt im Bereich der nematischen Flüssigkristalle eine große Rolle. Scharfe Reflexe entstehen nur auf dem Äquator, die Schichtlinien zeigen eine kontinuierliche Verteilung der Intensität. Modell und optische Transformation dieser typischen Fehlordnung ist in Abb. 11 dargestellt.

5. Modell für lamellare Schichtsysteme: Innerhalb der "Kristallite" sind die Elemente streng periodisch angeordnet, dazwischen befinden sich Bereiche geringerer Dichte. Es entsteht das System der "Weitwinkel"- Reflexe eines regelmäßigen Gitters. In der Nähe des Primärstrahls wird zusätzlich ein System von "Kleinwinkel"- Reflexen in meridionaler Richtung beobachtet. Es entspricht den Langperioden - Reflexen, die man bei der Röntgenkleinwinkelstreuung an lamellaren Schichtsystemen teilkristalliner Hochpolymeren beobachtet. Siehe Abb. 12.

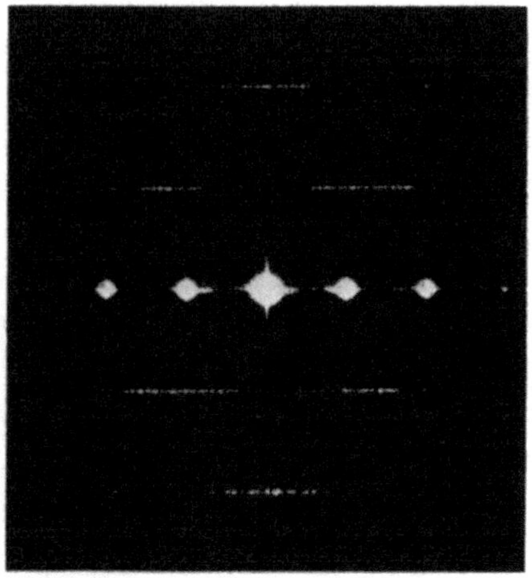

Abb. 11. Modell Optische Transformation

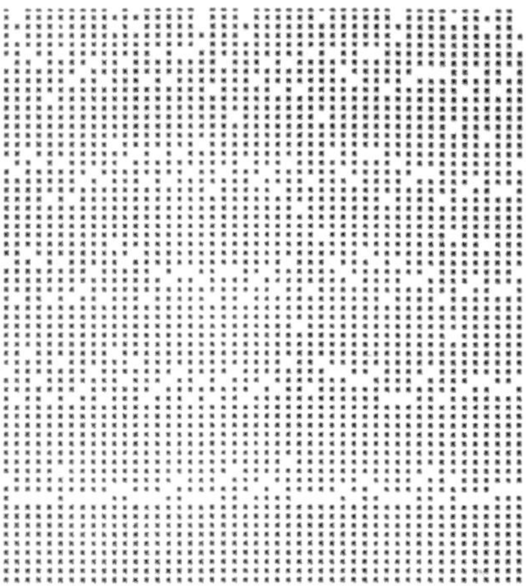

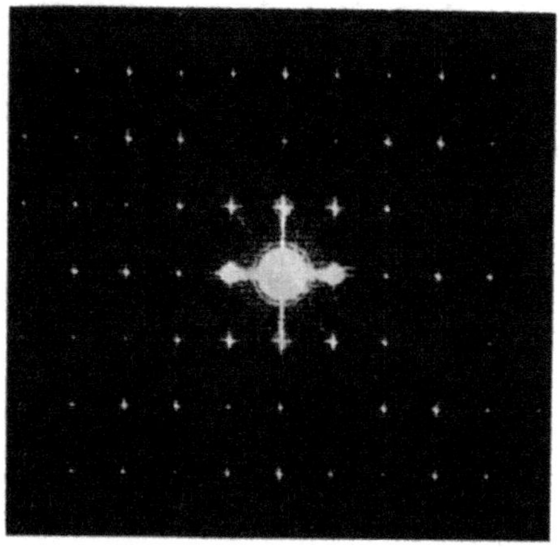

Abb. 12. Modell Optische Transformation

LITERATUR

A. Röntgenbeugung und Fehlordnung

Guinier A (1963) X-Ray Diffraction. Freeman, San Francisco London
Hosemann R, Bagchi SK (1962) Direct Analysis of Diffraction by Matter. North-Holland, Amsterdam
Kast W (1962) Orientierungszustände in kristallisierenden Hochpolymeren. In: Wolf KA (Hrsg) Kunststoffe, vol I: Struktur und physikalisches Verhalten der Kunststoffe. Springer, Berlin Heidelberg New York
Klug H, Alexander L (1954) X-Ray Diffraction Procedures for Polycrystalline and Amorphous Materials. Wiley, New York

Stuart HA (1955) Die Physik der Hochpolymeren: Bd III, Ordnungszustände und Umwandlungserscheinungen in festen hochpolymeren Stoffen. Springer, Berlin Göttingen Heidelberg
Vainshtein BK (1966) Diffraction of X-Rays by Chain Molecules. Elsevier, Amsterdam

Speziellere Literatur zur Röntgenbeugung an Fasern s. Literatur - Verzeichnis zum Beitrag Zugenmaier.

B. Elektronenbeugung

Bauer E (1958) Elektronenbeugung. Moderne Industrie, München
Hirsch PB, Howie A, Nicholson RB, Pashley DW, Wheelan MJ (1965) Electron Microscopy of Thin Crystals. Butterworths, London
Pinsker ZG (1953) Electron Diffraction. Butterworths, London
Vainshtein BK (1964) Structure Analysis by Electron Diffraction. Pergamon, Oxford London Edinburgh New York Paris Frankfurt
Valdrê U, Ruedl E (ed) (1975) Electron Microscopy in Materials Science, 4 vol. Office for Official Publications of the European Communities, Luxembourg

C. Optische Transformation

Harburn G, Taylor CA, Welberry TR (1975) Atlas of Optical Transforms. G. Bell and Sons, London
Taylor C, Lipson H (1964) Optical Transforms. G. Bell and Sons, London

Konformations- und Packungsanalyse von Polysacchariden

P. Zugenmaier

EINLEITUNG

Die Konformation und Packung von Makromolekülen sind neben der Morphologie und Dynamik wichtige Kenngrößen für das Verständnis des physikalischen Verhaltens von polymeren Festkörpern. Schon ein Jahr nach der Entdeckung der Beugung von Röntgenstrahlen an Kristallen 1912 wurden erste Beugungsversuche an Cellulose durchgeführt. Mit Hilfe solcher Versuche sollten wesentliche Details der Struktur polymerer Festkörper aufgeklärt werden. Erst die Versuche von Herzog und Jancke (1920) und die Auswertung von Polanyi (1921) führten zur Angabe einer Elementarzelle, einer wichtigen Größe bei der Strukturaufklärung. Sponsler und Dore (1926) folgerten in einer für die makromolekulare Chemie grundlegenden Arbeit, daß die röntgenographisch gefundene Periode in Faserrichtung von c = 10,25 Å sich zwanglos durch Hauptvalenzketten parallel zur Faserachse mit Aneinanderreihung von Glucoseringen deuten läßt, die abwechselnd glucosidisch und etherartig in 1 → 1, 4 → 4 Stellung gebunden sein sollten. Haworth und Freudenberg (1927/28) fanden keine etherartige Bindung in der Cellulosekette und etablierten die glucosidische 1 → 4 Verknüpfung der Glucoseringe entlang einer Kette. In der Arbeit von Sponsler und Dore aus dem Jahre 1926 findet sich das erste räumliche Cellulosemodell, das aus Kalotten aufgebaut wurde und somit ein Vorläufer der heutigen Konformations- und Packungsanalyse auf der Basis von computersimulierten Modellen darstellt. Die molekulare Struktur der Cellulose war in jenen Jahren Gegenstand eines wissenschaftlichen Disputs und scharfer Polemiken zwischen einem niedermolekularen und hochmolekularen Konzept.

Mit den 1 → 4 verknüpften Glucoseringen bauten Meyer und Mark (1928/1929) ein Konformations- und Packungsmodell, bei dem in der Cellulosekette die aufeinander folgenden Glucoseeinheiten um jeweils 180° gedreht vorliegen und somit eine 2_1 Schraube bilden. Die vorgeschlagene Kette konnte auf zwei wesentlich verschiedene Arten im Raum gepackt werden, nämlich parallel und antiparallel (siehe dazu auch Abb. 2a). Beide Möglichkeiten wurden von Meyer, Mark (parallel, 1928/1929) und Meyer, Misch (antiparallel, 1937) für die native Cellulose vorgeschlagen und werden heute noch auch bei Anwendung moderner Aufklärungsmethoden diskutiert.

Die Cellulose nimmt in der Geschichte der Strukturaufklärung von Polymeren eine Sonderstellung ein, da an ihr das makromolekulare Konzept getestet wurde. In den 30er Jahren setzten dann die röntgenographischen Untersuchungen an den Cellulosederivaten ein und erst in den 40er Jahren, als man nach Meyer Amylose und Amylopektin als Hauptbestandteil der Stärke unterscheiden konnte, setzte die Strukturaufklärung der Amylose und später auch die der Amylosederivate ein.

Polysaccharide
Herausgegeben von W. Burchard

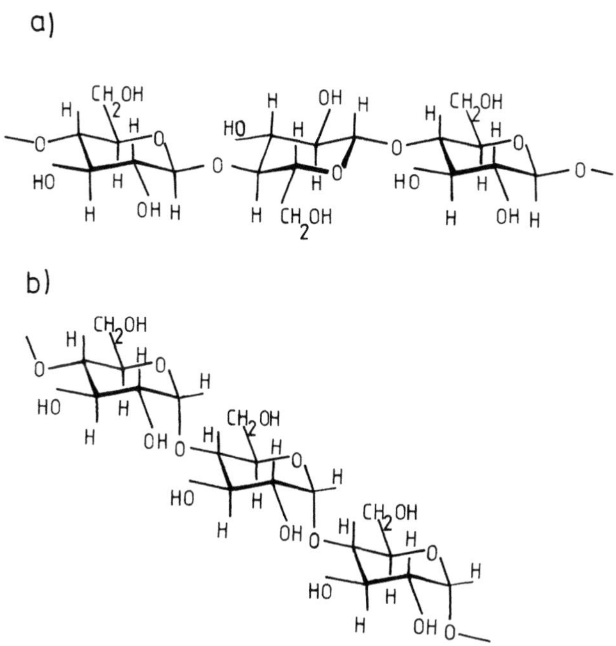

Abb. 1. Konstitution der (a) Cellulose, (b) Amylose

In dieser kurzen Abhandlung sollen die wesentlichen Merkmale der Gestalt (Konformation) und Packung von Polysaccharidmolekülen in der Form der Cellulose und Amylose (Abb. 1) und deren Derivate im festen, kristallinen Zustand beschrieben werden.

Hierbei sollen folgende Fragen abgeklärt werden:

(i) Welche möglichen Konformationen müssen in Betracht gezogen werden? Bei Cellulose und ihren Derivaten findet man 2/1, 3/2, 5/3, etc. Helices.
Bei Amylose und ihren Derivaten treten vorwiegend 6/5, 5/4, 4/3, etc. Helices und Doppelhelices auf.

(ii) Welche möglichen Packungen müssen betrachtet werden? Parallele oder antiparallele Packung (Abb. 2a)? Wieviele Ketten befinden sich in der Elementarzelle? 1, 2, 4, 6, 8 Ketten (Abb. 2b)?

In den folgenden zwei Abschnitten soll zunächst auf die Nomenklatur zur Beschreibung einer Helix und dann auf die Methoden zur Strukturaufklärung eingegangen werden, bevor in den weiteren Ausführungen die Ergebnisse von Konformations- und Packungsanalysen vorgestellt werden.

Nomenklatur zur Beschreibung einer Helix

Zur Beschreibung helicaler Kettenmoleküle (siehe dazu auch Alexander 1969) müssen eine Reihe von Größen eingeführt werden (Abb. 3):

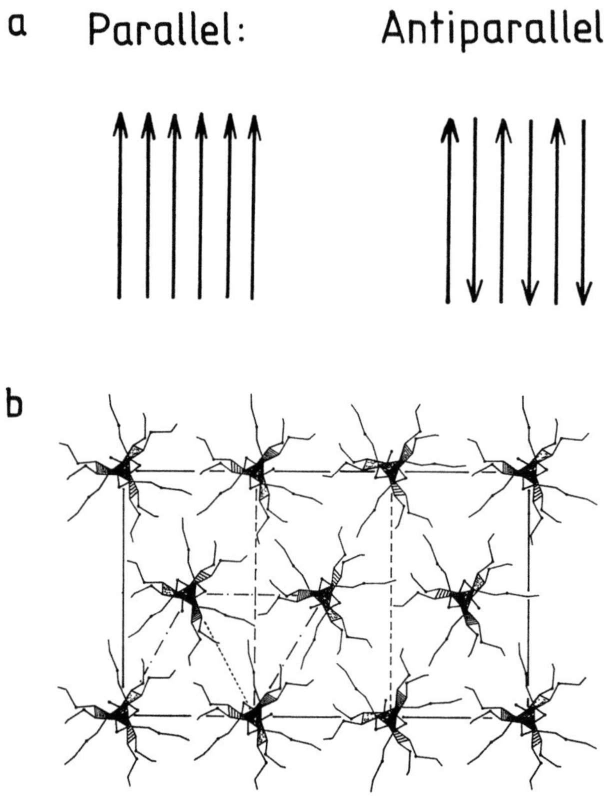

Abb. 2. Schematische Darstellung von (a) paralleler und antiparalleler Packung und (b) der Packung von Ketten in einer Elementarzelle. 6 Ketten durchziehen in (b) die Elementarzelle

P Ganghöhe der Helix auf die Helixachse Z projeziert. In Abb. 3 ist P mit der Identitätsperiode c identisch.

u Zahl der Motive (Punkte, Monomere) der Helix in der Identitätsperiode c (u = 3 in Abb. 3).

t Zahl der Windungen in der Identitätsperiode c (t = 1 in Abb. 3a, b; t = 2 in Abb. 3c).

h Abstand zweier Motive (Punkte, Monomere) der Helix auf die Helixachse Z projeziert (h = c/3 in Abb. 3). Wird auch als Ganghöhe einer Monomereinheit bezeichnet.

Der Helixtyp oder die Symmetrie der Helix wird allgemein durch u/t ausgedrückt. In Abb. 3a,b mit u = 3, t = 1 ist eine 3/1 Helix (rechtsgängig) dargestellt, in Abb. 3c eine 3/2 Helix, was einer linksgängigen Helix entspricht, die auch mit -3/1 Helix beschrieben wird.

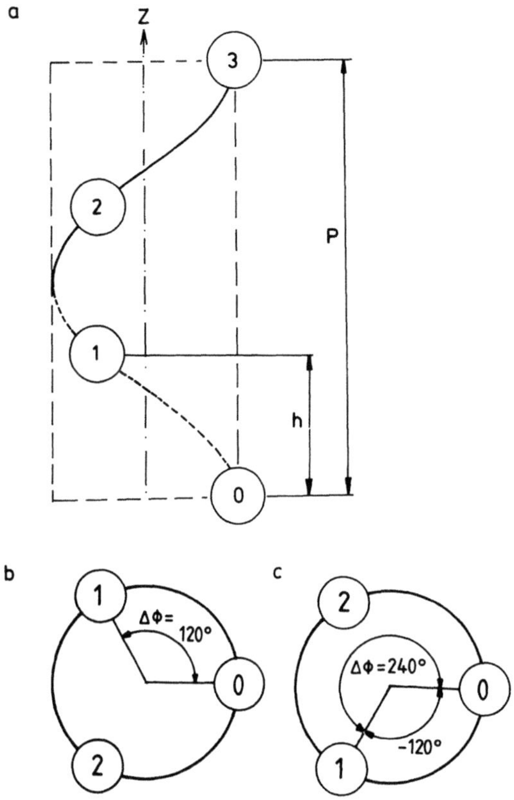

Abb. 3. Schematische Darstellung zur Beschreibung einer Helix.
(a) Projektion einer 3/1 Helix in einer Ebene durch die Helixachse Z,
(b) Projektion einer 3/1 Helix in einer Ebene senkrecht zur Helixachse Z,
(c) Projektion einer 3/2 Helix in einer Ebene senkrecht zur Helixachse Z.
Man beachte, daß (a), (b) einer rechtsgängigen, (c) einer linksgängigen Helix entspricht mit $\Delta\phi = 120°$ bzw. $-120°$; $h = c/3$ in beiden Fällen.

Zur Erzeugung der Motive, d.h. Punkte in Abb. 3, werden der Winkel $\Delta\phi$ und die Größe h benötigt:

$$\Delta\phi = \frac{360}{u/t} = 360 \cdot \frac{h}{P} \qquad [\text{in Grad}]$$

$$\Delta\phi = \frac{2\pi}{u/t} = 2\pi \cdot \frac{h}{P} \qquad [\text{im Bogenmaß}]$$

$$h = \frac{c}{u}$$

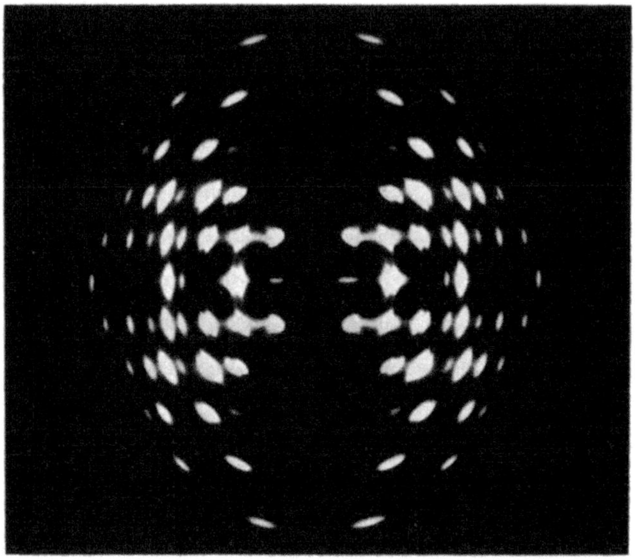

Abb. 4. Röntgenfaserdiagramm einer gut ausgerichteten, hochkristallinen Trimethylamylose Probe.

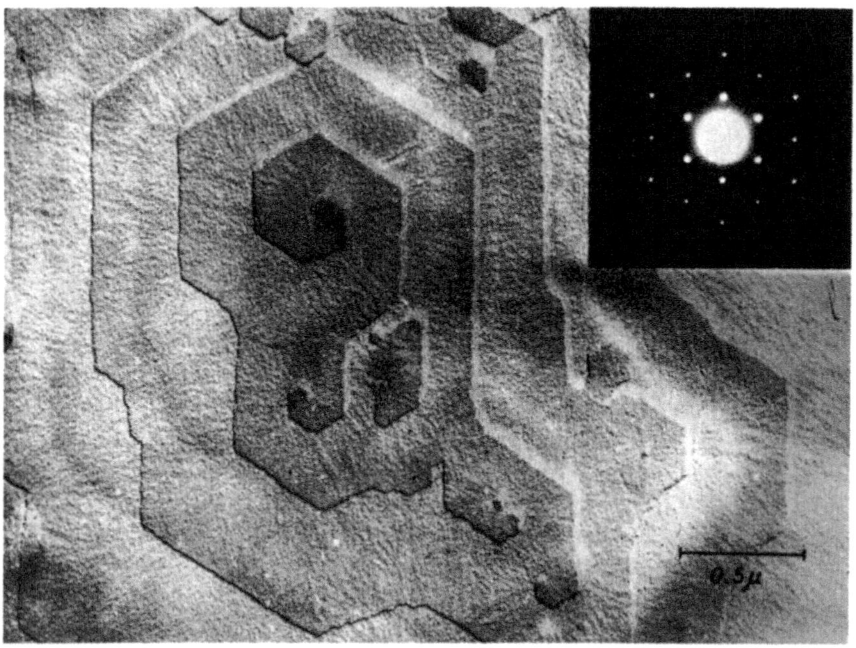

Abb. 5. Elektronenmikroskopische Abbildung mit Beugungsbild von "Polymereinkristallen" der Triethylcellulose. Die Polymerketten stehen senkrecht auf der Bildfläche.

$\Delta\phi$ Projektionswinkel, definiert durch den Winkel, der gegeben ist durch die Projektion zweier äquivalenter Punkte der Helix auf einer Ebene senkrecht zur Helixachse Z und dem Durchstoßpunkt der Z Achse durch diese Ebene (siehe Abb. 3 b,c).

Durch wiederholte Anwendung der Operation $\Delta\phi$ und Verschiebung der Punkte einer Monomereinheit um h kann die gesamte Helix erzeugt werden.

Methoden der Strukturaufklärung

Als experimentelle Methoden haben sich bei der Konformations- und Packungsanalyse von Polymeren die Röntgen- und Elektronenbeugung an Fasern bzw. "Einkristallen" als besonders ergiebig erwiesen. Abb. 4 zeigt ein typisches Röntgenfaserdiagramm eines Polymeren und Abb. 5 eine elektronenmikroskopische Aufnahme mit Beugungsbild von "Polymereinkristallen". Aus der Lage der Reflexe des Beugungsbildes, d.h. aus dem Abstand vom Zentrum, kann die Elementarzelle bestimmt werden. Insbesondere ergeben die Schichtlinienabstände der Röntgenfaseraufnehme die Identitätsperiode c der helicalen Konformation und das periodische Auftreten meridionaler Reflexe die Zahl der Monomere u der Helix. Abb. 6 zeigt eine schematische Darstellung des Röntgenexperiments. Die Zahl der Windungen t kann in günstigen Fällen aus der Intensitätsverteilung des gestreuten Röntgenlichts in die einzelnen Schichtlinien erhalten werden. Andere Methoden zur Bestimmung von u und t sind die Konformationsanalyse (Zugenmaier, Sarko 1980) mit Hilfe von Modellrechnungen auf schnellen Großrechenanlagen, wobei Verfeinerungen der Ausgangsmodelle hinsichtlich der Atom-Atom-Wechselwirkungen und der experimentellen Daten simultan durchgeführt werden und die Auswertung sterischer Karten (French, French 1980). Die Elektronenbeugungsdiagramme sind zur eindeutigen Aufklärung der Größe der Elementarzelle sehr hilfreich.

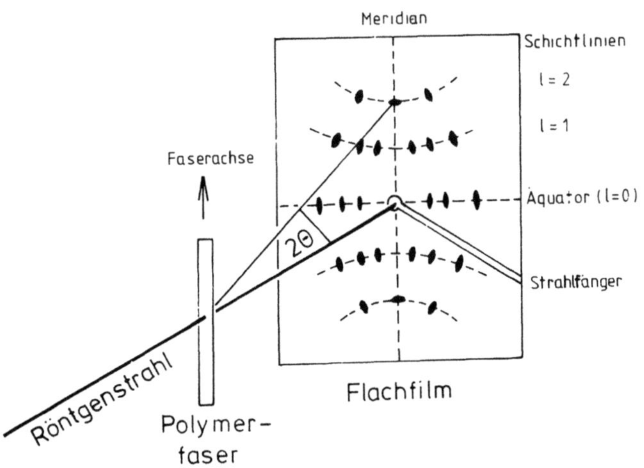

Abb. 6. Schematische Darstellung eines Röntgenexperiments mit einem Flachfilm als Detektor und einer Faser als Probe

Eine Packungsanalyse schließt sich dann bei einer vollständigen Strukturanalyse auf der Basis der Minimisierung der potentiellen Energie der Atom-Atom Wechselwirkungen (van der Waal's Kräfte) an. Die aus dem besten Packungsmodell berechneten Reflexintensitäten werden mit den Intensitäten aus dem Röntgendiagramm verglichen und verfeinert.

Will man die entworfenen Modelle anschaulich testen, dann kann man an gezeichneten Modellen die Röntgenbeugung durch optische Transformation bei Verwendung einer kohärenten Lichtquelle (Laser) simulieren. Der Aufbau dieses Beugungsexperiments entspricht dem der Röntgenbeugung (Abb. 6).

ERGEBNISSE

Im folgenden sollen die auf der Basis der Konformations- und Packungsanalyse erhaltenen Ergebnisse für Cellulose und Amylose und deren Derivate kurz dargestellt werden. Im Literaturverzeichnis sind einige zusammenfassende Artikel zu dieser Thematik aufgeführt (Cellulose (Blackwell 1982; Zugenmaier 1981), Cellulosederivate (Zugenmaier 1983), Amylose und Derivate (Sarko, Zugenmaier 1980)).

Alle bisher eingehend untersuchten Cellulose und Amylosestrukturen weisen eine antiparallele Packung auf mit Ausnahme der nativen Cellulose, deren Ketten nach heutigen Vorstellungen parallel gepackt sind. Mit dieser Packungsart sind jedoch eine Reihe von Experimenten sehr schwer, wenn überhaupt zu deuten (Zugenmaier 1981).

Cellulose

Cellulose kommt in verschiedenen Kristallmodifikationen vor und kann, wenn nicht schon von der Natur vorgegeben, zu Fasern (Fibrillen) geformt werden. Das Vorliegen von Fasern ist für die Auswertung der entsprechenden Röntgendiagramme von großer Wichtigkeit, insbesondere hinsichtlich der Bestimmung der Ganghöhe h und der Zahl der Monomereinheiten u in der Identitätsperiode c.

In dieser Abhandlung soll nur auf die beiden hauptsächlich auftretenden Formen, die native Cellulose oder Cellulose I (Sarko, Muggli 1974; Gardner, Blackwell 1974) und die regenerierte (mercerisierte) Cellulose oder Cellulose II (Kolpak, Blackwell 1976; Stipanovic, Sarko 1976) und danach auf einige Cellulosederivate eingegangen werden.

Alle bisher untersuchten Cellulosen und Derivate weisen eine Ganghöhe des Monomeren h von ca. 5 Å auf. Dennoch gibt es eine Reihe unterschiedlicher Helices:

(i) 2/1 Helices oder zumindest eine Struktur, die einer 2/1 Helix nahe kommt, weisen auf:
Cellulose I und II und die meisten anderen Modifikationen der Cellulose und einige Cellulose Komplexe mit Gastmolekülen.
Cellulosetriacetat I, II, Cellulosetributyrat, 6-Acetyl-2,3-Dimethylcellulose.

(ii) 3/2 Helices: Hydroxypropylcellulose, Trimethyl-, Triethylcellulose, Cellulosetripropionat, Tribenzoylcellulose, Cellulosetricarbanilat und einige Komplexe der Cellulose.

(iii) 5/3 Helix: Cellulosetrinitrat.

(iv) 8/5 Helix: Cellulosetriacetat-Nitromethankomplex.

Cellulose I: Native Cellulose (Cellulose I) ergibt je nach Herkunft der Proben leicht unterschiedliche Röntgendiagramme, die mit zwei verschiedenen Elementarzellen beschrieben werden können.

Viele Röntgenuntersuchungen wurden an der hoch kristallinen Cellulose mit guter Fasertextur der Alge Valonia ventricosa (Valonia Cellulose) durchgeführt. Valonia Cellulose repräsentiert den einen Typ der Cellulose mit der monoklinen Elementarzelle a = 16,34 Å, b = 15,72 Å, c (Faserachse) = 10,38 Å, γ = 97,0° (oder γ = 83°). Die Elementarzelle wird von 8 Ketten durchzogen. Bei der Packungsanalyse wurde von einer Unterzelle mit zwei Ketten ausgegangen, da in der Projektion senkrecht zur Kettenrichtung (a,b-Ebene) im Röntgenbild nur diese Unterzelle auf dem Äquator, der die a,b-Ebene repräsentiert, erscheint. Durch Verschiebungen der Unterzelle um einen Bruchteil von c in Faserrichtung wird dann die große Elementarzelle aufgebaut.

Cellulose aus Ramie Fasern stellt ein ausgezeichnetes Material für den zweiten Typ einer ebenfalls monoklinen Elementarzelle dar mit a = 8,20 Å, b = 7,78 Å, c (Faserachse) = 10,34 Å, γ = 96,5° (oder γ = 83,5°). Die Größe der a und b Dimension ist ziemlich genau die Hälfte der entsprechenden Dimension der Valonia Elementarzelle und c wie auch γ entsprechen den Werten der Valonia Cellulose. Zwei Ketten durchziehen diese Ramie Zelle, die der Unterzelle der Valonia gleicht. Bei der Konformations- und Packungsanalyse findet man daher auch Übereinstimmung in der Struktur der Ramie und der Valonia in der Unterzelle.

Bei der Strukturuntersuchung wird bei Cellulose I von der Raumgruppe $P2_1$ ausgegangen. Daraus ergibt sich bei einer Elementarzelle mit zwei Ketten, zwei voneinander unabhängige 2/1 Helices für die Ramie und Valonia Cellulose (Abb. 7). Die 2/1 helicale Konformation der Cellulose wird in einer vor kurzem erschienenen Arbeit (Pertsin et al. 1981) in Frage gestellt, die aufgrund einer Konformationsanalyse an einer isolierten Kette mehrere stabile Konformationen nur in der Nähe einer 2/1 Helix aufzeigt. Die verschiedenen stabilen Konformationen werden in dieser Arbeit als Grundbaustein verschiedener Cellulosemodifikationen postuliert.

Die Packung der Valonia und Ramie Cellulose wird in verschiedenen Projektionen in Abb. 8 dargestellt. Aus der Packungsanalyse (Sarko, Muggli 1974; Gardner,Blackwell 1974) folgt für die Eck- und Mittelkette die gleiche 2/1 Helix. Die Ketten laufen parallel. Die Stellung von O-6 wird in der Nähe der tg [1] Position gefunden, die bei den bisher aufgeklärten Oligosaccharidstrukturen ungewöhnlich ist. Durch diese Stellung des O-6 kann sich entlang der Kette eine H-Brücke ausbilden und zwar O-6 ... O-2' (siehe Abb. 8C) zwischen benachbarten Monomereinheiten. Entlang der Kette ist eine weitere H-Brücke vorhanden, nämlich zwischen O-3 ... O-5' benachbarter Einheiten (Abb. 8C). Die H-Brücken der Packung liegen innerhalb von Schichten und zwar zwischen O-6 ... O-3 jeder Monomereinheit der jeweiligen Eckketten bzw. Mittelketten. Die Mittelkette ist um ca. c/4 gegenüber der Eckkette verschoben (Abb. 8B).

---

[1] tg bedeutet die Bindung C-6 - O-6 liegt trans zu O-6 - C-5 und gauche zu C-4 - C-5.

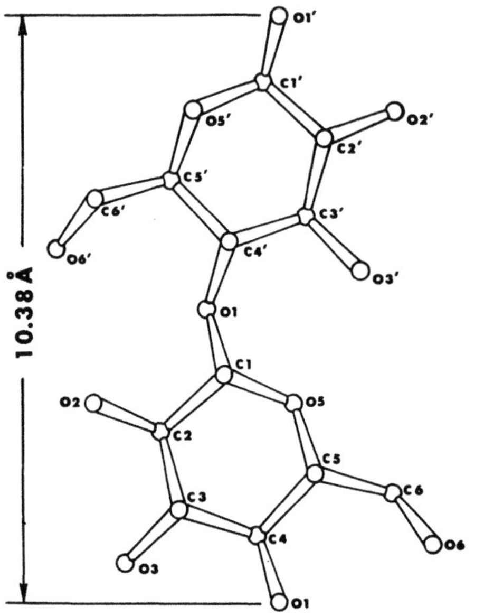

Abb. 7. Darstellung der Wiederholungseinheit der Cellulose entlang der Faserachse mit Atombezeichnungen (nach Gardner, Blackwell 1974 mit Erlaubnis von Wiley-Interscience Inc.)

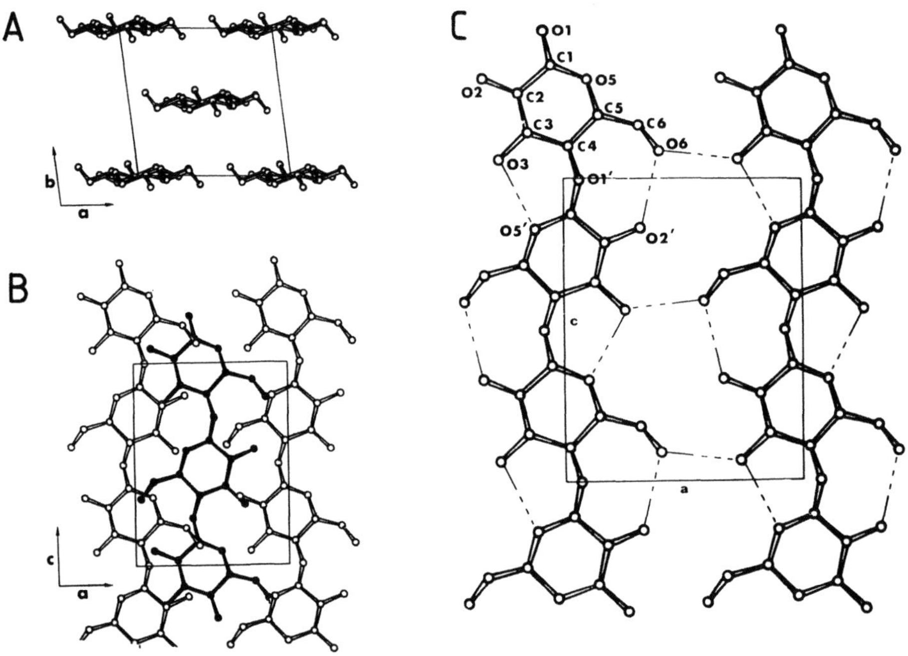

Abb. 8. Darstellung der Packung von Cellulose I in verschiedenen Projektionen: (A) Projektion in die a,b-Ebene, (B) Projektion in die a,c-Ebene, (C) Projektion der Eckketten in die a,c-Ebene mit H-Brücken (nach Gardner, Blackwell 1974 mit Erlaubnis von Wiley-Interscience Inc.)

Cellulose II: Cellulose II wurde anhand von sehr guten Röntgenfaserdiagrammen von Fortisan Rayon und mercerisierter Ramie untersucht (Kolpak, Blackwell 1976; Stipanovic, Sarko 1976). Die Elementarzelle stimmt bei beiden Cellulose(II)arten überein. Sie ist monoklin mit a = 8,01 Å, b = 9,04 Å, c (Faserachse) = 10,36 Å, γ = 117,1°, Raumgruppe $P2_1$. Die Konformation der Ketten ist eine 2/1 Helix. Aufgrund der Packungsanalyse gelangte man zu einer antiparallelen Packung der Ketten. Zwei Ketten durchziehen die Elementarzelle, wobei die Konformation (2/1 Helix) verschieden ist für Eck- und Mittelkette, wie aus Abb. 9 ersichtlich. Die O-6 Position (tg) der Mittelketten gleicht der der Cellulose I mit gleichen inter- und intramolekularen H-Brücken entlang der a Achse (Abs. 9C). Die Eckketten haben eine andere O-6 Position, nämlich gt, wodurch ein anderes H-Brücken Netzwerk

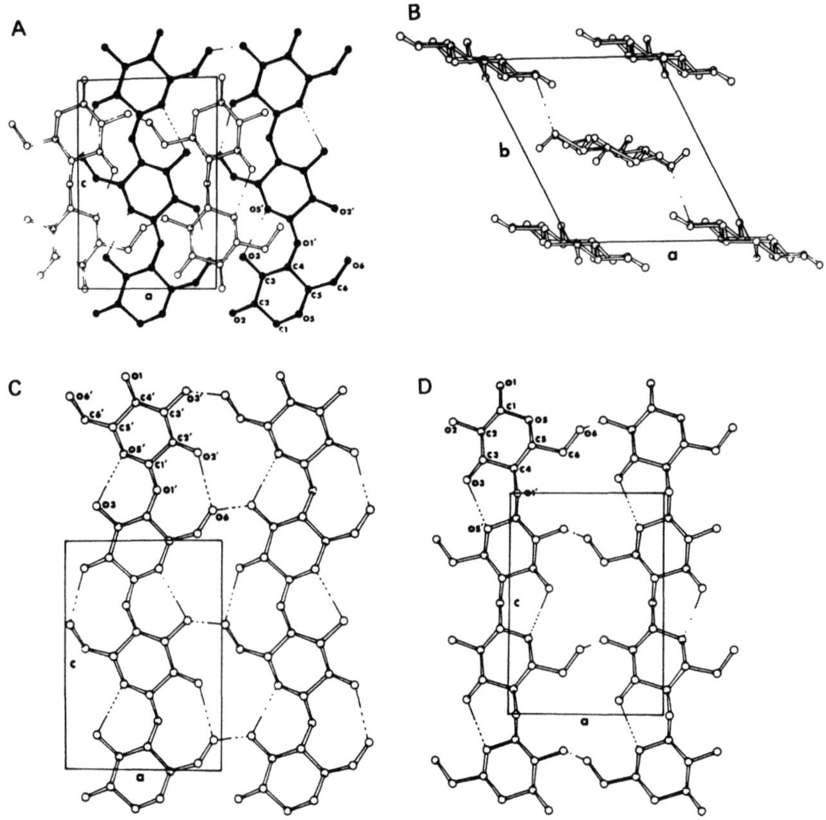

Abb. 9. Struktur der Cellulose II in verschiedenen Projektionen: (A) a,c-Projektion, (B) a,b-Projektion, (C) H-Brücken der Mittelketten, (D) H-Brücken der Eckketten, (E) H-Brücken zwischen Eck- und Mittelkette (nach Kolpak, Blackwell 1976 mit Erlaubnis der American Chemical Society)

E

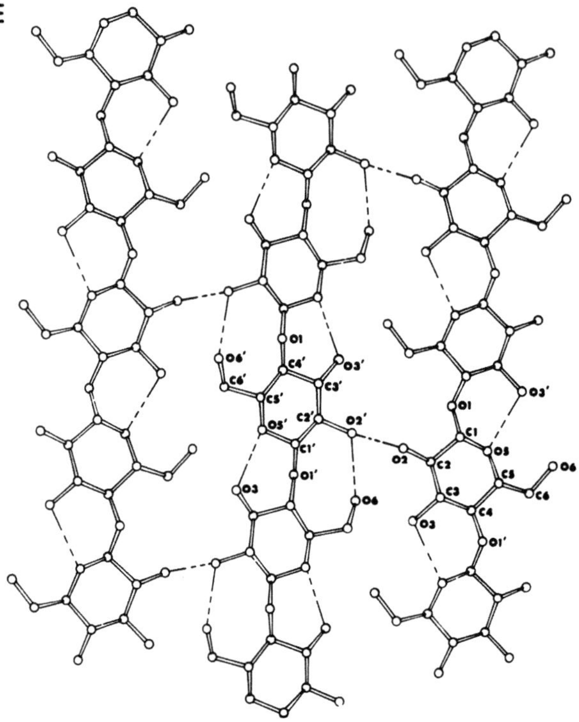

Abb. 9. (Fortsetzung)

entlang der a Achse entsteht (Abb. 9D). Durch die unterschiedliche O-6 Stellung der Eck- bzw. Mittelkette bildet sich auch eine H-Brücke zwischen diesen beiden Ketten entlang der a,b-Diagonalen aus (Abb. 9E), so daß in Cellulose II ein dichtes dreidimensionales H-Brückennetzwerk entsteht. Mittel- und Eckkette sind um ca. c/4 gegeneinander verschoben. Die Identitätsperiode von Cellulose II entlang der Kette ist mit der von Cellulose I vergleichbar.

In einer 1984 erschienenen Arbeit von Pertsin et al. wird dieses Wasserstoffbrückennetzwerk durch ein anderes ersetzt. Die O-6 Positionen der Eck- und Mittelkette der Elementarzelle werden in jeweils tg-Stellungen favorisiert. Die antiparallele Packung der Celluloseketten bleibt unangetastet. Die relative Verschiebung der Mittelkette zur Eckkette beträgt in diesem Modell ca. c/8.

Cellulosederivate: Relativ spärlich sind die Daten der Strukturaufklärung an Cellulosederivaten. Eine vollständige Konformations- und Packungsanalyse wurde bisher nur an Cellulosetriacetat I und II (CTA I, CTA II) durchgeführt. Eine Reihe von Cellulosederivaten werden zur Zeit untersucht. Es liegen einige Konformationsanalysen vor, die wesentlich leichter durchzuführen sind als Packungsanalysen. Schwierigkeiten bei der Packungsanalyse der Cellulosederivate treten durch große Elementarzellen mit 4, 6 und 8 Ketten auf, die eine Vielzahl von möglichen Packungen zulassen und die deshalb sehr zeitaufwendig sind.

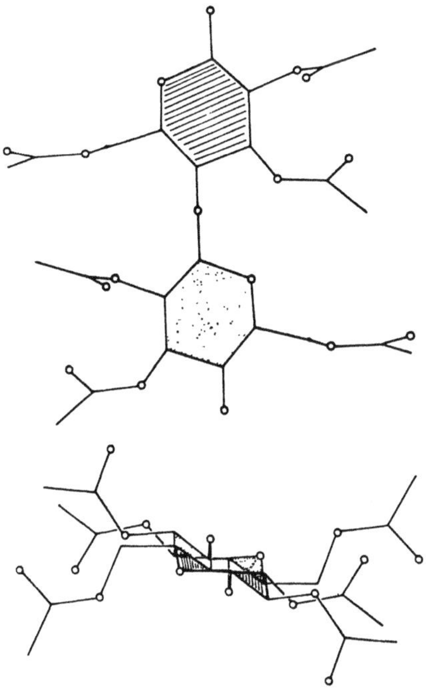

Abb. 10. Darstellung der Konformation des Cellulosetriacetats (CTA) in zwei Projektionen.

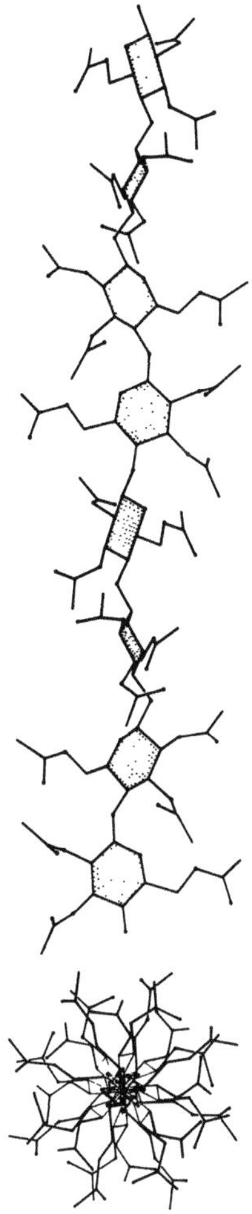

Abb. 11. Darstellung der Konformation von Cellulosetriacetat-Nitromethan (CTA-N) in zwei Projektionen.

Bei den Cellulosederivaten soll hier kurz auf einige Besonderheiten eingegangen werden. Cellulosetriacetat kann aus Cellulose I oder Cellulose II bei Erhalt der Faser hergestellt werden. Die entsprechenden Produkte werden deshalb Cellulosetriacetat I bzw. II genannt. Beide Modifikationen bilden 2/1 Helices (Abb. 10). Durch Einbau von Nitromethan in das Kristallgitter ändert sich bei CTA sowohl die Elementarzelle als auch die Konformation der CTA Kette. Aus der 2/1 Helix des CTA wird eine 8/5 Helix, die einen kreisähnlichen Querschnitt in der Projektion senkrecht zur Kettenachse aufweist (Abb. 11). Die c-Dimension (Faserachse) von CTA I ist 10,47 Å, die von CTA-Nitromethan 41,14 Å, was zu einer Ganghöhe h von 5,24 bzw. 5,14 Å pro Monomereinheit führt.

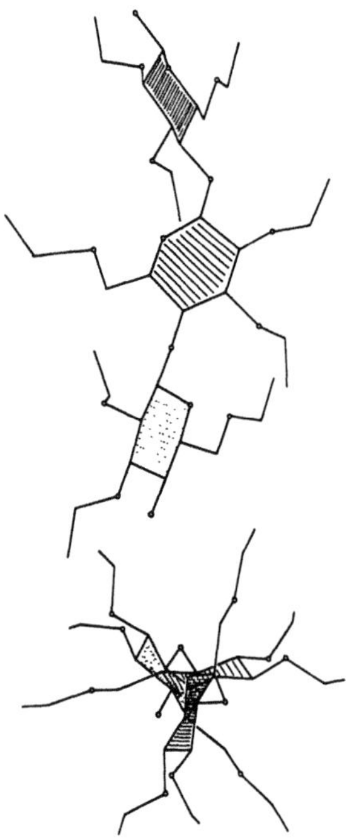

Abb. 12. Darstellung der Konformation der Triethylcellulose (TEC) in zwei Projektionen

Bei Cellulosederivaten findet man häufig linksgängige 3er (3/2) Helices. Als Beispiel hierfür soll die Triethylcellulose (TEC) dienen, die in Abb. 12 dargestellt ist. Sie weist eine Faserperiode c = 15,0 Å (h = 5,0 Å) auf. Die Projektionen des Kettenrückgrats aller 3/2 Helices in eine Ebene durch die Kettenachse bzw. in eine Ebene senkrecht dazu ähneln sich stark, so daß auf eine weitere Darstellung von 3/2 Helices hier verzichtet wird.

Cellulose und Derivate bilden aufgrund der Steifheit der Ketten, die man über große Längen als Stäbchen darstellen kann, flüssigkristalline Phasen aus.

Amylose

Amylose kommt wie die Cellulose in verschiedenen Kristallmodifikationen vor. Die nativen Formen, die mit A und B bezeichnet werden, können, anders als bei der Cellulose, im Labor als Fasern erzeugt werden.

Alle bisher eingehend untersuchten Amylose- und Amylosederivatstrukturen sind antiparallel gepackt. Es wurden eine Reihe von Elementarzellen, die von nur 2 Ketten bzw. Doppelstranghelices durchzogen werden, aufgefunden, die mit der Packungsanalyse gut aufgeklärt werden konnten. Es gibt jedoch auch Hinweise auf große Elementarzellen mit 6 und 8 Ketten in der Elementarzelle.

Bei den Amylosen werden unterschiedliche Ganghöhen h und auch verschiedene Gängigkeit der Helices gefunden, so daß mit Hilfe dieser

Größen eine Klassifizierung vorgenommen werden kann (Sarko, Zugenmaier 1980).

(i) h = 3,5 Å: rechtsgängige Doppelhelices (6/1 für den Einzelstrang): A und B Amylose. Alle anderen Amylosen bilden linksgängige Einzelstranghelices.

(ii) h ≈ 1,3 Å: Amylosen vom V-Typ, die aus ausgefällter Amylose entstehen, z.B. V_a, V_h, V_{DMSO}, V_h-Jod.

(iii) h = 3,7 - 4,1 Å: Amylose Ionen Komplexe, z.B. mit KOH 6/5 Helix, mit KBr 4/3 Helix. Amylosederivate, z.B. Amylosetriacetat I (ATA I) 14/11 Helix, Trimethylamylose (TMA) ≈ 4/3 Helix, Triethylamylose (TEA) 4/3 Helix, Amylosetripropionat (ATP) und Tribenzoylamylose (TBA) 5/4 Helix (Steinmeier 1983; Gutknecht 1983). Lösungsmittelkomplexe von TMA und TEA 4/3 Helices.

<u>A, B Amylose</u>: Die native Amylose kommt in zwei Formen A und B vor. Die A Amylose findet man hauptsächlich in Getreide (Mais etc.), die B Amylose in Knollen (Kartoffeln etc.). Die beiden Formen sind durch das Röntgenbild gut zu unterscheiden. Beide Typen der nativen Amylose bilden rechtsgängige Doppelhelices (Abb. 13) und unterscheiden sich durch die Art der Packung und dem Wassergehalt (Abb. 14) (Wu, Sarko 1978, 1978).

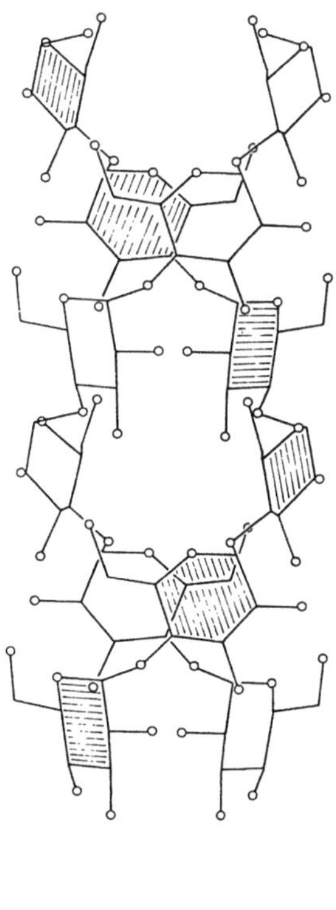

Abb. 13. Darstellung der Amylose Doppelhelix wie sie in A und B Amylose vorliegt (nach Sarko, Wu 1978 mit Erlaubnis vom Verlag Chemie).

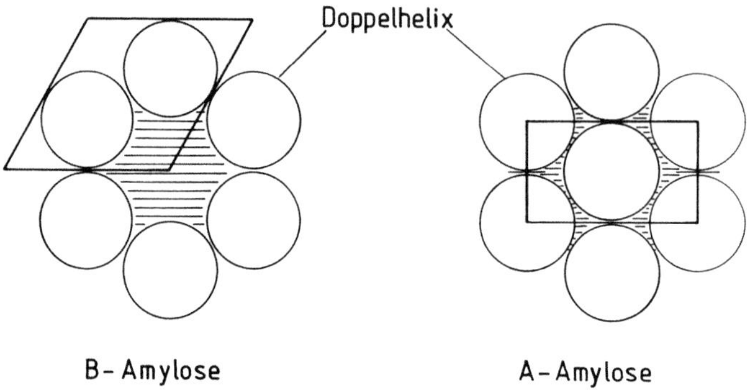

Abb. 14. Schematische Darstellung der Packung der A und B Amylose

V Amylose: Die V Amylosen, die je nach Herstellung eine unterschiedliche Anzahl von Wassermolekülen einlagern, bilden alle 6/5 Helices mit sehr geringer Ganghöhe. Entlang der Helixrinne bildet sich ein Kanal aus, in den eine Reihe von Gastmolekülen eingelagert werden können (z.B. Jod, H_2O etc.)

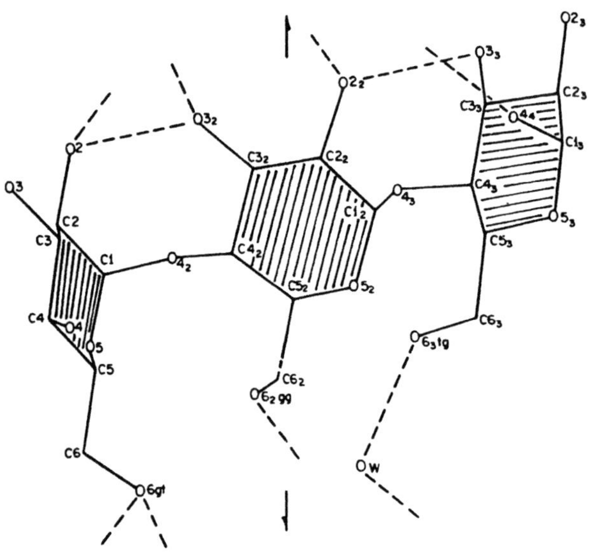

Abb. 15. Darstellung der asymmetrischen Einheit der V_a Amylose in einer Ebene durch die Helixachse (nach Zugenmaier, Sarko 1976 mit Erlaubnis von Wiley-Interscience Inc.)

In Abb. 15 ist für V_a Amylose die asymmetrische Einheit (3 Monomereinheiten, die durch eine 2_1 Schraube zu 6 Einheiten der Faserperiode zusammengesetzt werden) dargestellt (Zugenmaier, Sarko 1976). Abb. 16 zeigt die Packung des V_h Amylose-Jod-Komplexes in der a,b-Ebene (Bluhm, Zugenmaier 1981). Diese Projektion kann bis auf die räumliche Anordnung von O-6 und die H-Brücken für alle Amyloseketten vom V-Typ übernommen werden.

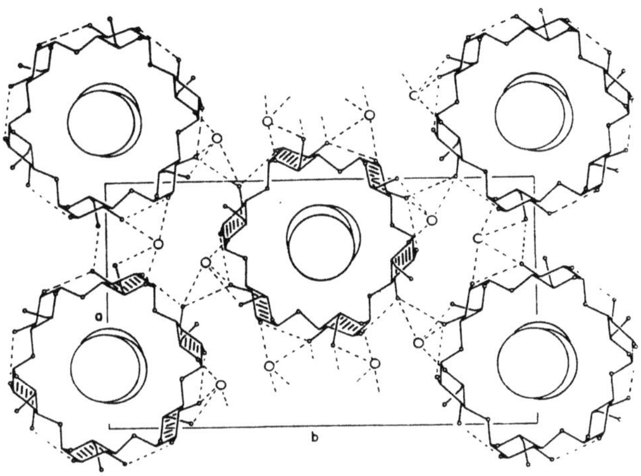

Abb. 16. Darstellung des V_h Amylose-Jod Komplexes in der a,b-Ebene. Die Wassermoleküle sind durch O Atome repräsentiert. Die H-Brücken sind gestrichelt gezeichnet (nach Bluhm, Zugenmaier 1981 mit Erlaubnis von Elsevier Science Publishers)

KOH Amylose: Als Beispiel einer Amylose, die mit Ionen komplexiert ist, wurde KOH Amylose (Sarko, Biloski 1980) gewählt. Sie bildet eine 6/5 Helix. Zwei Ketten durchziehen in antiparalleler Packung die Elementarzelle. Gegenüber der V Amylose liegt hier eine stark gestreckte Kettenkonformation vor (Abb. 17).

Amylosederivate: Einige Strukturen der Amylosederivate (Sarko, Zugenmaier 1980) sind eingehend untersucht worden, von anderen ist nur die Konformation bekannt.

Amylosetriacetat I (ATA I) war die erste Amylosestruktur, die vollständig aufgeklärt werden konnte (Sarko, Marchessault 1970). ATA I weist eine 14/11 Helix auf, also 14 Monomereinheiten in der Faserperiode von c = 52,77 Å. Bemerkenswert ist, daß keine ganze Zahl von Monomereinheiten auf eine Windung kommt. Diese Tatsache konnte im Röntgenbild durch das Auftreten von Zwischenschichtlinien nachgewiesen werden.

Als Beispiel für die Amylosederivate sollen hier die Strukturen von Trimethylamylose (TMA) (Zugenmaier, Kuppel, Husemann 1977) als Repräsentant einer 4/3 Helix in Abb. 18 und von Tribenzoylamylose (TBA) (Gutknecht 1983) als Repräsentant einer 5/4 Helix in Abb. 19 dargestellt werden. Linksgängige 5/4 Helices wurden auch bei verschiedenen

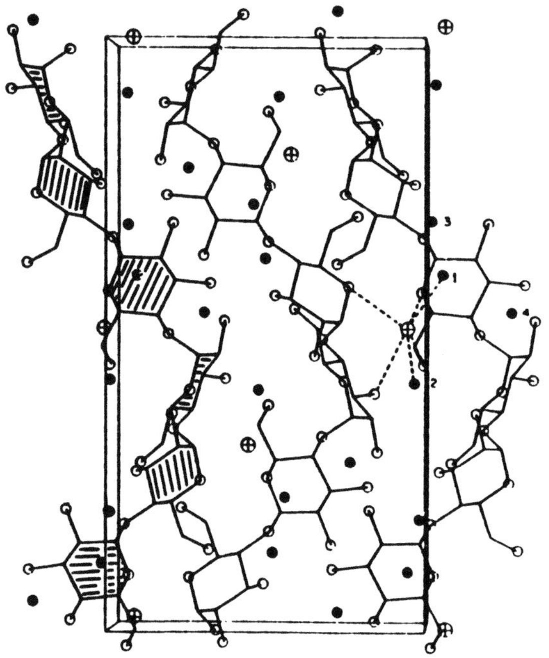

Abb. 17. KOH Amylose auf die a,c-Ebene projeziert. K^+ Ionen werden durch ⊕ dargestellt, Wasser und OH^- Sauerstoffatome durch • (nach Sarko, Biloski 1980 mit Erlaubnis von Elsevier Science Publishers)

Amyloseestern, Amylosetripropionat (ATP), Amylosetributyrat (ATB), Amylosevalerat (ATV) gefunden (Steinmeier 1983).

Auf eine Besonderheit der TMA Struktur soll hier noch hingewiesen werden. Bei TMA erscheint im Röntgenbild jeder zweite meridionale Reflex. Aus dieser Tatsache folgt, daß die TMA Kette tatsächlich nur eine 2_1 Schraube entlang der Kette aufweist. Aufgrund der Größe der Faserachse c = 15,64 Å - die Länge eines Monomeren beträgt maximal 4,5 Å - und bei Vergleich der gemessenen Dichte mit dem Inhalt der Elementarzelle, kommt man zu dem Schluß, daß 4 Monomereinheiten in der Faserperiode vorliegen müssen. Eine eingehende Analyse zeigt, daß tatsächlich das Kettenrückgrat eine 4/3 Helix bildet. Die 4er Helix wird jedoch gestört durch unterschiedliche O-6 Stellungen benachbarter Monomereinheiten. Man muß bei TMA also die Dimereneinheit als strukturelle Einheit der Kette betrachten, die dann eine 2/1 Helix bildet (Abb. 18). Bei Lösungsmitteleinbau verschwindet diese Besonderheit. Es bilden sich exakte 4/3 Helices aus (Büchele, Zugenmaier 1980, 1982).

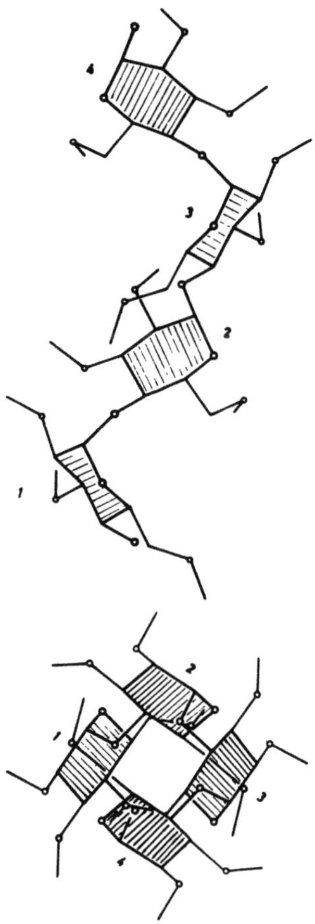

Abb. 18. Darstellung der Konformation der Trimethylamylose (TMA) Kette in zwei Projektionen (Kettenrückgrat 4/3 Helix)

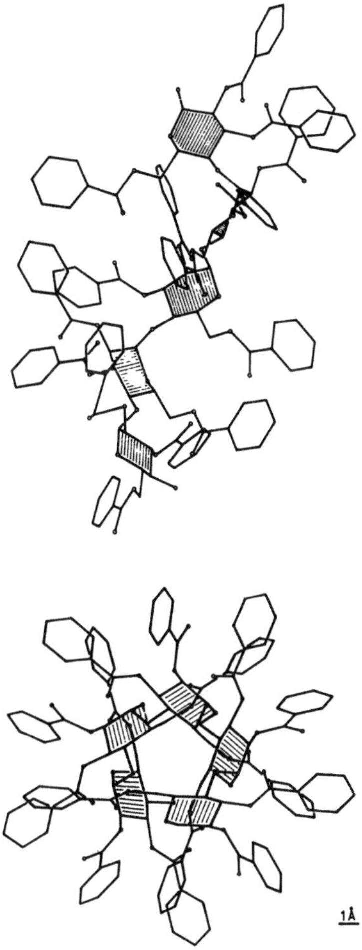

Abb. 19. Darstellung der Konformation der Tribenzoylamylose (TBA) Kette in zwei Projektionen (5/4 Helix)

SCHLUSSFOLGERUNG

Die Konformations- und Packungsanalyse mit Berücksichtigung von Röntgenaufnahmen hat unsere Kenntnisse von Polysaccharidstrukturen wesentlich erweitert oder erst gar ermöglicht. In einigen Fällen, und dies trifft besonders für die Cellulosestrukturen zu, liegen die verschiedenen Modellvorschläge im Bereich der Fehler bei der Auswertung der vorhandenen Information. Hier ist es nötig, weitere Informationsquellen zu erschließen und in die Strukturdiskussion einzubringen.

LITERATUR

Alexander LE (1969) X-ray diffraction methods in polymer science. Wiley-Interscience, New York
Blackwell J (1982) The macromolecular organization of cellulose and chitin. In: Brown RM (Jr) (ed) Cellulose and other polymer systems. Plenum Press, New York London, pp 403-428
Bluhm TL, Zugenmaier P (1981) Detailed Structure of the V_h-amylose-iodine complex: a linear polyiodine chain. Carbohydrate Research 89:1-10
Büchele Ch, Zugenmaier P (1980) Konformations- und Packungsanalyse von Polysacchariden und Derivaten. IX. Trimethylamylose-Dichlormethan Komplex. Colloid & Polymer Sci 258:768-775
Büchele Ch, Zugenmaier P (1982) Konformations- und Packungsanalyse von Polysacchariden und Derivaten. X. Trimethylamylose-Chloroform Komplex. Colloid & Polymer Sci 260:169-173
French AD, French WA (1980) N-H mapping for polymers. In: French AD, Gardner KH (eds) Fiber diffraction methods. ACS Symposium Series 141; American Chemical Society, Washington DC, pp 239-250
Gardner KH, Blackwell J (1974) The structure of native cellulose. Biopolymers 13:1975-2001
Gutknecht W (1983) Röntgenographische Untersuchungen zur Strukturaufklärung von Tribenzoylcellulose und -amylose. Diplomarbeit; Institut für Physikalische Chemie der TU Clausthal, Clausthal-Zellerfeld
Kolpak FJ, Blackwell J (1976) Determination of the structure of cellulose II. Macromolecules 9:273-278
Pertsin AJ, Nugmanov OK, Sopin VF, Marchenko GN, Kitaigorodsky AI (1981) Conformation of the isolated helix of cellulose. Polymer Sci USSR 23:2333-2342
Pertsin AJ, Nugmanov OK, Marchenko GN, Kitaigorodsky AI (1984) Crystal structure of cellulose polymorphs by potential energy calculations. I. Most probable models for mercerized cellulose. Polymer 25:107-114
Sarko A, Marchessault RH (1970) The crystalline structure of amylose triacetate I. A stereochemical approach. J Amer Chem Soc 89:6454-6462
Sarko A, Muggli R (1974) Packing analysis of carbohydrates and polysaccharides. III. Valonia cellulose and cellulose II. Macromolecules 7:486-494
Sarko A, Wu HC (1978) The crystal structure of A-, B- and C-polymorphs of amylose and starch. Starch/Stärke 30:73-78
Sarko A, Biloski A (1980) Crystal structure of the KOH-amylose complex. Carbohydrate Research 79:11-21
Sarko A, Zugenmaier P (1980) Crystal structures of amylose and its derivatives. A review. In: French AD, Gardner KH (eds) Fiber diffraction methods. ACS Symposium Series 141. American Chemical Society, Washington DC, pp 459-482
Steinmeier H (1983) Synthese und Strukturaufklärung von einigen Amyloseestern. Diplomarbeit; Institut für Physikalische Chemie der TU Clausthal, Clausthal-Zellerfeld
Sipanovic AJ, Sarko A (1976) Packing analysis of carbohydrates and polysaccharides. VI. Molecular and crystal structure of regenerated cellulose II. Macromolecules 9:851-857
Wu HC, Sarko A (1978) The double helical molecular structure of crystalline B-amylose. Carbohydrate Research 61:7-25
Wu HC, Sarko A (1978) The double helical molecular structure of crystalline A-amylose. Carbohydrate Research 61:27-40
Zugenmaier P, Sarko A (1976) Packing analysis of carbohydrates and polysaccharides. IV. A new method for detailed crystal structure refinement of polysaccharides and its application to V-amylose. Biopolymers 15:2121-2136

Zugenmaier P, Kuppel A, Husemann E (1977) Conformation and packing analysis of polysaccharides and derivates. Detailed refinement of trimethylamylose. In: Arthur JC (Jr) (ed) Cellulose chemistry and technology. ACS Symposium Series 48; American Chemical Society, Washington DC, pp 115-132

Zugenmaier P, Sarko A (1980) The variable virtual bond. Modeling technique for solving polymer crystal structures. In: French AD, Gardner KH (eds) Fiber diffraction methods. ACS Symposium Series 141; American Chemical Society, Washington DC, pp 225-238

Zugenmaier P (1981) Present views of the conformation and packing of cellulose molecules. In: Robinson DG, Quader H (eds) Cell walls' 81. Wissenschaftliche Verlagsgesellschaft, Stuttgart, pp 57-65

Zugenmaier P (1983) Structural investigations on cellulose derivatives. J Appl Polymer Sci: Applied Polymer Symposium 37:223-238

Neue Polymere aus Polysacchariden

Beate Pfannenmüller

EINLEITUNG

In den Anfängen der makromolekularen Chemie haben die Naturprodukte Kautschuk, Cellulose und Proteine als Vorbild für synthetische Polymere gedient. Während die Entwicklung des künstlichen Kautschuks und der Polyamide außerordentlich erfolgreich verlief, hat das als Kopie für Cellulose vorgesehene Polyoximethylen keine der Cellulose vergleichbaren Anwendungsmöglichkeiten gebracht. Insofern ist der unmittelbare Ersatz der Polysaccharide durch synthetische Polymere nicht gelungen. Die Wasseraufnahmefähigkeit der Cellulosefaser, die Quellbarkeit der Stärke und die Gelbildungstendenz von Pektin und anderen Polysacchariden mit geladenen Gruppen sind Eigenschaften, die auf der für Polysaccharide charakteristischen Affinität zu Wasser beruhen und die durch synthetische Polymere nicht zu ersetzen sind.

Man hat die Polysaccharide lange Zeit stiefmütterlich behandelt, indem man ihre spezifischen Eigenschaften als störend empfand. Man hat daher versucht, die Polysaccharide mit synthetischen Polymeren zu kombinieren mit dem Ziel, ihre Eigenschaften im Sinne der synthetischen Polymeren zu modifizieren, die Wasseraufnahme herabzusetzen und sie gegen chemischen und mikrobiellen Angriff zu stabilisieren. Mit großer Intensität wurde die Herstellung von Pfropfcopolymeren auf der Basis von Cellulose (Arthur 1970; Hebeish, Guthrie 1971; Kennedy 1974) und Stärke (Roberts 1967; Gruber et al. 1972; Weaver et al. 1977) in Angriff genommen. Es gibt eine Vielzahl von Arbeiten, die sich mit der radikalisch initiierten Pfropfung von Acrylamid, Acrylnitril oder Styrol/Acrylnitril befassen. Dieses Gebiet findet nach wie vor großes Interesse. Als Alternative zur radikalischen Pfropfung sind als neuere Verfahren die Pfropfung von "lebenden" kationischen Polymeren auf Cellulosederivate (Munir, Daly 1983) und die Fixierung von Ziegler-Natta Katalysatoren auf der Oberfläche von Cellulose und

Polysaccharide
Herausgegeben von W. Burchard

Stärke zur Aufbringung von Polyethylen und Polypropylen (Kaminsky 1980, 1981) zu nennen. Ein anderer Weg, der schon früh eingeschlagen wurde, sind polymerisierbare Zuckerderivate wie Vinyl- (Chung et al. 1977) oder Allylglycoside (Horejsi et al. 1978).

Erst unter dem neuen Aspekt, die synthetischen Polymeren biologisch verträglicher und abbaubar zu machen, begann die Entwicklung von Blockcopolymeren mit alternierenden Sequenzen von Cellulose bzw. Amylose und synthetischen Polymeren (Steinmann 1970; Gilbert et al. 1973, 1980, 1982). Hierbei werden nach einer von Husemann et al. (1966, 1972) vorgeschlagenen Methode voll substituierte Polysaccharidderivate säurehydrolytisch abgebaut und die entstandenen freien Hydroxylendgruppen zur chemischen Kopplung mit dem synthetischen Block verwendet. Zur Verknüpfung der Segmente werden bevorzugt Diisocyanate eingesetzt. Bei einem neueren Verfahren erfolgt der hydrolytische Abbau von Cellulosederivaten unter gleichzeitiger Einführung einer Glycosidgruppe, die als Initiator zur kationischen Polymerisation fungiert oder als Abbruchreagenz für mehrfunktionelle lebende Polymere ausgenützt werden kann , so daß Sternpolymere entstehen(Feger, Cantow 1980).

HYBRIDPOLYMERE DURCH NEUE KOPPLUNGSMETHODEN

Ausgangspunkt der eigenen Arbeiten war der Wunsch nach einfachen Modellen für Amylopektin und andere verzweigte Polysaccharide, um deren Eigenschaften besser zu verstehen. Dabei sollte die Verzweigungsreaktion chemisch durchgeführt werden und die weitere Kettenverlängerung der kurzen Zweige durch enzymatische Synthese. Als erstes wurde die Einführung von Mono- und Oligosaccharidzweigen in Amylose und Cellulose über die natürliche (1,6)-glycosidische Bindung untersucht (Pfannemüller et al. 1975, 1976, 1977). Dieser Weg lieferte für Oligosaccharide nur geringe Verzweigungsgrade und ist präparativ aufwendig. Notwendig sind Schutzgruppen an der Polysaccharid-Hauptkette und geschützte Oligosaccharide mit einer reaktiven Gruppe an C-1, die Acetobromderivate oder die Orthoester.

Ein Weg, der die Bindung der Oligosaccharide an eine Hauptkette mit Carboxylgruppen erlaubt, Polysaccharide und synthetische Polymere wurde in der Verknüpfung über Hydrazonbindung gefunden (Andresz et al. 1978).Hier reagiert die reduzierende Endgruppe der unsubstituierten Oligosaccharide direkt mit einer Säurehydrazidgruppe am Träger (Borat-

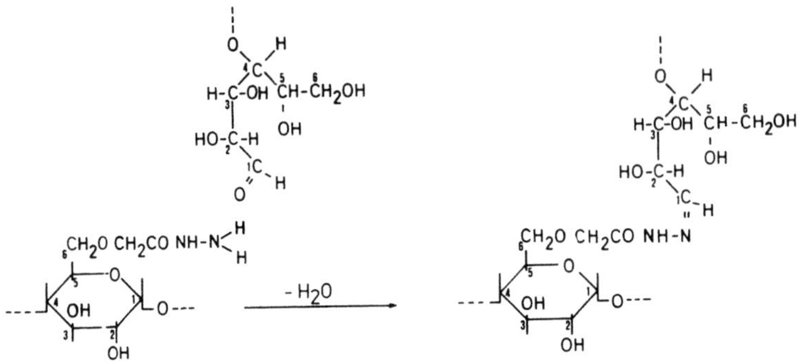

Abb. 1. Verzweigung über Hydrazonbindung

puffer, pH 8,5). Ein Vorteil dieses Verfahrens war der hohe Verzweigungsgrad auch für längere Oligosaccharidketten, nachteilig für unsere Zwecke die mit der Zahl der Hyrazonbindungen zunehmende Schwerlöslichkeit der Produkte.

Als ein in vieler Hinsicht günstiger und auf breiter Basis anwendbarer Weg erwies sich die Amidverknüpfung (Emmerling, Pfannemüller 1978, 1983). Wie Abb. 2 zeigt, führt man in die Oligosaccharide am reduzierenden Ende eine Carboxylfunktion ein. Das gelingt am besten durch elektrolytische Oxidation nach Isbell und Frush (1931) in Gegenwart von $CaBr_2$ und $CaCO_3$. Die Br^--Ionen werden an der Anode zu Br_2 oxidiert und treten nach ihrer Reaktion mit der Aldose als Br^- erneut in den Kreislaufprozeß ein. Es wird also relativ wenig Oxidationsmittel gebraucht und freiwerdender Bromwasserstoff wird durch $CaCO_3$ abgepuffert. Unter diesen schonenden Bedingungen ist es möglich, auch die oft wertvollen längeren Oligomeren zu oxidieren, ohne daß eine Spaltung der glycosidischen Bindung eintritt. Das Calciumsalz wird am Kationenaustauscher in die Aldonsäure übergeführt und bildet bei Wasserentzug spontan das Lacton. Die Methode arbeitet befriedigend auch bei großen Ansätzen, z. B. 50 g.

Die Lactongruppierung ist als innerer Ester so reaktiv, daß die Addition an NH_2-haltige Träger zu den entsprechenden Amiden direkt erfolgt (Weg A in Abb. 3).

Für den Weg B (Abb. 3), die Bindung von Oligosacchariden an Träger mit COOH-Gruppen, braucht man zwei zusätzliche Schritte. Einmal die Einführung einer NH_2-Endgruppe am Zucker, die sich durch Umsetzen des

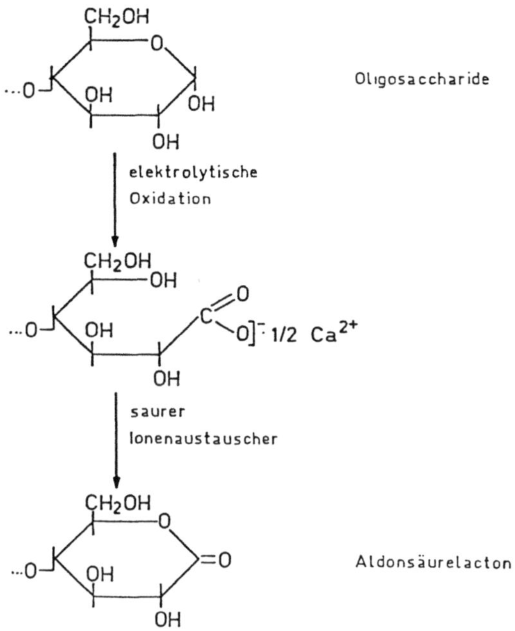

Abb. 2. Elektrolytische Oxidation von Oligosacchariden zu Aldonsäuren

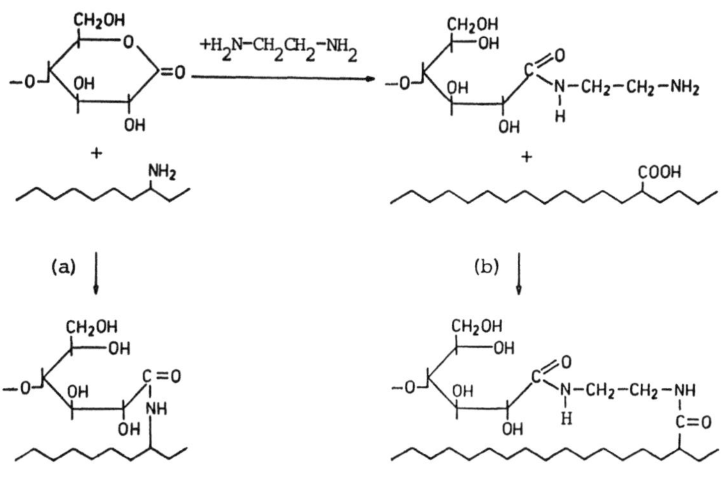

Abb. 3. Amidverknüpfung am NH_2- oder COOH-Träger

Lactons mit Ethylendiamin im Überschuß durchführen läßt (Geyer 1964). Die Reinigung und Abtrennung des Disubstitutionsproduktes erfolgt am Ionenaustauscher. Außerdem müssen die COOH-Gruppen am Träger aktiviert werden, am besten als p-Nitrophenylester. Für diesen Schritt hat sich die Umesterung mit p-Nitrophenyltrifluoracetat als sehr günstig erwiesen (Emmerling, Pfannemüller 1983). Da die Amidierung der p-nitrophenylierten COOH-Gruppen quantitativ verläuft, läßt sich die Verzweigungsdichte an einem Polymeren über den Veresterungsgrad regulieren. Das Kopplungsverfahren ist anwendbar auf alle Oligosaccharide mit reduzierenden Endgruppen, also auch auf komplizierter zusammengesetzte Produkte mit einer definierten, biologisch relevanten Sequenz. Bevorzugt wurden Maltooligomere, die als Starter zur phosphorolytischen Kettenverlängerung dienen und die Einführung von einheitlichen Amylosezweigen beliebiger Länge erlauben.

Abb. 4 zeigt eine Liste der bisher zur Verknüpfung von Sacchariden eingesetzten COOH- und NH_2-haltigen Träger. Sie sind geordnet nach der Zahl ihrer funktionellen Gruppen. Für die Einführung von NH_2-Endgruppen in Polyethylenglykol und die Herstellung des Hexaamino-D-sorbits wurde eine geeignete Methode ausgearbeitet (Ziegast, Pfannemüller 1984). Die difunktionellen Produkte liefern Makromoleküle vom Typ A-B-A mit einem synthetischen B-Block variabler Länge. Die zweite Gruppe mit 3-6 COOH- bzw. NH_2-Gruppen führt zu sternförmigen Molekülen. Die multifunktionellen Träger geben Polymere mit Kammstruktur. Als Rückgratkette verwendet wurden an synthetischen Polymeren zunächst Polyacrylsäure und Polyvinylamin, an Polysacchariden Amylose, Cellulose und Chitosan mit COOH- oder NH_2-Gruppen in definierter Position. Die Umsetzungen mit Polylysin sind vorgesehen als Modelle für Glycoproteine. Die kurzkettig verzweigten Cellulosen sind vergleichbar mit Xanthan und Xyloglucan (Zellwand). Die Verzweigungsprodukte mit einer definierten Anzahl von Zweigen liefern einfache Modelle für Amylopektin, die Kopplungsprodukte mit dem Hexaaminosorbit, bzw. dem Produkt mit Polyethylenglykol-Spacergruppen sind als Modell für die viel diskutierte Clusterstruktur des Amylopektins gedacht.

Mit Ausnahme der Chitosanderivate, die zur Gelbildung neigen, sind alle Kopplungsprodukte gut wasserlöslich. Damit sind die Voraussetzungen für eine Verlängerung der Zweige durch enzymatische Synthese gegeben.

Viskositätsmessungen an mit Mono-, Di- und Oligosacchariden verzweigtem Polyvinylamin und Polyacrylsäure ergaben für eine bestimmte Verzweigungsdichte eine erhebliche Erhöhung der Viskosität gegenüber dem Ausgangspolymeren, nicht nur in Wasser sondern auch in Gegenwart von Salzen. Das zeigt, daß die Amidbindungen starke Wechselwirkungen ausüben. Ein ähnliches Viskositätsverhalten von teilweise verseiften

Polyacrylamiden (Klein, Heitzmann 1978) läßt darauf schließen, daß sich zwischen benachbarten substituierten und unsubstituierten Gruppen Wasserstoffbrücken ausbilden und diese stabilen intramolekularen Ringe zur Kettenversteifung beitragen(Abb. 5).

	COOH-Träger	NH_2-Träger
	aliphat. Dicarbonsäuren CM-Polyethylenglykol (PEG)	aliphat. Diamine NH_2-Polyethylenglykol
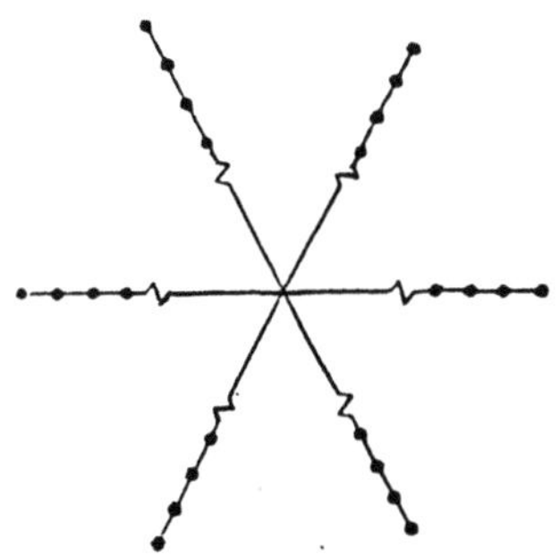	3-Stern: 1,3,5-Benzol-tri-essigsäure 4-Stern: Ethylendiamin-tetra-essigsäure 5-Stern: Diethylentriamin-penta-essigsäure 6-Stern:	3-funkt. Polyether-NH_2 Sorbit-NH_2 Sorbit-PEG-NH_2 $CH_2...NH_2$ $CH...NH_2$ $CH...NH_2$ $CH...NH_2$ $CH...NH_2$ $CH_2...NH_2$
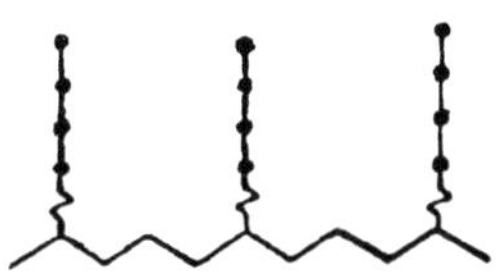	6-COOH-Amylose 6-COOH-Cellulose Polyacrylsäure	6-NH_2-Amylose 6-NH_2-Cellulose 2-NH_2-Cellulose (Chitosan) Polyvinylamin Poly(L-Lysin)

Abb. 4. COOH- und NH_2-Träger

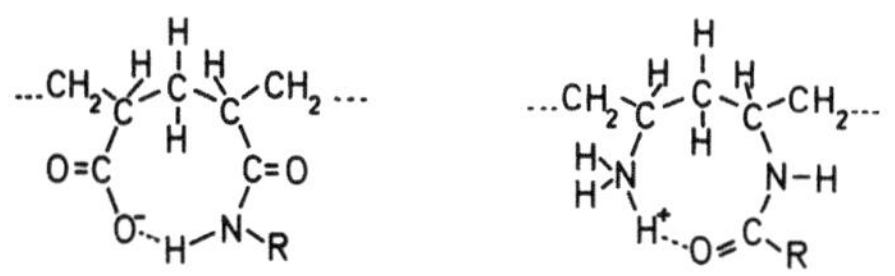

a b

Abb. 5. Ringbildung zwischen benachbarten substituierten und unsubstituierten geladenen Gruppen für verzweigte Polyacrylsäure (A) und Polyvinylamin (B). R = Saccharidrest

SYNTHETISCHE GLYCOLIPIDE

Auch auf dem Gebiet der Membranen, die derzeit großes Interese finden, können Saccharide als Baustein mit Erfolg eingesetzt werden (Emmerling, Pfannemüller 1983). Das Ziel war hierbei die Herstellung von Trennmembranen aus monomolekularen Filmen von synthetischen Glycolipiden. Gegenüber den bisher in der Technik verwendeten Membranen mit ihrer breiten Porengrößenverteilung sollte eine dem biologischen Bauprinzip entsprechende hochgeordnete dünne Trennschicht die Selektivität der Membranen wesentlich verbessern.

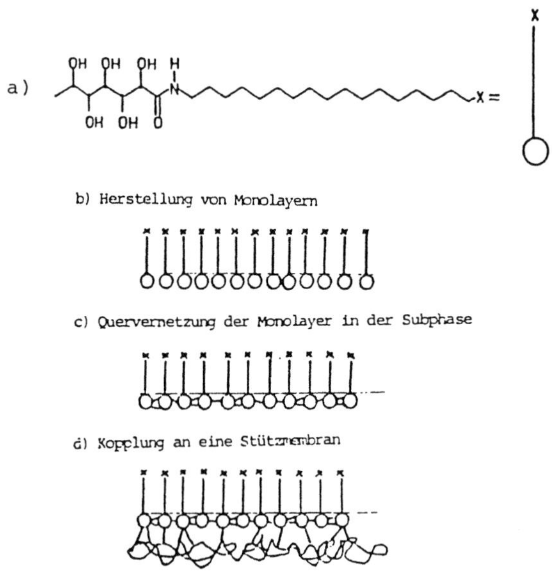

Abb. 6. Schematische Übersicht zur Herstellung von Glycolipidmembranen

Im ersten Schritt (a) werden nach der beschriebenen Methode (Emmerling, Pfannemüller 1978) Saccharide mit einer endständigen Lacton- oder NH_2-Gruppe mit einem aliphatischen Amin oder einer Fettsäure verknüpft. Dann werden die Eigenschaften der Glycolipide durch Spreiten an der Lauda-Waage untersucht (b), um das günstigste Verhältnis von hydrophilem zu hydrophobem Teil für die Bildung von stabilen Monolayern zu finden.

Die aus diesen Tensiden gebildeten Monolayer werden in der wässrigen Subphase über den Zuckerrest quervernetzt (c), um die eigentliche Trennschicht zu erhalten. Als letzter Schritt (d) wird der stabilisierte Monolayer auf eine grobporige Membran als Stützschicht übertragen und nach Möglichkeit chemisch fixiert (Abb. 6).

Variiert wurde an den synthetischen Glycolipiden (Abb. 7) die Länge der aliphatischen Kette, C_{12}-C_{20}, die Verwendung einer perfluorierten Kette (d) zur weiteren Stabilisierung der Monolayer auch gegen chemischen Angriff, Derivate mit einer Brom-Endgruppe am hydrophoben Teil (c), um bei Bedarf negative Ladungen (z. B. SO_3-Gruppen) an die Oberfläche der fertigen Membran einzuführen, und schließlich bei dem Zuckerrest offenkettige Monosaccharide sowie Disaccharide mit einem

---

a) N-Alkyl-Gluconamid
n = 11, 17

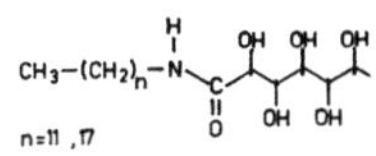

b) Octadecyl-maltobionamid

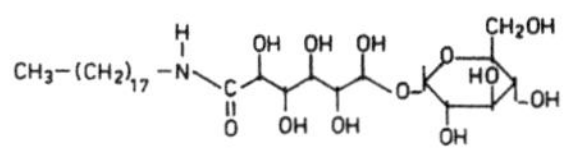

c) ω -Brom-N-Alkyl-gluconamid
n = 12, 20

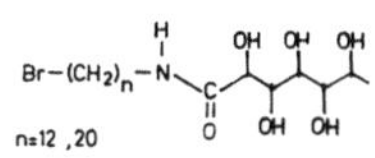

d) 1H, 1H, 2H, 2H-Perfluor-tetradecyl-gluconamid

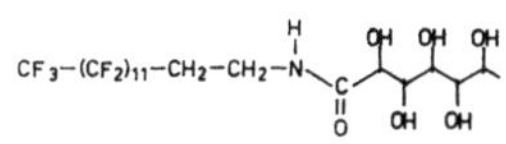

e) Arachinsäure-N-2-amino-ethyl-gluconamid

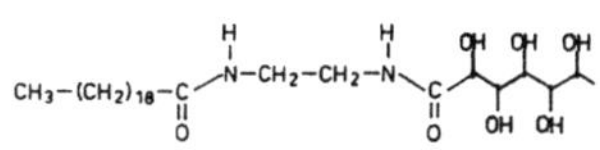

f) Arachinsäure-glucosamid

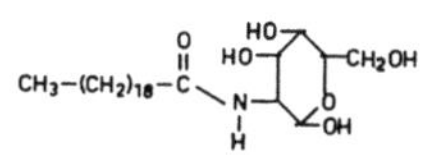

Abb. 7. Synthetisierte Glycolipide

geschlossenen Pyranosering (b), oder bei (f) die Verknüpfung von Glucosamin direkt über die NH_2-Gruppe des Zuckers. Anhand dieser Beispiele wird deutlich, daß das vorliegende Baukastensystem genügend Möglichkeiten für die Herstellung weiterer maßgeschneiderter Glycolipide bietet.

Der Einfluß des Zuckerrestes auf die Monolayereigenschaften der Tenside läßt sich an den C_{12}- und C_{18}-Derivaten am einfachsten demonstrieren (Abb. 8).

Dodecylamin allein (b) kann keinen Monolayer bilden. Bei zunehmendem Druck erfolgt ein sukzessives Wegtauchen der Moleküle in die wässrige Subphase. Das Gluconamid (a) zeigt demgegenüber eine festanaloge Phase mit einem steilen Anstieg des Schub-Flächendiagramms. Trotz der größeren Hydrophilie des Gluconamids erhält man also einen wesentlichen Anstieg der Filmstabilität. Dieser ist auf die zahlreichen Wasserstoffbrückenbindungen zurückzuführen, die sich zwischen den OH-Gruppen der Zucker untereinander und den Amidbindungen der geordneten Glycolipide ausbilden können. Das Octadecylamin (b) bildet schon einen stabilen Film mit dem für aliphatische Ketten bekannten Flächenbedarf von 20Å^2. Im Vergleich dazu erkennt man am Octadecylgluconamid (a) direkt den Einfluß der Zuckergruppe auf den Flächenbedarf pro Molekül. Er ergibt sich aus dem größeren Durchmesser der hydrophilen Kopfgruppe im Vergleich zu dem aliphatischen Rest.

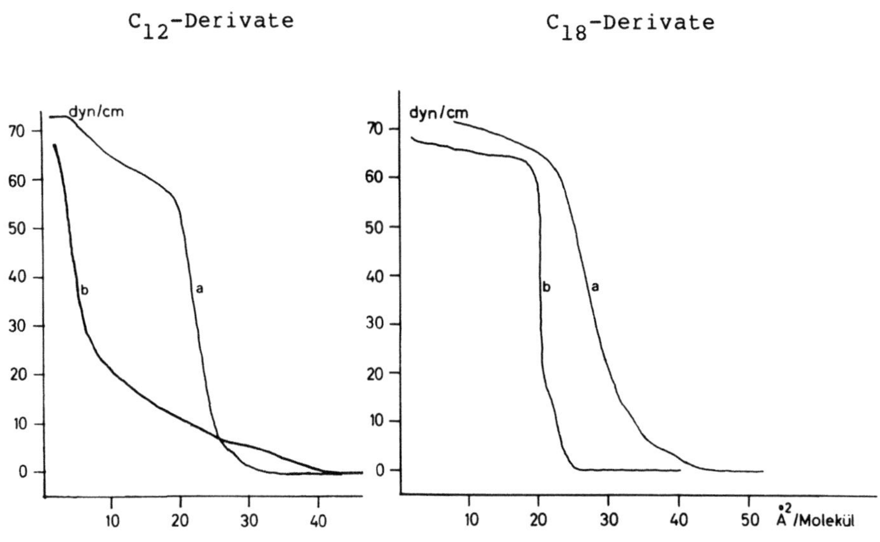

Abb. 8. Einfluß des Zuckerrestes auf die Monolayereigenschaften der Tenside

a) Dodecylgluconamid
b) Dodecylamin

a) Octadecylgluconamid
b) Octadecylamin

Die Quervernetzung der Monolayer wurde mit Epichlorhydrin oder mit Divinylsulfon und 0,1 M NaOH als Subphase vorgenommen. Dabei wurde das Vernetzungsmittel direkt auf den Film aufgetragen und kann so in relativ hoher Konzentration einwirken. Eine Zerstörung des Monolayers durch diese Prozedur findet nicht statt. Der Vorgang der Vernetzung läßt sich an der Zunahme des Flächenbedarfs des Monolayers mit zunehmender Menge an Vernetzungsmittel erkennen (Abb. 9). Noch deutlicher wird dieser Effekt der Flächenzunahme bei cogespreiteten Filmen aus gleichen Anteilen an Gluconamid und dem entsprechenden Amin. Durch die Cospreitung wird der Abstand der Zuckerreste voneinander etwas größer, so daß die Reaktion sterisch erleichtert wird.

VERWENDBARKEIT ALS MEMBRANEN

Für den letzten Schritt, die Kopplung der Trennschicht mit einer porösen Stützschicht ergeben sich hinsichtlich der Verwendbarkeit käuflicher Membranfolien folgende Kriterien:

- Glatte Oberfläche mit geeigneten funktionellen Gruppen zur Fixierung des Monolayers.
- Geringes Quell- bzw. Schrumpfverhalten innerhalb und außerhalb der Subphase.
- Stabilität in alkalischem Medium, wenn die chemische Kopplung wiederum mit Epichlorhydrin oder Divinylsulfon erfolgen soll.

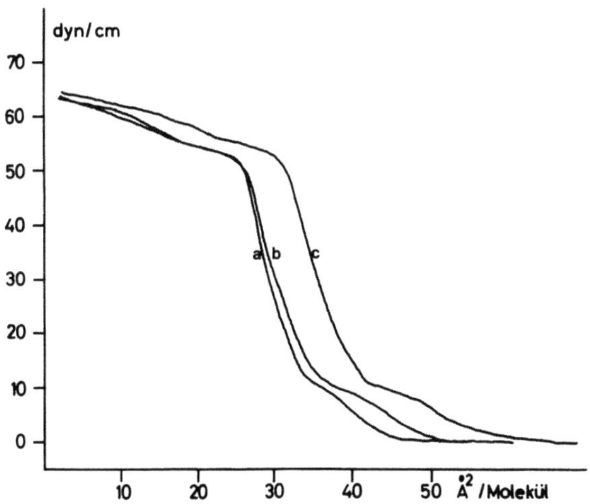

Abb. 9. Vernetzung von Octadecylgluconamid-Monolayern mit Epichlorhydrin (ECH); Subphase 0,1 M NaOH
a) ohne ECH; b) 20 Tropfen ECH; c) 40 Tropfen ECH

Die diesbezüglichen Eigenschaften verschiedener technischer und selbsthergestellter Folien sind in Tabelle 1 zusammengefaßt. Die

Tabelle 1. Eignung verschiedener Folien als Stützschicht

	Formstabilität beim Wässern bzw. Trocknen		Übertragung eines Monolayers
	in H_2O	in 0,1 M NaOH	
A. Käufliche Membranen			
Cellulose (Kalle)	-	-	quantitativ
Cellulose (Sartorius)	-		quantitativ
Cellulosediacetat (Sart.)	+	-	quantitativ
UF-Membran (Amicon)	-[a)]	-[a)]	quantitativ
Polysulfon (Kalle)	+	+	ca. 75 %
B. Filterpapier[b)] mit vernetzter Gelschicht			
Polyvinylalkohol	-[c)]	-[c)]	-
POPDA T[d)]	+	+	quantitativ
POPDA T/POPDA D[d)] 1:1	+	+	quantitativ

a) Folie wird beim Trocknen irreversibel brüchig

b) Schleicher und Schüll, Nr. 597

c) vernetzte Gelschicht quillt

d) Polyoxipropylen mit 3 (T) bzw. 2 (D) Aminoendgruppen (Deutsche Texaco)

Forderung nach Formstabilität während und nach dem Aufziehen des Monolayers erfüllten lediglich die Polysulfonmembran und Cellulosediacetatfolien in Wasser. Die letzteren werden aber in NaOH verseift und zeigen dann die üblichen Quellungs- und Schrumpfungseigenschaften der Cellulose.

Gute Erbenisse werden dagegen durch Aufbringen einer zusätzlichen Gelschicht , z.B. auf Filterpapier erzielt. Durch Eintauchen der Rundfilter in trifunktionelles Polyoxipropylen (POPDA T) oder in eine Mischung von tri- und difunktionellem (POPDA D) Polyoxipropylen werden die Polymeren bei Behandlung mit Epichlorhydrin in der Gasphase über ihre NH_2-Gruppen vernetzt. Das so modifizierte Papier hat ein sehr geringes Quellverhalten, eine glatte Oberfläche und eine große mechanische Stabilität. Die Vernetzungsdichte und die Durchflußgeschwindigkeit lassen sich durch das Verhältnis der di- und trifunktionellen Komponente steuern. Die beschichteten Filter enthalten sowohl in der Gelschicht als auch in der Trennschicht die für eine chemische Verknüpfung mit dem Monolayer notwendigen funktionellen Gruppen und besitzen das für die Membran angestrebte Aufbauprinzip.

LITERATUR

Andresz H., Richter G.C., Pfannemüller B., (1978), Makromol. Chem. Chem. 179, 301

Arthur J.C., (1970), Adv. Macromol. Chem. 2, 1

Chung D.C., Kostelnik R.J., Elias H.G., (1977), Makromol Chem. 178, 691

Emmerling W.N., Pfannemüller B., (1978), Makromol. Chem. 179, 1627

Emmerling W.N., Pfannemüller B., (1983), Makromol. Chem. 184, 1441

Emmerling W.N., Pfannemüller B., (1983), Colloid & Polym. Sci. 261, 677

Feger C., Cantow H.-J., (1980), Polymer Bull. 3, 407

Geyer H.U., (1964), Chem. Ber. 97, 2271

Gruber E., Alloush S., John K., Schurz J., (1972), Starch/Stärke 24, 251

Hebeish A., Guthrie J.T.: The Chemistry and Technology of Cellulosic Copolymers, Springer Verlag, Berlin, Heidelberg, New York 1971

Horejsi V., Smolek P., Kocourek J., (1978), Biochem. Biophys. Acta 538, 293

Husemann E., Müller G.J.M., (1966), Makromol. Chem. 91, 212

Husemann E., El-Kari E., Pfannemüller B., (1972), Monatshefte Chem. 103, 1669

Isbell H.S., Frush H.L., (1931), Bur. Standards J. Res. 6, 1145

Kaminsky W., (1980); Patentanmeldung DOS 3007433 Maizena Gesellsch. mbH; (1981), Nachr. Chem. Techn. Lab. 29, 373

Kennedy J.F., (1974), Adv. Carbohydr. Chem. Biochem. 29, 306

Kim S., Stannett V.T., Gilbert R.D., (1973), J. Polym. Sci. Polym. Lett. Ed. 11, 731

Klein J., Heitzmann R., (1978), Makromol. Chem. 179, 1895

Lee K.S., Stannett V.T., Gilbert R.D., (1982), J. Polym. Sci. Polym. Chem. Ed. 20, 997

Lynn M.M., Stannett V.T., Gilbert .R.D., (1980), J. Polym. Sci. Polym. Chem. Ed. 18, 1967

Munir A., Daly W.H., (1983), Makromol. Chem. Rapid Commun. 4, 589

Roberts H.J., in "Starch. Chemistry and Technology", Vol. 2, p. 293, Eds. Whistler R.L., Paschall E.F., Academic Press, New York, 1967

Steinmann H.W., (1970), Polym. Prepr. 11, 285

Weaver M.O., Montgomery R.R., Miller L.D., Sohns V.E., Fanta G.F., Doane W.M., (1977), Stärke 29, 413

Ziegast G., Pfannemüller B., (1984), Makromol. Chem., Rapid Commun. 5, 363

Nutzungsmöglichkeiten für die Holzkomponenten Polysaccharide und Lignin

G. Wegener

THERMISCHE UND CHEMISCHE UMWANDLUNG VON HOLZ

Der Naturstoff Holz stellt im Hinblick auf seine Nutzungsmöglichkeiten eine einzigartige Form der Biomasse dar. Dies ist u.a. begründet durch:
- den chemischen und morphologischen Aufbau des Holzes, der seine vielfältigen Eigenschaften bedingt;
- die große Masse an Holzsubstanz, die in einem Individuum Baum festgelegt ist;
- die Biomasseproduktion des Ökosystems Wald, welche den landwirtschaftlichen Formen der Bodennutzung weit überlegen ist.

Betrachtet man den stofflichen Aufbau, der für die chemischen und thermischen Umwandlungsreaktionen besonders wichtig ist, besteht Holz aus den Polysacchariden Cellulose und Polyosen (Hemicellulosen) sowie dem polyphenolischen Lignin. Neben diesen makromolekularen Substanzen, die in einem komplizierten molekularen und übermolekularen Gefüge vergesellschaftet sind, enthält Holz noch niedermolekulare Begleitstoffe (Extraktstoffe, anorganische Bestandteile) in unterschiedlicher Menge und Zusammensetzung (Fengel, Wegener 1984).

Die Verwendung von Holz als Bau- und Werkstoff kann als der direkte Weg der Nutzung der Holzkomponenten angesehen werden. Thermische, mechanisch-chemische oder chemische Behandlungen des Holzes führen zur unterschiedlich spezifischen Auftrennung bzw. zum Abbau der chemischen Holzbestandteile. Die wichtigsten Verfahrensmöglichkeiten und die daraus resultierenden Produkte sind in Abb. 1 dargestellt.

Allen thermischen Verfahren ist gemeinsam, daß die Holzkomponenten unspezifisch zu Kohlenstoff bzw. flüssigen oder gasförmigen Abbauprodukten zersetzt werden. Die Verbrennung ist der einfachste und bekannteste thermische Abbauvorgang, der direkt Wärme liefert. Die bei vollkommener Verbrennung von absolut trockenem Holz freiwerdende Energie beträgt etwa 19 MJ/kg. Der Heizwert des Holzes liegt damit bei etwa 2/3 des Heizwertes von Steinkohle und ist etwa halb so groß wie der von Erdöl. Der praktische Heizwert von Holz hängt naturgemäß von der Holzfeuchtigkeit ab und in geringerem Maße auch vom Asche- und Extraktstoffanteil. Außerdem spielen Stückigkeit und Verschmutzungsgrad des Brennmaterials eine Rolle.

Bei der thermischen Zersetzung von Holz unter Luftausschluß (Verkohlung, Pyrolyse) entsteht bei Temperaturen von 400-500° C neben dem Hauptprodukt Holzkohle eine Reihe von Nebenprodukten wie Holzgas, Holzteer, Holzessig, Holzpech u.a., die jeweils aus verschiedenen chemischen Komponenten zusammengesetzt sind (Brocksiepe 1976). Die Vergasung von Holz kann bei Temperaturen um 1000° C als pyrolytischer Prozeß oder in Gegenwart von Luft, reinem Sauerstoff und/oder zusätzlichem Wasserdampf durchgeführt werden. In Abhängigkeit von den Prozeßbedingungen entsteht entweder Generatorgas (Schwachgas, hauptsächlich bestehend aus CO, H_2, CO_2, CH_4, N_2; Heizwert ca. 5,2 MJ/m^3) oder Wassergas, das praktisch keinen Stickstoff enthält (Heizwert ca. 11 MJ/m^3). Letzteres kann nach Reini-

Polysaccharide
Herausgegeben von W. Burchard

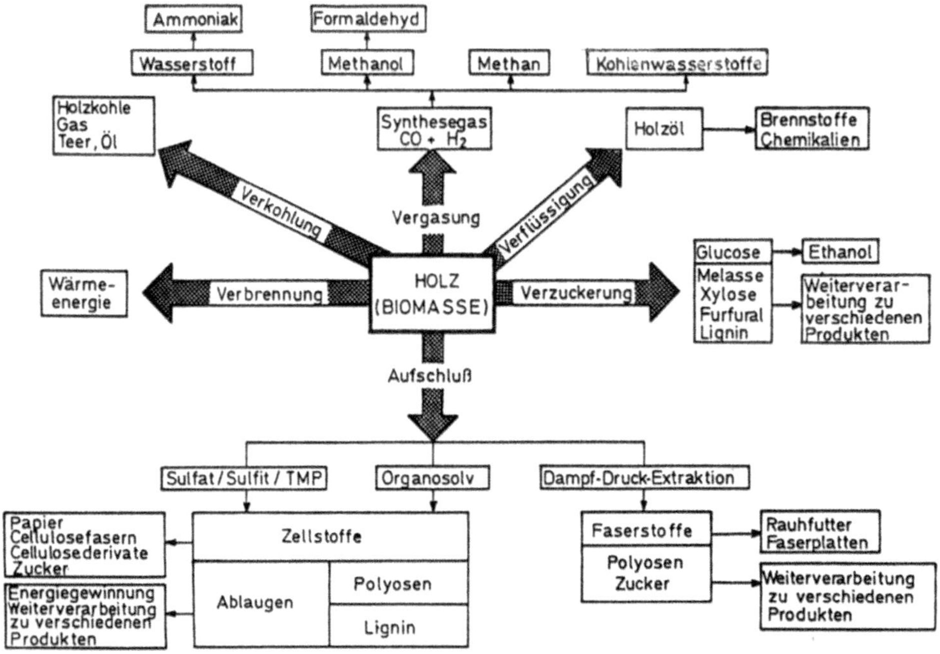

Abb. 1. Möglichkeiten der thermischen und chemischen Umwandlung von Holz bzw. Biomasse (Wegener 1982 a)

gung und Anreicherung mit Wasserstoff als sog. Synthesegas (CO + H_2) zur Herstellung wichtiger chemischer Produkte, insbesondere von Methanol, dienen. Wesentliche Vorteile der Vergasung von Holz gegenüber der Kohlevergasung sind ein geringer Wasserdampf- und Sauerstoffbedarf sowie der vernachlässigbar geringe Schwefelgehalt des Holzes (Marutzky 1981; Brink et al. 1976). Ziel der Holzverflüssigung ist es, neben gasförmigen Produkten ein hochwertiges Öl aus Kohlenwasserstoffen und Phenolen für weitere Synthesen zu erhalten. Dies kann grundsätzlich durch Einwirkung von H_2 oder CO unter hohem Druck bei Temperaturen von 250-400° C erreicht werden. Der entscheidende Nachteil gegenüber der Kohleverflüssigung ist der geringe Kohlenstoffgehalt des Holzes (Garves 1982).

Bei der Holzverzuckerung werden die Polysaccharide Cellulose und Polyosen durch die Einwirkung von Säuren (Hydrolyse) unterschiedlich schnell in ihre Zuckerbausteine zerlegt (Hauptprodukt Glucose), während das Lignin als unlöslicher Rückstand anfällt. Unerwünschte, jedoch unvermeidbare Nebenreaktionen führen zu Abbauprodukten der Polysaccharide und Zucker. Durch geeignete Vorhydrolyseverfahren können besonders bei Laubhölzern und Einjahrespflanzen die leichter hydrolysierbaren Xylane vor der Haupthydrolyse der Cellulose und der restlichen Polyosen entfernt werden (Wenzl 1970).

Im Gegensatz zu den bisher dargestellten thermischen und hydrolytischen Prozessen zielen die Aufschlußverfahren darauf ab, die Cellulose als Faserstoff (Zellstoff) zu gewinnen. Je nach Art des Zellstoffs werden unterschiedlich viel Lignin, im Falle des Chemiezellstoffs auch sämtliche Polyosen, durch Druckkochung mit sauren oder alkalischen Chemikalien (Temperaturen von 125-180° C) und nachfolgende Bleiche ausgelöst. Neben den wichtigsten chemischen und halbchemischen Verfahren (Sulfat-, Sulfit-, NSSC-Verfahren) gewinnen der thermomechanische Aufschluß (TMP) und chemisch modifizierte Refiner- und Steinschliffverfahren zunehmend an Bedeutung (Fengel, Wegener 1984; Casey 1980). Die Zellstoffe werden zu Papier bzw. Cellulosederivaten und Regeneratcellulosen weiterverarbeitet. Die Ablaugen können entweder direkt energetisch verwertet werden, oder die Polyosen, Zucker und das abgebaute Lignin werden anderen Verwendungsbereichen zugeführt. Bei den sog. Komponenten-Trennverfahren wird versucht, Cellulose, Polyosen und Lignin möglichst schonend und umweltfreundlich zu trennen, z.B. durch Alkohol-Wasser-Aufschluß in Form des Organosolv-Verfahrens (Baumeister, Edel 1980) oder durch Dampfaufschluß im sog. Dampf-Druck-Extraktions-Verfahren (Dietrichs et al. 1978).

NUTZUNGSMÖGLICHKEITEN FÜR CELLULOSE

Der Naturstoff Cellulose bietet vielfältige Verwendungsmöglichkeiten, die sich vereinfacht in zwei große Gruppen einteilen lassen:
- Verwendung als Faserstoff;
- Verwertung und Umwandlung des Cellulosebausteins Glucose nach Abbau des Makromoleküls (Abb. 2).

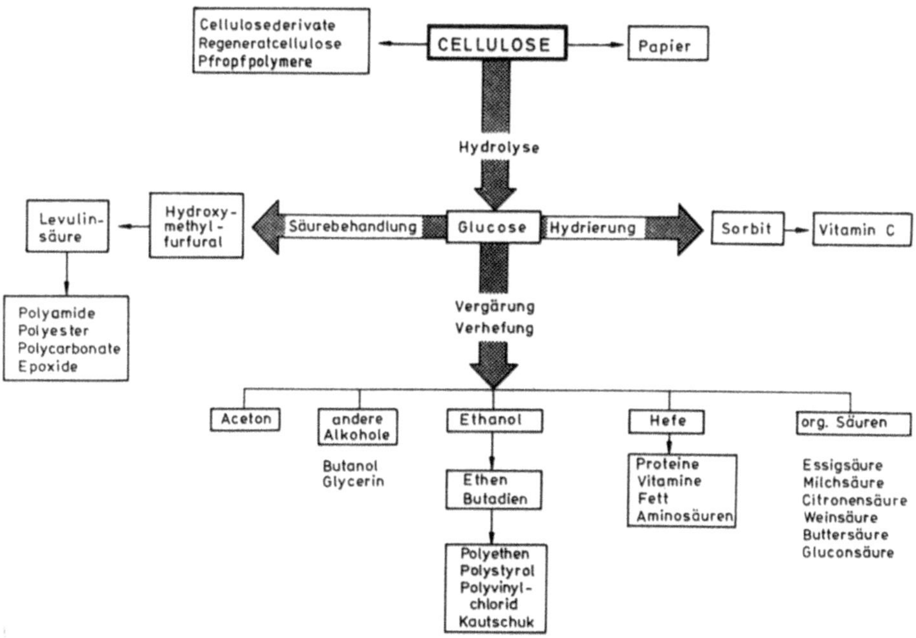

Abb. 2. Möglichkeiten der Celluloseverwertung (Wegener 1982 b)

Cellulose wird heute überwiegend in Form von Faserstoffen genutzt, die nach der Isolierung aus dem Holz vorliegen und entweder als Halbstoffe für die Papierherstellung dienen oder als hochgereinigte Chemiezellstoffe das Ausgangsmaterial für Produkte wie Reyon, Zellglas und Cellulosederivate darstellen.

Die Hydrolyse der Cellulose stellt den entscheidenden Schritt zum Abbau ihrer polymeren Struktur dar. Prinzipiell läßt sich Cellulose durch säurekatalysierte, enzymatische oder mikrobielle Hydrolyse zu Glucose abbauen. Während für die Säurehydrolyse von Holz Verzuckerungsverfahren im technischen Maßstab bekannt sind, werden Technologien für die enzymatische und mikrobielle Hydrolyse von lignocellulosischen Stoffen noch im Labor- und Pilotanlagenmaßstab entwickelt (Fähnrich et al. 1981). Langfristig werden Verfahren Bedeutung erlangen, die durch geeignete mechanische oder mechanisch-chemische Vorbehandlungen bzw. Einsatz von kombinierten Enzymsystemen hohe Zuckerausbeuten erzielen, welche eine wirtschaftliche Weiterverwertung von Glucose auf Cellulosebasis ermöglichen (Goldstein 1981).

Die wichtigsten Wege der Weiterverarbeitung von Glucose sind Vergärung bzw. Verhefung. In Abhängigkeit von der Art der eingesetzten Hefe, den Prozeßbedingungen und der Reinheit des Substrats kann eine Vielzahl unterschiedlicher Substanzen gewonnen werden. Die Vergärung zu Ethanol mit praktischen Ausbeuten von 85-95% des theoretischen Wertes ist der bekannteste Weg, der auch langfristig aussichtsreich erscheint, da Ethanol als wichtiges Lösungsmittel und als flüssiger Kraftstoff, allein oder als Benzin- und Dieselzusatz, vielseitig einsetzbar ist. Weiter stellt Ethanol einen Chemiegrundstoff dar, der über Butadien bzw. nach Dehydrierung zu Ethen die Herstellung von wichtigen Polymeren (Polybutadien, Polyethen, Polystyrol, Polyvinylchlorid) ermöglicht. Unter welchen wirtschaftlichen Bedingungen sich Ethanol aus lignocellulosischen Stoffen gegenüber Getreide- oder Zuckerrohralkohol rentabel gewinnen läßt, ist heute nicht vorauszusehen. Noch schwieriger erscheint eine Aussage darüber, ob und wann Ethanol eine entscheidende Rolle zur Gewinnung von Chemikalien und Kunststoffen auf Ethenbasis in Ergänzung oder Nachfolge der fossilen Rohstoffe übernehmen könnte.

Die Vergärung von Glucose kann auch auf die Umwandlung in andere Alkohole (z.B. Isopropanol, Butanol, Glycerin) sowie in Aceton und eine Reihe organischer Säuren (z.B. Essigsäure, Milchsäure) abzielen. Zunehmendes Interesse kommt der Gewinnung von Futterhefen und Proteinen (SCP, single cell protein) aus Zuckerlösungen bzw. auch direkt aus Cellulosesubstraten durch simultane enzymatische Hydrolyse zu (Hajny 1981). Alle biotechnischen Verfahren zum Abbau und zur Umwandlung von cellulosehaltigen Materialien in niedermolekulare Wertprodukte werden langfristig den chemischen Verfahren energetisch und unter den Aspekten des Umweltschutzes überlegen sein.

Durch Säureeinwirkung auf Glucose läßt sich 5-Hydroxymethylfurfural gewinnen, das aufgrund seiner bifunktionellen Struktur einen interessanten Reaktionspartner zur Synthese von wichtigen Kunststoffen (z.B. Polyamide, Polycarbonate, Epoxide) darstellt (Büsing et al. 1978). Durch katalytische Hydrierung läßt sich Glucose zu Sorbit umsetzen, der als Diabetikerzucker und zur Feuchthaltung von Nahrungsmitteln verwendet wird sowie zur Vitamin C-Synthese dienen kann. Heute wird Sorbit jedoch ausschließlich auf Stärkebasis hergestellt.

NUTZUNGSMÖGLICHKEITEN FÜR POLYOSEN

Die größte Bedeutung dieser zweiten Gruppe von Polysacchariden des Holzes liegt in ihrer Funktion als natürlicher Klebstoff zur Verbesserung der Faser-Faser-Bindung im Papier, die sie zu einem gewissen Grad auch in isolierter Form als Papierzusatz erfüllen können. Die eigentliche Frage der Verwertung dieser Holzkomponenten bezieht sich jedoch auf die isolierten und abgebauten Polyosen, wie sie in Vorhydrolyselösungen von Aufschluß- und Verzuckerungsprozessen sowie in Zellstoff- und Bleichereiablaugen vorliegen.

Neben der Isolierung ist die Hydrolyse zu den entsprechenden Zuckern auch bei den Polyosen der entscheidende Schritt für ihre weitere Verwertung (Abb. 3).

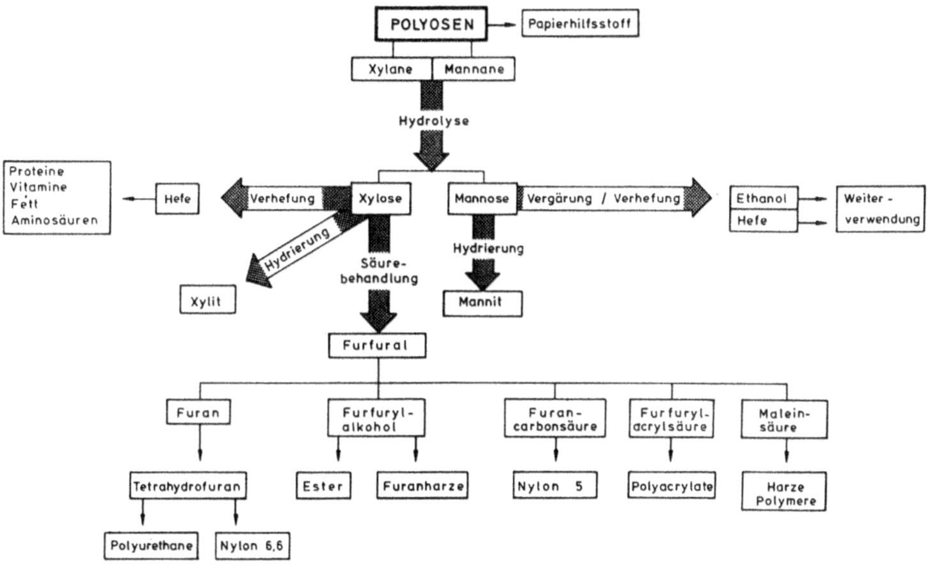

Abb. 3. Möglichkeiten der Polyosenverwertung (Wegener 1982 b)

Die Xylane als Hauptgruppe der Polyosen von Laubhölzern und Einjahrespflanzen sind leicht zu isolieren und zu hydrolysieren. Daher sind sie für die technische Verwertung leichter zugänglich als die Mannane (z.B. Vorhydrolyseverfahren, Dampf-Druck-Extraktions-Verfahren). Andererseits stellen die Nadelholzmannane bzw. ihre Zuckerbausteine und Abbauprodukte in den Sulfitzellstoff-Ablaugen heute das mengenmäßig bedeutendste Potential zur Verwertung der Polyosen dar.

Alle Hexosen lassen sich, wie für Glucose beschrieben, vergären bzw. zu Hefen umsetzen. Auch Pentosen lassen sich heute im Versuchsmaßstab zu Ethanol vergären, im technischen Maßstab werden diese Zucker jedoch nach Vergärung der Hexosen ausschließlich zur Hefe- und Proteingewinnung eingesetzt. Die Qualität der aus Zellstoffablaugen gewonnenen Proteine ist im Hinblick auf den Gehalt an Eiweiß und essentiellen Aminosäuren der von Milch- und Fleischeiweiß vergleichbar (Hajny 1981). Ungereinigte Rest- und Mischzuckerlösungen werden als flüssiges Futtermelassekonzentrat verwendet.

Kristalline Xylose bzw. Mannose läßt sich durch Hydrierung in die entsprechenden Zuckeralkohole Xylit und Mannit umsetzen, die gute Eigenschaften als Süßstoff und Tablettenzusatz besitzen. Aus beiden Zuckern lassen sich zusätzlich eine Vielzahl von Spezialchemikalien synthetisieren (Funk 1975; Thompson 1981). Im Hinblick auf eine potentielle großtechnische Verwertung ist Furfural, das durch säurekatalysierte Dehydrierung von Xylose gewonnen wird, das wichtigste Produkt. Heute wird Furfural ausschließlich aus landwirtschaftlichen Abfällen (z.B. Bagasse, Maiskolben) in Ausbeuten von 15-23% gewonnen, während die maximalen Ausbeuten bei Laubholz 11% betragen (Maloney 1978). Furfural ist ein wichtiges Lösungsmittel in der Kunststoffindustrie und kann als Ausgangsprodukt für eine vielseitige Furanchemie zur Herstellung von Polyurethanen, Polyestern, Polyacrylaten, Klebstoffen und Bindemitteln dienen (Büsing et al. 1978).

NUTZUNGSMÖGLICHKEITEN FÜR LIGNIN

Lignin, der charakteristische Bestandteil verholzter Pflanzen (Nadelholz: 25-35%, Laubholz: 20-30%), stellt ein nichtlineares Makromolekül dar. Es ist aus Phenylpropaneinheiten aufgebaut, die über verschiedene Bindungstypen miteinander verknüpft sind (Sarkanen, Ludwig 1971).

Trotz dieses im Vergleich mit den Polysacchariden grundsätzlich unterschiedlichen Aufbaus ist es als Zellwandkomponente, beginnend mit dem Einbau in die sich differenzierenden Zellwände, besonders mit den Polyosen chemisch und morphologisch eng vergesellschaftet (Wegener, Fengel 1983). Bei der Zellstoffgewinnung und -bleiche bedarf es daher aggressiver Chemikalien und teilweise hoher Temperaturen, um das Lignin aus der Zellwand zu entfernen.

Die technischen Lignine aus Aufschluß-, Bleich- und Holzverzuckerungsverfahren stellen daher stark abgebaute, teilweise kondensierte und durch Derivatisierung löslich gewordene Lignine dar. Während das Lignin im Zellstoffprozeß als Neben- bzw. Restprodukt anfällt (weltweit mehr als 50 Mio. t jährlich), stellt es gleichzeitig ein riesiges Kohlenstoffpotential und einen wertvollen Rohstoff dar, der energetisch, als makromolekulares Produkt, oder durch Abbau zu niedermolekularen Chemikalien genutzt werden kann (Abb. 4).

Der größte Bereich der Ligninverwertung ist die Energiegewinnung durch Verbrennung der Ablaugen. Aufgrund des hohen Kohlenstoffgehalts (55-65%) besitzt das Lignin den höchsten Heizwert der Holzkomponenten (ca. 30 MJ/kg), was sich in Heizwerten der Ablaugen von ca. 23 MJ/kg niederschlägt.

Die direkte Verwendung von Ablaugen bzw. Ligninen nach Reinigung, Fraktionierung oder chemischer Modifizierung beruht auf ihren dispergierenden, bindenden und oberflächenaktiven Eigenschaften. In Tabelle 1 sind verschiedene Verwendungsbeispiele aufgeführt.

Auf dem europäischen Markt (ca. 350 000 t Ligninsulfonate) werden etwa 60% als Bindemittel zur Futtermittelpellettierung verwendet, wobei die Zuckeranteile und die anorganischen Komponenten der Sulfitablaugen zum Nährwert des Futters beitragen. Etwa 30% werden als Beton- und Bohrschlammzusätze, bei der Zementmahlung und als Dispersionsmittel für Pestizide verwendet (Kvisgaard 1982). Als Phenolharzkomponente wurden Ligninsulfonate mit gutem Erfolg bei der Herstellung von Holzwerkstoffen (Spanplatten, Faserplatten) eingesetzt (Forss, Fuhrmann 1979). Aus hochgereinigten Ligninen können Polyisocyanate, Polyurethane und Polyalkohole synthetisiert werden (Glasser et al. 1981).

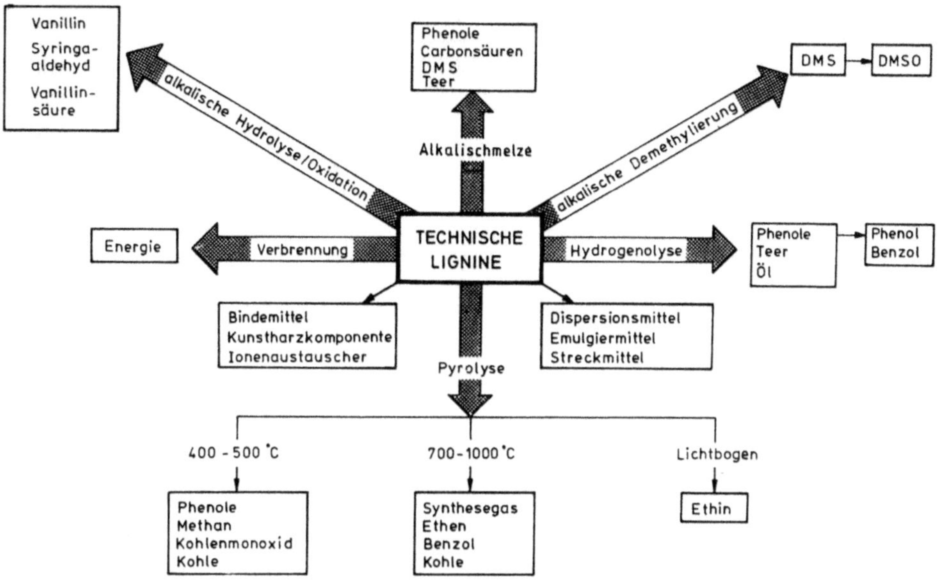

Abb. 4. Möglichkeiten der Ligninverwertung (Wegener 1982 b)

Tabelle 1. Beispiele zur Ligninverwendung

Funktion	Beispiele
Dispersionsmittel	Druckfarben Insektizide Herbizide Pestizide Keramikmassen
Zusatz-, Streck- und Emulgiermittel	Bohrschlämme Beton Asphalt Reinigungsmittel Zementherstellung Gerbstoffe Kautschuk
Bindemittel	Straßenoberflächen Futtermittelpellettierung Druckfarben Mineralien Gußformen Briketts
Kunstharzkomponente	Harnstoffharze Phenolharze Epoxidharze Polyurethane
Verschiedenes	Proteinfällung Bodenverbesserung Ionenaustauscher Gasreinigung

Die Techniken des Ligninabbaus zu niedermolekularen, hochwertigen Chemikalien (alkalischer Abbau, Hydrogenolyse, Pyrolyse) stellen energetisch aufwendige Verfahren dar, die zudem durch Reinigungsschritte, Entschwefelung der Ablaugen und durch geringe Ausbeuten an hochwertigen Substanzen (z.B. Vanillin, DMS, DMSO) heute nicht konkurrenzfähig durchgeführt werden können. Dies gilt in besonderem Maße für die Gewinnung von Phenol und Benzol, die bisher nicht großtechnisch verwirklicht wurde (Goheen 1981).

Die Entwicklung der Vorräte, der Verfügbarkeit und der Preise von Erdöl und Erdgas, die künftige Entwicklung der Kohlechemie und die Vorschriften der Abfall- und Reststoffverwertung werden langfristig bestimmen, ob die heute unwirtschaftlichen Möglichkeiten der Lignin- und auch der Polysaccharidverwertung großtechnische Bedeutung erlangen.

LITERATUR

Baumeister M, Edel E (1980) Äthanol-Wasser-Aufschluß. Papier 34: V9-V18

Brink DL, Charley JA, Faltico GW, Thomas JF (1976) The pyrolysis-gasification-combustion process: energy considerations and overall processing. In: Shafizadeh F, Sarkanen KV, Tillman DA (eds) Thermal uses and properties of carbohydrates and lignins. Academic Press, New York, p 97-125

Brocksiepe H-G (1976) Holzverkohlung. In: Ullmanns Encyklopädie der technischen Chemie, 4. Aufl, Bd 12. Verlag Chemie, Weinheim, S 703-708

Büsing J, Dietrichs HH, Schweers W, Weissmann G, Scheiblich R, Stenzenberger H, Roffael E (1978) Chemisch-technologische Grundlagen zur Nutzung von Holz und Holzabfallstoffen als Chemierohstoff. BMFT-Forschungsbericht 01 VQ 266

Casey JP (1980) Pulp and paper. Chemistry and chemical technology, 3rd ed, vol I. Wiley-Intersci, New York London Sydney Toronto

Dietrichs HH, Sinner M, Puls J (1978) Potential of steaming hardwoods and straw for feed and food production. Holzforschung 32: 193-199

Fähnrich P, Irrgang K, Rütten B, Schimz K-L (1981) Abbau von Cellulose in cellulosischem Material durch Mikroorganismen sowie durch mikrobielle Enzymsysteme. Papier 35: V1-V9

Fengel D, Wegener G (1984) Wood - chemistry, ultrastructure, reactions. W de Gruyter, Berlin New York

Forss KG, Fuhrmann A (1979) Finnish plywood, particleboard, and fiberboard made with a lignin-base adhesive. Forest Prod J 29 (7): 39-43

Funk HF (1975) Recovery of pentoses and hexoses from wood and other material containing hemicellulose, and further processing of C_5- and C_6-components. Appl Polymer Symp No 28: 145-152

Garves K (1982) Öl und Chemikalien aus Holz und Cellulose. Holz Roh-Werkstoff 40: 41-44

Glasser WG, Hsu OHH, Reed DL, Forte RC, Wu LCF (1981) Lignin-derived polyols, polyisocyanates, and polyurethanes. In: Edwards KN (ed) Urethane chemistry and applications. ACS Symposium Series No 172: p 311-338

Goheen DW (1981) Chemicals from lignin. In: Goldstein IS (ed) Organic chemicals from biomass. CRC Press, Boca Raton, p 143-161

Goldstein IS (1981) Organic chemicals from biomass. CRC Press, Boca Raton

Hajny GJ (1981) Biological utilization of wood for production of chemicals and foodstuffs. Forest Prod Lab Res Pap, FPL 385, US Dept of Agriculture

Kvisgaard HJ (1982) Wood, a versatile and renewable chemical feedstock. ECMRA Conference, Oslo

Maloney GT (1978) Chemicals from pulp and wood waste. Noyes Data Corp,

Park Ridge
Marutzky R (1981) Möglichkeiten zur Verkohlung und Vergasung von Holz und anderen pflanzlichen Reststoffen. Holz-Zentralblatt 107: 315-317
Sarkanen KV, Ludwig CH (1971) Lignins. Occurrence, formation, structure and reactions. Wiley-Intersci, New York London Sydney Toronto
Thompson NS (1981) Chemicals from hemicelluloses. In: Goldstein IS (ed) Organic chemicals from biomass. CRC Press, Boca Raton, p 125-141
Wegener G (1982 a) Die Rolle des Holzes als Chemierohstoff und Energieträger. Teil 1: Möglichkeiten der direkten Umwandlung von Holz. Holz Roh-Werkstoff 40: 181-185
Wegener G (1982 b) Die Rolle des Holzes als Chemierohstoff und Energieträger. Teil 2: Verwertungsmöglichkeiten für Cellulose, Polyosen und Lignin. Holz Roh-Werkstoff 40: 209-214
Wegener G, Fengel D (1983) Lignin - Makromolekül, Zellwandkomponente, Rohstoff. Papier 37: V22-V31
Wenzl, HFJ (1970) The chemical technology of wood. Academic Press, New York

Sachverzeichnis

Polymers in Medicine

Editor: **K. Dušek**

1984. 52 figures, 23 tables. IX, 168 pages
(Advances in Polymer Science, Fortschritte der Hochpolymeren-Forschung, Volume 57)
ISBN 3-540-12796-8

Contents/Information:

J. Drobník, F. Rypaček, **Soluble Synthetic Polymers in Biological Systems.** This review summarizes facts and theories on the fate of a soluble polymer in an animal or human body, mainly from the point of view of therapeutic or diagnostic applications in medicine. Analytical methods which are the main source of our knowledge on this subject are discussed. A compartmental model is suggested and the importance of the individual compartmental barriers and the peculiarity of the polymer pharmacokinetics is documented. (297 references)

R. Duncan, J. Kopeček: **Soluble Synthetic Polymers as Potential Drug Carriers.** Soluble synthetic polymers provide a potential targetable drug delivery system. This article discusses the consequences of the attachment of pharmaceuticals to macromolecular carriers with special reference to endocytosis and lysosomotropic drug delivery. The types of polymers which may be used as carriers are reviewed with particular regard to the methodology currently available in polymer chemistry for the synthesis of polymers bearing cell-specific targeting residues and incorporating effective polymer drug linkages. Clinical applications are also considered. (190 references)

Y. Ikada: **Blood-Compatible Polymers.** This contribution describes polymers that are blood-compatible not by the addition of anticoagulants or due to the formation of neointima, but because they consist of antithrombogenic biomaterial that does not include blood-soluble additives either. Since research in this area is still in its infancy, the author has placed the emphasis on his own experimental results. (86 references)

A. S. Hoffman: **Ionizing Radiation and Gas Plasma (or Glow) Discharge Treatments for Preparation of Novel Polymeric Biomaterials.** The article reviews the application of radiation and gas discharge processing to synthesize or modify polymeric materials for medical applications, which continues to increase in interest and diversity around the world. Incorporation of biologically active molecules is an important additional processing step which can open up many new and exciting medical applications for diagnosis and therapy. (176 references)

Springer-Verlag
Berlin
Heidelberg
New York
Tokyo

GPSR Compliance

The European Union's (EU) General Product Safety Regulation (GPSR) is a set of rules that requires consumer products to be safe and our obligations to ensure this.

If you have any concerns about our products, you can contact us on ProductSafety@springernature.com

In case Publisher is established outside the EU, the EU authorized representative is:

Springer Nature Customer Service Center GmbH
Europaplatz 3
69115 Heidelberg, Germany

Batch number: 10683525

Printed by Printforce, the Netherlands